Dirk Höpfner

Phonsegmentierte, nichtlineare Zeitskalierung von Sprache

Algorithmen und Anwendung auf Wahrnehmungsuntersuchungen sehbehinderter Probanden

TUD*press*

Studientexte zur Sprachkommunikation
Hg. von Rüdiger Hoffmann
ISSN 0940-6832
Bd. 75

Dirk Höpfner

Phonsegmentierte, nichtlineare Zeitskalierung von Sprache

Algorithmen und Anwendung auf Wahrnehmungsuntersuchungen sehbehinderter Probanden

TUDpress
2014

Die vorliegende Arbeit wurde unter dem Titel „Phonembasierte nichtlineare Zeitskalierung von natürlicher Sprache und ihre Anwendung auf Wahrnehmungsuntersuchungen sehbehinderter Probanden" von der Fakultät Maschinenbau, Elektrotechnik und Wirtschaftsingenieurwesen der Brandenburgischen Technischen Universität Cottbus-Senftenberg zur Erlangung des akademischen Grades eines Doktors der Ingenieurwissenschaften (Dr.-Ing.) als Dissertation genehmigt.

Vorsitzender: Prof. Dr.-Ing. Ch. Hentschel, BTU Cottbus-Senftenberg

Berichter: Prof. Dr.-Ing. K. Fellbaum, BTU Cottbus-Senftenberg
Prof. Dr.-Ing. habil. M. Wolff, BTU Cottbus-Senftenberg
Prof. Dr.-Ing. habil. R. Hoffmann, TU Dresden

Tag der Einreichung: 28. August 2013
Tag der Verteidigung: 2. Oktober 2014

Bibliografische Information der Deutschen Nationalbibliothek
Die Deutsche Nationalbibliothek verzeichnet diese Publikation in der Deutschen Nationalbibliografie; detaillierte bibliografische Daten sind im Internet über http://dnb.d-nb.de abrufbar.

Bibliographic information published by the Deutsche Nationalbibliothek
The Deutsche Nationalbibliothek lists this publication in the Deutsche Nationalbibliografie; detailed bibliographic data are available in the Internet at http://dnb.d-nb.de.

ISBN 978-3-944331-93-5

Verlag der Wissenschaften GmbH
Bergstr. 70 | D-01069 Dresden
Tel.: +49 351 47969720 | Fax: +49 351 47960819
http://www.tudpress.de

Gesetzt vom Autor.
Printed in Germany.

FÜR NELA

Danksagung

An dieser Stelle möchte ich allen danken, die zum Gelingen der Arbeit beitrugen. Es begann mit dem großen Vertrauen, das mir mein Betreuer der Arbeit und damaliger Leiter des Lehrstuhls Kommunikationstechnik Prof. Dr. Klaus Fellbaum und mein heutiger Leiter des Lehrstuhls Medientechnik Prof. Dr. Christian Hentschel entgegenbrachten. Prof. Dr. Klaus Fellbaum danke ich herzlichst für die fürsorgliche und ständig präsente Betreuung, für die vielen Diskussionen und Inspirationen während der Arbeit. Prof. Dr. Christian Hentschel akzeptierte bereitwillig und in dankenswerter Weise die Fortsetzung der Arbeit an seinem Lehrstuhl. Prof. Dr. Rüdiger Hoffmann von der TU Dresden und Prof. Dr. Matthias Wolff, heutiger Leiter des Lehrstuhls Kommunikationstechnik an der BTU-CS, danke ich für das Interesse an meinen etwas umfangreicheren Ausführungen und für Ihre Begutachtungen. Ein besonderer Dank geht an Herrn Haar, Geschäftsführer des Blinden- und Sehbehindertenverbandes Brandenburg, für die sehr lehrreiche Zusammenarbeit. Nur mit seiner Unterstützung gelang es, eine große Anzahl von sehbehinderten und blinden Probanden in die Arbeit mit einzubeziehen. Diesen Menschen gebührt mein großer Respekt und Dank, da sie freiwillig und mit viel Engagement an meinen Versuchen, teilweise auch im Labor der Universität, teilnahmen. Die vielen Diskussionen mit meinen Kollegen Stefan Schiemenz, Piotr Szegvari, Thomas Rössler, Stephan Rogge und vor allem auch ihre Unterstützung bei weiteren Themen am Lehrstuhl waren für mich eine unschätzbare Hilfe, ebenso der beharrliche Ansporn von Frau Prof. Dr. Irene Krebs. Auch bei den zahlreichen Studierenden, deren Arbeits- und Versuchsergebnisse in die Dissertation mit einflossen, möchte ich mich ganz herzlich bedanken. Für die Erstellung des sauber artikulierten Sprachmaterials danke ich meinem lieben Schwager und Schauspieler Olaf Polenske, dem Radiomoderator Bert Lehwald und der professionellen Schnellsprecherin Sandra Dögel. Mein besonderer Dank gilt auch Dr. Jan Kaminsky und seinem neurochirurgischen Team im Sankt Gertrauden Krankenhaus. Nach zwei unvorstellbar langen und trotzdem präzisen Operationen war es mir möglich, diese Arbeit erfolgreich abzuschließen.

Einen großen Dank an meinen Sohn Ronny, meinen Schwiegervater Bernd Bretschneider als Korrektor, die gesamte Familie und die Freunde, die während dieser Zeit oft auf mich verzichten mussten und mich trotzdem liebevoll unterstützten.

Last but not least and not lost! Ich verneige mich vor meiner Ehefrau Cornelia, die mich mit ungeheurer Kraft, Zuneigung und Liebe immer unterstützt und angespornt hat. Sie verbrachte viele Wochenenden und Urlaube ohne mich und meisterte das gemeinsame Leben in den Tiefpunkten während der letzten drei Jahre teilweise allein. Ohne sie würde man dieses Buch nicht in den Händen halten. *Vielen Dank!*

ABSTRACT

This PhD thesis deals with time scaled speech, particularly with accelerated speech. Accelerated speech is an important feature of the communication for people living with visual impairments or blindness.

In the first chapter, an overview of the terminology and definition concerning accelerated speech will be defined. Beginning with the common concept of the communication, the temporal limits of speech production and speech perception will be discussed along with considerations of the natural increase or decrease of the speech rate.

The second chapter lists the possibilities and limitations of accelerated speech perception and speech production. The limits of the perception of natural or instrumental accelerated speech are independent from the visual capabilities of the listeners. For this reason the results of published experiments and own experiments from this group of people are presented. These results will be compared with the auditive perception of sighted people in order to see how the utilization of accelerated speech plays an important role in communication aids for blind people.

The core issue of this thesis deals with the instrumental acceleration of speech signals. Besides the historical retrospect, the thesis considers the current algorithms for time scaled speech and develops a strategy to improve the comprehension and intelligibility of accelerated speech. Based on this strategy a new nonlinear algorithm to scale the speech rate will be developed. The analysis, segmentation and classification of the algorithm work only in the time domain to obtain the real time capability. The strategies of scaling will be used for the retention of the phone transition and to exclusively reduce the speech signal in the phone nuclide only. The relative amount of eliminated parts of speech signals depends on voiced, voiceless or none excitations.

In the subjective hearing experiments, the perception abilities of sighted, visually impaired or blind people will be analyzed with a known linear speech time scaler. Further objective and subjective analysis compares the parameters of this developed nonlinear algorithm and also evaluates this new algorithm with the actual linear algorithm working in the time domain exclusively. Furthermore the pitch dynamic in accelerated speech is decreased to examine the question if manipulation of pitch will increase the intelligibility and comprehension whenever the speech is accelerated as well.

ZUSAMMENFASSUNG

Die Arbeit beschäftigt sich mit der zeitlich skalierten Sprache, insbesondere deren Beschleunigung. Akzelerierte Sprachausgaben stellen insbesondere für sehbehinderte Menschen ein wichtiges Kommunikationsmittel dar. Zunächst wird ein Überblick über die Terminologie und Definitionen bezüglich der Sprechgeschwindigkeit gegeben. Ausgehend vom allgemeinen Kommunikationsbegriff werden neben der Sprachkommunikation insbesondere die temporalen Limitierungen der Sprachproduktion und Sprachperzeption erörtert. Hier wird die natürliche Be- und Entschleunigung der Sprechgeschwindigkeit betrachtet. Auch die Wahrnehmung zeitlich skalierter Sprache, ob natürlich oder apparativ, ist limitiert. Die Grenzen der Wahrnehmbarkeit beschleunigter akustischer Sprache hängen unter anderem auch von der Sehfähigkeit des Hörers ab. Aus diesem Grund werden insbesondere bereits veröffentlichte und eigene Versuchsergebnisse mit sehbehinderten, blinden und sehenden Menschen präsentiert. Auch die Nutzung der skalierten Sprache in vielen akustischen Kommunikationshilfsmitteln der blinden Nutzer spielt dabei eine Rolle.

Der Kernpunkt dieser Arbeit beschäftigt sich mit der instrumentellen Skalierung von Sprache. Neben dem historischen Rückblick werden aktuelle Skalierungsmethoden und -algorithmen betrachtet und eine mögliche Strategie zur Verbesserung bezüglich der Verstehbarkeit und Verständlichkeit erarbeitet. Auf Grund dieser Strategien wird ein neuer nichtlinearer Skalierungsalgorithmus entwickelt. Die Analyse, Segmentierung und Dezimierung des Sprachsignales arbeitet zur Erhaltung der Echtzeitfähigkeit ausschließlich in der zeitlichen Domäne. Die neuen Sprachskalierungsstrategie beinhalten die Erhaltung aller Lautübergänge und führt zur ausschließlichen Reduktion der Phonnukleus. Die relative Menge der eliminierten Signalanteile hängt von der Detektion einer stimmhaften, stimmlosen oder fehlenden Anregung ab.

Mit den auditiven Experimenten werden zunächst mit Hilfe eines bereits bekannten linearen Skalierungsverfahrens die Wahrnehmungsfähigkeiten von sehenden, sehbehinderten und blinden Probanden bezüglich Verstehbarkeit und Verständlichkeit untersucht. Weitere instrumentelle und auditive Analysen dienen der Parameterevaluierung des in dieser Arbeit entwickelten nichtlinearen Skalierungsverfahrens. Abschließend erfolgt die auditive Evaluierung des phonsegmentierenden, nichtlinearen Sprachskalierers mit aktuellen Skalierungsverfahren. Weiterhin wird auch neben der zeitlichen Skalierung die Grundfrequenz in ihrer Dynamik bis zur Monotonie eingeschränkt, um die Frage zu untersuchen, ob die Verringerung der Grundfrequenzdynamik eines beschleunigten Sprachsignals dessen Verstehbarkeit und Verständlichkeit erhöht.

VARIABLEN UND ABKÜRZUNGEN

$A(\Omega_k)$:	Amplitudeninformation des komplexen diskreten Spektrums
$A_{1..4}$:	Anker 1 bis 4 zur Extremwertsuche
A_{Sl}:	Anker für Subsegmentierung (linkes Subsegment)
AK:	Aufnahmekopf
AKF:	Autokorrelationsfunktion
AMDF:	Average Magnitude Difference Function
AOLA:	Adaptives Overlap-and Add
CC-AKF:	Center-Clipping-Autokorrelation
CPU:	Central Processing Unit
D:	Differenz, Abstand
D_A:	Entfernung zum letzten Anker vom augenblicklichen Analysewert n
D_{GF}:	Dynamik der Grundfrequenz f_G
D_z:	Dezimationsfaktor
DSP:	Digital Signal Processor
f:	Frequenz
f_a:	Abtastfrequenz
f_{Ny}:	Nyquistfrequenz
FD:	Frequency Domain
FFT:	Fast Fourier Transformation
FPGA:	Field Programmable Gate Array
FSOLA:	Fast-Synchronised Overlap and Add
FVI:	TD-PSOLA TSM mit Transientenbeachtung
FVII:	phonsegmentierte, nichtlineare TSM
$g_{sh,sl}$:	Skalierungsverhältnis stimmhaft/stimmlos
g_{PS}:	Skalierungsverhältnis Pause /Sprache
GF:	Grundfrequenz
GFA:	Grundfrequenzanalyse
Gl.	Gleichung
$HM(u)$:	u-te Hauptmaximum
HMM:	Hidden Markov Modell
i:	Laufvariable, Index
I:	Interpolationsfaktor
k:	Zähler für spektrale diskrete Werte
K:	Anzahl der Frequenzwerte in den Analyse- und Synthesesegmenten
KI:	Konfidenzintervall
KNN:	Künstliches Neuronales Netz
KS-Test:	Kolmogorov-Smirnov-Test
l:	Loopzähler (Konstanzintervall)

L:	Maximale Anzahl der Loopintervalle
L_{ov}:	Überlappungsbereich
LSEE:	Least Significant Error Estimation
m:	Zähler für zeitliche Abtastwerte im Intervall
M:	maximale Anzahl für Zähler m
M_{GF}:	Grundfrequenzmarker (Pitchmarker)
M_{SG}:	Bewertungsmaß für Singularität
M_{CC}:	Bewertungsmaß CC-AKF
MC:	Multiple Choice
MSFSTM:	Modified Short Time Fourier Transformation Magnitude
MMS:	Mensch-Maschine-Schnittstelle
MOS:	Mean Opinion Score (mittlerer Urteilswert)
MW:	Mittelwert
n:	Zähler für zeitliche Abtastwerte
N:	maximale Anzahl für Zähler n
N_P:	Anzahl Pausensamples
N_{sh}:	Anzahl stimmhafter Samples
N_{sl}:	Anzahl stimmloser Samples
NDR:	Nulldurchgangsrate
NDP:	Nulldurchgangspause
$NM(u,n)$:	n-te Nachfolgemaximum des u-ten Hauptmaximums
NV:	Normalverteilung
OLA:	Overlap and Add
p:	Wahrscheinlichkeit der Signifikanz
$p_u(i)$:	i-te Pitchmarkierung im Segment u
p_-:	zu löschende Pitchmarkierung
p_+:	zu erhaltene Pitchmarkierung
P:	Pointer, Zeiger
PAOLA:	Peak Alignment Overlap and Add
PAP:	Programmablaufplan
PS:	Peaksearch
r:	Korrelationskoeffizient
R_A:	Analyseintervall
R_S:	Syntheseintervall
R_L:	Loopintervall
$s(t); s(n)$:	Zeitsignal, analog oder diskret
$s_A(t); s_A(n)$:	Analyse-Zeitsignal, analog oder diskret
$s_\alpha(t); s_\alpha(n)$:	skaliertes Zeitsignal, analog oder diskret
$S(\omega)$:	Spektrum
$S_\alpha(\omega)$:	skaliertes Spektrum
$S_A(uR_A, \Omega_k)$:	Analysespektrum Analyseintervall u und Ω-Band k
$S_S(uR_S, \Omega_k)$:	Synthesespektrum Syntheseintervall u und Ω-Band k
$s_u(n)$:	unterabgetastetes Signal
$Se(u)$:	Segment

SOLA: Synchronous Overlapp and Add
$Ss(u-1;u)$: Subsegment links von $Se(u)$
$Ss(u;u+1)$: Subsegment rechts von $Se(u)$
SER: Signal to Noise Ratio
SR: Sprechrate
STFT: Short-Time-Fouriertransformation
Sum: Summe
SuS: Segmental unvorhersagbarer Sätze
SW: Schwellwert
SW_{ss1}: Schwellwert für stimmlos/stimmhaft Entscheidung
T_a: Abtast-Periodendauer
T_G: Grundfrequenz-Periodendauer
TD-PSOLA: Time Domain Pitch Synchronous Overlap and Add
THDS: Time Domain Harmonic Scaling
TP: Tiefpass
TSM: Time Scale Modification
u: Intervallzähler, Analysefensterzähler
U: Anzahl der Intervalle
U_L: maximale Anzahl von R_A im Intervall R_L
$VM(u,n)$: n-te Vorgängermaximum des u-ten Hauptmaximum
VP: Versuchsperson
VL: Versuchsleiter
$w(n)$: diskrete Fensterfunktion
$w_A(n)$: diskrete Analysefensterfunktion
WK: Wiedergabekopf
WSOLA: Waveform-Similarity-Overlap and Add
Z: Zähler
α: Skalierungsfaktor >1→ zeitliche Kompression, <1→ zeitliche Expansion
β: Skalierungsfaktor für Scaled-Phase-Locking-Funktion
γ: Kehrwert von α
δ: Einheitsimpuls
ε: Skalierungsfaktor für D_{GF}
ΔN: Anzahl eliminierter Samples nach der Skalierung
Δs_a: Kurzzeit-Differenz des Analysesignals (1. Ableitung)
$\Delta^2 s_a$: Kurzzeit-Zweifach-Differenz des Analysesignals (2. Ableitung)
$\phi(\Omega_k)$: Phaseninformation des komplexen diskreten Spektrums
φ_{ss}: Autokorrelationsfunktion
τ: Verschiebeparameter
$\vartheta(t)$: Audio Tension Function
ω: Kreisfrequenz
Ω: normierte Frequenz f/f_a
Ω_k: diskrete normierte Frequenz

INHALT

1 Einleitung

1.1 Zur Entstehung der Arbeit

Schwerpunkt dieser Arbeit sind Untersuchungen und Entwicklungen mit instrumentell zeitlich skalierter Sprache. Mit dem Beginn der Sprachaufzeichnungen sind in der Geschichte der Sprachverarbeitung verstärkt auch Aktivitäten im Bereich der Beschleunigung und Temporeduzierung wiedergegebener Sprache zu finden. Zahlreiche Literaturquellen beschäftigten sich mit den Techniken der Wiedergabegeschwindigkeitsänderung, mit den Auswirkungen im psychologischen und pädagogischen Bereich und mit der Wahrnehmbarkeitsleistung verschiedener Probandengruppen.

Zunächst lag die Wahrnehmbarkeits-Untersuchung sehender, sehbehinderter und blinder Menschen im Fokus dieser Arbeit. Der Ausgangspunkt dafür war die Hypothese, dass blinde Probanden eine effizientere auditive Wahrnehmungsfähigkeit als Sehende entwickeln. Erblindete nutzen die Fähigkeit, die auditiven Verarbeitungsprozesse im Kortex auch in die Areale der visuellen Informationsverarbeitung zu erweitern.

Die Untersuchungs- und Entwicklungsrichtung änderte sich jedoch im Verlauf dieser Arbeit. Zunächst stellte sich heraus, dass eine präzise und repräsentative Wahrnehmungsuntersuchung blinder Probanden regional sehr beschränkt ist. Neben der Untersuchung mit auditiven Verständlichkeits- und Verstehbarkeitstests prägte sich das Interesse eher für die Verfahren und Algorithmen der Sprachskalierung aus. Nach der Auswertung der ersten Tests, insbesondere mit den blinden Probanden, offenbarte sich, dass bisherige lineare Skalierungsverfahren bezüglich der Lauterhaltung verbesserungsbedürftig sind.

Somit wurde die Arbeit mit der Entwicklung eines nichtlinearen Sprachskalierungsverfahrens fortgeführt. Insbesondere zur Anwendung in der Blindenkommunikation wurden bisherige Algorithmen für die skalierte Sprachwiedergabe von natürlich gesprochener und gespeicherter Sprache weiter entwickelt.

1.2 Zeitlich skalierte Sprache

Sprache ist der Träger von Informationen, der zwischenmenschlich am häufigsten genutzt wird und der sich aus diesem Grund am komplexesten ausgebildet hat. Die Sprache dient den Menschen als Kommunikationsmittel untereinander, als auch zwischen den Menschen und der Maschine. Sprache hat sich als sehr redundanzhaltiges Kommunikationsmittel entwickelt, so dass Sprachelemente eliminiert werden können, ohne dass Informationen beim Kommunikationsempfänger verloren gehen. Die Wahrnehmung beschleunigter Sprache ist mit der Wahrnehmung von Sprache mit eliminierten Sprachelementen vergleichbar. Vom Informationsempfänger können evtl. bestimmte Sprachanteile nicht mehr gehört, verarbeitet bzw. mit der gespeicherten akustischen Repräsentanz abgeglichen werden. Trotzdem ist der Empfänger in der Lage, bei moderaten Sprechtempoerhöhungen alle Informationen zu verstehen, obwohl die Information in einer kürzeren Zeit übermittelt wurde.

Diese Eigenschaft versuchten zahlreiche Untersuchungen und Anwendungen bisher auszunutzen. Abbildung 1.1 stellt eine Übersicht dar, in welchen Zusammenhängen die zeitskalierte Sprache bisher eine Rolle spielte, bzw. wo mit ihr experimentiert wurde.

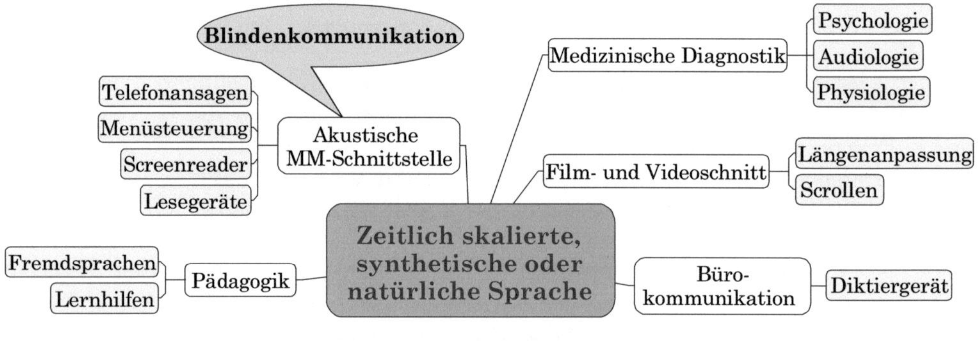

Abbildung 1.1: Übersicht für Anwendungen von skalierter Sprache

Insbesondere in der Kommunikation zwischen blinden Menschen und der Maschine (MMS: Mensch-Maschine-Schnittstelle) spielt die beschleunigte Sprache eine erhebliche Rolle. Hier findet sich auch ein breites Forschungsfeld für Anwendungen (Screenreader, akustische Menüpräsentation, Hörbuchplayer).

Viele Untersuchungen in der Audiometrie und Psychologie wurden mit akzelerierter Sprache durchgeführt, um hier Wahrnehmungsgrenzen besser zu detektieren als mit normaler Sprechgeschwindigkeit.

Die Recherche bei Videodaten nach bestimmten Stichwörtern in den Ausführungen von Moderatoren oder Sprechern lässt sich mit zeitlich skalierter Sprache beschleunigen oder die Länge der Videos regulieren und mit dem Sprachsignal synchronisieren.

In der Pädagogik und in der Rehabilitation lassen sich mit skalierter Sprache Gedächtnisleistungen trainieren und somit Lerninhalte besser einprägen, bzw. in einer kürzeren Zeit vermitteln [Bar68].

1.3 Inhalt der Arbeit

Zunächst werden im *zweiten Kapitel* die Termini und Definitionen anhand der vorhandenen Literatur aus den sprachwissenschaftlichen Teilbereichen der Kommunikation, Phonetik und Linguistik erörtert. Dabei werden ein Bild über die Komplexität der Kommunikation aufgebaut und die Bedingungen und Abhängigkeiten bezüglich der Sprache und ihrer Geschwindigkeitsvariationen erörtert. Die zeitliche Komponente der Sprachkommunikation wird der örtlichen und zeitlichen Komponente der visuellen Kommunikation gegenübergestellt. Die Transformation visueller Kommunikationsgeschwindigkeiten auf den akustischen Kommunikationskanal, der nur eine eindimensionale Abhängigkeit aufweist, stellt sich demzufolge problematisch dar. Dieses betrifft insbesondere blinde Menschen mit der fehlenden visuellen Kommunikation, aber auch Menschen, die parallel zur visuellen Kommunikation (Arbeitsplatz, Autofahrt) zusätzliche akustische Informationen wahrnehmen müssen oder wollen.

In der Literatur findet man eine Vielzahl unterschiedlicher Maße für die Sprechgeschwindigkeit. Man muss unterscheiden, ob es sich um einen instrumentellen Messwert oder um die auditiv empfundene Geschwindigkeit einer sprachlichen Äußerung handelt. Für weitere Arbeiten mit anzugebenden Sprechraten wird ein objektives Maß festgelegt, das zumindest für die deutsche Sprache zwischen verschiedenen Untersuchungen ein vergleichendes Maß darstellt. Anhand der Bezugs-, und Wahrnehmungsebenen wird eine Übersicht unterschiedlicher Sprechgeschwindigkeiten und Maßeinheiten erstellt.

Die zeitliche Variation von Sprache wird ebenfalls im *zweiten Kapitel* hinsichtlich der Produktion und der Wahrnehmung betrachtet. Schwerpunkte sind hierbei vor allem die physiologischen und psychologischen Limitierungen von der Verarbeitung im Gehirn bis hin zu den Artikulatoren und umgekehrt, bzw. der Empfang der akustischen Signale, über die Verarbeitung und den Abgleich der Lautmuster, bis zur vollständigen Verständlichkeit.

Die Begriffe „Verstehbarkeit" und „Verständlichkeit" werden in der Literatur sehr kontrovers diskutiert. Existiert für die beiden unterschiedlich definierbaren Prozesse eine abhängige Reihenfolge in der Sprachwahrnehmung? Die *Verstehbarkeit* wird in der vorliegenden Arbeit als die segmentale Wahrnehmung oder auch korrekte Identifikation der einzelnen Sprachelemente betrachtet, und erst die Verknüpfung der verstandenen Sprachelemente führt - an die jüngsten deutschsprachigen Literaturquellen angelehnt

[Jek92],[Rak06],[Möl10],[Fel13],[Fel14] - zur Verständlichkeit von Wörtern, Sätzen oder ganzen Abschnitten.

Ein eigener Abschnitt in *Kapitel zwei* wird der Kommunikation blinder und sehbehinderter Menschen gewidmet. Mit dieser Probandengruppe werden auch Verstehbarkeits- und Verständlichkeitstests in der Arbeit präsentiert. Dabei stellt sich zunächst die Frage, wie hoch der Anteil der sehbehinderten und blinden Menschen in der Bevölkerung ist und ob die Nutzung von Sprachskalierungsverfahren hilfreich sein könnte. Erörtert werden mögliche Hilfsmittel und deren Anwendungen zur Kommunikationsverbesserung von sehbehinderten und blinden Menschen. Gerade die vorwiegende Nutzung der akustischen Information war in der Vergangenheit - insbesondere seit der Speichermöglichkeit akustischer Signale - Gegenstand vieler Forschungsprojekte. Zahlreiche praktische Versuche, wie auch medizintechnische Messverfahren, wurden zur Ermittlung der auditiven Leistungsfähigkeit von Blinden bis heute durchgeführt und werden hier kurz beschrieben. Damit soll auch die große Bandbreite der Forschung auf diesem Gebiet illustriert werden.

Im *dritten Kapitel* findet der Leser Ausführungen über die bisherige Entwicklung von Sprachskalierungstechnologien. Von den bemerkenswerten mechanischen Verfahren zur Kürzung des magnetbandgespeicherten Sprachsignals, über die ersten digitalen Speicherungsalgorithmen bis zu den aktuellen Forschungsergebnissen wird ein grober Abriss dieses fast eigenständigen Forschungsbereiches in der Sprachsignalverarbeitung gegeben. Sehr frühe Arbeiten hatten nur eingeschränkte mechanische oder elektronische Möglichkeiten der zeitlichen Manipulation von Sprachsignalen, verbunden mit einer starken Qualitätsminderung. Die Ergebnisse der Wahrnehmungsuntersuchungen mit zeitskalierter Sprache waren somit wenig aussagefähig.

Die Strategien und Domänen der Skalierung, die in bisherigen Arbeiten zu finden waren, werden zusammenfassend in einer Übersicht präsentiert. Die einfache Skalierung des Sprachsignals im Zeitbereich erzeugt proportionale Frequenzverzerrungen. Zur Verhinderung dieser Verzerrungen arbeiten verschiedene Verfahren entweder im Zeitbereich, im Frequenzbereich oder in beiden Domänen. Die Algorithmen werden mit ihren Vor- und Nachteilen ausführlich beschrieben.

Die Vergleichsanzahl notwendiger Operationen von Skalierungsalgorithmen, die ihre Skalierung zwar im Zeitbereich vornehmen, aber Analysefunktionen im Frequenzbereich ausführen, verdeutlicht, wie stark sich der Aufwand im Frequenzbereich erhöht. In einem eigenen Vortest werden zwei aktuell vorhandene Beschleunigungsverfahren, die in der Zeit- oder in der Frequenzdomäne arbeiten und sowohl für Sprache als auch für Musiksignale angewendet werden, auditiv verglichen. In der Literatur finden sich außerdem bereits Ansätze nichtlinearer Skalierungsverfahren, z. B. die Verringerung der Sprechgeschwindigkeit für ältere Menschen in Abhängigkeit der Anregung oder auch eine Beschleunigungsstrategie, abhängig von der vom Sprecher induzierten Betonung. Die Strategie der betonungsabhängigen Beschleunigung konnte sich jedoch in der Vergangenheit in einem Versuch mit linearer, also gleichförmiger Skalierung nicht behaupten.

Aus den Vergleichen bisheriger Ergebnisse der Literaturquellen und aus den eignen Voruntersuchungen wird die phonsegmentierte Strategie eines zeitlichen Skalierungsalgorithmus mit Berücksichtigung der Ausgabequalität und der Verarbeitungszeit entwickelt.

Das *vierte Kapitel* beschreibt ausführlich die Entwicklung der eigenen Skalierungsalgorithmen. Zunächst galt es, die Wahrnehmungsleistung von sehbehinderten Probanden zu testen. Hierfür wird im ersten Teil ein Verfahren, anlehnend an bereits vorhandene lineare Technologien, erstellt. Somit wird den Probanden die Möglichkeit gegeben, die Geschwindigkeit der Sprache individuell zu regeln. Dieser Regelprozess ist später auch in die Auswertung einzubinden. Nach einer für den Probanden kaum wahrnehmbaren Analyse des gesamten zu skalierenden Sprachsignals unmittelbar nach dem Start der Sprachpräsentationen, ist die Geschwindigkeit vom Probanden stufenlos regelbar. Neben der während des Versuchs ermöglichten Sprechratenregelung wird noch eine weitere Eigenschaft im zu skalierenden Sprachsignal umgesetzt. Kurzzeitige, energiereiche Signalanteile, die vor allem bei Plosiven im Sprachsignal auftreten, sollen nach der Skalierung erhalten bleiben. Die mit Hilfe der Autokorrelationsfunktion zu detektierenden Maxima im Signal bilden die Nahtstelle, an denen Elemente bei der Beschleunigung verworfen oder bei der Temporeduzierung eingefügt werden. Ein als „energiereich“ gekennzeichnetes Maximum bleibt im Sprachsignal bestehen.

Der zweite Teil des *vierten Kapitels* beschreibt den neu entwickelten Algorithmus, der eine nichtlineare Skalierungsstrategie verfolgt. Zunächst wird - und hier unterscheidet sich das Verfahren von den bisherigen Verfahren - das Sprachsignal in seine Phone segmentiert. Dies geschieht ausschließlich in der zeitlichen Domäne. Auch die Klassifizierung der einzelnen Laute in die Klassen „Pause“, „stimmhaft“ oder „stimmlos“ verbleibt mit seiner Analyse im Zeitbereich. Somit kann die Echtzeitverarbeitung der Skalierung als Softwarelösung erhalten bleiben. Die Parameter werden nach der Beschreibung des Algorithmus auf ihre Genauigkeit und Berechnungsgeschwindigkeit apparativ und auditiv analysiert.

Im letzten Abschnitt des *vierten Kapitels* wird die Manipulation der Grundfrequenzdynamik des skalierten Sprachsignals erörtert. Insbesondere die blinden Probanden haben während der ersten Tests geglaubt, dass sie eine monotone Sprachausgabe präferieren würden und sich hierbei für sie die Verständlichkeit verbessern würde. Entsprechende Hinweise sind dazu in der Literatur nur sehr spärlich und mit sehr veralteten Methoden in den durchgeführten Untersuchungen zu finden. Das Sprachsignal wird mit dem hier vorgestellten Verfahren so manipuliert, dass es um eine mittlere Grundfrequenz GF herum in seiner Grundfrequenzdynamik D_{GF} verringert werden kann. Die stärkste Frequenzskalierung ergibt sich dann bei einem monotonen Sprachsignal mit einer Dynamik von $D_{GF} = 0$. Dieses monotone Sprachsignal enthält dann nur noch die mittlere Grundfrequenz.

Kapitel fünf enthält die während der Arbeit durchgeführten Hörtests. Zunächst wird die Evaluierung der Wahrnehmungsfähigkeit von sehenden, sehbehinderten und blinden

Testpersonen auf segmentalen Sprachebenen und auf semantischer Ebene analysiert. Dieses erfolgt zunächst mit einem linearen Sprachskalierer. Der Hörtest wurde eigens für diese Evaluation entwickelt, da die Sprechgeschwindigkeiten teilweise individuell regel- und abrufbar sein sollten.

Weitere Hörtests folgen zur Parametervalidierung des eigens entwickelten, phonsegmentierenden, nichtlinearen Skalierungsalgorithmus. Die auditiven Messwerte werden in diesem Abschnitt des Kapitels mit den gemessenen Verarbeitungszeiten verglichen, um die Qualität und die Leistungsfähigkeit des Algorithmus zu optimieren.

Anschließend werden die Verständlichkeit, Verstehbarkeit und die Qualität des entwickelten, phonsegmentierenden, nichtlinearen Skalierungsalgorithmus mit geläufigen linearen, zeitbereichsverarbeitenden Verfahren evaluiert. Dabei werden Sprechraten (SR) bis zu 12 Silb/s untersucht. Dies entspricht etwa der 2,5- bis 3-fachen normalen Sprechrate in der deutschen Sprache.

Der letzte Abschnitt im fünften Kapitel untersucht in einem Hörtest die Frage der besseren Verständlichkeit skalierter Sprache mit monotoner Grundfrequenz. Drei Stufen der Grundfrequenzdynamik (normal bis monoton) mit jeweils vier Sprechraten werden hier evaluiert.

Kapitel sechs greift die noch vorhandenen Defizite des Skalierungsalgorithmus auf. Insbesondere die Genauigkeiten der Segmentierung und Klassifizierung, die nur im Zeitbereich erzielt wurden, lassen weitere Verbesserungen zu. Dafür wären weitere Kombinationen von Signalparametern im Zeitbereich oder aber die Transformation in den Frequenzbereich notwendig.

In einem weiteren Abschnitt des sechsten Kapitels erfolgt die Zusammenfassung der Hörtestergebnisse mit den Probandengruppen unterschiedlichen Sehvermögens, der Evaluation der Algorithmen und der Ergebnisse der monotonen und beschleunigten Sprache. Hiernach folgen spezielle Entwicklungshinweise für zukünftige Hörtestszenarien mit skalierter Sprache. Auf Parameter, die signifikante Ergebniseinflüsse auf spätere Versuche haben, wird ausdrücklich hingewiesen.

Im letzten Abschnitt dieser Arbeit werden weitere Entwicklungsmöglichkeiten beim Design von Hörtests mit skalierter Sprache vorgeschlagen und ein Ausblick für weitere Untersuchungen von Skalierungsvarianten zur Erhöhung der Verständlichkeit gegeben. Die Anwendungsmöglichkeiten, speziell des hier vorgestellten nichtlinearen Skalierungsverfahrens, als auch von beschleunigter Sprache allgemein, werden abschließend erwähnt.

Eine grafische Inhaltsübersicht mit den Abhängigkeiten einzelner Abschnitte ist in Abbildung 1.2 dargestellt.

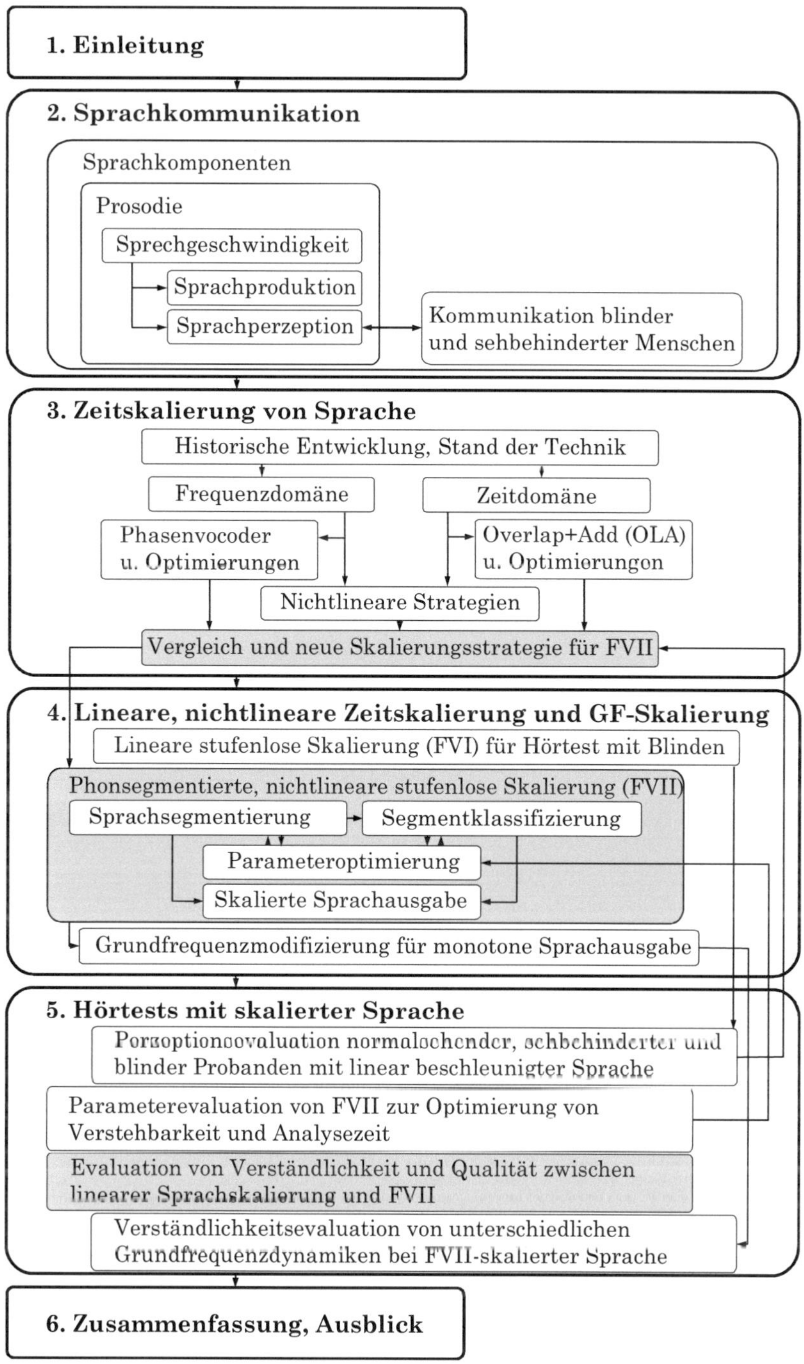

Abbildung 1.2: Übersicht der Arbeit

2 SPRACHKOMMUNIKATION

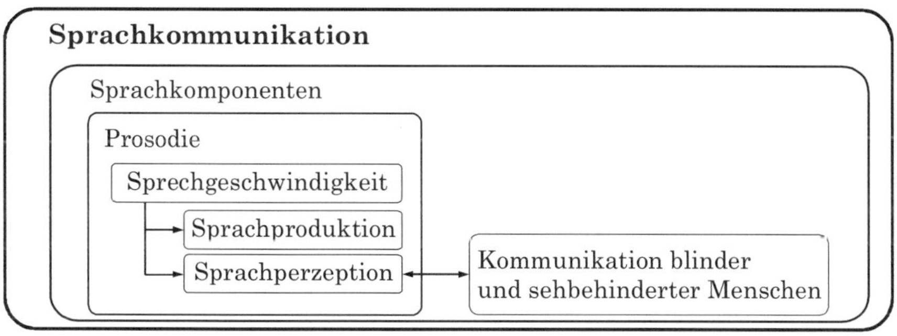

Abbildung 2.1: Übersicht Kapitel 2

Über die allgemeinen Grundbegriffe der Sprachkommunikation werden anhand des klassischen und informationstheoretischen Sender-Empfänger-Modells die Kommunikationskanäle zwischen den Menschen und zwischen den Menschen und ihren Maschinen betrachtet. Sprache kann unterschiedlich und auf mehreren Informationsträgern codiert werden. Die Sprache wird mit ihren Bestandteilen beschrieben. Im engen Zusammenhang steht dazu die Sprechgeschwindigkeit als Teil der Prosodie. Die vielfältigen Definitionen mit ihren Bezügen und Einheiten werden in diesem Kapitel systematisiert.

Die Vorgänge der Perzeption und Produktion von Sprache werden unter besonderer Beachtung der physiologischen und psychologischen zeitlichen Grenzwerte behandelt. Hiervon hängt eine maximal produzier- und wahrnehmbare Sprechrate ab. Dies wird insbesondere bei der Betrachtung der Blindenkommunikation deutlich. Zahlreiche Ergebnisse und Vergleiche sind dazu aus Veröffentlichungen entnommen und hier aufgeführt, um dann als Ausgangspunkt und Diskussionsgrundlage für die eigenen Untersuchungen zu dienen.

2.1 Allgemeine Sprachkommunikation und Definitionen

2.1.1 Kommunikation und Information

Kommunikation wird definiert als Verständigung untereinander, als zwischenmenschlicher Verkehr, besonders mit Hilfe von Sprache und Zeichen. [Dud07]

Der Kommunikationsbegriff wird hier besonders auf den zwischenmenschlichen Informationsaustausch angewendet. Die sprachliche Kommunikation des Menschen entwickelte sich als Alleinstellungsmerkmal gegenüber allen anderen Lebewesen [Her94]. Der Mensch ist in der Lage, durch sprachliche Laute einen Abbildungscode seiner Umwelt zu erzeugen, der vom Kommunikationspartner verstanden und akzeptiert werden kann.

Kommunikation findet nicht nur zwischenmenschlich statt, sondern im technologischen Zeitalter auch zwischen Menschen und Maschinen sowie zwischen Maschinen. Im nachrichtentechnischen Sinne ist die Kommunikation ein Austausch von Nachrichten, deren Zeichenzusammenstellung der Übermittlung von Informationen dient.

Die einfachste Struktur eines allgemeinen Kommunikationssystems ist in Abbildung 2.2 dargestellt. Die Kommunikationspartner bestehen hier aus dem Initiator der Kommunikation, dem Kommunikator (Sprecher = Sender) und dem aktivierten Partner, d. h. dem Kommunikant (Hörer = Empfänger). Die ausgesandte Information wird während der Kommunikation von einem Medium übertragen. Im nachrichten- bzw. informationstechnischen Sinne spricht man auch von einer Quelle und einer Senke.

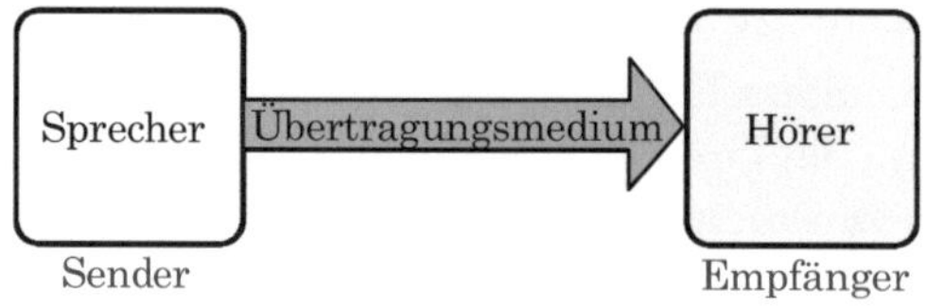

Abbildung 2.2: Einfache Kommunikationsstruktur

Ist jedoch jedes empfangene Signal oder Codewort eine Information?

„***Information:*** Nachricht, Mitteilung, Hinweis, Auskunft, Belehrung, Aufklärung und im Sinne der Informationstechnologien: als räumliche oder zeitliche Folge physikalischer Signale, die mit bestimmten Wahrscheinlichkeiten oder Häufigkeiten auftreten. *Information* ist eine sich zusammensetzende Mitteilung, die beim Empfänger ein bestimmtes [Denk]verhalten bewirkt." [Dud07]

Aus informationstechnischer Sicht wurde der Begriff *Information* bereits von *Hartley* geprägt [Har28]. Er erkannte, dass eine echte Information nur vorliegt, wenn der Empfänger nicht schon im Voraus weiß oder mit hoher Wahrscheinlichkeit vermutet, was er empfangen wird. Der Hörer empfängt also nur eine Information, wenn sie für ihn einen Neuigkeitswert enthält. Dieser Neuigkeitsgehalt lässt sich in der Informationstheorie mit Hilfe der Wahrscheinlichkeit ausdrücken. Ist eine Nachricht mit 100-prozentiger Wahrscheinlichkeit vorhersagbar, so wird keine Information übertragen.

Die Komplexität einer *sprachlichen* Kommunikationssituation wird in Abbildung 2.3 veranschaulicht. Zunächst müssen beide Kommunikationspartner die Rollenverteilung akzeptieren und über eine gemeinsame Schnittmenge ihrer Sprachsysteme verfügen. Sprechen beide die gleiche Sprache, können jedoch Dialekte oder unterschiedliche Begriffskenntnisse *(lexikalische Auswahl)* zu Kommunikationsschwierigkeiten führen. Ebenso beeinflusst die Sprechweise des Sprechers die Verstehbarkeit und Verständlichkeit beim Hörer. Eine ungenaue Artikulation oder zu schnelles Sprechen führen z. B. zu Verstehensverlusten.

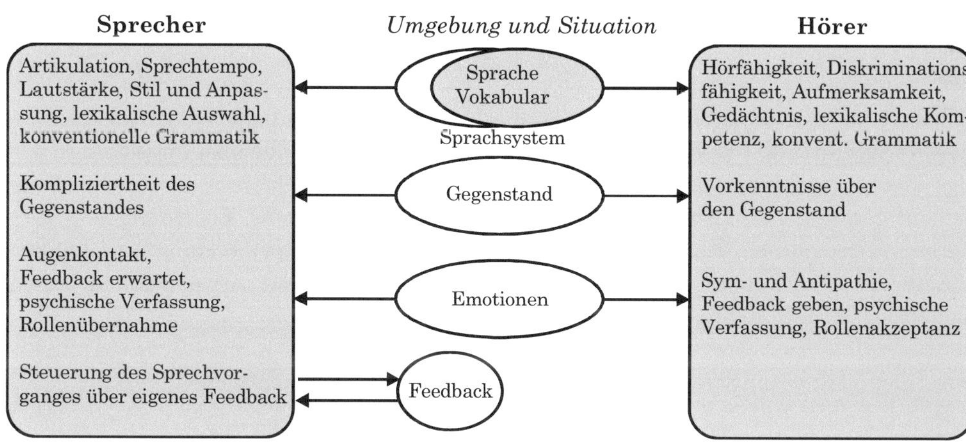

Abbildung 2.3: Einflüsse auf die Sprachkommunikation

Der zu beschreibende Gegenstand muss dem Sprecher bekannt sein und beeinflusst in seiner Kompliziertheit die sprachlichen Äußerungen. Sind auf der Hörerseite bereits Vorkenntnisse über den Gegenstand vorhanden, kann sich die Kommunikationssituation vereinfachen. Neben der reinen sprachlichen Kommunikation steuern physiologische und psychische Voraussetzungen sowie visuelle und akustische Reize die Kommunikationssituation. Sympathie oder Antipathie beeinflussen das Feedback des Hörers auf den Sprecher, der somit visuell oder akustisch feststellen kann, ob seine Äußerungen vom Partner verstanden und akzeptiert werden.

Der Mensch ist im Allgemeinen in der Lage, über alle Sinnesorgane Informationen aufzunehmen, die bei der Kommunikation eine direkte oder indirekte Rolle spielen. So ist beispielsweise neben dem akustischen und visuellen Informationsaustausch auch eine Kommunikation über den Tastsinn möglich (Abbildung 2.4.)

Die Kommunikation zwischen zwei Partnern kann direkt (*face-to-face*) oder über zusätzliche Übertragungswege erfolgen. Somit sind der Entfernung zwischen Sprecher und Hörer kaum noch Grenzen gesetzt. Die Kommunikation erfolgt einerseits über mehrere Kanäle, andererseits auch über differente uni- oder bidirektionale Informations-Trägermedien. Als Kanal wird hier der Informationsträger bezeichnet, den der Mensch mit seinen unterschiedlichen Sinnen wahrnehmen kann (Abbildung 2.4). Der Informationsträger kann sich in unterschiedlichen Medien befinden.

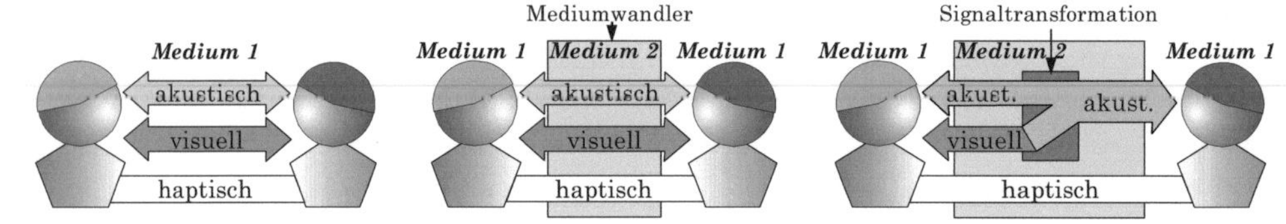

Abbildung 2.4: Kommunikationskanäle a) direkt, b) indirekt, c) indirekt mit Transformation

Bei der Face-to-Face Kommunikation ist die Luft das Übertragungsmedium für die auditive Wahrnehmung. Die visuelle Wahrnehmung erfolgt direkt nur über optisch durchlässige Medien. Der haptische Sinn nimmt durch direkten Kontakt Informationen auf und bedient sich dabei mehrerer Rezeptoren zur Temperatur-, Druck-, Feuchtigkeits-, Oberflächen-, Größen- und Vibrationserkennung [Web00]. Die in der Abbildung 2.4 fehlenden olfaktorischen und gustatorischen Sinneskanäle spielen in dieser Arbeit beim zwischenmenschlichen Informationsaustausch keine Rolle.

Unter Verwendung technischer Hilfsmittel ist es möglich, die Signale als Informationsträger der menschlichen Kommunikationskanäle auf ein anderes beliebiges Übertragungsmedium umzusetzen (Abbildung 2.4 b). Somit kann die Kommunikation nicht nur direkt von Angesicht zu Angesicht erfolgen. Es lassen sich größere Distanzen überwinden, die bei der Face-to-Face-Kommunikation durch die Ausbreitungsbedingungen von Licht- und Schallwellen sowie durch zusätzliche Störeinflüsse begrenzt sind. Die Informationsübertragung kann über die Hör- und Sichtweite hinaus erfolgen. Dann spricht man auch von *Telekommunikation*. Telekommunikation ist „der technische Vorgang des Aussendens, Übermittelns und Empfangens von Signalen mittels Telekommunikationsanlagen" [TKG04].

Ist ein Wahrnehmungskanal physiologisch oder psychologisch beim Sender oder Empfänger gestört, kann der Mensch die Störung oder den Verlust mit den verbleibenden Sinnesorganen zum Teil ausgleichen. Einfacher kann es jedoch sein, bei einer Übertragung oder Speicherung die Information auf einen anderen Wahrnehmungskanal umzusetzen (Abbildung 2.4 c). Bei Verlust der Sehfähigkeit werden z. B. Informationen auf den akustischen oder haptischen Kanal umgeleitet.

Im Rahmen dieser Arbeit wird unter anderem untersucht, inwieweit sehbehinderte und blinde Menschen ihren auditiven Wahrnehmungskanal bezüglich der Sprachkommunikation trainieren können, um eine effizientere Informationsaufnahme zu erreichen.

Vergleicht man die informationstheoretische Verarbeitung der auditiven und visuellen Wahrnehmung, so stellt man fest, dass im auditiven Kanal nur eine serielle Informationsverarbeitung und bei der visuellen Informationsaufnahme - durch die örtliche *und* zeitliche Abhängigkeit der Signale (Abbildung 2.5) - eine parallele Verarbeitung erfolgt.

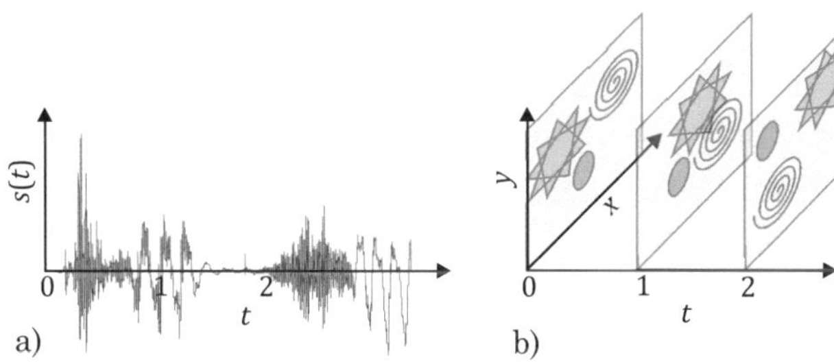

Abbildung 2.5: a) zeitlich abhängige (Sprachsignal-) Informationsübermittlung, b) örtlich und zeitlich abhängige Informationsübermittlung

Diese parallele Informationsaufnahme ermöglicht eine höhere wahrnehmbare Informationsrate, als sie über den akustischen Kanal erreichbar ist. Der Verlust der visuellen Wahrnehmung und die damit verbundene drastische Verringerung der wahrgenommenen Informationsrate werden bei sehbehinderten und blinden Menschen über den auditiven Kanal nur zum Teil und individuell stark unterschiedlich kompensiert.

Informationsrate: Übertragene Informationsmenge pro Zeiteinheit

Inhaltlicher Schwerpunkt dieser Arbeit ist die zeitliche Manipulation der Sprachkommunikation, mit dem Ziel, die Informationsrate auf dem akustischen Kanal zu erhöhen. Die Betrachtungen und Untersuchungen zeitlicher Variationen des Sprachsignals erfolgen losgelöst von den anderen Kommunikationskanälen. Eine mögliche Expansion der Informationsrate kann einerseits durch den Sprecher selbst erfolgen, indem er die Sprechgeschwindigkeit erhöht oder andererseits instrumentell durch Zwischenspeicherung und anschließender Erhöhung der Wiedergabegeschwindigkeit.

Während der direkten sprachlichen Kommunikation vom Sprecher zum Hörer laufen mehrere Prozesse seriell als auch parallel ab, die ihrerseits die Geschwindigkeit der Kommunikation begrenzen. Zunächst werden die Prozesse der Sprachbildung und der Sprachwahrnehmung im signalphonetischen Band nach *Tillmann* [Til80] in Abbildung 2.6 betrachtet. Das Band ist mit den Umwandlungsprozessen der einzelnen Signalformen als Informationsträger erweitert worden. In [Til80] versteht man unter diesem Band den Signalpfad vom zentralen Nervensystem (ZNS) des Sprechers bis zum ZNS des Hörers, der zum Funktionieren des Sprechaktes ununterbrochen notwendig ist und mit geeigneten Instrumenten gemessen werden kann.

Prozesse	ZNS	neuronal	neuro-muskulär	Artikulation	Übertragung	Außen- u. Mittelohr	Innenohr	neuronal	ZNS
Signale	*biochem.* ↕ *elektrisch*	*biochem.* ↕ *elektrisch*	*elektrisch* ↓ *mechanisch*	*mechanisch* ↓ *akustisch*	*akustisch*	*akustisch* ↓ *mechanisch*	*mechanisch* ↓ *elektrisch*	*elektrisch* ↕ *biochem.*	*elektrisch* ↕ *biochem.*

Abbildung 2.6: Erweitertes "signalphonetisches Band" nach [Til80]

Die Sprachkommunikation ist jedoch, wie die Abbildung 2.6 vermuten lässt, kein unidirektionaler, sondern ein bidirektionaler Prozess, mit Rekursionen vom Hörer zum Sprecher und beim Sprecher selbst.

Die Betrachtung des Sprachprozesses findet in der Phonetik auf der psychologischen, der neurologischen, der physiologischen und der akustischen Ebene statt. Alle Prozesse in diesen unterschiedlichen Ebenen stehen allerdings in direktem oder indirektem kausalen Zusammenhang zueinander, und sie interagieren auch miteinander [Pom03].

2.1.2 Sprachliche Einheiten

Das produzierte und zunächst über den akustischen Kanal übertragene Sprachsignal lässt sich nun messtechnisch erfassen und mit unterschiedlichen physikalischen Parametern beschreiben. Die Schwierigkeit besteht darin, Beschreibungsmaße zu finden, die allgemeine Gültigkeit besitzen, da das akustische Sprachsignal subjektiv geprägt ist und durch die Umgebung gestört sein kann. Es ist sogar für denselben Sprecher nicht möglich, zwei in allen Parametern identische Sprachsignale zu erzeugen.

Zunächst interessieren die quantitativen Eigenschaften des Sprachsignals, dessen Elemente und Strukturen zeitliche Abhängigkeiten aufweisen. Die kleinsten Segmente einer Lautsprache sind die durch auditive Analyse gewonnenen Elementareinheiten, die *Phone* [Til80] in Layer 1 eines Satzes (Abbildung 2.7). Diese Minimalereignisse werden nach den artikulatorischen Merkmalen klassifiziert und für alle Sprachen der Welt in einem Symbolsystem der *IPA (International Phonetic Association)* zusammengefasst [IPA05]. Das Alphabet nimmt dabei bereits Bezug auf eine bedeutungsunterscheidende Funktion der Laute. Da der Sprecher die Intention verfolgt, Informationen zu übermitteln, legt er die Bedeutungsunterscheidungen in die artikulatorischen Unterschiede.

Die lautlichen Differenzierungen interessieren den Hörer wiederum insoweit, als dass ihm unterschiedliche Bedeutungen bezüglich der Semantik, als auch z. B. im Sinne der Sprecheridentität oder dessen Verfassung dargeboten werden. Jede Sprache besteht, wie in Abbildung 2.7 ersichtlich, nur aus einer Untermenge aller möglichen Laute, den *Sprechlauten* oder *Phonemen* [Epp93]. Unter einem Phonem wird die kleinste bedeutungsunterscheidende Sprecheinheit verstanden [Fel84].

Anhand ihrer glottalen Anregung werden die Phone weiter wie in Tabelle 2.1 kategorisiert. Stimmhafte Laute werden mit Hilfe der Glottis angeregt und erhalten somit eine Grundschwingung, die im weiteren Artikulationstrakt moduliert wird. Bei stimmlosen Phonen ist dagegen die Glottis geöffnet und die Anregung erfolgt nur durch einen rauschförmigen Luftstrom.

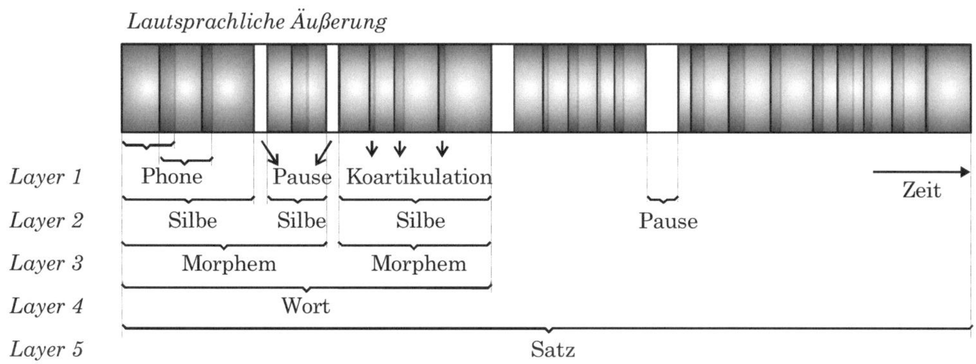

Abbildung 2.7: Sprachelemente innerhalb eines Satzes

Weiterhin muss in *Vokale* und *Konsonanten* unterschieden werden. Wird bei der Artikulation der Luftstrom durch den Artikulationstrakt behindert (*Obstruenz*), spricht man eher von einem Konsonanten. Passiert der Luftstrom den Artikulationstrakt überwiegend ungehindert (*Sonoranz*), handelt es sich um Vokale. Vokale und Konsonanten unterscheiden sich außer durch ihre Sonorität noch in ihrer Silbengipfelfähigkeit. Ein Vokal bildet, bis auf wenige Ausnahmefälle, den Gipfel einer Silbe, während ein Konsonant zumeist nur an den Silbenrändern zu finden ist.

Parameter	**Kategorien**	
glottale Anregung	*stimmhaft*	*stimmlos*
Behinderung des Luftstroms im Ansatzrohr	nein *(Vokal)*	ja *(Konsonant)*
Silbengipfelfähigkeit mit Lautheitsmaximum	ja *(Vocoid)*	nein *(Kontoid)*

Tabelle 2.1: Klassifizierung der Laute nach [Koh95],[Hes02]

Da der Übergang zur Silbengipfelfähigkeit zwischen Vokalen und Konsonanten aber nicht eindeutig ist, wird bezüglich dieser Eigenschaft aus phonologischer Sichtweise in *Vocoide* (silbengipfelfähiges Phon) und *Kontoide* (silbengipfelunfähiges Phon) unterschieden [Koh95]. Eine granulare Klassifizierung der Phone erfolgt an Hand ihrer Artikulationsart, dem Artikulationsort und der verschiedenen Positionen des Artikulationswerkzeuges. Auf Grund ihrer distinktiven akustischen Eigenschaften sind die Artikulationsarten der Konsonanten: *Plosive, Frikative, Vibranten, Lateral- und Nasallaute* interessant. Die aufgelistete Reihenfolge entspricht der Sonoritätshierarchie, wobei jeweils noch in „stimmhaft“ und „stimmlos“ unterschieden werden kann. Für eine weiterführende Klassifizierung nach dem Artikulationsort und den Positionen der Artikulatoren sei auf die entsprechende Literatur der Phonetik verwiesen [Til80], [Koh95],[Pom03].

Die Verkettung der Phone in der Lautsprache führt vom minimalen segmentalen zum nächstgrößeren suprasegmentalen Sprachelement im Layer 2 eines Satzes (Abbildung 2.7): der *Silbe*. Sie entspricht schon eher dem auditiv wahrnehmbaren segmentalen Charakter der Lautsprache und wird durch die restriktiven Bedingungen des menschlichen Artikulationsapparates bestimmt. Innerhalb einer Silbe findet man - jetzt wieder aus phonetischer Sicht - nur fließende Übergänge zwischen den Phonen, die kaum einzeln wahrgenommen werden, sondern immer im Bezug zu ihren benachbarten Lauten erscheinen. Die Laute sind nicht, wie in den Anfängen der Experimentalphonetik fälschlicherweise erst angenommen, im Sinne von *Anglitt-Haltephase-Abglitt* einzeln produziert, sondern bezüglich der Nachbarlaute koproduziert. Die Laute werden entweder überlappend produziert (*Koartikulation*) oder gehen artikulatorisch ineinander über (*Steuerung*) [Men33].

Die Silbe besteht immer aus einem Silbenkern (*Nukleus*), dem Vokal, Diphthong oder vokalischen Sonorant, der von einer Konsonantenfolge im Anlaut (*Onset*) und Auslaut (*Coda*) umklammert wird. Die Konsonantenfolgen können aber auch leer sein [Hes02].

Durch das alternierende Öffnen und Schließen der Artikulationsorgane wird in der Silbe eine rhythmische Gliederung der Lautsprache erzeugt, die auf dieser segmentalen Ebene bereits als prosodische Struktur aufgefasst werden kann. *Tillmann* bezeichnete diese Struktur als *B-Prosodie*, bei der noch nicht die Stimmmelodie dominiert, sondern die akustischen Druckpegelschwankungen [Til80]. Die silbische Rhythmusstruktur spielt bei der Geschwindigkeitswahrnehmung von Lautsprache eine prägende Rolle.

Der nächste in Abbildung 2.7 angegebene Layer 3 der sprachlichen Einheiten besteht aus den *Morphemen*, die einzeln oder zusammengesetzt ein Wort ergeben können. Ein Morphem verbindet eine strukturierte Lautkette zur kleinsten bedeutungstragenden Einheit [Epp93]. Ein *Wort* (Sprachlayer 4 Abbildung 2.7) wiederum kann aus mehreren Morphemen bestehen, wovon dann mindestens ein Morphem der Grundbaustein des Wortes (*Grundmorphem)* ist und die weiteren Morpheme auch als *Affixe* (*Präfix* oder *Suffix*) agieren können. Einzelne oder zusammengefügte Wörter ergeben in der sprachlichen Äußerung einen *Satz,* (vgl. Layer 5 in Abbildung 2.7). Die Verkettung der einzelnen Laute, Silben und Wörter zu einem Satzgebilde erfolgt nun nicht nur stetig fließend und ineinander übergehend, wie es bei der Silbe selbst beobachtet werden kann. Der Sprecher erzeugt aus verschiedenen Gründen Sprechpausen, die innerworts zwischen den Silben oder zwischen den Wörtern und/oder Sätzen eingefügt werden. Ursache für sowohl bewusste als auch unbewusste Sprechpausen sind nach [Pau98]:

- Atem holen,
- Unterbrechung der fließenden Bewegungen des Artikulationsapparates durch neue Ausgangsstellung zwischen Abglitt und Anglitt zweier Silben (z. B. vor einem Plosiv),
- Einhaltung einer rhythmischen Gliederung der lautsprachlichen Äußerung,
- syntaktische Trennung von Spracheinheiten,
- Einfügen bzw. Variationen der Pausen zur semantischen Unterstützung oder Phrasengliederung,
- Einfügen bzw. Variationen der Pausen zur emotionalen Ausdrucksweise,
- Unterbrechungen des Gedankenflusses.

Pausen fallen häufig zumeist mit den Silbengrenzen zusammen. Eine Markierung der Lautgrenzen durch Pausen ist dagegen nicht möglich [Pau98].
Bei einer auditiv wahrgenommenen Sprechpause muss es sich nicht unbedingt um eine akustische Signalpause handeln. Die lokale Verlangsamung der Sprechgeschwindigkeit, auch als *präpausale Längung* [Pom03] bezeichnet, führt durch die zeitliche Verlängerung, z. B. eines vokalischen Silbenkerns vor einer Pause zur auditiven Wahrnehmung einer Pause, obwohl noch keine Sprachsignalpause vorhanden ist.

2.1.3 PROSODIE

Prosodie beschreibt die Eigenschaften von Lautpaaren und -gruppen in der sprachlichen Äußerung. Der Begriff wurde in der Sprachwissenschaft aus dem Griechischen übernommen. „Pros-ōdē“ bedeutet “Hinzusingen“ [Ess79]. Die Griechen nutzten das Wort bereits, um auf dieses Feature des Gesprochenen hinzuweisen. Das Hinzugesungene charakterisiert die Prosodie allerdings als etwas auf die sprachliche Äußerung Aufgesetztes so, als ob der Inhalt des Gesprochenen der Lautsprache auch ohne Prosodie verstanden werden kann. Tatsächlich aber ist die Prosodie ein integraler Bestandteil der Sprachproduktion und liefert einen Beitrag für die zu übermittelnde Information. Sicherlich gehören zur Prosodie auch Merkmale - wie die *Stimmcharakteristik*, die die emotionalen Zustände des Sprechers charakterisieren.

Die Diskussion über eine einheitliche Definition der Prosodie und ihre eigentliche Funktion in der Sprachproduktion dauert in der Sprachwissenschaft bis heute an. In der Arbeit wird bei der Aufstellung prosodischer Merkmale an die messbaren akustischen Parameter *Grundfrequenz (GF)*, *Intensität* und *Dauer* angelehnt, die neben ihrer Bedeutung für die Lautproduktion auch suprasegmentale Variationen aufweisen und unstrittig in allen bisherigen Veröffentlichungen für die Herleitung einer geeigneten Definition zur „Prosodie“ aufgegriffen wurden [Leh70],[Sha87],[Buß90],[Möb93],[Son99].

Die drei genannten akustischen Parameter korrelieren mit den linguistischen Kriterien *Intonation, Lautheit (Akzentuierung)* und *Quantität* nach [Var98],[Koh95]. Neben den Suprasegmentalia fügt *Möbius* der Prosodie noch Sprechtempo, Rhythmus, Stimmqualität und Pausen als Untersuchungsgegenstand hinzu [Möb93], während *Bußmann* Akzent und Sprechpausen mit einschließt [Buß90] und *Kohler* die Stimmqualität der Prosodie unterwirft [Koh95]. Als Konsens aller Wissenschaftler lässt sich die Prosodie aus kommunikativer Sicht nach *Vary* wie folgt definieren [Var98]:

> „Unter ***Prosodie*** versteht man die suprasegmentalen Eigenschaften *Quantität, Akzentuierung* und *Intonation* der Lautsprache.“

Die Lenkung der einzelnen prosodischen Merkmale durch den Sprecher wird nicht nur durch die Änderung jeweils eines akustischen Parameters erreicht, sondern vielmehr auch durch die gleichzeitige Beeinflussung aller drei Parameter wie in Abbildung 2.8 gezeigt.

Die Prosodie lässt sich neben der linguistischen Analyse durch insgesamt drei Ebenen nach *Sonntag* klassifizieren [Son99]:

- „linguistische Ebene (arbiträr, diskrete Bedeutungen),
- paralinguistische Ebene (nicht linguistisch segmentierbar, z. B.: Flüstern, Kichern, Lachen, Schluchzen),
- extralinguistische Ebene (sprecherspezifische Eigenschaften, z. B.: Stimmlage, Stimmumfang, Stimmqualität sowie physiologische Reize, z. B.: Husten, Niesen).“

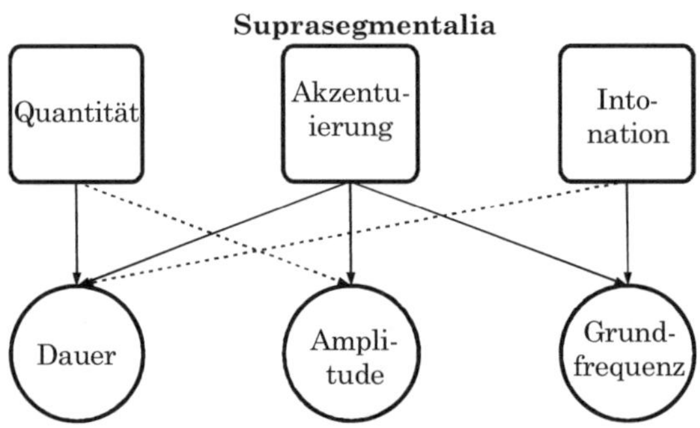

Abbildung 2.8: Beziehungen der linguistischen prosodischen Kriterien zu den akustischen Parametern nach [Möb93] und [Var98]

Die Phänomene in allen drei Ebenen tragen kommunikativen Charakter, da sie in jedem Fall dem Hörer gewisse Informationen über den Sprecher und seine Sprechsituation mitteilen. Alle drei Ebenen sind in ihrer Analyse allerdings auch schwer voneinander abgrenzbar.

In dieser Arbeit interessiert vorwiegend die linguistische Ebene bezüglich *Quantität, Akzentuierung* und *Intonation.* Die gespeicherte Sprache soll in ihrer Dauer und Grundfrequenz manipuliert werden, was nach Abbildung 2.8 eine Modifizierung von Quantität, Akzentuierung und Intonation nach sich zieht.

Die Funktion der prosodisch-linguistischen Ebene gestaltet sich überwiegend in der Akzentuierung eines sprachlichen Äußerungsabschnitts. Geschieht dieses z. B. auf der Silbenebene, handelt es sich um *betonte* oder *prominente* Silben. Ziel des Sprechers ist es, den Verstehensprozess mit Hilfe der Prosodie beim Hörer zu unterstützen. Es gelingt dem Sprecher dabei sogar, diesen Unterstützungsprozess auf die jeweilige - z. B. akustisch gestörte - Sprechsituation zu adaptieren [Del96]. Die Ergänzung von zum Teil redundanten Informationen durch die Prosodie wird in [Mül03] wie folgt unterteilt:

- „das Gruppieren von syntaktisch und semantisch zusammengehöriger Information durch Phrasierung,
- das Hervorheben von syntaktisch und semantisch zusammengehöriger Information durch die Betonung bestimmter Wörter,
- die Festlegung des Satztyps (z. B. Frage- oder Antwortsatz) durch die Variation der Satzmelodie.“

Einen wesentlichen Anteil an der Prominenz hat dabei die Intonationskontur, also die zeitabhängige Funktion der Grundfrequenz (engl.: *pitch*) im Verlauf einer Äußerung.

> ***Intonation*** fasst die suprasegmentalen Merkmale des Tonhöhen- bzw. Grundfrequenzverlaufs während einer sprachlichen Äußerung auf Silben-, Wort- und Äußerungsebene zusammen.

In den sogenannten *Tonsprachen* führen distinktive GF-Muster zu Bedeutungsunterscheidungen auf Silben- und Lautebene, so dass in diesen Sprachen eine Manipulation der GF-Struktur zur Verringerung der Verstehbarkeit führen kann.

Die deutsche Sprache, wie auch alle germanischen Sprachen, zählen zu den akzentzählenden Sprachen [Amb67]. Gegenüber den silbenzählenden, vorwiegend nordeuropäischen Sprachen, bilden im Deutschen die Akzente isochronische Merkmale aus. Das bedeutet, der zeitliche Abstand zwischen den betonten Silben tendiert zur Konstanz. Da zwischen den prominenten Silben eine unterschiedliche Anzahl unbetonter Silben auftreten kann, lässt sich das konstante Zeitraster nur durch eine Verkürzung der zunehmenden Silbenanzahl approximieren [Koh95]. Es entsteht ein subjektiv geprägter Rhythmus in der Sprache. Von Rhythmus bzw. Gliederung des Sprachablaufs [Dud07] kann man jedoch erst sprechen, wenn der Rezipient auf Grund des Gleichmaßes vorhersagen kann, wie sich die zukünftigen zeitlichen Strukturen gestalten [Gus00].

Tillmann unterteilt die Prosodie anhand der Wahrnehmung der Änderungsgeschwindigkeit der Tonhöhe, also der Modulationsgeschwindigkeits-Änderung der Grundfrequenz, in A-, B- und C-Prosodie [Til80]. Eine langsame mit 1 Hz modulierte Tonhöhenänderung kann der Mensch unmittelbar wahrnehmen und verfolgen, was der A-Prosodie nach [Til80] entspricht, die sich in der Lautsprache über mehrere Silben erstreckt. Die B-Prosodie kennzeichnet den Bereich ab etwa 2 Hz, ab dem man einen Rhythmus wahrnimmt und mitklopfen könnte, was den Prominenzvariationen von Silbe zu Silbe entspricht. Ab 10 Hz löst sich die rhythmische Struktur auf, und es wird nur noch eine Triller-Struktur wahrgenommen. Dies vergleicht *Tillmann* mit den in der Lautsprache auftretenden Vibranten [Til80].

In [Pfi01] wird eine Hierarchie für die zeitliche Struktur akzentzählender Lautsprache hergeleitet, die - in Anlehnung an die in Abbildung 2.7 dargestellten sprachlichen Elemente - in Abbildung 2.9 mit der letzten Ebene als Rhythmus mit Isochronie und den drei in [Til80] erwähnten Prosodieebenen veranschaulicht wird.

Die *Perceptual Center* (P-Center) wurden von *Marcus* eingeführt [Mar81]. Er definiert sie als Abfolge wiederkehrender Ereignisse und nimmt eine einsilbige Wortfolge als regelmäßig an, wenn deren P-Center in regelmäßigen zeitlichen Abständen angeordnet sind. In der Abfolge von mehrsilbigen Wörtern werden die Silben wiederum unterschiedlich akzentuiert, so dass erst eine wechselnde Silbenakzentuierung zur Isochronie führt. Diese wird durch die aus der Versmetrik verwendeten *Füße* markiert. Die stärkere Prominenz der Silben ist in Abbildung 2.9 mit helleren Lauten gekennzeichnet. Eine minimale zeitliche Ausdehnung (zwei oder drei Füße) zur die Wahrnehmung eines Rhythmus konnte allerdings bis heute nicht genau abgegrenzt werden.

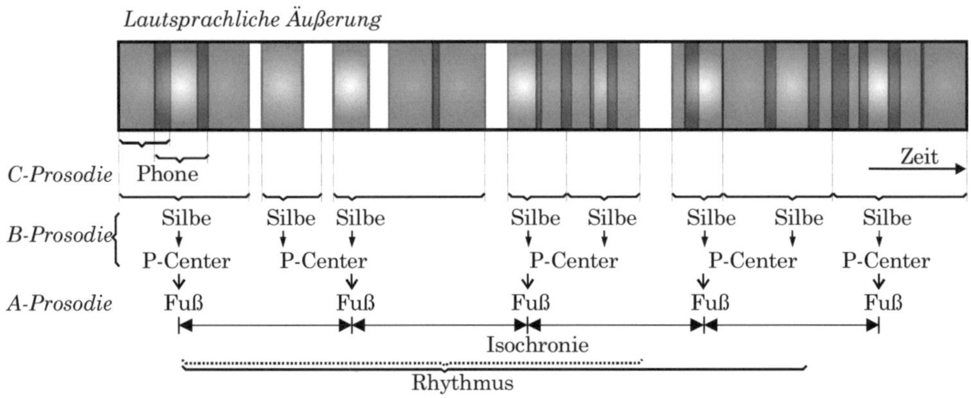

Abbildung 2.9: Hierarchie der zeitlichen Struktur akzentzählender Lautsprache nach [Pfi01]

Der Rhythmus spielt auch bei der Wahrnehmung der Sprechgeschwindigkeit eine wichtige Rolle. Alle sprachlichen Elemente besitzen innerhalb ihrer Ebene - auch verglichen mit anderen Elementebenen - subjektiv evozierte und unterschiedlich produzierte Längen. Sie bestimmen die Sprechgeschwindigkeit, die - fokussiert auf eine der Spracheinheiten - messbar oder in Kombination dieser Spracheinheiten auditiv vom Hörer wahrnehmbar ist [Pfi01].

2.1.4 SPRECHGESCHWINDIGKEIT

Das *Sprechtempo* bzw. die Sprechgeschwindigkeit sind Ausdruck des physiologischen Ablaufs der Sprachprozesse als auch Ausdruck der emotionalen und psychischen Verfassung des Sprechers und der Sprechsituation. Bis heute existiert in der Sprachwissenschaft kein einheitliches, objektives und vergleichbares Maß für die Sprechgeschwindigkeit.

Geschwindigkeit wird z. B. in der Mechanik zur Quantisierung von Körperbewegungen relativ zum Ort verwendet und ist folgendermaßen definiert:

> Die ***mittlere Geschwindigkeit*** ist das Verhältnis von zurückgelegter Strecke zu gemessenem Zeitintervall.

Bezogen auf die sprachliche Äußerung wäre die Sprechgeschwindigkeit dann das Verhältnis der Summe linguistisch oder phonetisch erfassbarer Einheiten zur gemessenen Zeit. In der Mechanik bedient man sich Markierungen, um die zurückgelegte Strecke zu erfassen. Für die Sprachwissenschaftler entsteht die Frage, ob detektierbare Markierungen in einem Sprachsignal genutzt werden können, um die sprachlichen Einheiten zu zählen und um ein reliables und objektives Maß für die Sprechgeschwindigkeit zu erhalten.

In bisherigen Veröffentlichungen wurden zur Angabe der Sprechgeschwindigkeit (auch *Sprechrate: SR*) sehr unterschiedliche Bezugseinheiten verwendet. Man findet *Phone/Minute* (Phon/min)*;* *Phone/sec* (Phon/s)*;* *Silben/sec* (Silb/s) und *Wörter/Minute* (W/min). Einerseits ist die Sprechrate vom Sprecher und seiner Umgebungssituation als auch vom gesprochenen Inhalt abhängig. Andererseits lassen sich unterschiedliche Einheiten der Sprechrate nicht direkt miteinander vergleichen, da keine definierten Umrechnungsfaktoren wie z. B. in der mechanischen Metrik angewendet werden können. Schon bei kurzen Sprachabschnitten im Bereich von 500 ms bis 800 ms korrelieren die Phonrate und die Silbenrate nicht miteinander [Pfi96].

Beispiel: Strumpf [ʃtʁʊmpf] - Bäckerin [bɛkəʁɪn]

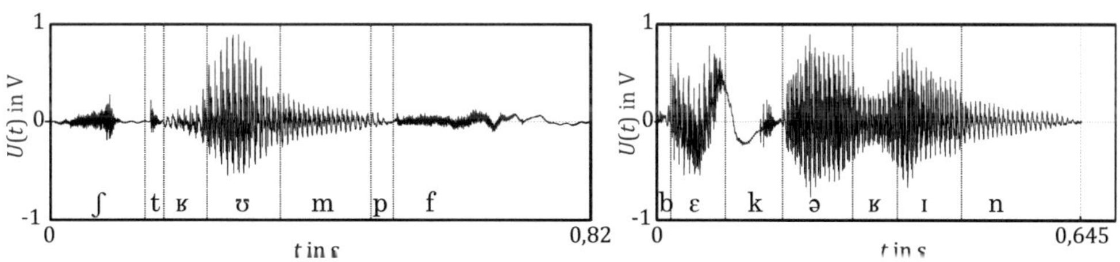

Abbildung 2.10: Vergleich zweier Wörter mit gleicher Phonanzahl

Beide Wörter in Abbildung 2.10 enthalten bspw. jeweils sieben Phone, wohingegen das erste Wort eine und das zweite Wort drei Silben aufweisen. Die realisierten Sprechraten können für die beiden Wörter in Abbildung 2.10 bestimmt werden: 8,53 Phon/s und 10,9 Phon/s, 73 W/min und 93 W/min sowie 1,22 Silb/s und 4,65 Silb/s

Das Verhältnis zweier Sprechraten SR_1 und SR_2 kann mit dem Skalierungsfaktor α ausgedrückt werden (s.a. Gl. (3.2)):

$$\alpha = \frac{SR_2}{SR_1}. \tag{2.1}$$

Der Vergleich von $SR_1 = 8{,}91$ Phon/s und $SR_2 = 10{,}9$ Phon/s führt zu einer scheinbar moderaten Sprechraten-Beschleunigung von $\alpha = 1{,}28$. Bei der Angabe der Sprechrate in Silb/s ergibt sich eine Beschleunigung von $\alpha = 3{,}81$. Somit wird beim Wort „Bäckerin" eine wesentlich höhere Sprechgeschwindigkeit suggeriert. Dies entspricht wiederum eher der Geschwindigkeitswahrnehmung als z. B. die Angabe in W/min, da die Silbendauer und der damit erzeugte Sprechrhythmus im zweiten Wort wesentlich kürzer sind.

In zahlreichen linguistischen Arbeiten wurden statistische Verfahren zu Wort- und Silbenlängenverteilungen in Texten - unterschieden nach Sprache, Textarten und Verfasser - veröffentlicht [Men54],[Tru67],[Bes01],[Bes05]. Die ermittelte Hyperpoissonverteilung [Wim94] für die Wortlängenverteilung bezüglich ihrer Silben oder Phone muss allerdings individuell an vorhandene abgeschlossene Texte (Artikel, Bücher, Autor usw.) angepasst werden. Daraus kann geschlussfolgert werden, dass selbst innerhalb einer Sprache keine allgemein gültigen Transformationsregeln zwischen den möglichen Einheiten einer realisierten Sprechgeschwindigkeit angeben werden können. Als Beispiele seien in Abbildung 2.11 die mittlere Silbenanzahl mehrerer deutscher Texte aus den Arbeiten von [Ahl01],[Amm01],[Bes01],[Bes06] dargestellt.

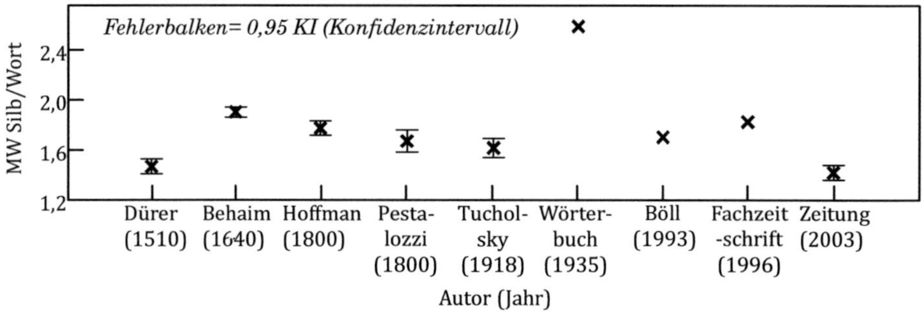

Abbildung 2.11: Mittlere Silbenanzahl / Wort deutscher Texte und eines Wörterbuches

Bis auf das Häufigkeitswörterbuch von 1935 [Bes01], das alle deutschen Wörter berücksichtigt, werden in geschriebenen Texten durchschnittlich 1,4 bis 1,8 Silben pro Wort verwendet. Man erkennt die vom Verfasser abhängige Wortwahl in den Texten. Offensichtlich ist, dass Dichter zu längeren Wörtern beim Schreiben neigen. Ein mittlerer Wert von 1,6 Silb/Wort kann als praktikabler durchschnittlicher Umrechnungswert für die Ermittlung der Silbenanzahl bei der Wortangabe im Deutschen verwendet werden.

Neben der linguistischen Betrachtung der Wort- und Silbenlängenverteilungen, treten in der phonetischen Umsetzung der Grapheme weitere Phänomene auf, die *Menzerath* als *„allgemeine Quantitätsgesetze des Lautes, der Silbe und des Wortes"* formuliert [Men28]:

- „Die Durchschnittsdauer des Lautes im Wort wird kleiner, wenn die Lautzahl des Wortes steigt.“
- „Die Durchschnittsdauer der Silbe nimmt ab, wenn die Silbenzahl des Wortes zunimmt.“
- „Die Wortdurchschnittsdauer nimmt zu mit steigender Lautzahl des Wortes.“
- „Die Wortdurchschnittsdauer nimmt zu mit steigender Silbenzahl der Wörter.“

In früheren Literaturquellen wurde zunächst die Sprechgeschwindigkeit ausschließlich mit W/min angegeben, was bis heute noch in den Untersuchungen hauptsächlich englischer Lautsprache vorzufinden ist. *Cotton* empfahl damals bereits, in wissenschaftlichen Untersuchungen eine geeignetere Einheit als Wörter/min zu verwenden, um die Ergebnisse vergleichbarer auszuweisen und schlug dazu vor, die Sprechraten in Silb/s anzugeben [Cot36]. *Von Essen* glaubte dagegen, eine geeignete Einheit mit Laute/Zeiteinheit unter Abzug der Pausen gefunden zu haben [Ess49]. *Hildebrandt* wies auf die Unterscheidung zwischen der kanonisch vorgegebenen Lautanzahl und dem effektiven Sprechtempo, das auf der tatsächlich realisierten Lautanzahl beruht, hin [Hil63]. Auch *von Essen* revidierte seine in [Ess49] getroffene Entscheidung, indem er nun die erzielte Sprechrate mit einer zu erwartenden Lautungsfrequenz bei z. B. genauer Artikulation verglich [Ess79]. Hintergrund der Feststellungen *von Hildebrandt* und *von Essen* war vor allem der Zusammenhang mit der Informationsübermittlung und deren Bezug zur Umgangs- und Spontansprache bzw. schneller artikulierter Sprache und damit die Berücksichtigung von Phon-Elisionen.
Allgemeiner wird in [Woo73] eine Netto- und eine Bruttosprechrate definiert:

> „Die ***Nettosprechrate*** ist das Verhältnis aus der Anzahl aller tatsächlich im Sprachsignal ermittelten sprachlichen Einheiten (einschließlich der Häsitationen) und der dafür vom Sprecher benötigten Zeit.“

Da im Rahmen dieser Arbeit Untersuchungen mit korrekten sprachlichen Umsetzungen und deren Signalmanipulationen erfolgen, also die Wörter, Silben und Phone korrekt artikuliert werden, ist die Definition der Bruttosprechrate nach [Woo73] eher vorzuziehen:

> „Die ***Bruttosprechrate*** ist das Verhältnis aus der Anzahl der Wörter, Silben oder Phone, die aus dem einer Äußerung zugrundeliegenden Textmaterial über die kanonische Form gewonnen werden und der vom Sprecher benötigten Zeit.“

Hildebrandt und *von Essen* nutzten gegenüber *Cotton* weiterhin die Anzahl der Phone als maßgebende Größe für die Sprechrate. In der Diskussion um die korrekte Sprechrate bevorzugte *Carrol* schließlich mit hinreichender Genauigkeit die Angabe in Silb/s [Car66]. Hinreichend, da sie zwar objektiv ein globales Maß für die gesprochenen Silben innerhalb einer Zeitdifferenz ist, dieses Maß aber auch nicht mit der perzeptiven Sprechgeschwindigkeit korreliert.

Pfitzinger ermittelte eine mathematische Beziehung zwischen den gemessenen Zeiten der sprachlichen Konstituenten und der perzeptiven lokalen Sprechgeschwindigkeit. Dabei stellte er weitere Kriterien zur Erfassung der Sprechgeschwindigkeit auf [Pfi01]:

- lokal oder global,
- relativ oder absolut,
- mit oder ohne Einbeziehung der Pausen,
- die sprachliche Einheit als Grundlage.

Hinsichtlich dieser Kriterien lassen sich zusätzliche Definitionen von Sprechgeschwindigkeiten nach [Pfi01] definieren:

Die ***globale*** ***Sprechrate*** wird für eine komplett abgeschlossene Äußerung (Satz, Abschnitt, Rede) berechnet, indem die Anzahl linguistischer oder phonetischer Einheiten summiert und durch die benötigte Gesamtzeit dividiert wird.

Die ***lokale Sprechrate*** wird eher zur Bestimmung der perzeptiven Sprechgeschwindigkeit verwendet. *Pfitzinger* entwickelte dafür einen objektiven Messwert - die *perzeptive lokale Sprechrate PLSR* - die die subjektive Wahrnehmung der lokalen Sprechgeschwindigkeit in Gl. (2.2) abschätzt [Pfi01]:

$$PLSR = s \cdot SiR + p \cdot PhR + c \text{ in \% mit } s = 7{,}83; p = 4{,}06; c = -1{,}41. \quad (2.2)$$

Die Silbenrate SiR und die Phonrate PhR werden jeweils mit einem Abschnitt von 625 ms zentral um einen Messpunkt alle 20 ms ermittelt und die Raten in Einheiten pro Sekunde berechnet. SiR und PhR werden mit den jeweiligen Korrekturfaktoren s und p zuzüglich einer Korrektur c für den Vertrauensbereich von 95 % aller subjektiven Versuche wie in Gl. (2.2) angegeben. Für eine subjektiv korrekte Geschwindigkeitsangabe wäre also die Kombination aus Silben- und Phonrate über den Verlauf einer sprachlichen Äußerung nach [Pfi01] anzugeben.

Da es sich in der hier vorliegenden Arbeit hauptsächlich um die quantitative Betrachtung abgeschlossener Äußerungen (Sätze, Abschnitte) handelt, wird die Angabe der objektiven globalen Sprechrate in Silb/s bevorzugt, die außerdem *relativ* betrachtet wird, da sprachliche Abschnitte mit identischen linguistischen Inhalten verglichen werden.

Neben der Variation von Laut- und Silbenlängen, die während einer sprachlichen Äußerung die lokale SR beeinflussen, verändern die Pausen und deren Dauervariationen die perzeptive lokale als auch die globale SR. Die Pause ist durch die Signalruhe gekennzeichnet, dass heißt, wenn *„weder eine stimmhafte noch eine stimmlose Anregung durch den Sprechtrakt wahrnehmbar ist“* [Var98].

Goldman-Eisler untersuchte erstmalig die Sprechraten mit und ohne Berücksichtigung der Sprechpausen [Gol61] und führte gegenüber der Sprechrate die Artikulationsrate

(AR) als eine neue Definition ein, die bis heute ihre Gültigkeit nicht verloren hat und angewendet wird [Hew06]:

> „Die ***Artikulationsrate (AR)*** ist das Verhältnis aus der Anzahl linguistischer oder phonetischer Einheiten und der dafür benötigten Gesamtzeit abzüglich der Pausenzeiten.“

Aus den aufgeführten Betrachtungen ist ersichtlich, dass der Geschwindigkeitsbegriff in der Sprachwissenschaft sehr vielschichtig ist und deshalb für die Untersuchungen und in den Veröffentlichungen einer klaren Definition bedarf.

In Abbildung 2.12 sind alle Bezugspunkte einer Sprechgeschwindigkeitsangabe zusammenfassend dargestellt. In der Angabe einer Sprechgeschwindigkeit findet sich keineswegs nur ein Bezugspunkt wieder. Es werden stets mehrere Relationen miteinander verknüpft. Mögliche Kombinationen wurden in der Grafik zu Gunsten der Übersicht nicht mit angegeben. Weiterhin können bis auf das subjektive Geschwindigkeitsmaß in [Pfi01] bei allen anderen Sprechgeschwindigkeitsangaben die in Abbildung 2.12 ausgewiesenen Einheiten vorgefunden werden. Die *PLSR* erreicht dagegen Werte auf einer relativen Prozent-Skala, normierbar auf eine mittlere Sprechrate mit 100 %.

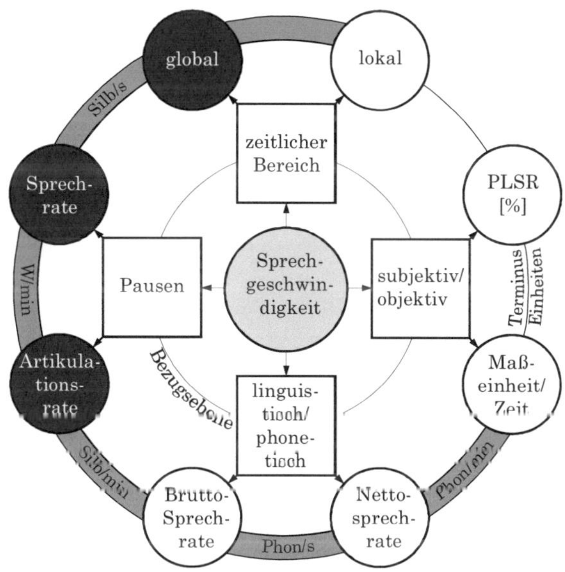

Abbildung 2.12: Definitionen und Einheiten der Sprechgeschwindigkeit mit unterschiedlichen Bezugspunkten (PLSR: Perzeptive lokale Sprechrate)

Diese Arbeit beschränkt sich auf die Verwendung der globalen Sprech- bzw. Artikulationsrate, in Abbildung 2.12 dunkel gekennzeichnet. Diese Größen bilden die Grundlagen für die Messung der Wahrnehmungsleistungen der Probanden. Es sollen später sprachliche Äußerungen, überwiegend Sätze oder Absätze, vor und nach Signalmanipulationen bezüglich ihrer verstehbaren Informationen verglichen werden. Somit handelt es sich überwiegend um relative Sprechgeschwindigkeitsangaben, wenn Lautsprache gleichen linguistischen Inhalts zeitlich modifiziert wird.

2.2 Zeitliche Aspekte der Sprachproduktion und -perzeption

2.2.1 Sprachproduktion

Die Sprachproduktion als Untersuchungsgegenstand bzw. Versuche der Modellerstellung können in zahlreichen Veröffentlichungen der Psycholinguistik, der Phonetik und der Phonologie vorgefunden werden. Ausgehend von Abbildung 2.6 und der Literatur aus dem sprachwissenschaftlichen Bereich sollen hier nur die zeitlich relevanten Prozesse während der Sprachproduktion bezüglich der maximal erreichbaren Sprechgeschwindigkeit betrachtet werden.

Die Sprachproduktion beginnt im Kortex, der Großhirnrinde des menschlichen Gehirns. Bei der Informationsverarbeitung (lexikalischer Speicher) und Steuerung der Sprechorgane (motorische Steuerung) sind verschiedene Areale des Kortex aktiv [Lan07]. Ein universelles Sprachbildungsmodell konnte bisher im linguistisch-psychologischen Bereich noch nicht aufgestellt werden. Allen bisher diskutierten Modellen ist eine hierarchische Struktur gemeinsam, in der eine Regulation des Sprachkonstituierungsprozesses sowohl seriell als auch parallel mit Kaskadierung und Rückkopplung erfolgt [Her03],[Gue06].

Als ein Beispiel soll hier das Modell der Mannheimer Regulationstheorie betrachtet werden [Her94]. *Herrmann* entwickelte drei sequentielle Ebenen des Sprachbildungsprozesses für das Individuum, das *situationsbedingt* spricht und auch Sprache versteht [Her94]:

1. *Zentrale Kontrolle:* Fokusspeicher und zentrale Exekutive zur Selektion, Aufbereitung und Linearisierung, Erstellung eines Protoinput,
2. *Hilfssysteme*: sprachabhängige Detailplanung, Markierung des Protoinputs und Erzeugung des Enkodierinputs,
3. *Enkodiermechanismus*: Erzeugung der grammatikalisch geregelten Phonfolge mit Zusatzinformationen wie Betonung, Segmentierung.

Das Sprach-Enkodierungssystem wird in der Regulation ständig vom Sprecher überwacht (vertikale Rückkopplung) und auch von der situativen Wahrnehmung gesteuert oder unterbrochen.

Nach der Betrachtung des Ablaufs und der Regelung der psychologischen Sprachbildung lässt sich zwar feststellen, dass durch die serielle Verfahrensweise des Sprachproduktionsprozesses relative Verweildauern in den einzelnen Ebenen zur Produktion - z. B. einer

Silbe - nötig sind. Leider lassen sich bis heute die einzelnen Prozesse nicht messbar quantifizieren, um den Einfluss des psychologischen Fensters bei der Sprachproduktion auf unterschiedliche Sprechgeschwindigkeiten zu ermitteln. Sicher ist, dass die regulative Steuerung der Sprachbildung bis zur Artikulationsgenerierung und dann über die akustische Rückkopplung von der erzeugten Lautsprache eine erhebliche zeitliche Verzögerung relativ zum ablaufenden psychologischen Enkodiermechanismus bewirken muss. Gegenüber anderen motorischen Bewegungen sind die Sprechbewegungen bei einer mittleren Vokaldauer von 80 ms und Konsonantendauer von 40 ms sehr kurz [Sha87]. Beim Vergleich von Stotterern mit normal sprechenden Menschen ermittelte *Hargrave* ein auditives Feedback-Delay von 50 ms bis 200 ms [Har94]. Weiterhin konnte *Lane* feststellen, dass Probanden, die im Laufe ihres Lebens ihr Hörvermögen verloren hatten, trotzdem unmittelbar danach in der Lage waren, verstehbare Sprache zu produzieren. Somit wurde angenommen, dass die auditive Rückkopplung zur Regulation der Sprache eher suprasegmentalen Einfluss hat, also auf die intonatorischen bzw. akzentuierten Eigenschaften der sprachlichen Äußerung [Lan91]. Auf segmentaler Ebene funktioniert *„das auditive Feedback eher als a posteriori Monitor zur Kontrolle der korrekten Aussprache“* [Per97].

Die korrekte Artikulation wird zeitlich zunächst von der regulativen Verarbeitung im Gehirn und von der Informationsübertragung vom Kortex über die efferenten Nervenbahnen zu den Artikulationsmuskeln und umgekehrt, von den Rezeptoren über die afferenten Nervenstränge zum ZNS determiniert. Bei einer Ausbreitungsgeschwindigkeit der Informationsimpulse über die Kranialnerven vom Kortex zum jeweiligen Phonations- bzw. Artikulationsmuskel von 60 bis 120 m/s [Hec07],[Hor07] und einer mittleren Nervenlänge von 7 cm [Lan81] werden für die Informationsübertragungen ca. 0,6 ms benötigt. Verglichen mit der Lautdauer normaler Sprechweise scheint diese kurze Zeit kaum Einfluss auf die Artikulationsumsetzung einer sprachlichen Äußerung mit hoher Sprechgeschwindigkeit auszuüben.

Artikulator	**Bewegungen pro Sekunde**
Velum	5,2 bis 7,8
Lippen	5,7 bis 7,7
Kiefer	5,9 bis 8,4
Zungenrücken	5,4 bis 8,9
Zungenspitze	7,2 bis 9,6

Tabelle 2.2: Wiederholungsraten der beweglichen Artikulatoren nach [Pom03]

Die motorischen Komponenten der Phonation und der Artikulation beeinflussen beim Sprechen im Wesentlichen die maximal erreichbare Sprechgeschwindigkeit bei möglichst korrekter Artikulation der Bruttolautanzahl. Schaut man sich bis auf den recht unbeweglichen Pharynx die Wiederholraten der restlichen aktiven Artikulatoren in Tabelle 2.2 an, stellt man fest, dass selbst bei maximal möglichen 9,6 Bewegungen pro Sekunde nur eine minimale Periode von 104 ms erzeugt werden kann.

Dieses wäre weit mehr als zur Bildung eines Lautes mit durchschnittlicher Länge notwendig ist. Die Artikulatoren müssen während der Lautübergänge in der Regel nicht die komplette Bewegung einer Schwingungsperiode ausführen, und mehrere Artikulatoren können unabhängig voneinander Laute bilden. Die Trägheit und Steifigkeit der Artikulatoren ist der begrenzende Faktor in der Sprechgeschwindigkeit eines Sprechers.

Welche Sprechgeschwindigkeiten werden nun im Durchschnitt erreicht? Zu diesem Thema gab es in der Historie der Sprachwissenschaft zahlreiche Untersuchungen. Auf Grund der Subjektivität der Sprechraten werden zunächst nur die quantitativen Ergebnisse mehrerer Untersuchungen für eine normale Sprechgeschwindigkeiten in Tabelle 2.3 wiedergeben.

Analyse	**min. SR in Silb/s**	**max. SR in Silb/s**	**Quelle**
Softwareimplementierung (dt.)	2,7	5,3	[Men04]
Radionachrichten (dt.)		6,7	[Hor96]
Vorlesen (dt.)	4,7	6,7	[Laz07]
Vorlesen (engl.)	4,5	6,4	[Hum96]
Sprecher (engl.)	3,5	5,3	[Aro92]
Schauspiel (engl.)	2,1	4,5	[Bri26]
Rednerwettbewerb (engl.)	2,2	4,1	[Bri26]
Konversation (engl.)	3,3	4,7	[Cra68]

Tabelle 2.3: Angaben über normale Sprechraten

Weiterhin lässt sich verdeutlichen, dass auch die Sprechsituation und Umgebung eine wichtige Rolle spielen. Bei möglichst korrekter Artikulation sinkt die Sprechrate etwas ab, wie beim Rednerwettbewerb oder beim Schauspiel zu erkennen ist. Interessant ist auch, dass eine gewisse epochale Entwicklung der Sprechrate nachgewiesen werden konnte. So maß *Scherz-Schade* in Radionachrichten von 1933 bis 2001 eine Sprechratenerhöhung von 5,44 auf 5,94 Silb/s [Sche04]. Ein Vergleich von Filmen und Fernsehsendungen aus den 70er Jahren mit aktuellen Produktionen ergab eine Verringerung der Sprechpausenzeiten [Sche07].

Der Sprecher entwickelt subjektive Artikulations-, Segmentierungs-, Pausen- und Betonungsstrategien bei der phonetischen Umsetzung in die unterschiedlichen Sprechgeschwindigkeiten. Zunächst verfährt er nach der in [Lin90] veröffentlichten Hyper- und Hypospeech-Theorie (H&H-Theorie), die allerdings nur bis zu einer grenzwertigen Sprechrate ihre Gültigkeit hat [Bar00]. Der Sprecher ist bemüht, mit der Hypersprache dem Hörer alle zum Verständnis notwendigen Informationen zu übermitteln, dieses aber bei gleichzeitig effektivstem Energieeinsatz durch die Hyposprache. Bei sehr hoher Sprechgeschwindigkeit leiden nach [Bar00] die Level oberhalb der Silbenstruktur, wie Phrasen-, Segmentgrenzen und Betonungen, die die lexikalische Auflösung beim Rezipienten unterstützen.

Sprecher erhöhen die Sprechrate nichtlinear [Koz65] durch Kürzung der Pausen, durch Verkürzung der Transitionen zwischen den Lauten oder durch die Verringerung der Artikulatoren-Auslenkung. Die Wahl ist subjektiv und situativ und von der Zieläußerung abhängig. *Kuehn* beobachtete bei seinen Probanden mit jeweils gleicher Schnellsprech-Aufgabe, dass ein Teil der Probanden die Artikulatoren-Geschwindigkeit kaum veränderte, dafür aber die Artikulatoren-Auslenkung um bis zu 55 % verringerte, während andere Probanden die Artikulatoren um bis zu 35 % beschleunigten und die Auslenkung nur um 15 % einengten [Kue76]. Bei schnellerem bzw. langsamerem Sprechen deutet die wahrgenommene Pausenstrategie auf eine Limitation der Artikulation hin.

Die Sprechrate wird vom Sprecher überwiegend über die Betonung kontrolliert, wobei betonte Vokale weniger kontextuelle Variationen aufweisen als lexikalisch unbetonte. Das heißt auch, dass betonte Vokale eine höhere Koartikulationsresistenz besitzen.

Janse stellte für die niederländische Sprache fest, dass die Kürzung von Silben und Vokalen von deren Akzentuierungen abhängt [Jan03]. So erfolgt bei beschleunigter Sprechweise eine relative Verkürzung der Silben auf 42 % der ursprünglichen Länge und bei betonten Silben nur auf einen Wert von 67 %. Eine Korrelation der Dauer aller Phone mit der Gesamtzeit der sprachlichen Äußerung lässt sich somit, wie auch in [Gil65], nicht feststellen.

Für die Identifikation sind die betonten *und* unbetonten Silben in einer wahrnehmbaren Mindestlänge notwendig. Der Sprecher kann einerseits bei gewünschter Präzision nach der H&H-Theorie die Sprechrate nicht beliebig erhöhen, da er die unbetonten Silben mehr komprimiert als die betonten Silben [Jan04]. Andererseits wird bei Beschleunigung der Sprechweise durch die Trägheit und Steifigkeit der Artikulationswerkzeuge ein Unterschreiten der vordefinierten artikulatorischen Ziele bei gleichzeitiger Erhöhung der Koartikulation vollzogen. Somit sind auch bei der Kürzung der betonten Silben natürliche Grenzen festgelegt.

Eine weitere Beeinträchtigung der Verstehbarkeit segmentaler Sprachkomponenten bei beschleunigter Sprechweise erfolgt durch die Modifizierung der spektralen Eigenschaften, insbesondere der Lautübergänge. Die Geschwindigkeit, mit der sich die Frequenzinformationen ändern, ist eine Eigenschaft, mit der Sprachelemente voneinander unterschieden werden können [Ste89]. Die meisten Konsonanten, Plosive und Nasale tragen ihre Hauptunterscheidungsmerkmale in den Transientanteilen [Fur79]. Bei beschleunigter Artikulation erfolgt durch die weniger ausgeprägten Artikulationsstellungen eine Reduktion der Formantfrequenzen [Rai93], die somit die Transientenunterschiede verringern.

Die Produktion einer maximal beschleunigten sprachlichen Äußerung erfolgt subjektiv sehr verschieden. Die höchst mögliche individuelle Sprechgeschwindigkeit korreliert sehr stark mit der gewohnheitsmäßig durchschnittlichen Sprechgeschwindigkeit eines Sprechers und liegt bei maximal 25 Prozent über der mittleren Sprechgeschwindigkeit [Tsa97]. Als Beispiel natürlich erreichbarer maximaler Sprechgeschwindigkeiten untersuchte man in [Sic04] einen „Schnellsprecher“. Er erreichte Artikulationsraten von 11-12 Silb/s allerdings mit phonetischen Auffälligkeiten, wie Wiederholungen und Unflüssigkeiten. Im Rahmen dieser Arbeit produzierte Aufnahmen mit einer schnellsprechenden Person, die möglichst genau und fehlerfrei artikulieren sollte, wiesen Artikulationsraten von 6,1 bis 6,9 Silb/s auf. Für Aufnahmen in [Moe08], die als korrekte Basis einer beschleunigten konkatenativen Sprachsynthese dienen sollten, erzielte die geschulte Sprecherin ebenfalls nur Sprechraten von 6,5 bis 7,5 Silb/s bzw. Artikulationsraten von 7,0 bis 8,0 Silb/s.

Einen Zusammenhang zwischen der maximal produzierbaren Sprechgeschwindigkeit eines Sprechers und der höchsten verstehbaren Sprechgeschwindigkeit derselben Person glauben *Hartsuiker* und *Kolk* gefunden zu haben [Har01]: Da der sehr schnelle Sprachplanungsprozess bei hohen Sprechgeschwindigkeiten bereits in der Ebene des Formulators durchgeführt wird, korreliert schnelles Sprechen auch mit der Fähigkeit, schnelles Sprechen zu verstehen.

2.2.2 Sprachperzeption

Gegenüber der beschleunigten Sprachproduktion stellt sich in dieser Arbeit hauptsächlich die Frage, ob die natürlich erzeugbaren maximalen Sprechgeschwindigkeiten sowie die synthetisch beschleunigten Sprechraten verstehbar und verständlich sind.

Heteromodale Sprachwahrnehmungen, z. B. die gleichzeitige Wahrnehmung über den visuellen Sinn (Lippenlesen) oder die Wahrnehmung verschrifteter Sprache sollen hier nicht tiefergehend betrachtet werden.

Die auditive Sprachperzeption erfolgt über das Hörorgan. Das akustische Signal wird im Mittelohr in eine mechanische Energieform gewandelt und von den Haarzellen in einen afferenten elektrischen Transmitter zur Weiterleitung an den Hörnerv transformiert. Die neuronale Erregung wird über Hörnerven, Hörstamm und Hörbahn zum auditorischen Kortex im Temporallappen des Gehirns weitergeleitet [Zen07]. Die Latenzzeiten von der akustischen Anregung bis zur messbaren elektrischen Emission auf den Hörnerven liegen bei 10 bis 12 ms [Zen07]. Die übermittelten akustisch/elektrischen Signale sind die Grundlage für die Sprachwahrnehmung im Gehirn. [Gos82] gliedert den Sprachperzeptionsprozess in die *Signalverarbeitung*, die *Wortverarbeitung* und das *Reflexionsvermögen*. Signal- und Wortverarbeitung, also die prelexikalische und lexikalische Verarbeitung, sind jedoch als ineinander greifende Prozesse zu betrachten [Nor00]. Auch *Anderson* spricht von einem dreistufigen Prozess (s. Abbildung 2.13):

1. *„Enkodierung der akustischen oder textuellen Mitteilung,*
2. *Parsing: syntaktische und semantische Analyse und Überführung der Wörter in eine mentale Repräsentation, die die Bedeutung der zusammengesetzten Wörter darstellt,*
3. *Verwendung der mentalen Repräsentation der Satzbedeutung und Reflexion durch Handeln (Antworten, Abspeicherung, Bewegung usw.)“* [And01]

Das auditive System stützt sich in einem *Bottom-up-Ansatz* auf die invarianten Sprachsignalmerkmale, wahrgenommen am akustischen Signal [Gol02]. Wird bei der Enkodierung das bisher abgespeicherte Wissen und die Erfahrung genutzt, spricht man von *Top-Down-Prozessen.*

Das Vorwissen segmentiert die Sprache unter Zuhilfenahme semantischer und syntaktischer Informationen in seine Elemente. Somit entstehen folgende Fragen:

- Welche Parameter dienen nun zur korrekten Segmentierung der Sprache in seine kleinsten Komponenten - die Phone – in dem scheinbar kontinuierlichen akustischen Signalstrom?
- Welche (fehlenden) Parameter führen zur Wahrnehmung einer Fremdsprache scheinbar ohne Segmentgrenzen und Signalpausen?

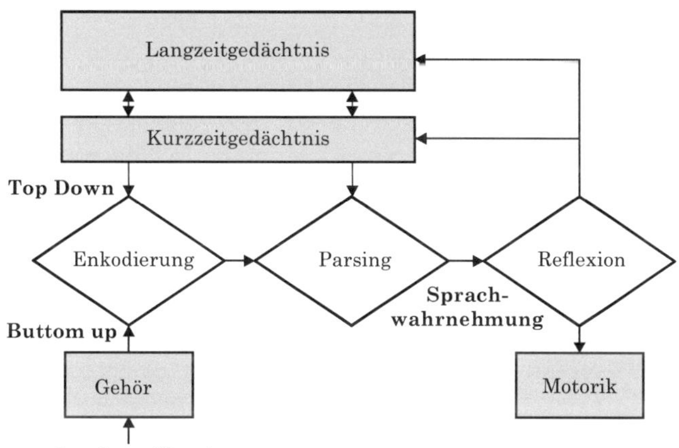

Abbildung 2.13: Modell der Sprachwahrnehmung nach [Gol02],[And01]

Liberman entwickelte die *motorische Theorie* der Sprachwahrnehmung, da die Mechanismen für Sprechen und Hören im Gehirn sehr eng miteinander vernetzt sind [Lib67]. Auf der Grundlage der Analyse der eintreffenden zeitlichen und spektralen Sprachsignalmuster wird die Artikulationsmotorik im Sprechtrakt reproduziert. Durch die Zuordnung eines bestimmten Satzes phonetischer Merkmale lässt sich das Phon einerseits identifizieren und andererseits auch die Variabilitätsproblematik lösen. Die Variabilität manifestiert sich besonders im Kontext der Phone und der zwangsläufig auftretenden Koartikulation. Natürlich wird die Variabilität der signalakustischen Parameter auch durch unterschiedliche Sprecher, Emotionen, Sprechsituationen, Gesundheitszustände, Alter, Dialekt usw. evoziert. Trotzdem ist der Mensch in der Lage, die kleinsten Sprachelemente zu identifizieren und somit die sprachliche Äußerung zu verstehen.

Verstehbarkeit und Verständlichkeit

Welche Signalparameter führen nun zur Identifizierung einzelner Phone, deren Anzahl sich von Sprache zu Sprache unterscheidet? Auf der Suche nach invarianten Signalparametern zur Trennung der Phone, bestimmte *Kewley-Port* mit Hilfe von 3D-Spektren die Sonorität und Artikulationsstelle mit einer Genauigkeit von 80 bis 90 Prozent [Kew84]. *Sussman* et. al. erweiterten die Parameter um das Verhältnis der Formantansatz-Frequenz zur Formantfrequenz und steigerte die Genauigkeit geringfügig [Sus93]. Die signaltheoretische Verarbeitung zur automatischen und genauen Phon-Segmentierung der Sprachsignals - ein bis heute wegen der Koartikulation nur teilweise gelöstes Problem - wird in dieser Arbeit eine wichtige Rolle spielen.

Nach der Erfassung der einzelnen Sprachkomponenten, wie Phone, Silben, Wörter und Pausen, kann mit Hilfe des Vorwissens auf den Inhalt geschlossen werden. Bei diesem Wahrnehmungsprozess unterscheidet die Sprachwissenschaft und Sprachsignalverarbeitung zwischen der *Verstehbarkeit* und der *Verständlichkeit*, bzw. dem *Sprachverstehen* und der *Sprachverständlichkeit*. Die Verwendung, insbesondere der ersten beiden Begriffe, erfolgte in der Vergangenheit nicht immer konsistent. In früheren Arbeiten wurde fast nur die Verständlichkeit und weniger die Verstehbarkeit verwendet. *Vary* definiert die Verständlichkeit als „die perzeptive Artikulation von Sprachelementen (Phoneme, Silben, Wörter, Pausen) und deren phonetisch korrekte Identifikation“ [Var98]. Gemeint ist hier offensichtlich die segmentale Identifikation der Sprachelemente. Auch in zahlreichen audiometrischen Tests [Bos92] spricht man z. B. von Silben- oder Wortverständlichkeit. *Jekosch* spezifiziert den CLID- (Cluster-Identifications-) Test zunächst als Silbenverständlichkeitstest [Jek92], wobei diese Testbeschreibung auch heute noch in der Literatur zu finden ist [Wei08].

Laut [Dud07] wird eine sprachliche Aussage „verstehbar“, wenn der Sinn erfasst werden kann oder ein Gedankengang begriffen wird. Somit scheint zunächst die Verstehbarkeit die inhaltliche Aussage einer sprachlichen Äußerung zu definieren. „Verständlich“ umschreibt man im Duden als „deutlich, klar vernehmlich“ [Dud07]. Die Verständlichkeit kann dagegen als die korrekte Identifizierung der Sprachelemente ausgelegt werden. Wird die Verständlichkeit allerdings auf das Verständnis bezogen ([Dud07]: Durchdringung, Einsicht, Erfassung) folgt dieses eher dem semantischen Erfassen einer sprachlichen Äußerung. *Jekosch* vollzieht bei einer späteren Arbeit eine strikte Trennung von Verständlichkeit und Verstehbarkeit und definiert die Abhängigkeit beider Wahrnehmungsgrößen [Jek00]: „Verständlichkeit ist Funktion der Verstehbarkeit von Aussagen und dem Verständnis, das Rezipienten diesen Aussagen entgegenbringen“. Darauf aufbauend sollen hier folgende Definitionen nach [Rak06],[Möl10] und [Fel14] gelten:

*„**Verstehbarkeit** (Comprehensibility): Beschreibt die Fähigkeit des Sprachsignals, Inhalt zu transportieren. Je nach der Größe der Einheiten unterscheidet man zwischen segmentaler Verstehbarkeit und Silbenverstehbarkeit.“*

> *„**Verständlichkeit** (Intelligibility): Beschreibt, wie gut der Inhalt einer Äußerung aufgrund der Form identifiziert werden kann."*

Verständlichkeit ist also erst bei ausreichender Verstehbarkeit einzelner Sprachsegmente möglich, das heißt, bis zu einem gewissen Grad von der Verstehbarkeit abhängig. Bis zu welchem Anteil die Verstehbarkeit gewährleistet sein muss, um die vom Sprachsender beabsichtigte Verständlichkeit beim Rezipienten zu erzielen, hängt außerdem vom „lexikalischen, syntaktischen und semantischen Kontext" [Möl10] ab. Weitere Ausführungen zur Diskussion von Verstehbarkeit und Verständlichkeit findet man in [Fel13].

Bei Hörtests, die die Verstehbarkeit oder Verständlichkeit messen, muss genau unterschieden werden, auf welcher Ebene die Identifikation des akustischen Sprachmaterials stattfinden soll, ob z. B. das Kontexthören in die Erkennung mit einfließt oder nicht. Ein Hörtest mit nicht vorhersagbaren Sätzen *(SuS-Segmented Unpredictable Sentences)* ermittelt die Verständlichkeit von Wörtern, deren einzelne Laute ein Kontexthören innerhalb des Wortes bereitstellen oder aber die Verstehbarkeit des Satzes. Eine Kontextermittlung zwischen den Wörtern ist in diesem Fall nicht gegeben. Der CLID-Test ist demnach ein Silbenverstehbarkeitstest, indem innerhalb der Silbe kein Kontexthören ermöglicht wird.

Die Unterschiede von Verständlichkeit und Verstehbarkeit präsentieren sich im Bereich der Sprachskalierung bereits während einer moderaten Sprechgeschwindigkeitserhöhung. Eine sprachliche Aussage bleibt eventuell noch verständlich, während bereits Verstehbarkeitsverluste einzelner Laute oder Silben auftreten. Grund hierfür ist das Kontexthören, bei dem fehlende Segmente durch die eigene Erfahrung ersetzt werden können oder das Vermögen, z. B. aus einem ersten Satzteil etwas zu folgern, während der zweite noch wahrgenommen wird [And01]. Eine weitere Sprechratenerhöhung führt dann schließlich zu Verständlichkeitsverlusten, für die [Fai51] einen Schwellwert der Sprechrate zu finden glaubte und dies auf die Verringerung der Verarbeitungszeit beim Hören zurückführt. *Foulke* stellte für den Verlust eine Zwei-Prozess-Hypothese auf: „Die Sprechgeschwindigkeitserhöhung führt zum Informationsüberfluss und damit zum Informationsverlust" [Fou74].

Spezifische zeitliche und spektrale Wahrnehmungsmuster

Die vorgenannten Informationsverluste oder -verfälschungen in Abhängigkeit der zeitlichen Struktur des Sprachsignals oder der Verarbeitungskapazitäten des Menschen wurden bis heute schon häufig untersucht, jedoch keinesfalls vollständig. *Poeppel* z. B. entdeckte eine asymmetrische neuronale Struktur in der Hemisphäre. Kurze Signaländerungen, wie Stopkonsonanten und Formantanderungen (mit einer Dauer von 20 bis 40 ms) werden in der linken Hemisphäre, längere Signaländerungen dagegen wie Intonationskonturen in der rechten Hemisphäre verarbeitet [Poe03].

Kurze, aufeinanderfolgende Audiosignale können nicht voneinander unterschieden werden, wenn die Tondauer kürzer als 1 bis 2 ms ist [Hir59]. In welcher Reihenfolge die Einzeltöne dargeboten werden, lässt sich mit dem auditorischen Wahrnehmungsvermögen erst ab einer Tondauer von 15 bis 20 ms feststellen.

Die getrennte Wahrnehmung der Signale hängt auch von der Tonfrequenz ab. Bei gleichbleibender Präsentationsrate zweier Signale und Erhöhung der Frequenzdifferenz zwischen den beiden Tönen wird ab einer bestimmten Frequenzdifferenz statt zweier Einzeltöne nur noch ein Ton vernommen [Bre90],[Zwi99]. Dieses sind einerseits bereits Zeitverhältnisse, die der Phondauer entsprechen können (s. Abschnitt 2.2.1); allerdings wird hier nur von Sinustönen oder einzelnen Frequenzbändern und nicht von spektralen Sprachmustern ausgegangen. Sprachsignale, die im 10 ms Bereich maximale spektrale Übergänge aufweisen, tragen die wichtigsten Informationen für die korrekte Wahrnehmung eines Phons [Fur79]. Die Identifikation von im initialen oder finalen Bereich abgeschnittenen Silben ist somit sehr stark von der Position der spektralen Übergänge abhängig [Fur79].

In Bezug auf die Sprachsignale ergeben sich bei Dauervariationen folgend aufgeführte Wahrnehmungsmuster. Benachbarte Segmente beeinflussen sich gegenseitig in der Dauerwahrnehmung, was zum *Dauerkontrast* führt [Die93]. Die wahrgenommene Länge eines Segmentes wird durch das nachfolgende Segment mitbestimmt. Das erste Segment wird umso kürzer eingeschätzt, je länger das darauf folgende Segment ist. Weiterhin hat die Lautdauer auf die wahrzunehmende Stimmhaftigkeit eines nachfolgenden Konsonanten Einfluss [Rap70]. In einer Konsonant-Vokal-Konsonant (CVC) Struktur wird der finale Konsonant eher als stimmhaft perzipiert, wenn ein langer Vokal vorangeht.

Auch die Identifizierung des initialen Konsonanten als Stop- (Bsp.: /b/) oder Gleitlaut (Bsp.: /w/) wird durch die Dauer und den Anstieg der Formantübergänge zum zentralen Konsonanten determiniert. Kürzere Transitionen führen eher zu einem Stopkonsonanten [Mil50]. Die Voice-Onset-Time (VOT) - Einsatzpunkt der Sonorität - entscheidet in der Wahrnehmung zwischen initial stimmhaftem (Bsp.: /d/ - kurze VOT) oder stimmlosem Konsonanten (Bsp.: /t/ - lange VOT, s. Abbildung 2.14).

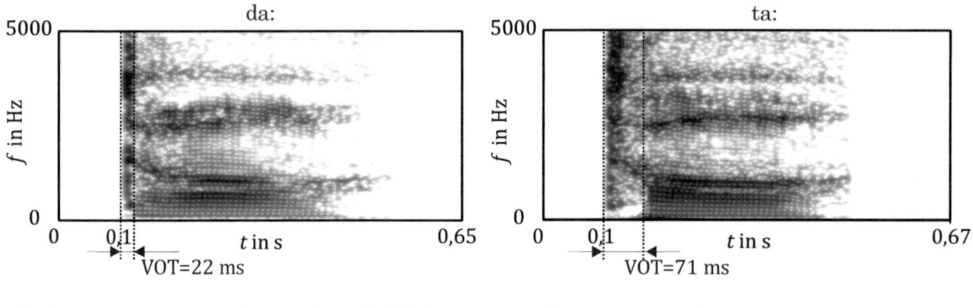

Abbildung 2.14: Voice-Onset-Time (VOT) bei stimmhaften und stimmlosen initialen Konsonanten

Die Entscheidung für ein stimmloses Initialphonem wird gleichzeitig durch eine hohe erste Formanteinsatzfrequenz unterstützt [Sum82]. Die *kategoriale* Wahrnehmung weist hier keine gleitenden Zustände auf, sondern es werden nur zwei Kategorien wahrgenommen, deren trennender Schwellwert innerhalb eines relativ großen VOT-Bereichs zu finden ist [Gol02].

Die kognitive Auswertung der temporalen und lexikalischen Struktur erfolgt über die Silbenebene, speziell über die betonten Silben [Pfi01],[Mil95]. In den ersten 150-200 ms werden die Wörter nach der *Kohorten-Theorie* von [Mar89] in einer abgestuften Weise aktiviert, die durch den Ähnlichkeitsgrad der decodierten akustischen Signale mit den abgespeicherten lexikalischen Repräsentationen bestimmt wird und somit den Parsing-Prozess einleiten.

Speicherung der Information

Die Informationsverarbeitung in der Sprachwahrnehmung ist wesentlich vom erworbenen und abgespeicherten Wissen abhängig. Für die in dieser Arbeit durchgeführten Hörtests spielt das Gedächtnis mit seinen unterschiedlichen Speicherbereichen und -prinzipien eine signifikante Rolle. Für die Wahrnehmung - ein Vorgang unterschiedlicher Dauer - gliederte *Card* et. al. die Informationsverarbeitung in Speicherformen. Sie unterscheiden sich durch ihre Zeiten, ab denen ein Informationsverlust eintritt. Er definierte für die Speicher im Gehirn folgende Verlustzeiten [Car83]:

- sensorischer Speicher: visuelle Informationen < 0,2 s, auditive Informationen 1,5 s,
- Kurzzeitspeicher: < 15 s,
- Langzeitspeicher: > 15 s.

Effekte bezüglich der Informationserhaltung treten bei neuen Informationen hauptsächlich im Kurzzeitspeicher und für frühere Informationen im Langzeitspeicher auf [Mur62]. Kurzzeithören wurde in [Bos80] als Wahrnehmung, Verarbeitung und Speicherung akustischer Informationen definiert, die auf einen zeitlichen Bereich von 40 s limitiert sind. Bei der Erhöhung der Sprechraten stellte er außerdem fest, dass das Kurzzeitgedächtnis schneller arbeitet als das Langzeitgedächtnis, so dass bei moderaten Sprechratenerhöhungen, Kurzzeitaufgaben nicht so stark beeinflusst werden wie das verstehende Hören. In [Kin89] untersuchte man das Kurzzeithören, das interpretierende Hören (Erkennen der Sprecherabsichten) und das verstehende Hören in Verbindung mit der zeitlichen Kompression der Sprachwiedergabe. Beim Kurzzeithören wurde das trägere Langzeitgedächtnis nicht genutzt, so dass bei Erhöhung der Sprechrate keine Leistungsminderung erkennbar war. Das interpretierende Hören zeigte ebenfalls keine Einbußen. Nur das verstehende Hören wurde vom Langzeitgedächtnis ausgebremst und sank mit der Erhöhung der Sprechrate, während die beiden anderen Hörarten erst ab 60 % zeitlicher Kompression einen Leistungsrückgang verzeichneten.

Zur Überprüfung der Merkfähigkeit wiederholte *Foulke* seine Präsentationen von 4,7 Silb/s bis 8,7 Silb/s nach einem, sieben und dreißig Tagen und stellte keine Unterschiede bezüglich der Sprechrate fest [Fou65]. Auch ein Absinken der Performance des Kurzzeitgedächtnisses bezüglich der Sprechratenerhöhung bei älteren Probanden bis 50 Jahre, konnte in [Fra58] nicht ermittelt werden.

Training und Gewöhnung mit beschleunigter Sprache

Sprachperzeption und -produktion setzt bei jedem Menschen einen langen Lernprozess voraus, indem der Langzeitspeicher sukzessive erweitert wird. Auch nach dem Beherrschen einer Sprache ist der Mensch in der Lage, sich durch weiteres Lernen und Training zusätzliche Sprachen und Dialekte, beispielsweise geformt durch ein neues Umfeld, anzueignen. Dieses gilt auch bei der Anwendung von zeitskalierter Sprache. Verständlichkeit von beschleunigter Sprache ist eine trainierbare Fähigkeit, was gleichzeitig ein vorteilhafter Effekt für die Hörfähigkeit ist [Orr65b],[Aro97]. Bereits nach dreistündigem Hören von Geschichten mit einer Sprechrate von 8 Silb/s verbesserten die Probanden ihre Verstehensleistung signifikant [Kli63]. *Goldhaber* trainierte seine Probanden mit zeitlich komprimierter Sprache an drei aufeinanderfolgenden Tage jeweils zwei Stunden lang und erzielte eine signifikante Leistungssteigerung gegenüber untrainierten Probanden [Gol74]. Eine weitere Übungszeiterhöhung an fünf Tagen mit beschleunigtem Sprachmaterial von 11,3 Silb/s auf sieben Stunden pro Tag steigerte in [Orr68] die Verstehensleistung von 40 % auf 70 %. *Friedman* interessierte sich schließlich für die Übungszeit, mit der seine Probanden bei 10 Silb/s eine 90-prozentige Verständlichkeit gegenüber normaler Sprechgeschwindigkeit erreichten [Fri67]. Es waren durchschnittlich 10,6 Übungsstunden notwendig. Die Ergebnisse zeigen also eindeutig, dass sich das Verstehen zeitlich komprimierter Sprache trainieren lässt.

Gleason prophezeite, dass es mit entsprechendem Training möglich ist, sprachliche Äußerungen mit einer Geschwindigkeit von bis zu 26 Silb/s zu verstehen [Gle74]. Auch in [Aro97] schätzt man, dass eine Verstehbarkeit von isolierten und trainierten Wörtern selbst bei 10-facher normaler Sprechgeschwindigkeit möglich ist. Leider sind die Trainingsergebnisse auf Grund der verschiedenen Testbedingungen nicht direkt miteinander vergleichbar und damit nicht quantitativ generalisierbar.

Wahrnehmung beschleunigter Sprechraten unter differenzierten Bedingungen

Neben den in diesem Kapitel bereits angeführten Bedingungen, wie Training, Speicherung und Gedächtnis sowie die zeitliche und spektrale Abhängigkeit der auditiven Wahrnehmung, gesellen sich noch weitere Abhängigkeiten in Bezug auf die Verstehbarkeit und Verständlichkeit zeitskalierter Sprache hinzu.

Bisherige Ergebnisse sollen dazu an Hand einer tabellarischen Übersicht aufgelistet werden (Tabelle 2.4). Gleichzeitig lässt sich aus der Auflistung erkennen, für welche der vielen subjektiven Messparameter eine Abhängigkeit von der Sprechgeschwindigkeit untersucht wurde. Unterschiedliche Sprechraten werden in der Tabelle entweder absolut in

Silb/s oder relativ mit einem Skalierungsfaktor α angegeben. Ein Faktor von $\alpha > 1$ bedeutet eine beschleunigte Sprechrate, vgl. auch Gl. (3.2). Weiterhin ergeben die Ergebnisvergleiche auch Widersprüche, wie z. B. in Zeile 1 und 2 der Tabelle 2.4. in denen das jeweils andere Geschlecht der Probanden höhere Sprechraten verstanden.

Bedingung, Messziel	**SR in Silb/s** oder relativ mit α	**Ergebnis der Verständlichkeit**	**Quelle**
Geschlecht	**3,7; 4,7; 8,7; 10; 11,3**	männliche Probanden besser	[Gol68a]
Geschlecht	**7,5 - 9,6**	weibliche Probanden besser	[Hog69]
Akademischer Grad	**4,4; 8,8**	höher. akad. Grad besser	[Gol70]
Schwerhörigkeit	*0,9; 0,8; 0,7*	keine Unterschiede	[Alt64]
Lähmung und Sprachbehinderung	*Erhöht*	Verbesserung	[Par74]
Schwerhörigkeit, Alter	**3,7; 6,9; 9,3**	Verschlechterung	[Cal57]
Herzfrequenz	**4,7; 6,7; 10**	keine Korrelation	[Mic70]
Merkfähigkeit	Selbstwahl der SR	Merkfähigkeit bei höheren SR nach einer Woche besser	[Geo70]
Intelligenz	**4,0 – 10,0**	Verstehbarkeitsabnahme erfolgte bei geringem IQ ab 4,7 Silb/s; mittlerem + hohem IQ ab 7,3 Silb/s	[Fou69]
Lernfähigkeit	*1,0; 1,5*	keine Verluste beim Wiederholen der Inhalte	[Bar68]

Tabelle 2.4: Wahrnehmungsuntersuchungen verschiedener subjektiver Probandenparameter in Abhängigkeit zur Geschwindigkeit zeitskalierter Sprache (Zahlenwerte der SR: ***fett: absolut in Silb/s,*** *kursiv: relativ als α, α=1,0 → normale SR)*

Gegensätzliche Ergebnisse - wie bessere Verstehensleistungen unterschiedlich geschlechtlicher Probanden in [Gol68a] und [Hog69] - zeigen allein schon das Problem der Kriterienkonstanz innerhalb eines Hörversuches bzw. auch zwischen den Versuchen, falls diese Ergebnisse reliabel und vergleichbar sein sollen.

In der Zeit großer Aktivitäten auf dem sehr jungen Forschungsgebiet der Sprachskalierung in den 60er bis 80er Jahren zeigten sich auch große Differenzen in den Verfahrensweisen zur manuellen oder automatischen Zeitskalierung von Sprache (s. Abschnitt 3.1). Für die Medizin ergaben sich jedoch neue Diagnosemethoden in der Audiometrie [Alt64], Psychiatrie oder Neurologie [Par74]. *Parkhurst* zeigte mit seinen Ergebnissen, dass gelähmte und gleichzeitig sprechbehinderte Patienten noch eine sehr gute Sprachwahrnehmung besitzen und dass sie bei einer Erhöhung der Sprechrate auch ihre Verstehensleistung steigern konnten.

Auch eine bis dahin nicht vermutete verbesserter Merkfähigkeit durch akzelerierte Sprache konnte in [Geo70] nachgewiesen werden, da der Hörer den höheren Sprechraten vermutlich aufmerksamer folgt und damit das Gehörte besser abspeichern kann. Auch die Testparameter selbst, wie z. B. Textauswahl, Kopfhörer oder Lautsprecher-, visuelle und/oder akustische Präsentation sind ein großer Einflussfaktor auf die Ergebnisse von auditiven Testverfahren. Ein Parameterausschnitt bisheriger Tests mit höheren Sprechraten ist in Tabelle 2.5 dargestellt.

Bedingung, Messziel	**SR in Silb/s** oder relativ mit *α*	**Ergebnis der Verstehbarkeit, Verständlichkeit**	**Quelle**
Hilfsmittel *vor* dem Hören: Schlüsselwörter <> keine Hinweise	**10**	keine Unterschiede	[Fri67]
Hören (auditiv) und/oder Lesen (visuell)	*1,0; 1,5; 2,0*	*1,0:* nur auditiv am besten *1,5*: auditiv und visuell am besten *2,0:* auditiv und visuell am besten	[Ben72]
Hören und/oder Lesen	**4,7; 7,3**	Hören und Lesen am besten	[Bru71]
Hören und Lesen 6. Klasse	**3,3; 5,3; 7,3**	Leseverständlichkeit eher von SR, auditive Verstehbarkeit von Intelligenz abhängig	[Bar70]
Hören und Lesen simultan	*1,0; 1,5; 2,0*	alle SR gleich	[Par71]
Hören und Folienpräsentation	**4,7; 6,1; 7,4; 8,7**	Keine Unterschiede zwischen keiner, sporadischer oder konsequenter Folienpräsentation	[Boy69]
Lautsprecher und Kopfhörer	*2,0 -5,0*	Kopfhörer 22 % besser	[Car68]
Wortlänge und Worthäufigkeit	**5,3; 6,7; 8,0; 9,3; 10,7; 11,5**	längere Wörter als auch, Wörter mit geringerer Häufigkeit bessere Verständlichkeit	[Hen67]
Wortlänge, Verstehbarkeit, Verständlichkeit	*1,0 - 2,0*	längere Wörter besser mit höherer SR, Verstehbarkeit kontinuierliche Abnahme, Verständlichkeit erst ab 1,7 fache SR	[Hei71]
Lernzeit für sinnvolle, sinnleere Wortlisten	*1,0; 2,0; 4,0*	Lernzeit für sinnvolle Liste geringer, bei sinnleeren Listen noch Unterschiede in der SR	[Bre67]
Emotionen eines Beraters	*1,0; 2,0*	keine Verfärbung der Emotionen bei höherer SR	[Schl83]

Tabelle 2.5: Wahrnehmungsuntersuchungen unterschiedlicher objektiver Parameter in Abhängigkeit zur Geschwindigkeit zeitskalierter Sprache (Zahlenwerte der SR: ***fett: absolut in Silb/s,*** *kursiv: relativ als α, α=1,0 → normale SR)*

Jester stellte fest, dass sich bei einer bimodalen (auditiven und visuellen) Präsentation von Sprache der Proband entschied, nur einem Modus zu folgen, da sonst die Verarbeitungskapazität überlastet wird [Jes66]. Spätere Experimente in [Ben72],[Bru71],[Par71] zeigten dagegen, dass eine visuelle Unterstützung die Verständlichkeit erhöhen kann. [Orr66] nutzte die simultane Präsentation von Schrift und Sprache bei einer Geschwindigkeit von 11,3 Silb/s und erreichte damit z. B. eine signifikante Lesegeschwindigkeitsverbesserung bei Schülern.

Zur Untersuchung des Kurzzeitgedächtnisses, in Verbindung mit erhöhter Präsentationsgeschwindigkeit, verglich *Laughery* die visuelle mit der akustischen Darbietung einer Buchstabenfolge [Lau66]. Die Untersuchungen ergaben eine höhere Performance bei der akustischen gegenüber der visuellen Präsentation, da der visuelle Reiz erst in einen gespeicherten akustischen Reiz transformiert werden muss.

Einfluss von Pausen auf die Wahrnehmung

Pausen besitzen einen großen Einfluss auf die Korrektheit, mit der sprachliche Äußerungen vom Hörer wiedergegeben werden können und sind hilfreich für den Hörer, den Sprecher zu verstehen bzw. „Schritt zu halten" [Rei80]. Zur Einhaltung der Isochronie bzw. des Rhythmus nutzt der Sprecher ebenfalls die Pausen. Allerdings muss auch beachtet werden, dass präpausale Längungen der Lautsegmente zu wahrnehmbar längeren Pausen führen, obwohl keine Signalpausen messbar sind [Pom03].

Pausen sind zwischen Sätzen innerhalb von Absätzen nutzvoll. Eine Erhöhung der Pausenlänge hat hier noch keine Auswirkung auf die Verständlichkeit. Innerhalb eines Satzes wird der Sinnzusammenhang jedoch zerrissen [Rei80]. Erst zusammen mit einer zeitlichen Komprimierung der Sprache ergeben sich durch Pausen nach [Lei62] signifikante Einflüsse und das auch innerhalb eines Satzes an Phrasengrenzen [Joh71]. Dieses wird auch in [Roc69] bestätigt. Tests mit unterschiedlicher Pausensetzung in skalierter Sprache ergaben, dass nur beim Inkrementieren der Artikulationsrate (AR) Verständlichkeitsverluste auftreten, jedoch nicht zwischen Äußerungen mit gleicher AR und unterschiedlichen Pausenlängen von 1, 2, und 4 s.

Overmann experimentierte mit eingefügten Pausen in komprimiertem Sprachmaterial [Ove71]. Er restaurierte das komprimierte Sprachmaterial (6,7; 8,7 und 10,7 Silb/s) wieder auf die Originalsprechrate von 5,1 Silb/s durch Pausenstreckung. Während bei der nur komprimierten Sprache bereits bei 8,7 Silb/s die Verständlichkeit gegenüber dem Original signifikant abnahm, trat dies bei der restaurierten Fassung erst bei einer SR von 10,7 Silb/s auf.

Pausen können ohne Verstehbarkeitsverlust auf 150 ms verringert werden [Aro97]. Eine weitere Verkürzung führt nach [Aro97] jedoch zu einer falschen Pitch-Reset Wahrnehmung, wenn sich die Pausen direkt vor einem stimmhaften Phon befinden.

Wahrnehmbare und bevorzugte Sprech- und Artikulationsraten

Die zentralen Fragen im Zusammenhang mit zeitskalierter Sprache sind:

- Welche maximalen Sprechraten und Artikulationsraten sind verstehbar und verständlich?
- Welche Sprechraten und Artikulationsraten sind akzeptabel?

Man kann die Sprechraten manipulatorisch stetig erhöhen. Aber wenn die Verständlichkeit selbst bei hohen Sprechraten noch gewährleistet ist, fragt sich, ob dieses für eine normale Kommunikationsform akzeptabel ist. Einerseits kann mit einer Sprechratenerhöhung bei gleichbleibender Verständlichkeit die Informationsrate erhöht werden. Andererseits steigt das Unbehaglichkeitsgefühl beim Hörer, da die Aufmerksamkeit für das zunächst ungewohnte Hörerlebnis erhöht werden muss.

Mit dem Morsecode sind Spezialisten in der Lage, eine Textgeschwindigkeit von 2,2 Silb/s zu decodieren, was der mittleren Dauer beider Töne von 30 und 90 ms entspricht [Mau04]. Hier sind die Grenzen des zeitlichen Unterscheidungsvermögens fast erreicht. Diese Werte liegen auch im Bereich von Konsonant- und Vokallängen, nur dass in der graphemischen Umsetzung des Morsecodes für einen Buchstaben im Durchschnitt 3,3 Symbole gesendet werden müssen. Verglichen mit dem Morsecode erkennt man bereits die komplexe zeitliche und spektrale Struktur der Sprache, mit der es möglich ist, bei normaler Sprechgeschwindigkeit (s. Tabelle 2.3) gegenüber dem Morsecode doppelt so viele Silben pro Sekunde zu übermitteln.

Wie aus Tabelle 2.4 und Tabelle 2.5 ersichtlich, wurden bereits Untersuchungen mit instrumentell skalierter Sprache mit bis zu 11,3 Silb/s vorgenommen, was ungefähr der dreifachen normalen Sprechgeschwindigkeit entspricht. Oftmals wird in der Literatur nur von einer Komprimierung des Basismaterials um einen Faktor x gesprochen, so dass direkte Vergleiche durch die unbekannte Sprechrate des Ausgangsmaterials nicht möglich sind. Trotzdem sollen bisherige Versuchsergebnisse mit zeitskalierter Sprache zur Verdeutlichung von grenzwertigen Sprechraten aufgeführt werden.

Orr erzielte mit einer auf Magnetband gespeicherten Sprachaufnahme und einer mechanischen Skalierungsmethode (s. Abschnitt 3.1) noch eine Verständlichkeit von 80 % bei einer Sprechrate von 11,3 Silb/s [Orr65a]. *Foulke* fand in der SR von 6,7 bis 7,3 Silb/s einen Schwellwertbereich, ab dem die Verständlichkeit erst abnimmt, während die Verstehbarkeit bereits bei moderater Geschwindigkeitserhöhung sinkt [Fou68]. Diesem Schwellwert für die Verständlichkeit widersprach [Kin89] allerdings, da er eine sukzessive - wenn auch geringe - Abnahme der Verständlichkeit mit der SR-Erhöhung feststellte. Bei einem Vergleich mit mehreren Skalierungsmethoden konstatierte *He* eine 100-prozentige Verständlichkeit bei einer Sprechrate von 7,9 Silb/s [He01]. Eine maximale absolute Sprech- oder Artikulationsrate lässt sich jedoch nicht korrekt quantifizieren, da auch hier wiederum die Parameter wie individuelles Training, Beschaffenheit des Ausgangsmaterials, Technologie der Skalierungsmethoden usw. Einfluss haben und die Ergebnisse auch stark von den Testmethoden zur Verstehbarkeits- bzw. Verständlichkeitsüberprüfung abhängen.

Interessant sind weiterhin Untersuchungen zur Präferenz von zeitskaliertem Sprachmaterial, vor allem bezüglich seiner Anwendung.

Für die Interaktion mit einem Computer wurde in [Suz01],[Omo99] gemessen, dass die 1,3 bis 1,6-fache normale Sprechrate von den Probanden bevorzugt wurde. Selbst bei Untersuchungen mit nicht sowie geistig behinderten 12-jährigen Schülern wurde eine Sprechrate von 6,4 Silb/s gegenüber 4,8 Silbe/s bevorzugt [Lov66]. Als angenehme Geschwindigkeit schätzt *Foulke* eine 1,25-fache normale Sprechrate ein [Fou67]. Bei Studenten ist nach *Foulke* die bevorzugte Sprechrate 7,2 Silb/s [Fou69], während *Cain* nur 4,3 Silb/s evaluierte [Cai72]. Bei einem Test in [Lov68] mit 5- bis 14-jährigen Schülern präferierte die Mehrzahl der Schüler eine SR von 6,4 Silb/s. Auch hier zeigten sich wieder die großen Unterschiede in den Resultaten.

Allgemein kann man jedoch schlussfolgern, dass der Mensch in der Kommunikation mit der Maschine durchaus höhere Sprechraten gegenüber der von ihm normal produzierten Sprechgeschwindigkeit akzeptiert, wobei hier noch einmal auf die individuell präferierte wahrnehmbare Sprechrate hinzuweisen ist, die stark mit der eigens produzierten mittleren Sprechrate korreliert. Weiterhin lässt sich allgemein konstatieren:

> Der Mensch ist in der Lage, zeitskalierte Sprache mit höherer Geschwindigkeit wahrzunehmen und zu verstehen, als er selbst produzieren kann.

Menschen, die besonders auf die akustische Kommunikation angewiesen sind und somit weitere spezielle Erfahrungen in der auditiven Wahrnehmung besitzen, sind die sehbehinderten und blinden Menschen. Welche Fähigkeiten und Präferenzen hier vorherrschen, war bis heute auch auf dem Gebiet der Sprachskalierung das Thema umfangreicher wissenschaftlicher Untersuchungen. Hierauf soll nachfolgend näher eingegangen werden.

2.3 Kommunikation sehbehinderter und blinder Menschen

2.3.1 Definition der Blindheit und statistische Angaben

Für die Blindheit und deren Einstufungsgrade unterscheiden sich die Definitionen zwischen der Weltgesundheitsorganisation (*World Health Organization*) und dem *Sozialgesetz* in Deutschland nach Tabelle 2.6 [WHO10b],[BSV09],[SGB09]

Mit *Visus* ist zur Definition der Blindheit einmal das Verhältnis vom tatsächlichen Auflösungsvermögen des besseren Auges inklusive der möglichen Korrekturhilfen zum normalen Auflösungsvermögen von einer Bogenminute oder auch das Verhältnis vom noch wahrnehmbaren zum normalen Gesichtsfeld von 180° gemeint. Die beste Sehfähigkeit wird mit 1 oder 100 % charakterisiert. Gegenüber der WHO-Kategorie (Tabelle 2.6) ist man in Deutschland erst ab einem Visus von 2 % blind und damit nach [SGB09] Blindengeldempfänger.

Weltweit wurden in [Res04] im Jahre 2002 161 Mio. sehbehinderte und davon 37 Mio. blinde Menschen geschätzt. Inzwischen gehen die Schätzungen bei der WHO von 314 Mio. Sehbehinderten und davon 45 Mio. Blinden aus [WHO10a]. In Deutschland gab es nach [SBA09] im Jahre 2007 77.697 blinde, 54.168 hochgradig sehbehinderte und 219.577 sehbehinderte Menschen mit mindestens 50 % Schwerbehinderung und somit sozialunterstützungswürdig und erfassbar, was einem Anteil von 0,4 % der Gesamtbevölkerung entspricht.

WHO-Kategorien	Visus	deutsche Kategorien
0 - keine Sehbehinderung	> 0,3	keine Sehbehinderung
1 - moderate Sehbehinderung	0,3 - 0,1	Sehbehinderung
2 - schwere Sehbehinderung	0,1 - 0,05	wesentliche Sehbehinderung
3 - Blindheit	0,05 - 0,02	hochgradige Sehbehinderung
4 - Blindheit	< 0,02	Blindheit
5 - Blindheit (Amaurose)	keine Lichtwahrnehmung	Blindheit (Amaurose)

Tabelle 2.6: Blindheitskategorien, definiert nach WHO und Sozialgesetz in Deutschland

In Abbildung 2.15 erkennt man deutlich, dass Blindheit und Sehbehinderung vor allem im hohen Alter auftreten. Hervorgerufen wird die Sehbehinderung in den häufigsten Fällen durch Krankheit (Abbildung 2.16).

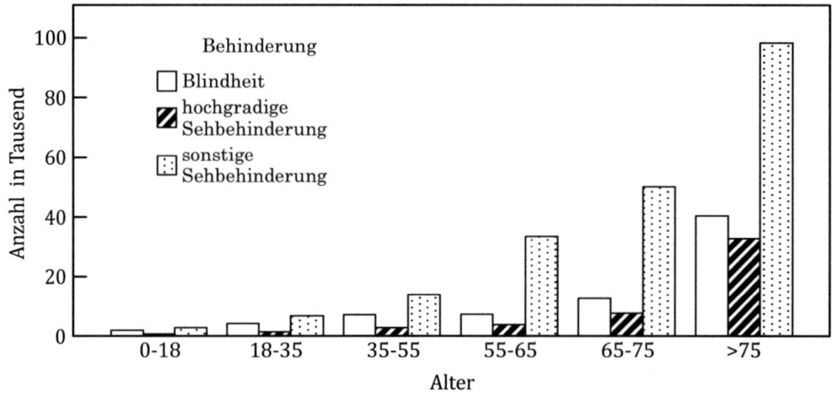

Abbildung 2.15: Altersverteilung der Sehbehinderten und Blinden in Deutschland 2007 [SBA09]

Für die tatsächliche Anzahl Blinder und Sehbehinderter gibt es auch in Deutschland nur Schätzungen aus den Blinden- und Sehbehindertenverbänden der jeweiligen Länder. So beziffert der Deutsche Blinden- und Sehbehindertenverband (DBSV) die Anzahl der Blinden auf 155.000 und der Sehbehinderten auf 500.000 Menschen [Fin07]. Viele Blinde und Sehbehinderte beantragen keine finanzielle Unterstützung und wurden somit nicht in der Statistik erfasst [SBA09]. Die für Deutschland von der WHO geschätzten Zahlen unterscheiden sich wiederum von denen des Statistischen Bundesamtes und des DBSV infolge der uneinheitlichen Definitionen für Blindheit. Diese Situation wird vom DBSV als unbefriedigend empfunden [DBS10], da in den Bereichen zur Unterstützung der behinderten Menschen (Medizin, Bildung, öffentliche Hand) keine zuverlässige Planungssicherheit existiert.

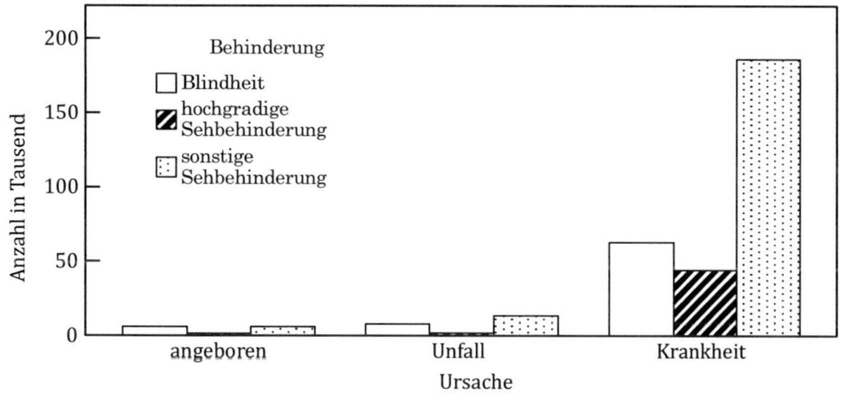

Abbildung 2.16: Ursachen der Blindheit und Sehbehinderung in Deutschland 2007 [SBA09]

2.3.2 Wahrnehmung blinder Menschen

Ausgehend von der Abbildung 2.4 c) entfällt bei Blinden der visuelle Kommunikationskanal. Die Kommunikation kann nur noch über die verbleibenden Sinne erfolgen, sofern dieses dem Blinden ermöglicht wird. Problematisch ist nun, dass ein sehender Mensch 87 % aller Informationen über seinen visuellen Sinn und 10 % der Informationen auf akustischem Wege wahrnimmt [Awa86]. Dieser Verlust kann nicht durch die verbleibenden Sinnesorgane kompensiert werden kann.

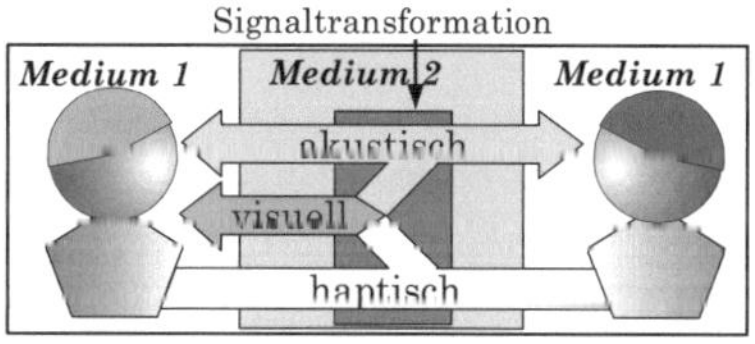

Abbildung 2.17: Transformation der visuellen Informationen

Eine zusätzliche Informationsübermittlung kann nur durch eine Transformation der optischen Signale in akustische oder haptische Signale erfolgen (Abbildung 2.17). Hierbei stellt sich die Frage, mit welchen Wahrnehmungsleistungen Blinde Informationen über den auditiven und haptischen Sinn aufnehmen können, verglichen mit den visuellen Fähigkeiten sehender Menschen.

Die Entwicklung der auditiven und haptischen Reizwahrnehmung hängt sehr stark vom Eintrittsalter der Behinderung ab, insbesondere, ob die Blindheit angeboren oder erst im Laufe des Lebens eingetreten ist. Bei angeborener Blindheit ist die Wahrnehmung zunächst hauptsächlich vom auditiven Sinn geprägt und wird mehr und mehr durch den haptischen Kommunikationskanal ergänzt. Der Tastsinn ermöglicht dem Blinden die räumliche Erfassung seiner Umgebung, während das Gehör Intensitäten zunächst in zeitliche Strukturen einordnet [Hel04].

Erst die Erfahrungen aus der Kombination beider Sinne erlaubt es dem Blinden, aus akustischen Reizen räumliche Beziehungen abzuleiten, wie z. B. Entfernungen von Hindernissen. Der Blinde vergleicht dabei die räumlichen Ausmaße mit einem zeitabhängigen Maß (Überwindung der Entfernung oder Dauer des reflektierten Schalls), da er die Reflexionen bezüglich eines Hindernisses oder Objektes in einem Raum sensibler wahrnehmen und auswerten kann als ein Sehender [Duf05]. Das Fehlen der akustischen Repräsentation eines Raumes (z. B. in einem reflexionsarmen Raum) führt sogar zu einer starken Verunsicherung des blinden Menschen, vergleichbar mit dem Lichtausfall in einem Raum für den sehenden Menschen.

Obwohl der Blinde eine genauere Auswertung seiner akustischen Umgebung erreicht, gibt es keine messbaren Hinweise, dass sich z. B. die Leistung der Hörphysiologie mit dem Verlust des Visus verbessert [Sea18],[Sta81],[Col06],[Col09]. Eine Erhöhung der sensorischen Sensitivität bei Blindheit konnte auch in eigenen audiologischen Messungen nicht festgestellt werden. Messungen in der ERA (Evoked Response Audiometry) ergaben dagegen in einem zweiten Teilversuch in [Nie81] gegenüber einem ersten Teilversuch in [Sta81] eine bessere Sprach-Diskriminationsfähigkeit der blinden Probanden mit und ohne Hintergrundrauschen, bewiesen durch die kürzeren Latenzzeiten der ERA-Potentiale des Hörnervs.

Seit 1990 können zunehmend Potentialmessungen (ERP: Event Related Potential) auf der Kopfhaut und Computertomografien zur Erfassung erhöhter Blutzirkulation in einzelnen Gehirnregionen die Leistungserfassung unterstützen. Hiermit lassen sich die Aktivitäten der verschiedenen Hirnareale zwischen den Blinden (vorzugsweise bei den Personen mit angeborener Blindheit) und den sehenden Probanden vergleichen, um eine mögliche Überlegenheit der Blinden in der Sprachwahrnehmung oder der haptischen Diskriminationsfähigkeit zu entdecken. Die dabei interessierenden Areale der visuellen, auditiven und somato-sensorischen Wahrnehmung sind in Abbildung 2.18 dargestellt.

Bei der Untersuchung der Selektivitätsunterschiede zwischen kongenital (angeboren) blinden und später erblindeten sowie sehenden Probanden bei sich räumlich ändernden Audiosignalen stellte *Kujala* eine größere örtliche Verteilung der ERP-Signale im Gehirn der Blinden, speziell im parietalen und occipitalen Bereich, die normalerweise eher für die visuelle Wahrnehmung genutzt werden, fest [Kuj92]. Auch in [Alh93] maß man eine höhere Verteilung der PN (Processing Negativ)-Signale des ERP‘s in den hinteren Kortexregionen bei den Blinden, während diese sich bei dichotischer akustischer Darbietung nur auf ein Ohr konzentrierten. Die Ergebnisse unterstreichen die kompensatorischen Performanceveränderungen bei Verlust eines Sinnes und weisen auf die adaptiven Veränderungen des Gehirns hin, s.a. [Röd93]. Mit Hilfe der Computertomografie verzeichnete *Stevens* bei allen Probanden nach dem Wechsel von einem 400 Hz Ton auf einen frequenzmodulierten 4 kHz Ton eine unveränderte Tonotopie im oberen und mittleren temporalen Lappen [Ste09]. Allerdings bildete sich nur bei den Sehenden und spät erblindeten Probanden ein deutlicher Schwellwert der functional-Magnetic Resonance Imaging (fMRI)-Signale ab. Weiterhin wurde bei akustischer Ruhe ein viel geringerer fMRI-Wert bei den früh Erblindeten gemessen. *Stevens* unterstreicht damit die Ergebnisse früherer Versuche und die Verarbeitungseffizienz der blinden Probanden und leitet daraus die *„intramodale Plastizität“* des Kortex ab [Ste09].

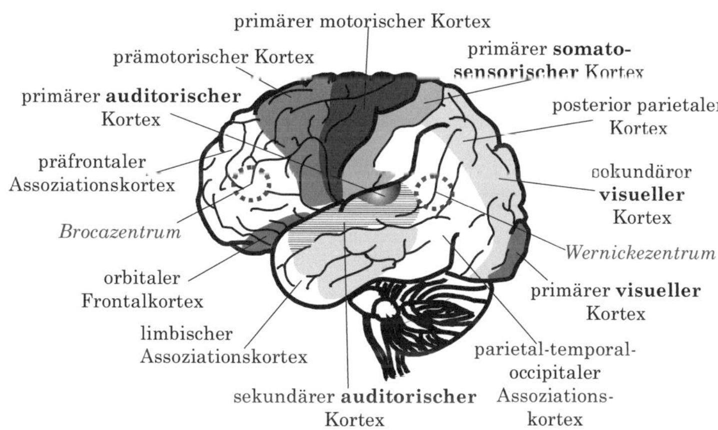

Abbildung 2.18: Seitliche Ansicht des cerebralen Kortex mit seinen Wahrnehmungszentren nach [And01],[Bir07]

Bezüglich der Sprachverarbeitung testete *Röder* 11 blinde und 11 sehende Probanden, die aus einem gehörten Text mit 80 Sätzen anschließend akustisch präsentierte Einzelwörter wieder erkennen sollten [Röd91]. Bei den Blinden, die eine bessere Erkennungsrate aufwiesen, trat bei der ERP Messung ein signifikant stärkerer positiver Impuls auf, der bei den Sehenden mit geringerer Erkennungsleistung nicht zu verzeichnen war. Somit schloss man auf Grund der höheren Potentiale und Leistungen auf eine effizientere Sprachverarbeitung bei den Blinden. Bei dem Versuch, sinnleere und sinnvolle Wörter im Satzkontext voneinander zu unterscheiden, ließ sich das N400-Signal (N: negativ, Delay=400 ms) im linkseitigen frontalen Kortex der Sehenden nachweisen, während es bei den Blinden wiederum eine breite symmetrische Tonotopie aufwies und eher startete [Röd00]. Blinde verarbeiten somit die Sprache schneller, und Sprachfunktionen erfahren im Gehirn eine Reorganisation, da der visuelle Bereich seine adäquaten Signale nicht mehr empfängt.

Der Tastsinn, das zweite primäre Sinnesorgan sehbehinderter und blinder Menschen und das einzige Sinnesorgan zur Wahrnehmung räumlicher Strukturen, ist sensorisch nicht mit dem dualen Prinzip des Hör- und Sehsinns vergleichbar. Mechanische Rezeptoren sind auf der gesamten Haut verteilt und nehmen Berührung, Druck und Vibrationen von 3 bis 300 Hz wahr [Lan07]. Alle Rezeptoren zusammen bilden den Wahrnehmungssinn für Temperatur und Schmerz. Die Rezeptorendichte ist unterschiedlich verteilt und an der Hand am größten, so dass hier speziell an den Fingerspitzen bis zu 5 mm voneinander entfernte Reize diskriminiert werden können [Lan07]. Durch Training lässt sich die Dichte zweier benachbarter Punkte auf 1,8-2,3 mm absenken [Schl10]. *Perez* stellte bei simultaner räumlicher und zeitlicher Stimulierung (Vibration) eine Verschlechterung der räumlichen Selektion fest [Per00]. Bei tiefen Schwingungsfrequenzen von 25 Hz erreichte die Unterscheidbarkeit benachbarter Stimuli 2,1 mm und bei 500 Hz nur 5,1 mm.

Eine ähnliche Reorganisation bzw. plastische Anpassung des Gehirns zur Erhöhung der Diskriminationsleistung wie bei der visuellen Wahrnehmung kann auch beim Tastsinn festgestellt werden. In der Vergangenheit wurden nachfolgende Untersuchungen und Messungen bezüglich der taktilen Wahrnehmung durchgeführt:

- Messung der zerebellaren Strömungen bei zwei Tastaufgaben (1. Braillezeile oder erhabene Buchstaben, 2. zufälliges Punktmuster) von 7 Blinden und 13 Sehenden: Bei Blinden höhere Strömungsmessungen im hinteren Hirnareal, keine Unterschiede innerhalb der Gruppen bei der Tastart nachweisbar [Uhl93]
- Zuordnung der Stimuli zu den Fingern, Vergleich Blinde und Sehende: Gleiche Fehlerrate bei beiden Gruppen, Blinde erreichten nur mit Lesefinger die geringste Fehlerrate. [Ste03]
- Messung der ERP bei kongenital blinden, früh erblindeten und sehenden Probanden mit Tastaufgabe und Handwechsel: Unterschiedliche Potentiale bei den kongenital Blinden gegenüber den früh Erblindeten und Sehenden; Kontrollmechanismen der Wahrnehmung entwickeln sich bei nie vorhandenem visuellen Sinn anders. [Vel06]
- ERP-Messung bei früh Erblindeten und Sehenden bei taktiler Aufgabenstellung: ER-Potentiale der Blinden lagen zeitlich vor denen der Sehenden, daraus folgen schnellere Reaktionszeiten [For07]
- Untersuchung der zeitlichen Auflösung zwischen rechts und links bei normaler Haltung sowie bei gekreuzten Händen: Blinde erkannten die geringsten zeitlichen Differenzen zwischen linken und rechten haptischen Stimuli von ca. 30 bis 35 ms, Sehende mit 40 bis 50 ms. In gekreuzter Haltung verschlechterten sich die Ergebnisse der Sehenden dagegen auf ca. 100 ms. [Röd04]

Somit bestätigt sich die bessere Ausnutzung der auditiven und taktilen Fähigkeiten bei Blindheit, zurückzuführen auf eine höhere Plastizität des zentralen Nervensystems [Nie81].

Gegenüber allen bisherigen physiologischen und neurologischen Untersuchungen, die von einer Übernahme der Verarbeitungskapazitäten nicht verwendeter Kortexareale ausgingen, konnte in [Lep10] inzwischen mit Hilfe von computertomografischen Aufnahmen nachgewiesen werden, dass sich auch die Größe der genutzten Areale verändert. *Lepore* stellte bei früh und spät erblindeten Probanden eine starke Degeneration des visuellen Kortex fest, während die Areale außerhalb des occipitalen Bereiches eine deutliche Zellvergrößerung aufwiesen [Lep10]. Dies zeigt also nicht nur eine Anpassung der Signalverarbeitung sondern auch eine Adaption der Gewebsstrukturen des Kortex an die veränderten Sinneswahrnehmungen.

2.3.3 Perzeptive Hör- und Tastgeschwindigkeiten von Sprache bzw. Text

In zahlreichen Untersuchungen wurde festgestellt, dass Blinde gegenüber Sehenden eine effizientere Verarbeitungsstrategie der verbleibenden Sinnessignale entwickeln. Demzufolge kann angenommen werden, dass sie bezüglich zeitskalierter Sprache auch höhere Verstehens- oder Verständlichkeitsleistungen realisieren, bzw. höhere Sprechraten perzipieren können. Die Untersuchungen hierfür begannen wesentlich früher als die neurologischen Messungen. Verstärkte Aktivitäten bezüglich der Experimente mit blinden und sehbehinderten Menschen und der Präsentation beschleunigter Sprachwiedergabe findet man bereits Anfang der 70er Jahre. In dieser Zeit wurden erste mechanische Konstruktionen entwickelt, die eine manuelle Regelung der Wiedergabegeschwindigkeit ohne Frequenzverzerrungen ermöglichten.

Verglichen mit einer normalen und sauber artikulierten Sprechgeschwindigkeit von 4 Silb/s (Tabelle 2.3) beträgt die durchschnittliche Lesegeschwindigkeit von sehenden Menschen durchschnittlich 8 Silb/s [Gib75]. *Foulke* konnte in seinen Hörtests feststellen, dass die blinden Probanden bei 7,3 Silb/s, also fast der Lesegeschwindigkeit von Sehenden, noch wesentliche Passagen von akustisch präsentierten und beschleunigten sprachlichen Äußerungen verstehen konnten [Fou63],[Fou69]. Selbst 10,7 Silb/s hielt *Dupress* kurzzeitig für möglich [Dup65]. *Foulke* präsentierte 100 blinden Schülern kurze Passagen mit beschleunigter Sprache. Die Schüler waren Teilnehmer eines Aufnahmeservices für Blinde. Die Bereitschaft, akzelerierte Sprache zu hören, lag bei 92 % und die präferierte Geschwindigkeit wiederum bei 8 Silb/s. Vereinzelt lag die gewünschte Sprechrate auch bei 9,3 Silb/s. Eine allmähliche Geschwindigkeitserhöhung empfanden 71 % der Probanden als sinnvoll [Fou65].

Unter Beachtung der damaligen Qualität synthetisch beschleunigter Sprachwiedergabe wurden von den blinden Probanden bereits recht hohe Sprechraten verstanden. Selbst Experimente mit Sprachaufnahmen, deren beschleunigte Wiedergabe Frequenzverschiebungen enthielten, ergaben bei einer Übungszeit von nur 2 Stunden bei Schülern bereits Verstehbarkeitserhöhungen [Res68]. 33 Schüler, die seit sechs Jahren erblindet waren, trainierten für *Grumpolt* in zwei Gruppen mit der akzelerierten Sprachwiedergabe. Die erste Gruppe trainierte mit einer SR von 7,3 bis 8 Silb/s und die zweite Gruppe mit einer SR von 4,0 Silb/s. Die erste Gruppe zeigte dann im Test bessere Ergebnisse [Gru68]. Aber auch die Gedächtnisleistung ließ sich erhöhen, als z. B. blinde Jugendliche Sprachausgaben mit 4,5 und 5,3 Silb/s hörten [Enc59]. Die schnellere Sprechrate war in diesem Fall die effektivere Lerngeschwindigkeit.

Aktuelle Untersuchungen und Vergleiche zwischen sehenden und blinden Probanden findet man in [Moo07]. Hier wurde 19 sehenden und 19 blinden Probanden natürliche und synthetische Sprache (Formantsynthese) präsentiert, die die Verständlichkeit auf der sechsstufigen deutschen Schulskala bewerten sollten. Die blinden Probanden waren zudem erfahren im Umgang mit der Sprachsynthese. Die natürliche und synthetische Sprache wurden mit der Software *Praat* [Boe93] beschleunigt. Der ersten Gruppe wurden Sprechraten von 9 bis 14 Silb/s und der zweiten, erfahrenen Gruppe 17 bis 22 Silb/s vorgespielt. Die Sehenden bewerteten die natürliche Sprache bei jeder SR besser als die Synthese [Fre10]. Bei der höchsten Geschwindigkeit von 14 Silb/s erreichte die natürliche Sprache noch eine gute Bewertung, während die synthetische nur noch als befriedigend eingestuft wurde, womit die o.a. Prognose von 10,7 Silb/s [Dup65] weit übertroffen wurde.

Bei der Bewertung der blinden Probanden war die Sprachsynthese bei allen Geschwindigkeiten im Durchschnitt auf der sechststufigen Skala mit einem Punkt auditiv besser verständlich als die natürliche Sprache. Die synthetische Sprache erreichte bei der für die Blinden geringsten Geschwindigkeit noch einen guten Wert und wurde erst bei 22 Silb/s ähnlich schlecht bewertet wie die SR von 14 Silb/s bei den Sehenden. Hier zeigten sich deutlich die besseren Wahrnehmungsleistungen der Blinden, unterstützt durch jahrelange Erfahrungen und Training mit Sprachsynthesesystemen. Allerdings sind die Ergebnisse sehr subjektiv geprägt, da der objektive Vergleich der verstandenen Äußerungen mit den präsentierten Äußerungen nicht durchgeführt wurde.

Zur Ermittlung der Verständlichkeitsgrenze bezüglich der Sprechrate untersuchte *Moor* eine einzelne mit 13 Jahren erblindete Person auf ihre perzeptiven Fähigkeiten, indem wiederum die subjektiv empfundene Verständlichkeit der synthetischen und natürlichen Sprache mit Sprechraten von 18 bis 36 Silb/s bewertet wurden [Moo08]. Diesmal musste die Versuchsperson allerdings auch eine kurze Zusammenfassung des Gehörten mit dem Notebook notieren und in einem zweiten Durchgang das Gehörte nachsprechen, so dass ein objektiver Vergleich mit der subjektiven Benotung gegeben war. Bis 22 Silb/s waren 90 % und im Bereich von 24 bis 28 Silb/s noch immerhin 50 % der gehörten Wörter verständlich. 28 Silb/s entsprechen der erstaunlichen Verständlichkeitsleistung einer 5- bis 6-fachen normalen Sprechrate.

Im Vergleich zur Sprachwiedergabe erreichen die Blinden beim taktilen Lesen mit Hilfe der Braillezeile [DIN07] wesentlich geringere Leseraten. Diese differieren auch noch durch die Art des Lesens. Man unterscheidet zwischen 1-Hand-Lesern und 2-Hand-Lesern. Die Nutzung der zweiten Hand wird individuell genutzt, vorwiegend zum Abtasten und zur Vorbereitung der nächsten Zeile [Dav80]. Geübte 2-Hand-Leser erreichen Leseraten bis zu 3,5 Silb/s, während 1-Hand-Leser die Informationen nur noch mit 2,6 Silb/s ertasten können [Ber85]. Verglichen dazu erreicht der sehende Mensch maximale Leseraten von 7,5 Silb/s bei normaler Textanordnung [Gib75]. Die visuelle Wahrnehmung ist auf Grund der zweidimensionalen Erfassung des Textes in diesem Fall von Vorteil. Wird dem sehenden Leser allerdings nur noch eine einzeilige Laufschrift präsentiert, verringert sich die Lesegeschwindigkeit auf 2,5 Silb/s [Wal81].

Vergleicht man die Leseraten und die verständlichen Sprechraten miteinander, ist offensichtlich, dass bei der übermittelten Informationsrate die akustische Sprachausgabe höhere Werte erzielt. Beide Kommunikationsformen implizieren allerdings auch Vorteile, die in Tabelle 2.7 erwähnt werden und die bei der Entwicklung von Geräten und Rechnersoftware nicht außer Acht gelassen werden sollten.

Akustische Präsentation	**Haptische Präsentation**
höhere Informationsrate	nicht flüchtig, beliebig navigier- und wiederholbar
kostengünstigere, schnelle userabhängige Erstellung	sprecherunabhängig, keine dialektischen oder emotionalen Einflüsse, eigene Interpretationen einfacher
ständig präsentier- und wahrnehmbar, ohne Aufmerksamkeitszuwendung	mehrere Personen können unterschiedliche Inhalte präsentiert bekommen
prosodische Akzentuierung möglich	geringe Störanfälligkeit durch Umgebung
keine spezielle Schrift zu erlernen	

Tabelle 2.7: Vorteile akustischer und haptischer Informationspräsentation nach [Web00]

Um die Vorteile beider Präsentationen auszunutzen, sollten sowohl eine haptische wie auch eine regelbare akustische Sprachausgabe an Geräten zur Kommunikationsunterstützung von Blinden vorhanden sein. Erst die Kombination beider Sprachausgaben ermöglicht nach [Web00] die Unterscheidung hierarchischer und flächiger Strukturen. Er fordert den redundanten Einsatz der beiden medialen Typen in der Mensch-Maschine-Schnittstelle, insbesondere in der Blindenkommunikation.

Bereits *Diamond* forderte in den Vorleseapparaturen für Blinde eine manuelle Regelung für die Sprechgeschwindigkeit [Dia66], da viele Blinde bereits skalierte Sprache zur Informationsaufnahme nutzen [Fou65]. *Bray* stellte sogar fest, dass die Blinden die höhere Geschwindigkeit einer möglichst natürlichen Sprachqualität vorziehen [Bra68]. Dies bestätigte sich auch in [Moo07], da die Qualität einer regelbasierten Sprachsynthese, wie die Formantsynthese, nicht die Natürlichkeit der menschlichen Sprache erreicht und sich blinde Nutzer trotzdem für die Nutzung der Synthese entscheiden würden. Durch eine eigene Umfrage mit Blinden, die eine Braillezeile nutzten, wurde ebenfalls bestätigt, dass die synthetische Sprachausgabe trotz nichtnatürlicher Qualität der taktilen Informationsaufnahme vorgezogen wurde. Die physische (Tastgenauigkeit) und psychische (Konzentration) Belastung sei bei der akustischen Sprachausgabe nicht so hoch. Die erhöhten Anforderungen bei der Nutzung der Braillezeile sind höchstwahrscheinlich auch der Grund für ein weiteres Ergebnis dieser Umfrage. Von den 21 befragten Personen hatten 17 Personen nur noch eine Restsehfähigkeit von 4 %. 14 von ihnen nutzten eine Braillezeile und verloren ihre Sehkraft bis zu einem Alter von 40 Jahren oder waren von Geburt an blind. Drei aus dieser Gruppe klagten über eine schnelle Ermüdung beim Lesen mit der Braillezeile. Bei den restlichen drei Personen der 17 Befragten ließ die Sehkraft erst nach dem 40. Lebensjahr stark nach. Sie erlernten den Umgang mit der Braillezeile nicht mehr. Dieses unterstreicht auch die Bedeutung der Sprachausgabe für blinde Menschen, insbesondere, wenn die Sehkraft erst im hohen Alter stark nachlässt.

2.3.4 KOMMUNIKATIONSHILFSMITTEL MIT SPRACHAUSGABE FÜR BLINDE

Die Mensch-Maschine-Schnittstelle für die blinden Nutzer hat sich seit den ersten Vorlese-Bandmaschinen mit regelbarer Wiedergabegeschwindigkeit bezüglich der Sprachwiedergabe aber auch bezüglich einer automatischen haptischen Synthese grundlegend weiter entwickelt. Somit ist es heute mehr Blinden möglich, einer beruflichen Tätigkeit nachzugehen. Die bevorzugten Berufe, die blinde Menschen ausüben, sind in Abbildung 2.19 dargestellt.

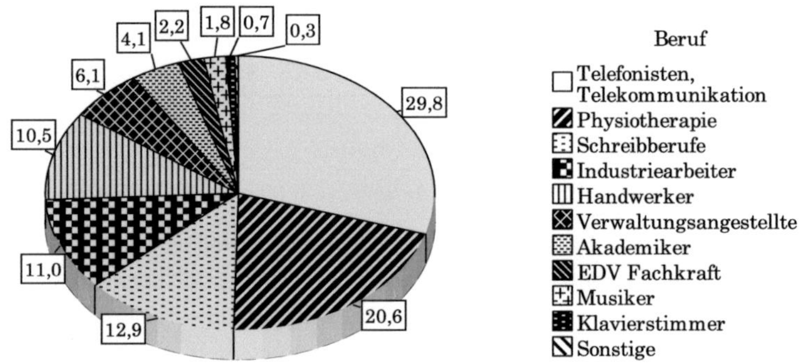

Abbildung 2.19: *Verteilung (in %) ausgeübter Berufe von blinden Menschen in Deutschland nach [DVB06]*

Laut Abbildung 2.19 können blinde Menschen offensichtlich ihre auditiven Fähigkeiten in der Telekommunikationsbranche und ihre haptischen Fähigkeiten vor allem in der Physiotherapie zur Berufsausübung nutzen. Ihnen steht im beruflichen Alltag als auch im privaten Bereich eine große Anzahl an Hilfsgeräten bzw. speziellen Schnittstellen zur Verfügung, die die Kommunikation akustisch oder haptisch, z. B. mit einer mechanisch gesteuerten Braillezeile, ergänzen. Der Vertrieb von Zeitungen, Zeitschriften und Büchern erfolgt inzwischen insbesondere für den blinden und sehbehinderten Nutzer in einer hörakustischen Form auf einem Datenträger oder online über das Internet. Andere audio-visuelle Medien werden um eine weitere Audiodeskriptionsspur ergänzt, wie z. B. der Hörfilm im Kino oder das audiodeskriptive Fernsehen. Einen Ausschnitt von verfügbaren Geräten, Hilfsmitteln und Softwarelösungen, die speziell für die Blindenkommunikation durch eine akustische Sprachausgabe erweitert werden, zeigt Abbildung 2.20.

In der Darstellung wird zwischen natürlicher und synthetischer Sprachausgabe unterschieden. Softwarelösungen - wie der Screenreader, sprachgestützte Menü- oder z. B. E-Mailwiedergabe in Personal Digital Assistenten (PDAs) und Mobilfunkhandys - verwenden in der Regel eine Sprachsynthese, die nutzerabhängig interaktiv und variabel auf die auszugebenden Inhalte reagieren kann.

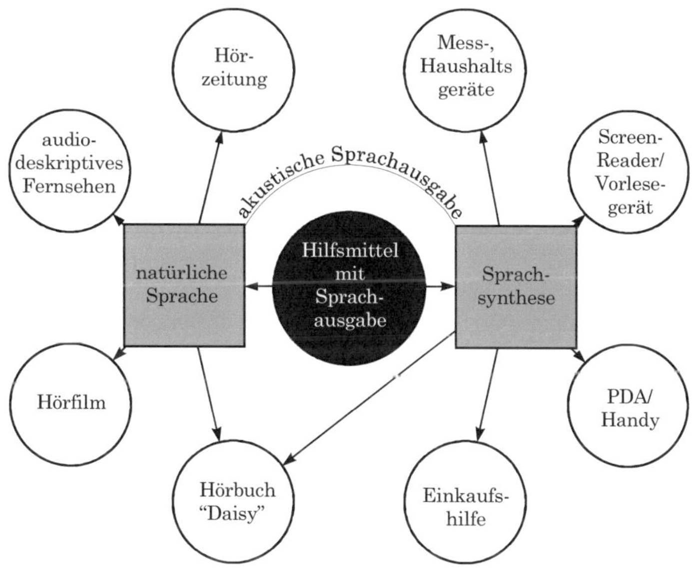

Abbildung 2.20: Hilfsmittel mit akustischer Sprachausgabe für blinde Nutzer

Bei der Ausgabe gespeicherter natürlicher Sprache wird diese vor dem Vertrieb für bereits vorhandene Texte durch Sprecher und Schauspieler im Studio qualitativ hochwertig produziert. Seit 1994 wird an Fernseh-Hörfilmen - initiiert durch ein Projekt des Deutschen Blinden- und Sehbehindertenverbandes - die Akzeptanz von deskriptiver Sprache in den dialogfreien Bereichen des Spielfilmes geforscht [Hub04]. Die deskriptive Sprache wird über den zweiten Audiokanal des Fernsehsenders ausgestrahlt. Auch im Kino besteht die Möglichkeit, bei entsprechender Filmaufbereitung und vorhandener Technik audiodeskriptive Unterstützung für die blinden Zuhörer im Kinosaal bereitzustellen. Der zusätzliche Audiokanal wird hier über Infrarot- bzw. Funkempfänger an die Blinden übertragen. Obwohl unterstützende Informationen zur Situationsbeschreibung hilfreich sind, können sie auch störend auf die vom Autor und Regisseur des Filmes erwünschte und vom Betrachter wahrzunehmende Situation und Dramatik wirken.

Eine Kombination der synthetischen und natürlichen Sprachausgabe wurde in das international standardisierte Hörbuchgerät *DAISY (Digital Accessible Information System)* [Dai05] für Blinde implementiert. Es speichert z. B. die schauspielerische Sprachaufnahme eines Romans, in der man mit Hilfe gespeicherter Metadaten navigieren und eine Audiowiedergabe mit der 0,3- bis 3-fachen Geschwindigkeit wählen kann. Die Wahl einer dreifachen Wiedergabegeschwindigkeit für die natürliche Sprache dürfte bei Sachbüchern eher eine Rolle spielen, als in belletristischer Literatur, da die künstlerische Interpretation eines Romans bei hohen Geschwindigkeiten sicher nicht mehr wahrgenommen werden kann.

Für die Präsentation der Menüstruktur, Inhalts- oder Stichwortverzeichnisse des DAISY-Hörbuchs kann zur Aufrechterhaltung der inhaltlichen Variabilität auch eine Sprachsynthese verwendet werden, die auch für die Generierung des gesamten Hörbuchs genutzt werden kann. Auch hierbei lässt sich die Sprechgeschwindigkeit verändern.

Grundsätzlich ergeben sich für die jeweilige Art der Sprachausgabe folgende Nachteile für den Hersteller bzw. Nutzer der akustischen Schnittstelle:

Natürliche Sprachpräsentation:

- Aufzeichnungsaufwand,
- selten nutzerabhängig zeitlich skalierbar,
- nicht inhaltsvariabel,
- zusätzlicher, paralleler Informationskanal: keine Skalierung,
- zusätzlicher akustischer Kanal: Störung weiterer akustischer Ereignisse.

Synthetische Sprachpräsentation:

- gegenüber der natürlichen Sprache geringere Qualität,
- bei zeitlicher Skalierung vorwiegend qualitativ schlechtere Formantsynthese,
- höherer Prozessor-, bzw. Speicheraufwand

Die Speicherung natürlicher Sprache ermöglicht zwar die höchste Qualität, erfordert aber bei der Erstellung der Informationen für die akustische Schnittstelle einen entsprechenden technischen und finanziellen Aufwand. Für eine vom Nutzer akzeptierte Qualität werden die Sprachaufnahmen in der Regel von geschulten Sprechern oder Schauspielern gesprochen. Die zu übermittelnden Informationen werden bei einer Aufzeichnung festgelegt und sind somit während der Wiedergabe nur noch durch Eliminierungen inhaltlich veränderbar. Dagegen bietet sich ein kleines Vokabular - wie z. B. Kommandowörter oder Alarmhinweise in Haushaltsgeräten – für die Aufzeichnung natürlicher Sprache an. Weiterhin besteht derzeit noch keine Möglichkeit, z. B. in der audiodeskriptiven Spur eines Hörfilms, durch eine individuell wählbare Zeitskalierung auch die Inhaltsmenge zwischen den Dialogen zu skalieren. Die Zeitskalierung für die natürliche Sprachausgabe in den Hilfsmitteln für blinde Nutzer ist - soweit bekannt - nur im DAISY-Standard implementiert [Dai05].

Der Vorteil der inhaltlichen Variabilität einer sprachsynthetischen Schnittstelle wird derzeit noch mit einer geringeren Sprachqualität gegenüber der natürlichen Sprache erkauft. Die synthetische Sprachausgabe kann in eine *regelbasierte* oder *datenbasierte* Sprachsynthese unterschieden werden. Die regelbasierte Synthese arbeitet ressourcensparender und weist damit auch geringere Verzögerungen auf. Sie bietet die Möglichkeit, Stimmparameter wie Tonhöhe oder Geschwindigkeit zu manipulieren, erzeugt aber eine eher unnatürliche Ausgabequalität. Die datenbasierte Sprachsynthese baut auf umfangreichere Sprachdaten auf, da größere Sprachsegmente wie gespeicherte Silben oder Wörter zusammengesetzt werden. Dies ist zwar mit höheren Prozessor- und Speicherleistungen verbunden, erzielt aber eine bessere Qualität [Höp01]. So sind die mobilen Geräte eher mit den sparsamen regelbasierten Systemen ausgestattet und die stationären Geräte wie ein Personalcomputer oder Vorlesegeräte mit datenbasierten Synthesesystemen. Soll die Sprachausgabe zusätzlich mit einer in Stufen oder stufenlosen Geschwindigkeitsregelung in großen Bereichen erfolgen, stehen demnach nur Blindenhilfsmittel mit einer implementierten regelbasierten bzw. mit einer Unit-Selection-Synthese - allerdings mit sehr beschränktem Lautinventar - zur Verfügung, um eine Echtzeitausgabe zu realisieren.

Einer eigenen Umfrage mit 10 blinden und 11 sehbehinderten Personen zufolge, nutzten alle blinden Befragten mindestens ein Vorlesesystem [DBS07] mit Sprachausgabe. Mittels Scanner oder Kamera werden in diesen Systemen beliebige Textträger, wie Zeitungen, Zeitschriften und Bücher, digitalisiert und die erkannten Textinhalte in eine Sprachausgabe umgewandelt. 60 bis 80 % der blinden Befragten nutzten außerdem auf ihrem Computer einen Screenreader, einen Organizer mit Sprachausgabe und den DAISY-Player.

Bei der Akzeptanzbefragung bezüglich der Syntheseart für die Sprachausgabe wurde eine Präferenz in Abhängigkeit von subjektiven und funktionalen Parametern festgestellt. Geht es um Navigation, Steuerung oder schnelle zeitliche Abläufe, dann sollte die Sprachausgabe keine Verzögerungen aufweisen, was für die regelbasierten Systeme spricht. Latenzzeiten von über 250 ms wurden von einigen Personen bereits als störend empfunden. Für das Hören längerer akustischer Sprachausgaben wurden die datenbasierten, qualitativ besseren Synthesealgorithmen vorgezogen. Variationen der Sprechgeschwindigkeit lassen sich hier nicht einstellen.

Für eine möglichst effiziente Informationsvermittlung zum blinden Hörer spielt die Zeitskalierung der Sprachausgabe in der Mensch-Maschine-Kommunikation eine bedeutende Rolle. Die Latenzzeit eines Sprachausgabesystems darf nicht wahrnehmbar sein. Andererseits darf auch eine längere und beschleunigte Sprachausgabe den Nutzer nicht überfordern. Optimal wäre eine nutzeradaptive Geschwindigkeitsregelung der Mensch-Maschine-Schnittstelle.

3 Prinzipien der zeitlichen Skalierung von gespeicherter Sprache

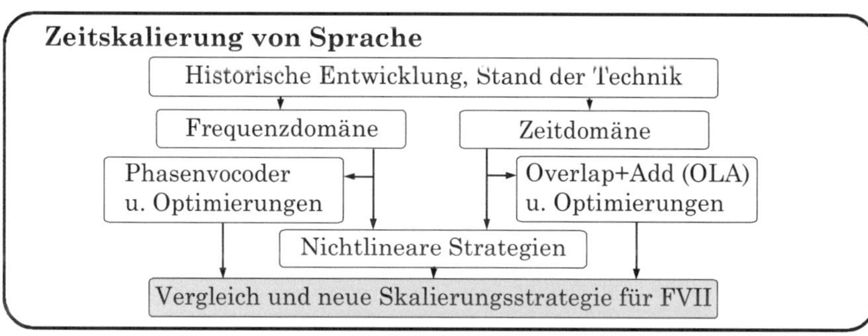

Abbildung 3.1: Übersicht Kapitel 3

In diesem Kapitel werden die Techniken und Algorithmen zur zeitlichen Skalierung von Sprachaufnahmen betrachtet. Ein kurzer historischer Überblick illustriert die Entwicklung der Sprachskalierung.

Die Skalierungstechnologien lassen sich in zwei Bereiche kategorisieren, in denen die Signalverarbeitung durchgeführt: den Zeit- oder den Frequenzbereich. In Abbildung 3.7 werden die Domänen und Strategien systematisiert. Neben den Sprachsignalen können auch Musiksignale zeitlich skaliert werden. Das erfolgt bevorzugt mit Algorithmen in der Frequenzdomäne. Zeitbereichsverfahren erreichen dagegen für die Sprachsignale die bessere Qualität. In einem kleinen auditiven Test wurde dieses bestätigt.

Für die Sprachskalierung wurden in der Vergangenheit bereits nichtlineare Skalierungsstrategien entwickelt. Diese - von bestimmten Eigenschaften der Sprache abhängige - Skalierung wird hier aufgegriffen und eine neue Skalierungsstrategie für den eigenen Algorithmus entwickelt.

3.1 Historische Übersicht

Untersuchungen mit beschleunigter Sprache und deren Wahrnehmung lassen sich bis zum Anfang des vorherigen Jahrhunderts zurückverfolgen. Mit der Möglichkeit, Sprache zu speichern, entstand auch das Bedürfnis nach Erkenntnissen über die Wahrnehmung beschleunigt wiedergegebener Sprache.

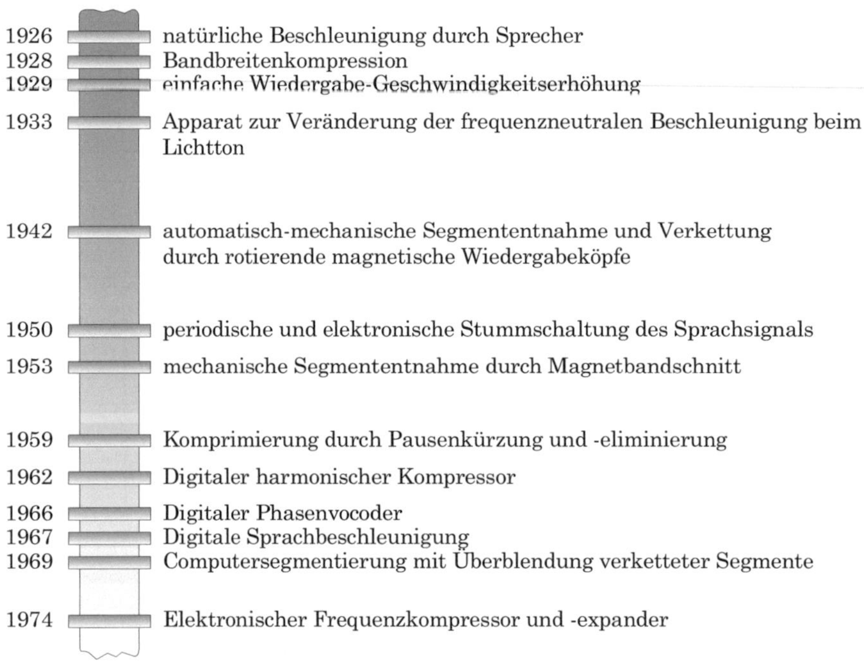

Abbildung 3.2: *Entwicklung der zeitlichen Komprimierung von Sprache bis zur Einführung der digitalen Signalverarbeitung*

In Abbildung 3.2 ist auszugsweise die Entwicklung auf diesem Forschungsgebiet bis zum Beginn der digitalen Sprachverarbeitung dargestellt. Aus der Darstellung lässt sich entnehmen, wie die Sprachausgabe auf natürliche oder synthetische Weise beschleunigt wurde, um damit die Informationsrate zu erhöhen:

- schnellere Sprechweise des Sprechers,
- Wahl bedeutungsäquivalenter aber kürzerer Wörter,
- Weglassen von Wörtern,
- Zusammenfassung des Textes,
- Erhöhung der Geschwindigkeit von Abspielgeräten mit Frequenzverzerrungen,
- Erhöhung der Geschwindigkeit von Abspielgeräten mit Korrektur der Frequenzbänder,
- Entnahme von kurzen Sprachsegmenten und Verketten dieser Segmente.

Auch als es bereits mechanische Lösungen für eine beschleunigte Wiedergabe gespeicherter Sprache gab, experimentierte man mit beschleunigter Sprache, indem man geschulte Sprecher gezielt gewünschte Sprechraten realisieren ließ. Die Untersuchungen evaluierten einerseits die optimalen Sprechraten [Bri26],[Gol40],[Nel48],[Fer55],[Goo57],[Gil65]; andererseits wurden auch die Sprecherparameter bei unterschiedlich produzierten Sprechraten analysiert [Gil65]. Die Verstehbarkeit und Verständlichkeit nahm bei Versuchen mit einfacher Geschwindigkeitserhöhung der Aufnahmen z. B. beim Phonographen [Fle29] oder bei Schallplatten [Ste36] durch die begleitenden Frequenzverschiebungen erheblich ab.

1928 entwickelte *French* einen akustischen Frequenzkompressor und -expander, indem er zwei Mikrofone in einer kreisförmigen akustischen Pipeline im Bereich der Schallgeschwindigkeit rotieren ließ [Fre28]. Durch Ausnutzung des Dopplereffektes wurde es möglich, die Frequenzverschiebungen bei einer Wiedergabeerhöhung auszugleichen.

Die ersten automatischen Apparate zur Geschwindigkeitsänderung, ohne dass Frequenzverzerrungen hervorgerufen wurden, ließen sich *Küchenmeister* und *Freund* patentieren [Küc33],[Fre35]. Mittels einer zwischen Film und Fotoelement positionierten und in der Geschwindigkeit variablen Stroboskopscheibe wurde der Filmton abgetastet. Dabei wurden Tonsegmente bei gleichbleibender Tonhöhe wiederholt (Filmgeschwindigkeit ist in dem Fall langsamer als die der Schlitzscheibe) oder verworfen (die Filmgeschwindigkeit ist dann höher als die der Schlitzscheibe). Dieses führte zur zeitlichen Dehnung oder Stauchung des Audiomaterials.

Das gleiche Prinzip findet sich auch im Patent von *Schueller* für die Magnetbandtechnik [Schu42], das in [Schi49],[Fai52] weiterentwickelt wurde. Grundidee war die achsensymmetrische Anordnung von vier Wiedergabeköpfen (WK) auf einer rotierenden Kopftrommel (s. Abbildung 3.3). Durch die relative Geschwindigkeit zwischen dem Band v_t und dem rotierendem Kopfträger v_h wird das Signal für den nachfolgenden Verstärkereingang in der Frequenz gestaucht oder gestreckt. Die Positionierung der vier Wiedergabeköpfe auf der Kopftrommel ermöglicht es, je nach Drehrichtung der Kopftrommel, Signalabschnitte zu überspringen oder zu wiederholen.

Die in Abbildung 3.3 dargestellte zeitliche Verdopplung der verbleidenden Segmente 1 (abgetastet von WK A) und 3 (abgetastet von WK B) führt zu einer Frequenzstauchung. Das Sprachsignal muss dann nur noch auf einem zweiten Tape aufgenommen und mit dem Faktor der zeitlichen Streckung beschleunigt wiedergegeben werden. Die Sprachsignalsegmente werden bei diesem Verfahren allerdings nicht hart miteinander verkettet, wie es in [Gar53] noch bei der manuellen mechanischen Extraktion von Sprachsegmenten aus einem Magnetband erfolgte. Der WK A in Abbildung 3.3 b) blendet durch sein Abheben vom Band das magnetische Signal am Ende des 1. Segmentes allmählich aus, während am WK B das Signal eingeblendet wird. An den Segmentgrenzen findet demnach - auch durch die Zusammenschaltung der einzelnen Wiedergabeköpfe - eine überlappende Mischung beider Signale statt. Dieses ist heute unter der Bezeichnung *Overlap and Add*

(OLA) gebräuchlich und Grundlage mehrerer aktuell verwendeter, digitaler Skalierungsverfahren. Bemerkenswert ist ebenfalls eine Feststellung in [Schi49], dass bei entgegengesetzter Bewegungsgeschwindigkeit von Magnetband und WK kleine Segmente auf dem Tonband rückwärts abgetastet werden. Bei einer Aufnahmegeschwindigkeit von beispielsweise 75 cm/s und einer abgetasteten Magnetbandlänge von 2 cm entspricht dieses einer Aufnahmezeit von 26,5 ms. Diese kurze Zeit wurde von *Schiesser* [Schi49] als quasistationär angenommen, so dass die Abtastung unabhängig von der Richtung erfolgen kann und vom Hörer kaum bemerkt wird.

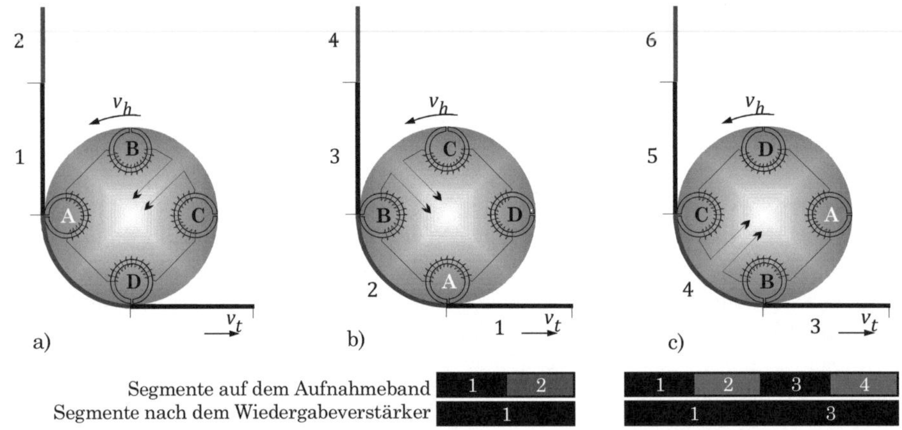

Abbildung 3.3: *Prinzip der Magnetbandskalierung a) Wiedergabekopf (WK) A am Anfang von Segment 1, b) WK A am Ende vom gerade wiedergegebenen Segment 1 und WK B am Anfang von Segment 3, c) WK B am Ende vom gerade wiedergegebenen Segment 3*

Garveys Versuche der manuellen Kürzung [Gar53] gingen Experimente von *Miller* voraus, der die Sprachaufnahmen einfach periodisch mit einem elektronischen Schalter unterbrach [Mil50]. Er fand dabei heraus, dass die Wort-Verständlichkeit mindestens bei 90% lag, wenn die Austastung der Sprache mit einer Frequenz von 10 kHz vorgenommen wurde und der Sprachanteil noch mindestens 25 % betrug.

Die manuell-mechanische Manipulation von Magnetbandaufzeichnungen wurde auch in [Die59] zur zielgerichteten Untersuchung von Pausenkürzungen in einer sprachlichen Äußerung genutzt. Dort kürzte man die Pausen einer 14-minütigen Lektion über Vögel mit einer Sprechrate von 3,9 Silb/s um 25, 50 und 75 %. Es ergab sich, dass die Sprachverständlichkeit dadurch nicht beeinträchtigt wurde.

Drei Jahre später stellte *Schroeder* den ersten digitalen Bandbreitenkompressor vor, der vorrangig zur Bandbreitenreduktion bei der Übertragung von Sprachsignalen Anwendung fand [Schr62]. Er besteht wie in Abbildung 3.4 für die zu übertragene Sprachbandbreite von 270- 3240 Hz aus einer Filterbank von 50 Bandpässen, deren Durchlassbereiche jeweils 60 Hz betragen. Der nachfolgende elektronische Frequenzdividierer halbiert die Sprachbandbreite auf 135-1620 Hz. Somit benötigt die Übertragung nur noch die halbe Bandbreite, wobei das Signal dann am Empfänger mit seiner Bandbreite wieder expandiert werden muss. Die Filterbänke wurden digital auf einem IBM Computer 7090 realisiert und benötigten zu Berechnung der Analyse und Synthese das 350-fache der zu übertragenden Sprachsignaldauer. *Schroeder* schlug vor, den Kompressor auch für die Entzerrung beschleunigter Sprache und deren zwangsläufig auftretenden Frequenzverschiebungen zu nutzen [Schr62].

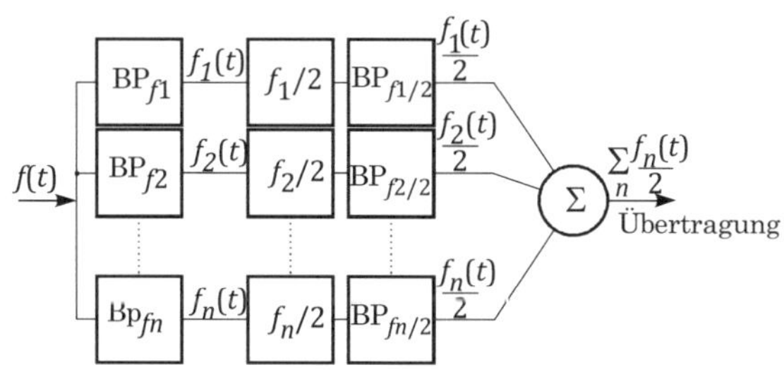

Abbildung 3.4: Harmonischer Kompressor zur Bandbreitenreduktion von [Schr62]

Diesen Ansatz setzte *Breuel* in einem elektronischen Gerät um, mit dem Sprache in Echtzeit beschleunigt werden konnte. Das Gerät wurde vor allem für Hörbücher und Magazine genutzt [Bre71].

Einen ähnlichen Grundgedanken zur zeitlichen Skalierung von Sprache verwendete *Flanagan* in seinem Phasen-Vocoder [Fla66]. Dieser diente ebenfalls vornehmlich zur Übertragung des Sprachsignals mit Bandbreitenbegrenzung, aber erhöhter Sprachqualität gegenüber dem Bandbreitenkompressor von [Schr62]. Dazu wird das Kurzzeit-Betragsamplituden- *und* Phasenspektrum des Sprachsignals für 30 Frequenzbänder wie in Abbildung 3.5 digital berechnet.

Jeder n-te Frequenzbereich wird durch die Cosinusfunktion nach Gl. (3.1) beschrieben:

$$f_n(t) = |F(\omega_n, t)|\, cos[\omega_n t + \phi(\omega_n, t)]. \tag{3.1}$$

Da die Phaseninformation auf Grund ihres großen Wertebereichs für eine Übertragung ungeeignet ist, wird deren Ableitung $\dot{\phi}_n$ zur Weiterverarbeitung und Übertragung genutzt. Den Frequenzbereich komprimiert man in der digitalen Verarbeitung einfach durch die Division von ω_n und von $\dot{\phi}_n$ - zum Beispiel durch den Wert 2 - und synthetisiert das zu übertragene Signal durch Modulation eines auf $\omega_n/2$ eingestellten Generators mit $|F(\omega_n, t)|$ und der Integration von $\dot{\phi}_n/2$. Diese Methode kann ebenfalls als Ausgleich für die Frequenzverzerrungen bei erhöhten Wiedergabegeschwindigkeiten genutzt werden. Ein Vorteil gegenüber dem Bandbreitenkompressor ist jetzt auch die Skalierung mit möglichen rationalen Faktoren und die bessere Sprachqualität.

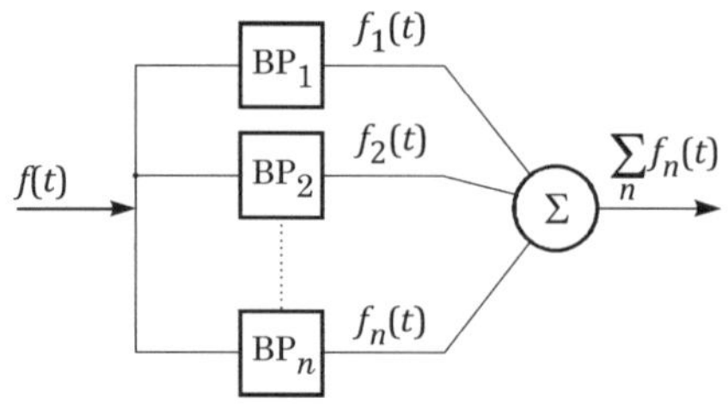

Abbildung 3.5: Phasen-Vocoder Prinzip nach [Fla66]

Eine vollständige digitale Signalverarbeitung für eine zeitskalierte Sprachwiedergabe wird von *Seo* beschrieben [Seo67]. Er untersuchte die Periodizität bei stimmhaften Lauten und stellte fest, dass die Segmente in einem Laut in der Grundfrequenz GF und in den Formanten überwiegend als konstant angenommen werden können. Eine Konsonant-Vokal-Konsonant (CVC) Struktur enthält 10 bis 40 Segmente, die die GF reproduzieren. *Seo* nahm die GF in einer kompletten Sprachdatei als konstant an und suchte im Sprachsignal die Grundperiodendauer T_G, die zur gleichmäßigen Segmentierung des gesamten Datei diente [Seo67]. Die angenommene statische Länge der Segmente führt dann in der komprimierten Sprachversion zu GF-Verschiebungen bis auf den halben oder doppelten ursprünglichen GF-Wert. Trotzdem erreichte *Seo* mit der Verarbeitung seines mit 12 bit und 9,1 kHz abgetasteten Sprachsignal gegenüber der mechanisch-manuellen Technik von *Garvey* [Gar53] eine höhere Verständlichkeit, da die entfernten Segmente nur noch bei 10 ms und nicht bei minimal 25 ms lagen. Ausblickend verwies *Seo* bei diesem Verfahren aber auch auf die Möglichkeit einer GF-angepassten Segmentierung des Sprachsignals, das sich somit auch qualitativ vom Magnetbandverfahren wie in [Fai52] abheben würde [Seo67]. Die GF-abhängige Segmentierung zielte in [Cha66] auf die Eliminierung von Segmenten, die in stimmhaften Lauten genau einer Periodendauer entsprechen, wobei auch hier noch Amplitudensprünge und Phasensprünge zu vernehmen waren. Die immensen Kosten des Systems betrugen außerdem für das erzeugte Sprachmaterial 300 \$ pro Minute.

Der Nachteil der segmentweisen Verkettung durch einfaches Eliminieren der Samples in [Gar53],[Seo67] und die damit wahrnehmbaren Phasensprünge bzw. Amplitudensprünge wurde aber erst in [Qur69] durch die digitale Überlappung und wahlweise lineare oder logarithmische Ein- und Ausblendung aufeinanderfolgender Segmente im überlappenden Bereich behoben (Abbildung 3.6). Die durch die additive Mischung beider Segmente entstandenen Verfälschungen des Sprachsignals waren nicht mehr wie im bisherigen Maße störend wahrnehmbar.

Qureshi erwähnte auch das erste Mal in der Geschichte der Forschung von zeitskalierter Sprachwiedergabe *nichtlineare* Skalierungstechniken [Qur69]. Hierbei handelt es sich um eine selektive Kompression von Sprachsignalsegmenten. Er empfahl die Untersuchung des Sprachsignals überwiegend im Zeitbereich, da die spektrale Analyse zu kosten- und zu zeitintensiv sei. Seine Idee war es weiterhin, die Untersuchungsergebnisse zum Labeln der Sprachsignalsegmente als „Vokal", „Frikativ", „Plosiv" oder „Pausen" zu nutzen. Anschließend kann eine vom Label abhängige Kompression erfolgen [Qur69].

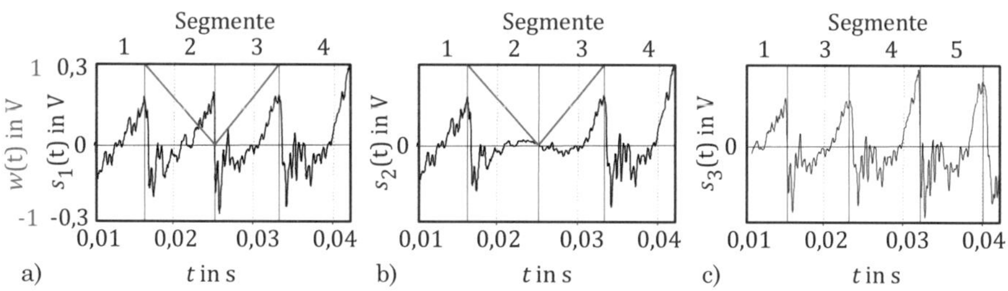

Abbildung 3.6: *OLA Verfahren nach [Qur69]: a) 10 ms segmentiertes Sprachsignal $s_1(t)$ und lineare Aus- und Einblendfunktion $w(t)$ b) Multiplikation der Segmente 2 und 3 mit linearer Blendenfunktion $w(t)$ c) Überlappen und Addition der ursprünglichen Segmente 2 und 3 zu Segment 3*

3.2 Überblick über aktuelle Algorithmen zur Sprachskalierung

3.2.1 Zeitskalierung

Die zeitlichen Variationen von sprachlichen Äußerungen mit gleicher Phonsubstanz können zunächst ohne weitere technische Hilfsmittel durch den Menschen selbst realisiert werden. Dieser Variante ist in Abbildung 3.7 durch den Pfad des akustischen Sprachsignals $s_0(t)$ und dessen skalierter Realisierung $s_{\alpha 0}(t)$ illustriert. Der Pfad entlang $s_1(t)$ und $s_{\alpha 1}(\alpha t)$ zeigt die einfache Beschleunigung mit mechanischen Hilfsmitteln (Schallplatte, Magnetband). α stellt den Skalierungsfaktor nach Gl. (3.2) dar. Hier ändert sich bei zeitlicher linearer Skalierung die Signalfrequenz umgekehrt proportional. Skalierungsverfahren, wie sie hier betrachtet werden sollen, erfolgen durch Analyse des abgetasteten Signals $s_2(nT)$ und anschließender Synthese der verbleibenden Signalanteile $s_{\alpha 2}(nT)$. Nach der Analyse können jetzt sowohl jedes α-te Sample als auch jedes α-te Segment beliebiger Sprachsignallänge in die Synthese überführt werden, weshalb gegenüber der linearen Skalierung $s_{\alpha 1}(\alpha t)$ das skalierte Signal allgemein ohne Faktor im Zeitargument notiert wird.

Ähnliches gilt für die Skalierung des Sprachsignals nach vorheriger Transformation in den Frequenzbereich (Frequency Domain-FD) [Por81] - Skalierung des dreidimensionalen Frequenzvektors, der immer noch mit k Werten von der Zeit abhängt und anschließender Synthese des Spektrums $S_{\alpha 3}(k, \Omega_i)$, das nach inverser Fouriertransformation wieder als skaliertes Zeitsignal zur Verfügung steht.

Auch eine kombinierte Skalierung sowohl im Zeitbereich (Time Domain-TD) als auch im Frequenzbereich wurde wie in [Gar53],[Schr62] verwendet, angedeutet durch die gestrichelte Signalverbindung in Abbildung 3.7, als Rückkopplung in die jeweils andere Skalierungsdomäne. Hier wird entweder erst die zeitliche Skalierung angewendet, um danach die gleichzeitige Änderung im Frequenzbereich zu korrigieren oder umgekehrt.

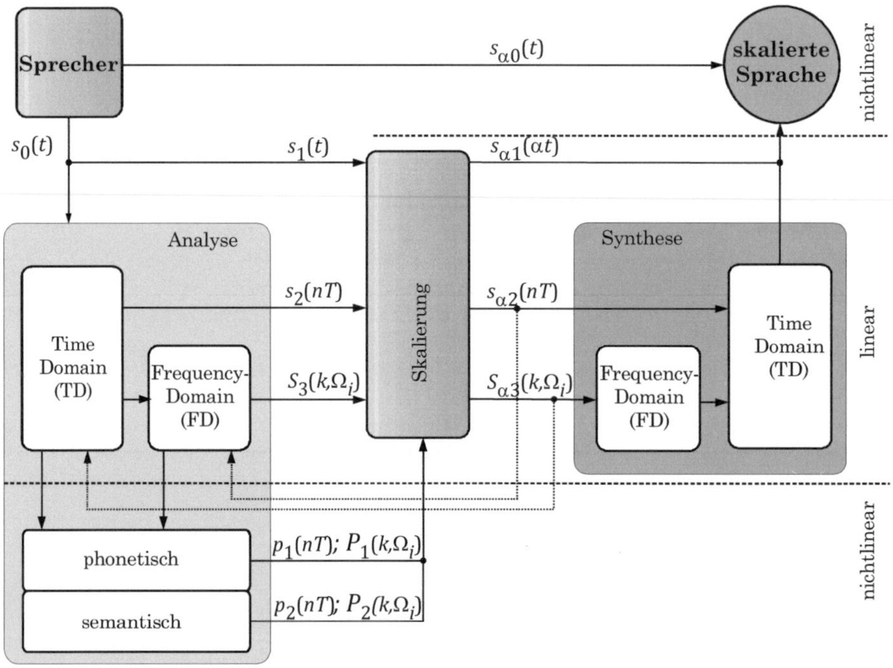

Abbildung 3.7: Übersicht genutzter Domänen und Strategien der zeitlichen Sprachskalierung

Skalierungsverfahren werden nicht nur nach ihrer Verarbeitungsdomäne unterschieden, sondern auch danach, ob sie nur signaltheoretisch eine *lineare Skalierung* vornehmen oder unter Berücksichtigung der linguistisch-phonetischen Eigenschaften des Sprachsignals *nichtlinear* temporal variieren.

Linear bedeutet, dass Samples oder Segmente in Abhängigkeit eines globalen Faktors α eingefügt oder gelöscht werden. Der Mensch selbst ist nur in der Lage, seine sprachliche Äußerung nichtlinear zu variieren [Koz65], was einerseits von den physiologischen Fähigkeiten herrührt, andererseits auch von den Intentionen, durch die er z. B. die für sich selbst als wichtig erachteten Passagen während der Äußerung langsamer artikuliert.

Bei der *nichtlinearen* Sprachskalierung determinieren phonetische oder auch semantische Parameter im Zeit- als auch im Frequenzbereich ($p_i(nT); P_i(k;\Omega)$ (Abbildung 3.7) den Skalierungsfaktor. In Abbildung 3.8 werden die Parameterpaare aufgezeigt, die zu unterschiedlichen Skalierungsfaktoren und damit zu einer nichtlinearen Geschwindigkeitsänderung führen können.

Sprache lässt sich durch eine signaltheoretische Bearbeitung von Sprach- und Pausenanteilen unterschiedlich skalieren [Lam81]. Wie in 2.2.2 bereits aufgeführt, dürfen Pausen jedoch nicht beliebig verkürzt und auf keinen Fall entfernt werden.

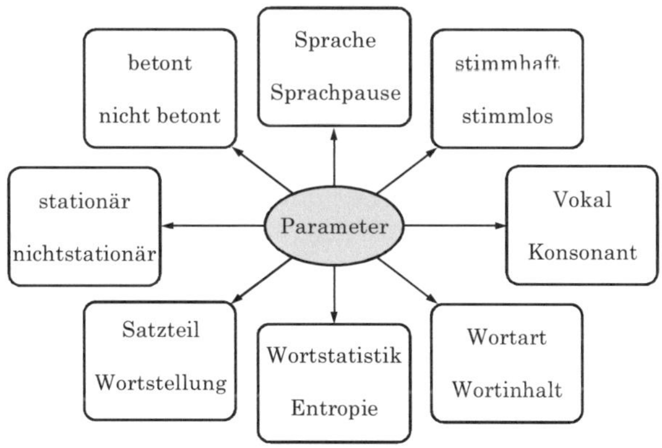

Abbildung 3.8: Parameter nichtlinearer Skalierungskoeffizienten

Covell analysierte das Sprachsignal bezüglich der natürlichen Betonung und setzte in Abhängigkeit einer sogenannten *Emphasisfunktion* unterschiedliche Skalierungsfaktoren [Cov98]. Er ging davon aus, dass betonte und damit inhaltlich relevantere Abschnitte, wie bereits oben erwähnt, auch vom Sprecher langsamer artikuliert werden.

Für den Erhalt kurzer Transitionen, deren Veränderung oder Eliminierung bei der Zeitskalierung zu unterschiedlichen Lautwahrnehmungen führen können (s. VOT, Abbildung 2.14), ist die Erfassung von nichtstationären Signalverläufen sinnvoll. Auch zur Verringerung tonaler Störungen bei der zeitlichen Expansion sollten die nichtstationären Signalanteile erhalten bleiben, aber nicht wiederholt werden [Kap99].

Nakamura entwickelte erstmals einen Algorithmus zur Sprachexpansion, indem stimmhafte und stimmlose Sprachanteile unterschiedlich verzögert werden, angelehnt an die natürliche, verlangsamte Sprechweise, in der zunächst die stimmhaften gegenüber den stimmlosen Abschnitten gedehnt werden [Nak94]. Eine weitere Unterscheidung in die phonetischen Einheiten „Vokal“ oder „Konsonant“ erfordert jedoch die Segmentierung des Sprachsignals in seine einzelnen Phone. Diese weitergehende Analyse des Sprachmusters schließt allerdings eine umfangreiche phonetische und linguistische Analyse mit ein. Das führt letztlich zu Algorithmen, die man in der Sprach- und Sprecherkennung wiederfindet und die es ermöglichen, die Sprachelemente einzeln zu extrahieren.

3.2.2 SKIMMINGVERFAHREN

Ziel der Skimmingverfahren ist es nicht, redundante Signalanteile aus dem Sprachsignale zu entfernen, sondern wenige, wichtige Informationen (Stichwörter) in der gespeicherten Sprechrate zu präsentieren. Anhand der ausgewählten Stichwörter soll der Inhalt eines sprachlichen Abschnittes erkannt werden. Der Hörer erlangt die Möglichkeit, im Material auditiv zu „blättern“ (*skim*). *Arons* fasste erreichbare Skalierungsfaktoren mit unterschiedlichen Strategien wie in Abbildung 3.9 zusammen [Aro97]. Er ging allerdings - bei gleichmäßiger Signalskalierung und Pausenentfernung - von einer verständlichen dreifachen Sprechgeschwindigkeit ($\alpha = 3$) aus. Skimmingverfahren können bei linguistischer und semantischer Analyse des Sprachmaterials Wiedergabebeschleunigungen von bis zu $\alpha = 10$ und darüber hinaus erreichen.

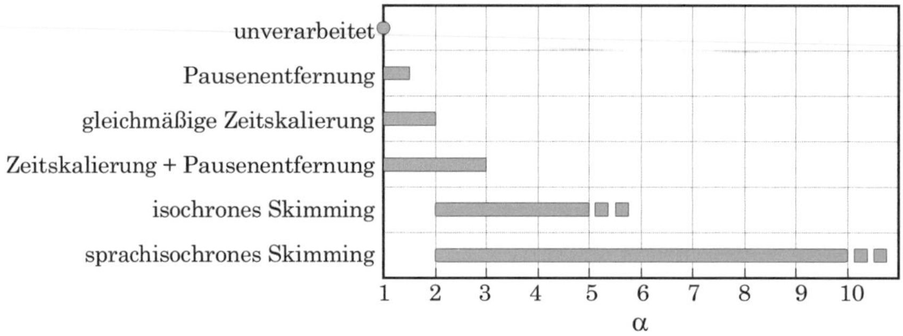

Abbildung 3.9: Skalierungsfaktoren im Vergleich zum Skimmingverfahren nach [Aro97]

In [Che92] wurde z. B. zur zusammenfassenden Analyse ein Hidden Markov Modell in Kombination mit einer GF- und Energieanalyse trainiert. Auf Grundlage dieses prosodischen Ansatzes konnten mit den handmarkierten Trainingsdaten relevante Informationsanteile in der Aufnahme separiert werden.

Die Skimmingverfahren [Aro97],[Tuc05], die sich darauf konzentrieren, semantisch wichtige Stichwörter oder Phrasen zu extrahieren und wiederzugeben, sollen hier nur als Vergleich für die erreichbaren Kompressionsfaktoren erwähnt sein. Sie werden eher zum Vorwärts- oder auch Rückwärtssuchen in großen Audio-, bzw. Videodatenmengen angewendet. Skimmingverfahren setzen eine aufwendige Analyse des Datenmaterials voraus, so dass parallel zur nutzerabhängigen Wiedergabe keine echtzeitfähige Vorverarbeitung möglich ist.

3.3 Skalierungsverfahren im Frequenzbereich

3.3.1 Kompression und Expansion

Auf Grund der Dualität von Zeit und Frequenz wirkt sich eine Veränderung der Zeitbasis unmittelbar auf die Informationen im Frequenzbereich aus, wie man anhand der Eigenschaften der Fouriertransformation in Gl. (3.2) und (3.3) erkennen kann. Für ein Sprachsignal $s_\alpha(t)$, das durch die zeitliche Dehnung oder Stauchung mit dem Faktor α aus einem ursprünglich gespeicherten Sprachsignal $s(t)$ berechnet wird, entstehen spektrale Veränderungen, die sich aus den Eigenschaften der Fouriertransformierten des Zeitsignals ergeben:

$$s_\alpha(t) = s(\alpha \cdot t) \tag{3.2}$$

$$\circ\!\!-\!\!\bullet$$

$$S_\alpha(\omega) = \frac{1}{|\alpha|} S\left(\frac{\omega}{\alpha}\right). \tag{3.3}$$

Wird demnach ein Audiosignal schneller abgespielt, also z. B. mit dem Skalierungsfaktor $\alpha > 1$ zeitlich gestaucht, so führt das zwangsläufig in Gl. (3.3) zu einer Frequenzstreckung von $S(\omega/\alpha)$. Im Gegensatz zu früheren Literaturquellen, in denen der Skalierungsfaktor häufig bezüglich der skalierten Länge des Zeitsignals angegeben wurde, wird hier ein Kompressionsfaktor $\alpha > 1$ bezüglich einer Geschwindigkeitserhöhung der Sprechrate verwendet.

Für ein diskretes Sprachsignal $s(n)$, dessen Samples aus der idealen Abtastung in Gl. (3.4) des kontinuierlichen Signal $s(t)$ mit der Abtastperiodendauer $T_a = 1/f_a$, entstehen,

$$s(n) = \sum_{n=0}^{\infty} s(t) \cdot \delta(t - nT_a), \tag{3.4}$$

wird die Zeitskalierung wie folgt beschrieben:

$$s_\alpha(n) = s(\alpha \cdot n). \tag{3.5}$$

Ein rationaler Skalierungsfaktor α kann durch den Quotienten D_z/I angegeben werden:

$$\alpha = \frac{D_z}{I}. \tag{3.6}$$

D_z steht für Dezimation und I für Interpolation. $\alpha = D_z$ bedeutet somit die Dezimation, also die Stauchung des Zeitsignals, so dass nur noch jeder D_z-te Abtastwert erhalten bleibt. Dem gegenüber stellt $\alpha = 1/I$ die Interpolation dar, in der zunächst $I - 1$ Nullwerte zwischen den Abtastwerten aufgefüllt werden. Diese führt mit den neuen Grenzfrequenzen GF/I im Frequenzbereich zu einer Stauchung des Spektrums und nach Gl. (3.7) zur Entstehung von Aliasspektren bei $1/I$. Durch ein Tiefpassfilter als Interpolationsfilter werden die Aliasspektren entfernt, bzw. die fehlenden Abtastwerte im abgetasteten Signal ergänzt. Die Kombination aus Dezimation und Interpolation eines abgetasteten Sprachsignals in Gl. (3.7) mit seinem Spektrum in Gl. (3.8) führt demzufolge zwangsläufig zu unerwünschten linearen Frequenzverzerrungen. Die schrittweisen Veränderungen der Spektren durch die Interpolation und Dezimation können den ausführlichen Darstellungen in [Ohm10] entnommen werden.

$$s_{Dz/I}(n) = s\left(\frac{D_z}{I} \cdot n\right), \tag{3.7}$$

$$\circ\!\!-\!\!\bullet$$

$$S_{Dz/I}(f) = \left|\frac{I}{D_z}\right| \sum_{k=-\infty}^{\infty} S\left[\frac{I}{D_z}(f-k)\right]. \tag{3.8}$$

Für die Zeitskalierung wurden bis heute zahlreiche Verfahren entwickelt, deren prinzipielle Vorgehensweise zur Erhaltung der korrekten Frequenzinformation zu folgenden Strategien zusammengefasst werden können:

1. Veränderung der Zeitbasis und anschließende Anpassung des gleichzeitig modifizierten Frequenzspektrums oder umgekehrt,
2. Veränderung der Zeitbasis, so dass Frequenzinformationen erhalten bleiben,
3. zeitliche Skalierung des diskreten Spektrums unter Beibehaltung der Frequenz- und Phasenformationen für das rückzutransformierende Spektrum.

3.3.2 PHASENVOCODER

Die zeitliche Skalierung des diskreten Spektrums kann in zwei Methoden - den Phasenvocoder und die Modellierung mit der Sinusfunktion - unterschieden werden. Anlehnend an [Schr62],[Fla66] nutzte *Portnoff* den Phasenvocoder zur Skalierung des frequenztransformierten Signals mit Hilfe der *Short-Time-Fouriertransformation (STFT)* [Por81].

Allgemein kann eine Skalierung über ein Dezimations-/Interpolationsfilter $f(n)$ nach [Oet76] definiert werden:

$$s(\alpha n) = \sum_{r=-\infty}^{\infty} f(nD_z - rI)s(r). \tag{3.9}$$

In dem Interpolationsfilter $f(n)$ findet sich der Skalierungsfaktor α mit den Dezimationskoeffizienten D_z und den Interpolationskoeffizienten I wieder. Zunächst wird das Sprachsignal mit Hilfe der STFT in der Skalierungsanalysephase in den Frequenzbereich transformiert:

$$S_A(uR_A, \Omega_k) = \sum_{n=-\infty}^{\infty} w(uR_A - n)s(n)e^{-j\Omega_k n} = A(uR_A, \Omega_k)e^{j\phi(uR_A, \Omega_k)}. \tag{3.10}$$

$w(n)$ ist in Gl. (3.10) eine tiefpassfilternde Fensterfunktion (Hanning- oder Hammingfenster) zur Vermeidung von Aliasstörungen. Die zweidimensionale Zerlegung des Sprachsignals erfolgt für das u-te Analyseintervall R_A in seine K Frequenzanteile (s. Abbildung 3.10). Effizient lässt sich diese Analyse mit Hilfe der Fast-Fouriertransformation (FFT) durchführen, wobei die N-Elemente des Analyseintervalls $N = 2^p$ Abtastwerte enthalten müssen.

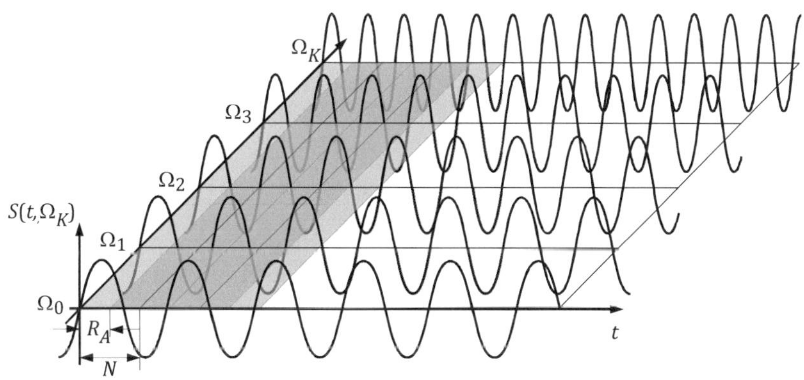

Abbildung 3.10: Frequenztransformation des Sprachsignals

Ziel der Skalierung ist es nun, für das zweidimensionale, frequenz- und zeitabhängige Sprachsignal $S_A(uR_A, \Omega_K)$ die diskreten Frequenzanteile Ω_K jeweils zeitlich zu skalieren, so dass nach der inversen Fast-Fourier-Transformation (IFFT) die Frequenzanteile unverändert erhalten bleiben. Zunächst erfolgt nach [Por81] in Gl. (3.11) eine Anpassung der Phaseninformation der einzelnen Segmente des Sprachspektrums mit Hilfe des Skalierungskoeffizienten α:

$$S_S(uR_S, \Omega_K) = S_S(uR_A/\alpha, \Omega_K) = A(uR_A, \Omega_K)e^{j\varphi(uR_A,\Omega_K)/\alpha}. \tag{3.11}$$

Die zeitliche Skalierung ereignet sich anschließend bei der inversen FFT durch den Verschiebeparameter R_S in der Fensterfunktion $w(n)$, die hier, wie schon in der Analyse, Anwendung findet:

$$s_S(\alpha n) = \frac{1}{K}\sum_{k=0}^{K-1}\sum_{u=-\infty}^{\infty} w(n-uR_S)\cdot \underbrace{A(uR_A, \Omega_K)e^{j\varphi(uR_A,\Omega_K)/\alpha}}_{S_S(uR_S,\Omega_K)} \cdot e^{j\Omega_K uk}. \tag{3.12}$$

Das Verhältnis des Analyse-Segmentversatzes zum Syntheseversatz bestimmt den Skalierungsfaktor α. Ist beispielsweise: $R_A > R_S$, kommt es zur zeitlichen Kompression des Sprachsignals, so dass der Skalierungsfaktor nach Gl. (3.6) auch wie folgt berechnet werden kann:

$$\alpha = \frac{R_A}{R_S} = \frac{D_z}{I}. \tag{3.13}$$

In Abbildung 3.11 wird die Beziehung zwischen dem Analyse- und Syntheseversatz deutlich. Hierbei sind unterschiedliche Vorgehensweisen möglich, indem R_A konstant gehalten wird und R_S variiert oder umgekehrt. Empfehlenswert ist die konstante Größe des Syntheseversatzes, um eine Amplitudenmodulation bei der Überlappung der Segmente zu vermeiden (s. Abbildung 3.13).

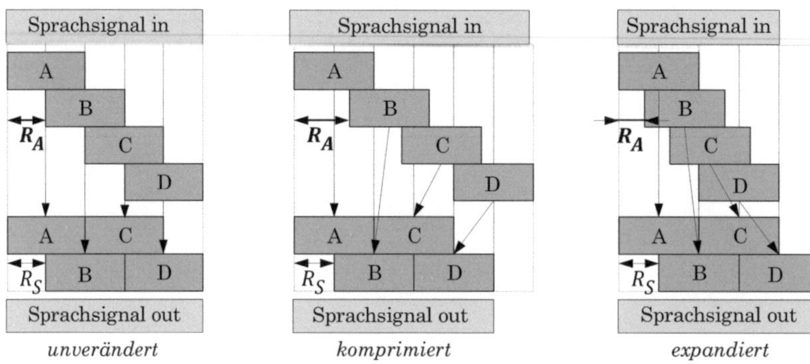

Abbildung 3.11: Skalierung durch unterschiedliche Analyse- und Syntheseversätze

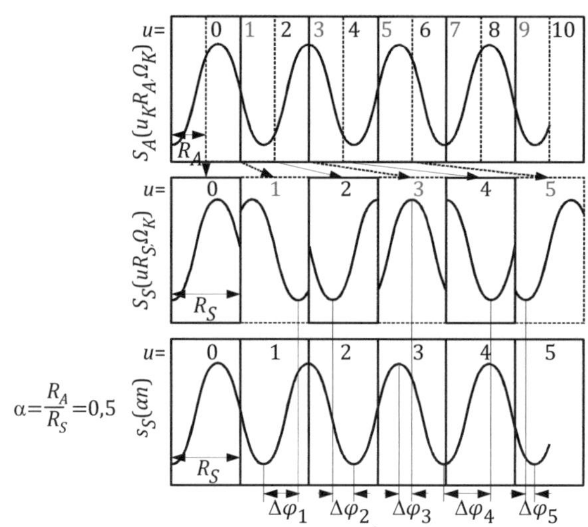

Abbildung 3.12: Phasentrimmung einer Frequenzkomponente bei Expansion

Die durch die zeitliche Skalierung zwangsläufig begleitende Frequenzskalierung wird in diesem Verfahren mit der Phasenskalierung und -anpassung eliminiert. Jedoch gestaltet sich die Suche nach der korrekten Phaseninformation zu einem Problem. Angenommen, die diskreten Spektren stellen genau eine Frequenz dar. Die nach der Analyse detektierten, Schwingungen mit einer Frequenz sind in Abbildung 3.12 dargestellt. Deren Phaseninformationen müssen zunächst vor der Synthese angepasst werden.

Die Abweichung zweier aufeinanderfolgender Analyseframes lässt sich aus deren Phasendifferenzen und der prädiktiven Phasenverschiebung der Centerfrequenz $\Omega_K = 2\pi K/N$ durch den Analyseversatz R_A errechnen:

$$\Delta\varphi(uR_A, \Omega_K) = \varphi_A(uR_A, \Omega_K) - \phi_A[(u-1)R_A, \Omega_K] - R_A\Omega_K \tag{3.14}$$

Die momentane Centerfrequenz $\widehat{\Omega}_K$ des Frames u in rad/Samples ergibt sich aus der Phasenabweichung aus Gl. (3.14) zweier aufeinanderfolgender Analyseframes im Bereich von $-\pi$ bis π:

$$\widehat{\Omega}_k(uR_A) = \Omega_k + \frac{1}{R_A}\Delta\varphi(uR_A, \Omega_k) = \frac{1}{R_A}\{\varphi_A[(u)R_A, \Omega_k] - \varphi_A[(u-1)R_A, \Omega_k]\} \tag{3.15}$$

Die Phasenanpassung für die Synthese der zu verschiebenden Analyseframes kann nun mit Hilfe des Skalierungsfaktors, der den Analyse- und Syntheseversatz impliziert, und mit Gl. (3.15) ermittelt werden:

$$\varphi_S(uR_S, \Omega_k) = \varphi_S[(u-1)R_S, \Omega_k] + R_S \cdot \widehat{\Omega}_k(uR_A) \tag{3.16}$$

$$\varphi_S(uR_S, \Omega_k) = \varphi_S[(u-1)R_S, \Omega_k] + \frac{R_S}{R_A}\{\varphi_A[(u)R_A, \Omega_k] - \varphi_A[(u-1)R_A, \Omega_k]\} \tag{3.17}$$

Obwohl die Phase für eine einzelne Mittenfrequenz Ω_K wie in Abbildung 3.12 noch korrekt bestimmt werden kann, werden mit der FFT Amplitude und Phase für einen Frequenzbereich durch die s.g. Frequenzspreizung bei der FFT ermittelt. Somit stimmen für alle anderen Frequenzen außerhalb der Mittenfrequenz die ermittelten Phasenverschiebungen zwischen zwei Syntheseframes nicht mehr überein.

Die Phasendifferenz zwischen zwei unterschiedlichen Frequenzen $f_2 - x f_1$ beträgt.

$$\Delta\varphi = 2\pi(1-x). \tag{3.18}$$

Angenommen, ein mit $f_a = 44{,}1$ kHz abgetastetes Signal wird mit 1024 Werten und der FFT in den Frequenzbereich transformiert. Der Frequenzbereich wird dann in Bänder mit einer Breite von 43,1 Hz eingeteilt. Beim zweiten Band z. B. beträgt dann die Mittenfrequenz 64,65 Hz und die Grenzfrequenz dieses Bandes liegt so, dass eine Phasendifferenz innerhalb dieses Bandes von 0,33 π auftritt. Diese Phasenverschiebung wurde bei 86,3 Hz eine Amplitudenmodulation mit $m = 0{,}06$ wie in Abbildung 3.13 erzeugen.

Allerdings werden z. B. Amplitudenmodulationen, hervorgerufen durch geringe Phasenverschiebungen, mit einem Modulationsgrad vom $m < 2\,\%$ bei einem Lautstärkepegel von $P = 80$ dB toleriert [Zwi99].

Trotz der horizontalen Phasenkorrektur (s. Abbildung 3.10) und der auditiven Wahrnehmungstoleranz wird bereits bei Kompressionsfaktoren mit $\alpha > 4$ über eine starke Rauigkeit und geringe Verständlichkeit berichtet [Por81]. Die horizontale Phasenkorrektur erzeugt jedoch gleichzeitig eine vertikale Phasenverstimmung gegenüber dem Originalspektrum, die sich auch in einer gewissen Halligkeit des Sprachsignal bemerkbar machen kann. Innerhalb eines Frames sind demnach die Phasenbeziehungen zwischen den Frequenzbändern Ω_K (vertikale Beziehung auf der Ω_K-Achse in Abbildung 3.10) nicht koharent. Die Erhaltung dieser Kohärenz bestimmt jedoch wesentlich die Natürlichkeit der zeitskalierten Sprache.

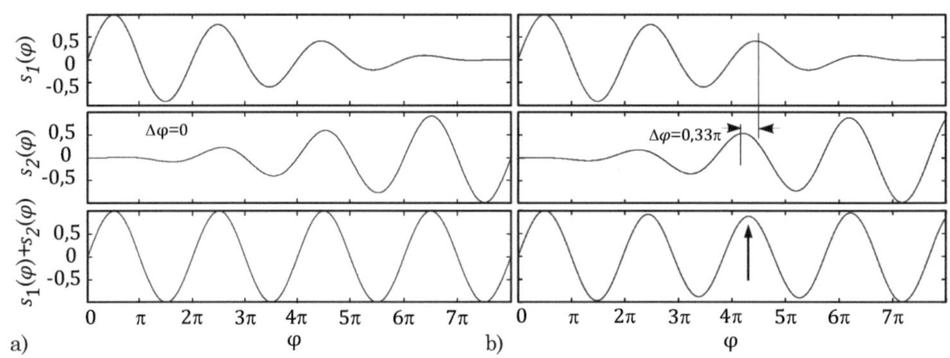

Abbildung 3.13: Amplitudenmodulation zweier mit der Hanningfunktion gefensterten Sinusfunktionen a) ohne Phasenverschiebung, b) mit Phasenverschiebung von $\Delta\phi = 0{,}5\pi$

Weiterhin induziert die zeitliche Segmentierung des Sprachsignals zur Berechnung der FFT Artefakte beim Auftreten von Transienten im Sprachsignal. Angenommen, ein mit $f_a = 44{,}1$ kHz abgetastetes Sprachsignal wird für die FFT in den Analysesegmenten aus 4096 Samples berechnet. Dies entspricht einer Segmentlänge von 92 ms und damit einer sehr guten spektralen Auflösung von 10,77 Hz, ausreichend für eine gute Diskrimination der Grundfrequenzbereiche der menschlichen Sprache. Allerdings können innerhalb dieser 92 ms Transienten, wie sie bei Plosivlauten auftreten (s. Abbildung 2.10), kaum noch korrekt synthetisiert werden oder sie werden sogar komplett gelöscht.

3.3.3 Erweiterungen des Phasenvocoders

Das Problem des inkohärenten Spektrums, also die vertikale Phasenbeziehung zwischen den diskreten Frequenzbereichen Ω_K, wurde in [Gri83] aufgegriffen. *Griffin* versuchte eine Funktion $s(\alpha n)$ zu finden, dessen u Segmentspektren denen des ursprünglichen Signals $s(n)$ nahekommen. Er nahm zunächst an, dass keine reale Signalfolge $s_S(uR_S, n)$ existiert, die das modifizierte Spektrum $S_S(uR_S, \Omega_K)$ in Gl. (3.11) bilden kann und suchte den geringsten Abstand D zwischen dem Originalspektrum $S_A(uR_A, \Omega_K)$ und dem modifizierten Spektrum $S_S(uR_S, \Omega_K)$ mit Gl. (3.19) *(Least Significant Error Estimation – LSEE)*:

$$D = \sum_{u=-\infty}^{\infty} \frac{1}{2\pi} \int_{-\pi}^{\pi} |S_A(uR_A, \Omega) - S_S(uR_S, \Omega)|^2 d\Omega. \tag{3.19}$$

Die Gleichung kann auch mit Hilfe des Parsevaltheorems im Zeitbereich gelöst werden, so dass deren erste Ableitung nach [Gri83] zur normierten OLA-Funktion für das skalierte Ausgangssignal führt und sich damit der Fehler minimieren lässt:

$$s(\alpha n) = \frac{\sum_{u=-\infty}^{\infty} w(uR_A - n) \cdot w(uR_S - n) \cdot s_S(uR_S, n)}{\sum_{u=-\infty}^{\infty} w^2(uR_A - n)}. \tag{3.20}$$

Die OLA-Funktion minimiert also den quadratischen Fehler zwischen dem Original- und dem zeitskalierten Spektrum. Die nach Kürzung von $w(uR_A - n)$ entstehende, einfache OLA-Funktion mit der Fensterung $w(n)$ wurde bereits in Gl. (3.10) eingeführt.

Griffin entwickelte jedoch mit Gl. (3.20) einen iterativen Anpassungs-Algorithmus wie in Abbildung 3.14 [Gri83]. Nach der Initialisierung mit dem segmentierten Spektrum der Originalfunktion wird in der Amplitudensubstitution *(Modified Short Time Fourier Transformation Magnitude -MSTFTM)* die Originalamplitude mit der Phase des iterierten und skalierten Signalspektrums wie in Gl. (3.21) verknüpft:

$$\hat{S}_S^i(uR_S, \Omega) = |S_A(uR_A, \Omega)| \frac{S_S^i(uR_S, \Omega)}{|S_S^i(uR_S, \Omega)|}. \tag{3.21}$$

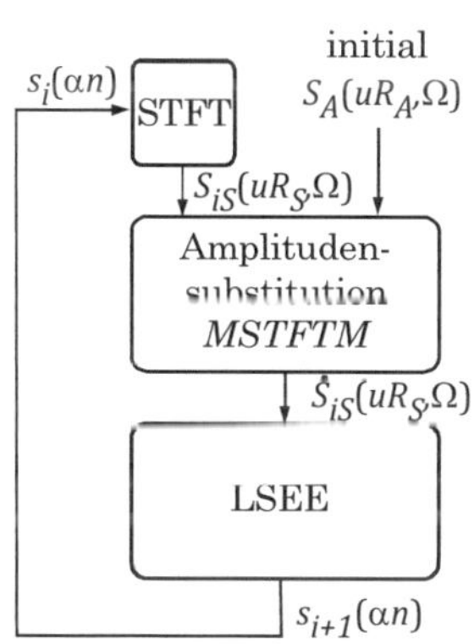

Abbildung 3.14: LSEE Algorithmus nach [Gri83]. LSEE: Least Significant Error Estimation

Nach der Amplitudensubstitution erfolgt die Fehlerminimierung nach Gl. (3.20) und gleichzeitig die inverse FFT, so dass das $(i+1)$-te skalierte Zeitsignal in Gl. (3.22) entsteht:

$$s^{i+1}(\alpha n) = \frac{\sum_{u=-\infty}^{\infty} w(uR_S - n) \cdot \frac{1}{2\pi} \int_{-\pi}^{\pi} \hat{S}_S^i(uR_S, \Omega) e^{j\Omega n} d\Omega}{\sum_{u=-\infty}^{\infty} w^2(uR_S - n)}. \tag{3.22}$$

Der iterative LSEE-Algorithmus erreichte für Skalierungsfaktoren von $\alpha \leq 2$ wesentlich bessere Ergebnisse als der in [Por81] eingeführte Phasenvocoder für die Zeitskalierung. Der euklidische Abstand der Originalspektren zu den zeitskalierten Spektren sank mit den ersten Iterationen rapide und zeigte ab 50 Iterationen eine schwach abfallende Fehlerkurve. Auch der Versuch, statt des LSEE-Algorithmus in Gl. (3.20) den einfachen OLA-Algorithmus in Gl. (3.10) zu verwenden, brachte ein ähnliches Verhalten im Fehlerabstand hervor, wobei sich ab 50 Iterationen bereits eine gewisse Konvergenz einstellte.

Quaitieri analysierte die Periode des glottalen Anregungsimpulses bei der Sprachproduktion zur Herstellung der kohärenten Phasenbeziehungen nach der zeitlichen Skalierung der spektralen Komponenten von Amplitude und Phase [Qua92]. Ausgangspunkt der Zeitskalierung ist das Analysesystem in [Aul86], das in der Analyse die FFT wie in [Gri83] nutzt und in der Synthese einen Signalgenerator mit berechneter Amplitude und Phase antreibt. Für die Zeitskalierung wird die Amplitude linear mit dem reziproken Wert des Skalierungsfaktors α multipliziert. Statt der Skalierung der Phase wird in [Qua92] die Periodenskalierung einer Impulsanregung eingeführt. Der Grundgedanke der Generierung eines Anregungsimpulses ist die dabei zwangsläufig auftretende Phasenerhaltung der Sinusfunktion über alle Frequenzen. Dies erzielt man durch das Generieren sukzessiver GF-Perioden. Es erfolgt allerdings nur mit der relativen Pitchperiode, bestimmt nach [Aul86], da der genaue Glottisverschluss, also die Impulsanregung nicht vorliegt. Mit der ermittelten Impulsfolgenweite, deren Phasendifferenz 2π beträgt, kann nun die Anregungsphase an den Synthesegrenzen mit Hilfe der kubischen Spline-Interpolation ermittelt werden. Die ermittelte Anregungsphase wird von der Gesamtphase aus der Analyse abgezogen, so dass man die Vokaltraktphase erhält. Dieser lineare Phasenrest ist wiederum über die Frames konsistent, und Veränderungen sind kaum wahrnehmbar. Mit der skalierten bzw. zwischen den Frames linear interpolierten Amplitude und der berechneten Phase kann das Synthesesystem mit den sinusförmigen Komponenten beschrieben werden. Tonale Störungen in den stimmlosen Bereichen wurden durch das Aussetzen der Skalierung ($\alpha = 1$) bei einer fehlenden stimmhaften Anregung erreicht. Das Sprachsignal wird nach [Qua92] mit einer geringen Abtastfrequenz von nur $f_A = 10\,\text{kHz}$ abgetastet. Die Analyse erfolgt in kurzen Segmenten von 5-10 ms, so dass damit nur eine geringe Frequenzauflösung von 100 bis 200 Hz erreicht wird und das skalierte Sprachsignal kaum die Qualität natürlicher Sprachsignale erreicht.

Während in [Qua92] die Augenblicksfrequenz zwischen zwei Segmentgrenzen als konstant angenommen wurde, erweiterte *Pollard* diese Annahme [Pol96]. Er legte fest, dass die Frequenz zwischen zwei Segmenten linear von der Zeit abhängig ist. Mit der anschließenden kubischen Spline-Interpolation, wie in [Qua92], erreicht man eine noch bessere Anpassung der Signalform des skalierten Zeitsignals gegenüber dem Original. Die Erhöhung der Interpolation auf eine $(N + 3)$-te Ordnung, wobei N die Anzahl der Anregungsimpulse in einem Synthesesegment darstellt, führt wie in [Pol97] zu einer weiteren Erhöhung der Natürlichkeit der Sprache. Dies allerdings auf Kosten des Berechnungsaufwandes, der z. B. exponentiell mit der Erhöhung der Expansion der Sprache ansteigt, da sich dann das zu lösende Gleichungssystem mit der $(N + 3)$-ten Interpolation ebenfalls vergrößert.

Für den Phasen-Vocoder nach [Por81] mit der skalierungsabhängigen Überlappung der Synthesesegmente entwickelte *Puckette* eine einfache Strategie der vertikalen Phasenanpassung [Puc95]. Seine Annahme war, dass die Phasenbeziehung zweier benachbarter Frequenzkanäle zu einem Maximum bei konstantem zeitlichen Frequenz- und Amplitudenverlauf $\pm\pi$ beträgt. Das Spektrum der einzelnen u Synthesesegmente wurde für Gl. (3.11) nun mit Hilfe der Phasen benachbarter Frequenzebenen $\{k - 1; k; k + 1\}$ des vorangegangenen Frames $u - 1$ wie folgt berechnet:

$$S_S(uR_S, \Omega_k) = S_A(uR_A, \Omega_k)\left(\frac{Z[(u-1)R_S, \Omega_k]}{[S_A(u-1)R_A, \Omega_k]}\right)\left|\frac{Z[(u-1)R_S, \Omega_k]}{[S_A(u-1)R_A, \Omega_k]}\right|^{-1}; \qquad (3.23)$$

mit:

$$Z[(u-1)R_S, \Omega_k] = S_S[(u-1)R_S, \Omega_k] - S_S[(u-1)R_S, \Omega_{k-1}] - S_S[(u-1)R_S, \Omega_{k+1}]. \qquad (3.24)$$

Auch nach der Implementierung dieser Phasenanpassung in den Phasen-Vocoder konnte eine Verringerung der Hall-Artefakte wahrgenommen werden. Die Verringerung der „phasigen“ Geräusche wurde in [Lar97] ebenfalls bestätigt und die Lösung nach [Puc95] für eine vereinfachte Phasenanpassung aufgegriffen.

Bei *Puckette* wurden im Spektrum Amplitudenmaxima definiert, wenn deren vier nächsten Nachbarwerte kleiner sind [Puc95]. Dies stellt ein einfaches und kosteneffektives Suchkriterium dar. Für jede Peakfrequenz Ω_{K_p} wird die Phase nach Gl. (3.16) berechnet. Die Serie der Peaks teilt die Frequenzachse somit in dominante Frequenzbereiche (Peakbereiche) ein. Die Bereichsgrenzen werden durch die halben Differenzen zwischen den Maxima markiert. Die Kanal-Phasen der Peakbereiche werden nach der sogenannten Peakmethode für alle Frequenzen des Peakbereiches nach Gl. (3.25) in Abhängigkeit der bereits berechneten Phase der Peakfrequenz $\varphi_S(uR_S, \Omega_{k_p})$ neu berechnet:

$$\varphi_S(uR_S, \Omega_k) = \varphi_S\left(uR_S, \Omega_{k_p}\right) + \beta\left[\varphi_A(uR_A, \Omega_k) - \varphi_A\left(uR_A, \Omega_{k_p}\right)\right]. \qquad (3.25)$$

Der "*Phase-Locking*"-Algorithmus erhöht signifikant die Phasenkonsistenz der STFT. Weiterhin können durch gezielte Berücksichtigung der enthaltenen Frequenzen die Artefakte so weit reduziert werden, dass auch eine 50% Überlappung in der Analyse möglich wird und somit eine Reduzierung des Berechnungsaufwandes um 50% gegenüber der bisherigen Überlappung von 75% erreichbar ist. Nur für die Peakfrequenzen werden trigonometrische Berechnungen notwendig und für alle weiteren Frequenzen kann eine einfache Phasenanpassung nach Gl. (3.25) vorgenommen werden. Allerdings wurden lt. [Lar97] immer noch leichte Phasenfehler ab $\alpha > 3$ wahrgenommen. Der in Gl. (3.25) für experimentelle Analysen eingeführte Faktor β erzielte bei einem Overlap von 75% mit $\beta = \alpha$ und bei 50 % mit $\beta = 1$ die besten Qualitätsergebnisse.

Die Phasenberechnung mit dem Skalierungsfaktor β, die sog. *„Scaled Phase Locking“*, erweiterte *Laroche* noch mit der horizontalen Phasenanpassung in den benachbarten Syntheseframes $u-1$ und u beim Sprung des Amplitudenpeaks von Ω_{K_0} auf Ω_{K_1} [Lar99]. Somit ändert sich Gl. (3.16) in:

$$\varphi_S(uR_S, \Omega_k) = \varphi_S\left[(u-1)R_S, \Omega_{k_0}\right] + R_S \cdot \widehat{\omega}_{k_1}(uR_A). \tag{3.26}$$

Eine weitere Vereinfachung zur horizontalen und vertikalen Phasensynchronisation findet man in [Dor04]. Unter der Annahme nach [Zwi99], dass das menschliche Wahrnehmungsvermögen Amplituden- und Phasenmodulationen in gewissen Maßen toleriert, berechnete *Dorran* die maximal mögliche horizontale Phasenabweichung $\Delta\varphi_{max}(uR_S, \Omega_k)$, bis zu der eine nicht wahrnehmbare Amplituden- oder Frequenzmodulation (s. Abbildung 3.13) auftritt [Dor04]. Zunächst werden die Phasenwerte der Synthesesegmente wie in [Puc95] für die Peakwerte der Analyseframes nach Gl. (3.27) berechnet (s.a. Gl. (3.17)). Dieses erfolgt unter der Annahme, dass die Phasenbeziehungen der Analyseframes gleich denen der Syntheseframes sein müssen, um eine vertikale Phasenkohärenz zu gewährleisten:

$$\begin{aligned} \varphi_S\left(uR_S, \Omega_{k_P}\right) - \varphi_S\left[(u-1)R_S, \Omega_{k_P}\right] &= \varphi_A\left(uR_A, \Omega_{k_P}\right) - \varphi_A\left[(u-1)R_A, \Omega_{k_P}\right], \\ \varphi_S\left(uR_S, \Omega_{k_P}\right) &= \varphi_S\left[(u-1)R_S, \Omega_{k_P}\right] + \varphi_A\left(uR_A, \Omega_{k_P}\right) - \phi_A\left[(u-1)R_A, \Omega_{k_P}\right]. \end{aligned} \tag{3.27}$$

Für die restlichen Frequenzkanäle Ω_k wird nun Gl. (3.27) bezüglich der Peakamplitude Ω_{k_P} angewendet:

$$\varphi_S(uR_S, \Omega_k) = \varphi_S\left[(u-1)R_S, \Omega_{k_P}\right] + \varphi_A(uR_A, \Omega_k) - \varphi_A\left(uR_A, \Omega_{k_P}\right). \tag{3.28}$$

Liegt die Phasendifferenz von Analyseframe und Syntheseframe innerhalb der Toleranz von $\Delta\varphi_{max}(uR_S, \Omega_k)$, wird einfach die Analyseframephase in die Syntheseframephase kopiert, ansonsten wird die Differenz innerhalb von $\pm\pi$ zur Syntheseframephase addiert, so dass die nicht wahrnehmbare Phasentoleranz eingehalten wird. Weiterhin vereinfacht [Dor04] den Phasenvocoder, indem er bei Skalierungsfaktoren um $\alpha = 1$ annahm, dass eine große Anzahl an Analyseframes wie in Abbildung 3.15 ohne die aufwendige STFT und inverse STFT einfach bereits im Zeitbereich kopiert werden kann.

Somit kann der Aufwand bei einer geringen Skalierung gegenüber dem ursprünglichen Phasenvocoder erheblich reduziert werden. Der Effizienzvorteil war allerdings nur für Skalierungsfaktoren im Bereich von $0{,}9 \leq \alpha \leq 1{,}1$ und eine Qualitätserhöhung des Audiosignals im Bereich $0{,}85 \leq \alpha \leq 1{,}15$ perzeptibel.

Dorran erweiterte seinen Phasenvocoder aus [Dor04] mit wahrnehmungskonformer Phasenfehlerreduktion um die initiale Phasendetektion mit der Kreuzkorrelation nach [Rou85] (s.a. Abschnitt 3.4.1) und erhöhte die Ausgabequalität weiter, allerdings immer nur noch im eingeschränkten Skalierungsbereich $0{,}85 \leq \alpha \leq 1{,}15$ [Dor05].

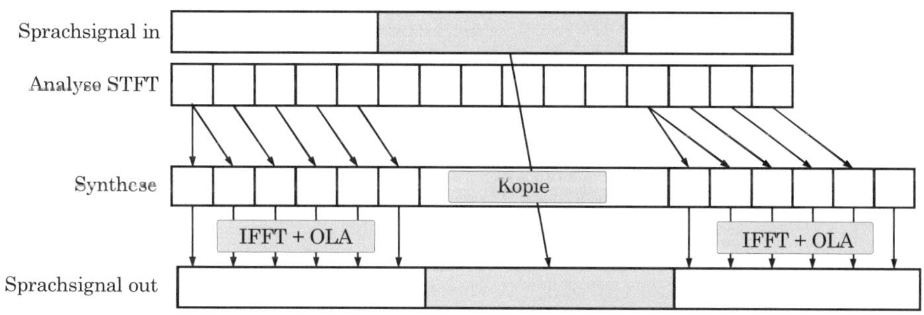

Abbildung 3.15: Kopieren von Analyseframes im Zeitbereich bei Skalierung um $\alpha = 1$ nach [Dor04]

3.4 TD-SOLA Skalierungsverfahren im Zeitbereich

3.4.1 SOLA

Verfahren, die ausschließlich im Zeitbereich arbeiten, wurden als *TD-TSM-(Time Domain Time Scale Modification)* Algorithmen in die Audio- und Sprachsignalverarbeitung eingeführt. Sie arbeiten alle nach dem Prinzip des OLA-Verfahrens (Abbildung 3.6). Realisiert wurde es bereits auf mechanische Weise mit Hilfe der Magnetbandtechnik [Schu42] (vgl. auch Abbildung 3.3). Für das OLA-Verfahren wurden jedoch unterschiedliche Strategien entwickelt. Zunächst erfolgt wie in der FD-TSM die Segmentierung und die α-abhängige Synthese für die Signalausgabe. Bei der TD TSM wird das Sprachsignal nicht mehr in den Frequenzbereich transformiert, sondern die Signale werden im Zeitbereich überlappend summiert. Bei der FD-TSM wurde bisher versucht, die Phasenartefakte, hervorgerufen durch die unterschiedlichen Überlappungsbereiche zwischen der Analyse und Synthese, möglichst nicht wahrnehmbar zu minimieren. Das Ziel der TD-TSM ist es ebenfalls, die überlappenden Bereiche zweier angrenzender Segmente in der Analyse oder Synthese so festzulegen, dass sich die beiden Bereiche maximal ähneln oder sich z. B.

geglättete Bereiche ohne hörbare Artefakte überlagern lassen. Das bedeutet, der überlappende Bereich ist nicht mehr nur vom Skalierungsfaktor abhängig, sondern auch vom zeitlichen Signalverlauf selbst.

Das starr auf einen Skalierungsfaktor angepasste OLA-Verfahren wie z. B. in [Schu42], [Qur69] kann die in Abbildung 3.16 dargestellten GF-Artefakte hervorrufen, insbesondere die immer wieder erwähnten hallartigen Effekte bei der Sprachskalierung [Rou85], [Mak86].

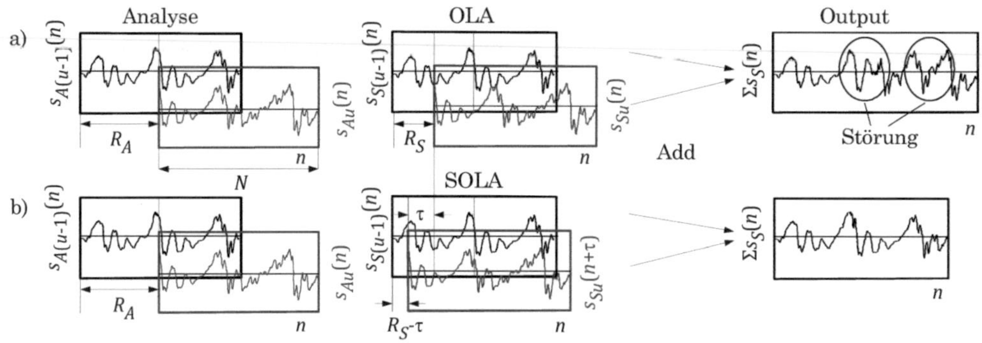

Abbildung 3.16: Vergleich a) OLA- und b) SOLA-Verfahren mit KKF

Auf der Suche nach einer neuen initialen Funktion $s^0(n)$ für das iterative TSM-Verfahren nach [Gri83] entwickelte *Roucos* die Startfunktion nach dem *Synchronized Overlap and Add (SOLA)* – Verfahren [Rou85]. Hiermit sollen die aufwändig zu berechnenden Iterationen vermindert werden. Mit Hilfe der Kreuzkorrelation (KKF) und dessen Maximalwert bei τ muss das initiale Signalsegment $s^0(n)$ für den iterativen Algorithmus in Abbildung 3.16 bestimmt werden:

$$s^0(n) = \frac{\sum_{u=-\infty}^{\infty} w^2(n - uR_S) \cdot s_S[n - u(R_S - R_A) - \tau_u]}{\sum_{u=-\infty}^{\infty} w^2(n - uR_S)}. \tag{3.29}$$

Gl. (3.29) stimmt mit (3.22) überein, wenn der Kreuzkorrelationsparameter τ nicht zu Anwendung kommt. Der maximale Wert $\varphi_{s_A s_S \max}(\tau)$ wird mit der normierten KKF wie folgt in Gl. (3.30) nach [Rou85] gesucht:

$$\varphi_{AS}(\tau) = \frac{\sum_{n=0}^{L_{ov}-1} s_A(n + uR_A) s_S(n + uR_S + \tau)}{\sqrt{\sum_{n=0}^{L_{ov}-1} s_A^2(n + uR_A) \sum_{n=0}^{L_{ov}-1} s_S^2(n + uR_S + \tau)}} = \frac{r_{A_u S_u}(\tau)}{\sqrt{r_{A_u A_u}^2 \cdot r_{S_u S_u}^2(\tau)}}. \tag{3.30}$$

Die KKF wird im überlappenden Bereich L_{ov} der Analyse- und Syntheseframes durchgeführt (s. Abbildung 3.16 a und b):

$$L_{ov} = N - R_S - \tau. \tag{3.31}$$

Roucos erzielte mit der neuen Initialisierungsfunktion für den LSEE-Algorithmus bereits die gleiche Qualität nach 3 Iterationen wie [Gri83] nach 50 Iterationen, ermittelt mit dem objektiven Signal-Fehlerverhältnis (*Signal to Error Ratio - SER*) zwischen dem Originalsignal und der verbleibenden Abweichung D nach der letzten LSEE-Iteration [Rou85].

Der Vorteil von SOLA liegt allerdings in erster Linie darin, dass die Skalierung jetzt nicht mehr aufwendig im Frequenzbereich auszuführen ist, sondern dass das SOLA Verfahren mit der erreichbaren sehr guten Ausgabequalität ausschließlich im Zeitbereich benutzt wird. Somit ergeben sich für die Analyse Gl. (3.32) und Synthese Gl. (3.33) folgende Signalberechnungen:

$$s_{Au}(n) = \begin{cases} s(n + uR_A) \; \text{für } 0 < n < N - 1 \\ 0 \quad \text{sonst} \end{cases}, \tag{3.32}$$

$$s_{Su}(n) = \begin{cases} w_u(n) s_{Su}(n + \tau_{\varphi_{max}}) + [1 - w_u(n)] s_{Au}(n) \; \text{für } 0 < n < L_{ov} - 1 \\ s_{Au}(n) \quad \text{für } L_{ov} < n < N - 1 \end{cases}. \tag{3.33}$$

Der Vergleich von OLA und seiner starren Syntheseframeverschiebung mit SOLA inklusive der auf maximale Signalähnlichkeit getrimmten Verschiebung ist in Abbildung 3.16 dargestellt. Das Ausgangssignal des SOLA-Verfahrens lässt sich mit den Gleichungen (3.5), (3.29) und (3.33) wie folgt nach [Ver00] beschreiben:

$$s_\alpha(n) = \frac{\sum_u w^2(n - uR_S + \tau_u) s(n + uR_A - uR_S + \tau_u)}{\sum_u w^2(n - uR_S + \tau_u)}. \tag{3.34}$$

Die Fensterfunktion $w(n)$ kann eine beliebige Mittelungs-, lineare oder Gewichtungsfunktion sein und dient einer möglichst störungsfreien Glättung im überlappenden Bereich [Cha66]. Die besondere Eigenschaft der Fensterfunktion mit der Länge L ist:

$$\sum_u w(n - uR) = 1 \text{ mit } R = \frac{L}{2} \text{ und } u \in \mathbb{G}. \tag{3.35}$$

Die Amplitudensumme der aus- und einzublendenden Signalbereiche wird durch die komplementäre Gewichtung der Fensterfunktion nicht beeinflusst.

Vorzugsweise werden hier die Hanning- oder Hammingfenster verwendet [Gri84],[Ver93].

Durch die Autokorrelation wird zwar eine maximale Ähnlichkeit des anknüpfenden Sprachsignalsegmentes mit dem zeitlichen Signalverlauf erreicht, jedoch muss nun der korrekte Skalierungsfaktor in Abhängigkeit vom gefundenen Verschiebeparameter τ_{max} nachgeführt werden, da sich in jedem Synthesesegment der Skalierungsfaktor ändert:

$$\alpha = \frac{R_A}{R_S + \tau_{max}}. \tag{3.36}$$

Die eigentliche Skalierung findet in den Überlappungsbereichen statt, so dass sich der in Abbildung 3.17 dargestellte zeitliche Signalverlauf zwischen dem Eingangssignal und dem Ausgangssignal der Skalierung ergibt.

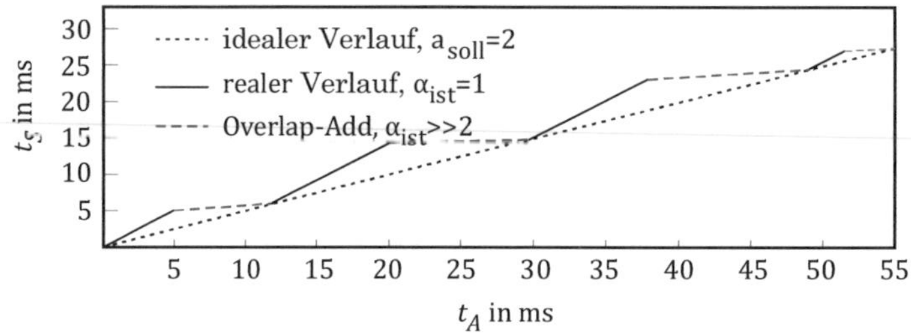

Abbildung 3.17: Idealer und realer zeitlicher Vergleich des Analyse- und Synthesesignals bei der SOLA-Skalierung

Die Skalierung mit einem veränderlichen Faktor wirkt sich auf die Rhythmik des Audiosignals aus, was insbesondere in Musiksignalen eher wahrzunehmen ist als in Sprachsignalen. Der strategisch schwierig zu wählende Bereich $\Delta\tau$ von $\tau_{min} \leq \tau \leq \tau_{max}$ und der davon jeweils abhängige Überlappungsbereich L_{ov} beider Analyseframes bestimmt einerseits den Berechnungsaufwand und andererseits die Wahrscheinlichkeit, einen hohen Korrelationswert ($\varphi_{AS} = 1$) zu finden. Wird $\Delta\tau$ zu groß gewählt (Bsp.: $-N/2 < \tau < N/2$), erhöht sich der Berechnungsaufwand, und es werden ambige Maxima gefunden. Wird $\Delta\tau$ zu klein gewählt, werden eventuell keine ähnlichen Bereiche für eine artefaktfreie Überlappung extrahiert. Einen optimalen Bereich mit $0 < \tau < N/2$ und mit linearer Überblendung zwischen Analyse- und Syntheseframe glaubten [Har90] gefunden zu haben. Dem gegenüber wurde in [Hej91], [Dor03c] allerdings angemerkt, dass eine starre Parameterwahl die Ausgabequalität auf jeden Fall senkt.

Für eine effiziente Suchbereichswahl der maximalen Ähnlichkeiten sich überlappender Segmente wurden weitere Strategien entwickelt.

In [Hej91],[Hej92] wird das SOLA-Verfahren zu *SOLAFS (Synchronized Overlap-Add, Fixed Synthesis)* vereinfacht, indem zunächst nicht das Synthesefenster um den maximalen Korrelationsparameter τ_{max} verschoben wird, sondern das Analysefenster. Daraus folgt eine konstante Syntheseverschiebung (vgl. Gl. (3.32) und (3.33)):

$$s_{Au}(n) = \begin{cases} s(uR_A + \tau_{max} + n) \; für \; 0 < n < N-1 \\ 0 \quad sonst, \end{cases} \tag{3.37}$$

$$s_{Su}(n) = \begin{cases} w_u(n)s(uR_S + n) + [1 - w_u(n)]s_{Au}(n) & \text{für } 0 < n < L_{ov} - 1 \\ s_{Au}(n) & \text{für } L_{ov} < n < N - 1. \end{cases} \quad (3.38)$$

Der Berechnungsaufwand der Kreuzkorrelationsfunktion (KKF) wurde durch Eliminierung der Wurzelfunktion im Nenner und des konstanten Faktors r_{SuSu}, der nicht von τ abhängig ist:

$$\varphi(\tau)_{\max} = \max_{0 \leq \tau \leq N/2} \frac{r_{A_uS_u}(\tau) \cdot |r_{A_uS_u}(\tau)|}{r_{AuAu}(\tau)} \quad (3.39)$$

und einer rekursiven Berechnung:

$$r_{AuAu}(\tau + 1) = r_{AuAu}(\tau) + s_A^2(uR_A + \tau + N) - s_A^2(uR_A + \tau). \quad (3.40)$$

weiter drastisch verringert.

Dorran schlug in seinem *SAOLA-(Synchronized and Adaptive Overlap-Add)* Verfahren ebenfalls eine auf den Skalierungsfaktor α adaptierte Länge des Analyseversatzes R_A vor [Dor03c]:

$$R_A = \frac{\alpha}{2} \cdot N. \quad (3.41)$$

Der Syntheseversatz kann somit auch bei $R_S = N/2$ konstant gehalten werden. Gleichzeitig lässt sich der Berechnungsaufwand für große Skalierungsfaktoren reduzieren, da die Überlappungsbereiche für die KKF und die Synthese nicht größer als $N/2$ werden.

Eine weitere Vereinfachung für die Suche nach der maximalen Ähnlichkeit zweier überlappender Segmente entwickelte *Bialick* mit der durchschnittlichen Amplitudendifferenz zwischen beiden Frames, wie in Gl. (3.42) [Bia89]:

$$\varphi(\tau)_{max} = \max_{0 \leq \tau \leq N/2} \frac{\sum_{n=0}^{L_{ov}-1} |s_S(uR_S + n + \tau) - s_A(uR_A + n)|}{L_{ov}}. \quad (3.42)$$

Die DSP-Implementierung der Matching-Funktion zwischen den Analyse- und Syntheseframes in [Bia89] hatte zum Ziel, die aufwendigen mathematischen Operationen der KKF zu verringern.

3.4.2 AOLA, PAOLA

Ein *Adaptives Overlap-and Add (AOLA)* Verfahren entwickelte *Lawlor*, ebenfalls mit dem Ziel, den Berechnungsaufwand der KKF beim SOLA-Verfahren drastisch zu reduzieren [Law99]. Dazu wird die Länge N des Analysefensters w idealerweise so gewählt, dass mindestens zwei Perioden eines stimmhaften Sprachsignals oder eines Musiksignals überdeckt werden. Bei der Expansion wird das Synthesefenster um eine Periode verschoben und mit dem Analysefenster anhand der jeweiligen größten Minima oder Maxima im Signal zur Deckung gebracht (s. Abbildung 3.18). Die überlappenden Bereiche werden ineinander überblendet. Die Verschiebung des mit dem Fenster w selektierten Sprachsamples um eine Periodenlänge genügt in der Regel noch nicht der geforderten Syntheselänge mit dem Skalierungsfaktor α_{soll}, wie z. B. bei der Expansion in Abbildung 3.18.

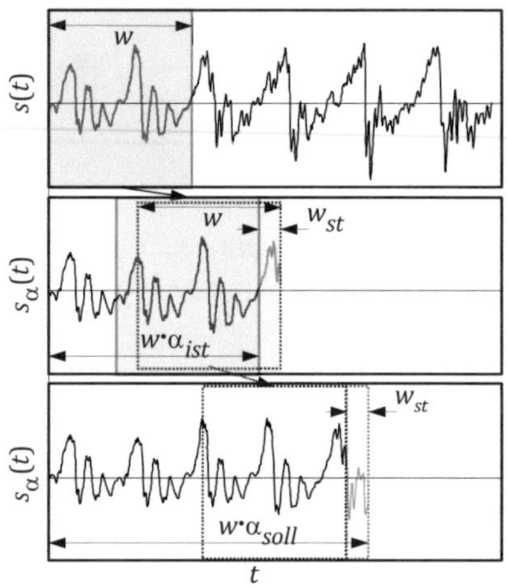

Abbildung 3.18: AOLA Verfahren am Beispiel der Expansion nach [Law99]

Es wird somit bei einer Verschiebung nur der natürliche Skalierungsfaktor α_{ist} erreicht. Zunächst werden die Samples mit der Länge w_{st} aus dem Originalsignal dem verschobenen Fenster angehängt und der Analysevorgang und die Verschiebung einer Auswahl w wiederholt (gestricheltes Fenster). Dieses wird so oft wiederholt, bis die gewünschte Skalierungslänge $w \cdot \alpha_{soll}$ erreicht ist. Um die gewünschte Skalierungslänge exakt zu erreichen, was durch eine wiederholte Verschiebung um die Periodenlänge nicht gelingt, berechnete *Lawlor* die Erweiterung w_{st}, unter der Annahme, dass die Periodenlänge konstant bleibt [Law99]:

$$w_{st} \approx w \cdot \frac{1 - \alpha_{ist}}{1 - \alpha_{soll}}. \tag{3.43}$$

Der Rechenaufwand gegenüber dem SOLA-Verfahren reduzierte sich für die Kompression und Expansion auf ca. 5 % der Multiplikationen und 2 % der Additionen neben vier Vergleichsoperationen für die Maxima- und Minimasuche pro Analysefenster w. Die Qualität des mit 16 kHz abgetasteten und skalierten Sprachmaterials war mit dem SOLA Verfahren vergleichbar und brachte somit nur den Vorteil einer effizienten Berechnung.

Ähnlich dem in [Law99] entwickelten AOLA-Algorithmus verwendete *Dorran* in seinem *Peak Alignment Overlap and Add (PAOLA)*-Verfahren die Peaksuche [Dor03c]. Gegenüber *Lawlor* [Law99] benutzte *Dorran* [Dor03c] wieder ein adaptives Analysefenster R_A, das als Erweiterung von Gl. (3.37) zu Gl. (3.44) adaptiv von einem maximalen stationären Bereich im Sprachsignal L_{stat}, dem Bereich der Peaksuche (*Peaksearch PS*) und dem Skalierungsfaktor α bestimmt wird:

$$R_A \geq \frac{(L_{stat} - PS)}{1 - \frac{1}{\alpha}} \text{ für } \alpha < 1, \tag{3.44}$$

$$R_A \leq \frac{(L_{stat} - PS)}{1 - \frac{1}{\alpha}} \text{ für } \alpha > 1. \tag{3.45}$$

Der quasistationäre Bereich L_{stat} wird mit 19 ms angenommen und der Suchbereich auf maximal 8 ms begrenzt. Dies entspricht im Sprachsignal einer maximalen Periodenlänge der unteren Grundfrequenz von 125 Hz, deren Maxima ab diesem GF-Wert sicher detektiert werden können. Der gewählte Wert ist allerdings grenzwertig, da sicherlich auch eine GF unter 100 Hz auftreten kann [Laz07].

Bei dem qualitativen Vergleich ergab sich in [Law99],[Dor03c] und [Dor03d], dass alle drei Verfahren zum SOLA-Verfahren subjektiv gleichrangig bewertet wurden.

3.4.3 FSOLA

Wong entwickelte auf der Suche nach einer effizienten Berechnung der Korrelationsfunktion (3.30) im SOLA-Verfahren das sogenannte *Fast-Synchronized Overlap and Add (FSOLA)*-TSM mit Hilfe der Anpassung der Einhüllenden des Ein- und Ausgangssignals [Won02]. Er definiert die Einhüllenden der u-ten Analyse- und Syntheseframes anhand der Vorzeichen:

$$s_{A2}(i) = \text{sign}\big(s_A(uR_A + i)\big) = \begin{cases} 1 \text{ für } s_A(uR_A + i) \geq 0 \\ -1 \text{ für } s_A(uR_A + i) < 0, \end{cases} \tag{3.46}$$

$$s_{S2}(i) = \text{sign}\big(s_S(uR_S + i)\big) = \begin{cases} 1 \text{ für } s_S(uR_S + i) \geq 0 \\ -1 \text{ für } s_S(uR_S + i) < 0. \end{cases} \tag{3.47}$$

Die Korrelationsfunktion in Gl. (3.30) zwischen $x_2(i)$ und $y_2(i)$ vereinfacht sich somit wie folgt:

$$\varphi(\tau) = \frac{\sum_{i=0}^{L_{ov}-1} s_{S2}(i+\tau) \cdot s_{A2}(i)}{L_{ov_\tau}}. \tag{3.48}$$

Der Nenner reduziert sich auf die Überlappungslänge L_{ov_τ} bei dem jeweiligen Verschiebeparameter τ. Im Zähler kann die binäre Multiplikation durch eine XOR-Verknüpfung implementiert werden. Um die Funktion in Gl. (3.48) weiter zu vereinfachen, betrachtet [Won02] die Nulldurchgänge in den überlappenden Bereichen und führt dazu nachfolgende Funktionen und Mengen wie in Gl. (3.49) bis Gl. (3.53) ein:

$$s_{Z2}(i+\tau) = s_{A2}(i) \cdot s_{S2}(i+\tau). \tag{3.49}$$

Die Menge der Nulldurchgänge an der Stelle i für das Analyseframe im überlappenden Bereich wird definiert als:

$$A_\tau = \{i: s_{A2}(i-1) \cdot s_{A2}(i) = -1, i = 0 < i \leq L_{ov} - 1\} = \{a_1; a_2; \dots; a_{M_\tau}\}. \tag{3.50}$$

Die Menge der Nulldurchgänge für das Syntheseframe ist:

$$B_\tau = \{i: s_{S2}(i-1+\tau) \cdot s_{S2}(i+\tau) = -1, i = 0 < i \leq L_{ov_\tau} - 1\} = \{b_1; b_2; \dots; b_{N_\tau}\}. \tag{3.51}$$

Die Menge der exklusiven Nulldurchgänge in A_τ oder B_τ ergibt sich aus:

$$C_\tau = A_\tau \oplus B_\tau = (A_\tau \cap B_\tau^C) \cup (A_\tau^C \cap B_\tau) = \{c_{\tau,1}; c_{\tau,2}; \dots; c_{\tau,M_\tau+N_\tau-2r_\tau}\}. \tag{3.52}$$

r_τ stellt dabei die Anzahl der gemeinsamen Nulldurchgänge in der Schnittmenge $A_\tau \cap B_\tau$ dar. Somit lässt sich die Korrelationsfunktion sehr einfach berechnen:

$$\varphi(\tau) = \frac{s_{Z2,\tau}(0)}{L_{ov_\tau}} \cdot 2 \cdot \sum_{j=1}^{M_\tau+N_\tau-2r_\tau} (-1)^{j+1} c_{\tau,j} + (-1)^{M_\tau+N_\tau} \cdot L_{ov_\tau}. \tag{3.53}$$

Die Effizienz dieser Methode hängt wesentlich von der Anzahl r_τ der disparaten Nulldurchgänge c_τ zwischen s_{A2} und s_{S2} ab. Allerdings kann nach [Won02] unter bestimmten Bedingungen die Berechnung der KKF weiter vereinfacht werden:

- rekursive Berechnung von $\varphi(\tau_{i+1})$ aus $\varphi(\tau_i)$, wobei zumindest die erste Berechnung nach Gl. (3.53) erfolgen muss,
- Eingrenzung der Suchregion (τ_{min}, τ_{max}), indem der optimale Parameter τ_{opt} aus dem vorhergehenden Analyseframe verwendet wird,
- Erhöhung der Synthese-Qualität durch Untersuchung mehrerer $\varphi(\tau)_{max}$-Kandidaten, indem ein bestimmter Schwellwert für eine normalisierte KKF von $q \cdot i$ Subsamples zwischen Analyse und Syntheseframe überschritten werden muss,
- dynamische Framegröße N in Abhängigkeit zum gefundenen Verschiebeparameter τ und gewünschten Skalierungsfaktor α (bspw. Verkürzung von N bei positivem Skalierungsfaktor τ).

Für das in Abbildung 3.19 angegebene Beispiel ergibt sich die Menge der exklusiven Nulldurchgänge C_τ nach Gl. (3.52):

$$C_\tau = \{6,19,27,45,67,75,81,89,109,124,127,169,175,185,188\}.$$

- Das Korrelationsergebnis lässt sich nun sehr einfach mit Gl. (3.53) berechnen:

$$\varphi(\tau) = ((-1)\cdot 2)/194\,(6-19+27-45+67-75+81-89+109-124+127-169+175-185+188-194) = 1{,}24.$$

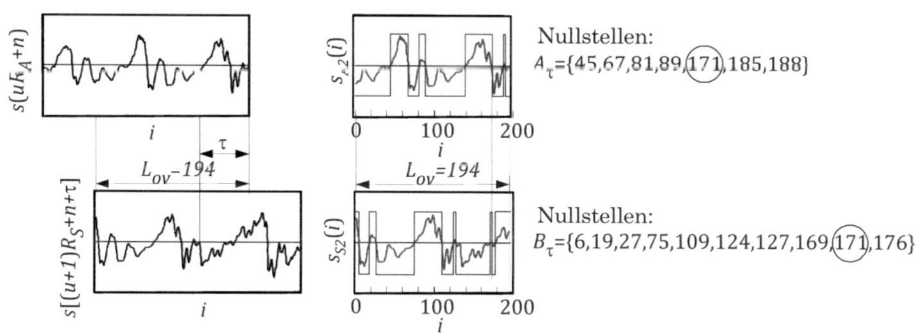

Abbildung 3.19: Korrelationsberechnung in FSOLA für N=256 und L_{ov}=194 nach Gl. (3.53)

Für den qualitativen Vergleich nutzte man in [Won02] nur instrumentelle Vergleichsmessungen mit dem Euklidischen Abstand und der normalisierten KKF für unterschiedliche Parameter seines FSOLA-Verfahrens im Vergleich zum SOLA-Verfahren. Qualitativ sind keine signifikanten, objektiven Unterschiede erkennbar. In der Performance der Verfahren zeigen sich jedoch erhebliche Verbesserungen im FSOLA-Verfahren gegenüber der FFT-SOLA-Methode in [Lar93] um den Faktor 100 und gegenüber dem SOLA-Algorithmus von [Gri83] um den Faktor 300. Der Vergleich erfolgte für Musiksignale mit einer Abtastrate $f_a = 44{,}1$ kHz und einer Auflösung von 16 bit.

3.4.4 WSOLA

Wie die o.a. SOLA-Verfahren soll auch im *Waveform-Similarity-OLA (WSOLA)-Verfahren* [Ver93] durch Suche des optimalen Verschiebeparameters τ eine möglichst störungsfreie Überlappung der Synthesesegmente erreicht werden. Im Gegensatz zu den bisherigen Verfahren wird nicht erst bei der Synthese der Ähnlichkeitsvergleich mit den schon synthetisierten Frames durchgeführt. Bei WSOLA wird bereits in der Analyse nach Ähnlichkeiten der einzelnen Segmente gesucht. Ausgehend von Gl. (3.34) lässt sich die SOLA-Formel unter der Bedingung Gl. (3.35) vereinfachen, da der Nenner eins wird und außerdem das Synthesefenster w konstant um uR_S verschoben wird. Für die Syntheseformel ergibt sich nun nach [Ver93]:

$$s_\alpha(n) = \sum_u w^2(n - uR_S)s[n + \alpha(uR_S) - uR_S + \tau_u]. \tag{3.54}$$

Anhand der Abbildung 3.20 soll das WSOLA-Verfahren erläutert werden. Die Eingangsdaten werden mit einem konstanten Fenster w_A (z. B. 20 ms) frameweise analysiert.

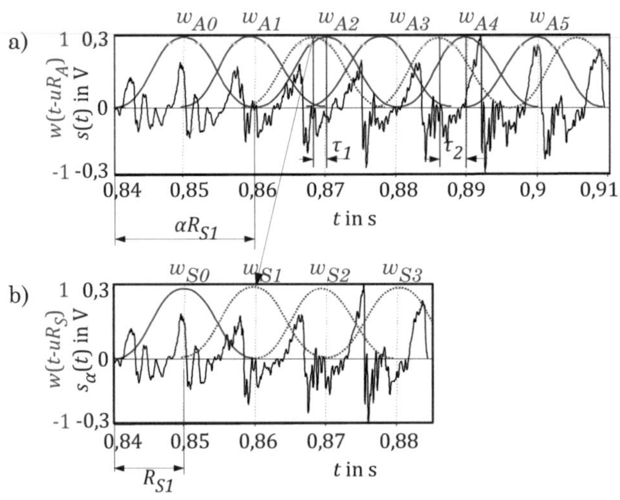

Abbildung 3.20: Prinzip des WSOLA Verfahrens nach [Ver93] a) Analyse, b) Synthese

Die Strategie für das Aufspüren des optimalen Verschiebeparameters τ erfolgt bereits in der Analyse. Angenommen, es soll bei einem Skalierungsfaktor von $\alpha = 2$ wie in Abbildung 3.20 jedes zweite Analysefenster ($w_{A1}; w_{A3}; w_{A5}$) verworfen werden. Als neuen Anschluss von w_1 in der Synthese wird dann im übernächsten Fenster (statt w_{A1} in w_{A2}) untersucht, ob sich hier durch Verschiebung von w_{A2} ein Signalverlauf findet, der dem in w_{A0} maximal ähnlich ist. Das zu analysierende und um τ_u zu verschiebende Synthesefenster w_u kann, wie in den o.a. Verfahren, mit Hilfe der KKF oder der AMDF (*Average Magnitude Difference Function*) mit dem zu ersetzenden Fenster auf Ähnlichkeit untersucht werden. Für den Translationsparameter τ wird hier ebenfalls ein Suchbereich $\tau_{min} \leq \tau \leq \tau_{max}$ vorgegeben. Ein qualitativer Vergleich von *Verhelst* in Form eines eher informativen Hörversuchs zeigte gleiche Eigenschaften wie das SOLA Verfahren, allerdings wurde in [Ver93] auf die bessere Effizienz des WSOLA-Algorithmus verwiesen. Auch hier wurden mit den KKF- und AMDF-Vergleichsfunktionen gleiche Resultate erreicht, so dass die effizientere AMDF-Methode der KKF vorzuziehen ist.

3.4.5 TD-PSOLA

Bereits *Seo* betrachtete die Möglichkeit der pitchgenauen Analyse und Segmentierung des Sprachsignals und fand, dass in stimmhaften Lauten durchschnittlich acht bis zehn Perioden der Grundfrequenz auftreten, die sich sehr ähneln [Seo67]. Unter der vereinfachten Annahme, dass die Periodendauer für einen Sprecher in dem Bereich konstant bleibt, lassen sich diese gleichlangen Segmente für eine Skalierung mit dem Faktor $\alpha > 1$ entsprechend verwerfen, bzw. für einen Faktor $\alpha < 1$ wiederholen. Die Entwicklung des *Time Domain Pitch Synchronous Overlap and Add (TD-PSOLA)*-Verfahrens begann mit *Neuburg,* der Segmente mit der Länge der GF-Perioden aus dem Sprachsignal entfernte oder wiederholte [Neu78], und dem *Time Domain Harmonic Scaling (THDS)* in [Mal79]. Mit THDS sollte das Sprachsignal wie in [Schr62] bandbegrenzt werden, um Übertragungsbandbreite zu sparen und um das hochfrequente Rauschen im Empfänger zu minimieren. Die in seine GF-Perioden segmentierten stimmhaften Spracheanteile eignen sich ebenfalls durch Eliminierung oder Wiederholung zur zeitlichen Skalierung und *Malah* erreichte damit qualitativ sehr gute Ergebnisse bis zu den Faktoren $0{,}5 < \alpha < 2$ [Mal79].

Moulines entwickelte und *Vogten* patentierte das TD-PSOLA Verfahren vorrangig für die korpusbasierte Sprachsynthese [Mou90],[Vog95]. TD-PSOLA diente hier in erster Linie zur Konkatenation der gespeicherten Sprachelemente mit Intonationsmodifikationen.

Das Sprachsignal wird zunächst bezüglich seines Grundfrequenzverlaufes analysiert, und es werden sogenannte Pitchmarken p_u wie in Abbildung 3.21 gesetzt. Diese Pitchmarken kennzeichnen die Mitte des Segmentierungsfensters. Die bisher äquidistanten Segmente erhalten im TD-PSOLA-Algorithmus durch eine sich ändernde Grundfrequenz und damit GF-Periodendauer T_G unterschiedliche Abstände und Längen. Entsprechend dem Skalierungsfaktor gilt es nun, die markierten Analysesegmente in das Synthesesignal zu übernehmen und überlappend zu addieren.

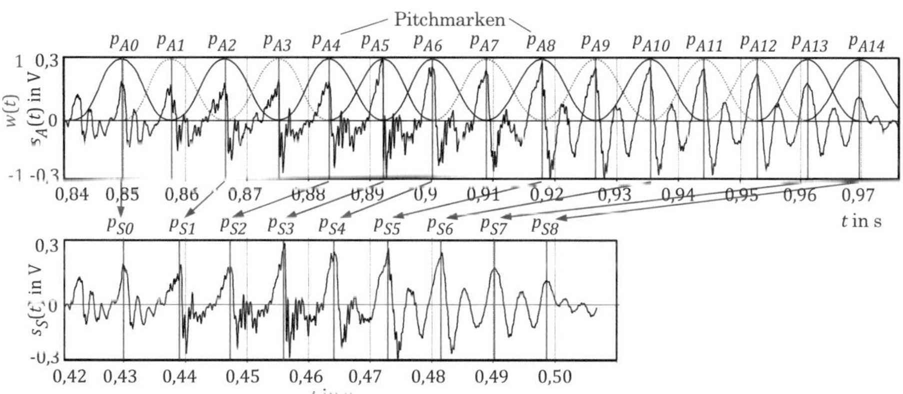

Abbildung 3.21: Skalierung mit dem TD-PSOLA Verfahren

Ausgehend vom bekannten und zuletzt übernommen Analyseframe p_{Au} in das Syntheseframe p_{Su} soll nun das nächste Syntheseframe p_{Su+1} gesucht werden. Für den Abtastwert in der Analyse gilt bei inverser Skalierung:

$$n_{Au} = \alpha n_{Su}. \tag{3.55}$$

Der gesuchte Abtastwert n wird durch p als die Mitte des Segmentierungsfensters markiert. Mit der inversen Skalierung wird ein virtueller Wert in der Analyse ermittelt. Zunächst wird der nächste Synthesewert p_{Su+1} anhand der aktuellen Pitchperiode im Analysesignal berechnet:

$$p_{Su+1} = p_{Su} + T_{GAu} = p_{Su+}(p_{Au+1} - p_{Au}). \tag{3.56}$$

Das nächste Analysesegment, das theoretisch in die Synthese übernommen werden soll, um eine genaue Skalierung einzuhalten, lässt sich mit der inversen Skalierung aus dem Synthesesegment p_{Su+1} berechnen:

$$p_{A'u+1} = \alpha \cdot p_{Su+1}. \tag{3.57}$$

Da für diesen berechneten Abtastwert höchstwahrscheinlich keine Pitchmarke existiert, wird das nächstgelegene markierte Segment übernommen. Die einzustellende Periodendauer darf jedoch nicht die ursprünglich verwendete T_{GAu} sein, denn die GF unterliegt auch zwischen den Segmenten Änderungen, die berücksichtigt werden müssen. Aus diesem Grund wird die einzustellende Pitchperiode aus dem Mittelwert des sich stückweise ändernden Periodenverlaufs berechnet:

$$T_{GSu} = \frac{1}{p_{A'u+1} - p_{A'u}} \int_{p_{A'u}}^{p_{A'u+1}} T_{GA}(u) du. \tag{3.58}$$

- Für die berechnete Pitchperiodendauer T_{GSu} kann mit Gl. (3.56) und Gl. (3.57) überprüft werden, ob damit ebenfalls noch der gewählte Pitchmarker $p_{A'u+1}$ erreicht wird.

Da das TD-PSOLA-Verfahren in dieser Arbeit noch eine wichtige Rolle spielen wird, soll der Vorgang mit der von t abhängigen Darstellung in der Abbildung 3.21 an einem Beispiel erörtert werden. Die Betrachtung erfolgt von den Markern p_{A6} in der Analyse und p_{S4} in der Synthese. p_{S5} soll als Nachfolger in der Synthese gesucht werden. Aus der Analyse kommt dafür, wie im folgenden Beispiel angegeben, p_{A8} in Frage. Für den dargestellten Ausschnitt Abbildung 3.21 beträgt der Skalierungsfaktor $\alpha = 1{,}944$. Die Pitchmarke p_{A8} wird in der Synthese zum Zeitpunkt $t = 0{,}4729$ kopiert und mit dem Segment von p_{A6} überlappt.

Beispiel:

$$p_{A6} = p_{A'6} = 0{,}9\,\text{s und } p_{S4} = 0{,}4641\,\text{s};$$
$$p_{S5} = [p_{S4} + (p_{A7} - p_{A6})] = 0{,}4641\,\text{s} + 0{,}0088\,\text{s} = 0{,}4729\,\text{s}$$
$$p_{A'7} = \alpha \cdot p_{S5} = 1{,}944 \cdot 0{,}4792\,\text{s} = 0{,}9193\,\text{s} \rightarrow p_{A8} = 0{,}9179\,\text{s};$$
$$\overline{T_{GA}} = 0{,}088\,\text{s} \rightarrow p_{S5} = p_{S4} + \overline{T_{GA}} = 0{,}4729\,\text{s}$$

Der Vorteil des TD-PSOLA Verfahrens liegt zum einen in der möglichen zeitlichen Skalierung des Sprachsignals als auch in der Skalierung der Pitchsegmente selbst und somit in einer Manipulation der Grundfrequenz des Sprechers. Dies erfolgt hier, ohne die Formantstruktur stark zu beeinflussen.

Fensterungen

Das Modell der stimmhaften Spracherzeugung geht von einer periodischen Impulsfolge aus, die im Vokaltrakt gefiltert wird. Da sich in der Nähe des Impulses, also zum Zeitpunkt des Glottisverschlusses, die hohen Frequenzen konzentrieren [Vog95], scheint es sinnvoll zu sein, die Segmentierungsfenster mittig auf den Verschlusszeitpunkt zu legen. Nun erreichen überraschenderweise nach [Vog95] auch relativ zum Anregungsimpuls verschobene Synthesefenster nach ihrer Addition eine gleich gute Qualität. Somit ist die Nutzung der robuster zu ermittelnden Grundfrequenz gegenüber dem Glottisverschlusszeitpunkt unproblematischer. Wichtig ist die korrekte Länge der Segmentierungsfenster und Anpassung bei der Überlappung, um keine hörbaren Verzerrungen hervorzurufen.

Für die Fensterfunktion bei der Überlappung gilt Gl. (3.35), um Über- oder Untersteuerungen zu vermeiden. *Qureshi* nutzte dafür noch in der zweiten Hälfte des Segmentes $u - 1$ eine linear abfallende Funktion und die invers ansteigende Funktion in der ersten Hälfte des Segments u [Qur69]. Derzeit wird die Verwendung der Cosinusfunktion für die Fensterung favorisiert [Mal79],[Mou90],[Vog95]:

$$w(n) = 1 - 2a + 2a \cdot \cos\left(\frac{2\pi n}{N}\right). \tag{3.59}$$

Für $a = 0{,}23$ (Hamming-Fenster) und $a = 0{,}25$ (Hanning-Fenster) ergibt sich einerseits die Summe eins bei einer Überlappung zweier Fenster mit einer Verschiebung von $N/2$ und andererseits gegenüber der Rechteck- oder Dreieckfunktion eine glättende Wirkung im Frequenzbereich, da durch die Multiplikation mit dem Zeitsignal eine Faltung im Frequenzbereich entstehen würde. Dies führt bei Verwendung der Rechteckfunktion, also dem einfachen Entnehmen der Samples aus dem Analysesignal, zu spektralen Verzerrungen.

Auf Grund einer sich stetig ändernden GF-Periodendauer ist es ebenfalls notwendig, die jeweils überlappenden Fensterhälften:

$$w_{u-1}(n);\ \frac{N}{2} \leq n \leq N; N = 2\overline{T_{GA}}, \tag{3.60}$$

$$w_u(n);\ 1 \leq n \leq \frac{N}{2}; N = 2\overline{T_{GA}} \tag{3.61}$$

auf die aktuelle Periodenlänge $\overline{T_{GA}}$ anzupassen.

Die bisherige Behandlung des TD-PSOLA-Verfahrens setzte eine stimmhafte Anregung voraus, so dass eine GF-Periode detektiert werden kann. Ist im Sprachsignal nur eine stimmlose, verrauschte Anregung vorhanden, gibt es bei diesem Skalierungsverfahren wiederum unterschiedliche Ansätze.

Vogten nutzt die im stimmhaften Bereich verwendete Fensterbreite im stimmlosen Bereich weiter [Vog95]. Er interpoliert allerdings die Fensterbreiten mit den beiden an den stimmlosen Bereichen angrenzenden Pitchperioden. Dies führt jedoch im Falle der Expansion von Frikativen auf Grund der Wiederholung gleicher Sprachsegmente zu tonalen Störungen. Um die Korrelation zwischen den Segmenten - zumindest bis zum Faktor $\alpha \geq 0{,}5$ - zu vermeiden, kehrte *Moulines* die Zeitachse für das zu wiederholende Synthesesegment von $s_S(n)$ in $s_S(-n)$ einfach um [Mou95]. Um eine bessere Qualität für alle Skalierungsfaktoren zu erreichen, schlug *Moulines* vor, bei der stimmlosen Skalierung in den Frequenzbereich zu wechseln und das FD-PSOLA-Verfahren auszuführen [Mou90]. Hier würde, wie im Phasevocoder, die zeitliche Skalierung in jedem einzelnen Frequenzband $S_S(uR_S, \Omega_k)$ mit konstanten Intervallen erfolgen. Demnach ist eine *pitchsynchrone* Skalierung im rauschförmigen stimmlosen Signal konsequenterweise nicht notwendig.

GF-Bestimmung

Dem einfach umzusetzenden TD-PSOLA-Algorithmus geht zunächst die Analyse des Sprachsignals voraus, um die GF-Marker zu detektieren. Die Analysemöglichkeiten hierfür erhöhen den Aufwand des Verfahrens allerdings beträchtlich, so dass sich eine Echtzeitverarbeitung wiederum schwierig gestalten könnte [Lar01]. Grund hierfür ist hauptsächlich die Nachverarbeitung, um fehlerhafte GF-Marker anzugleichen. Somit besteht eine GF-Bestimmung in der Regel aus drei Verarbeitungsstufen wie in Abbildung 3.22:

Abbildung 3.22: Komponenten einer GF-Bestimmung

Das Problem bei einer genauen GF-Bestimmung ist eine eventuelle Überlagerung der Grundfrequenzschwingungen mit den ersten und zweiten Formanten bzw. evtl. störendem Rauschen. Folgende Verfahren wurden in der Vergangenheit für die Grundfrequenzbestimmung entwickelt:

- spektrale Analyse und Suche des ersten und/oder zweiten Maximums im Spektrum [Her88] sowie weitere Frequenzskalierung des Spektrums mit gleichzeitiger Verstärkung der harmonischen Amplituden [Schr68],
- *Simple Inverse Filter Tracking (SIFT)* erfolgt mit Hilfe der Linear-Prediction-Coding (LPC)-Analyse, inverser Filterung und anschließender Autokorrelationsfunktion (AKF) [Mar72],
- Berechnung der Autokorrelation im Zeitbereich für ein Analysefenster, das mindestens die Länge zweier GF-Periode besitzen muss [Rab77],
- Berechnung der 4.Wurzel des Leistungsdichtespektrums [Hes83],
- Tiefpassfilterung, anschließendes Downsampling im Verhältnis 5:1, Teilung eines Samples-Blocks in zwei Blöcken die miteinander kreuzkorreliert werden [Med91],
- Spektrale Kurzzeitanalyse des Sprachsignals und Kreuzkorrelation des Spektrums mit Kammfilter ($\Delta f = GF$), dessen untere Durchlassfrequenz von 40 bis 500 Hz variiert [Lim92],
- Anwendung der diskreten dyadischen Wavelet-Transformation, deren Maxima mit den Zeitpunkten der maximalen Signalvariation (stärkste Glottiskontraktion oder Verschluss) zusammenfallen [Kad91],[Son05],
- Logarithmieren des Spektrums und Rücktransformation in den Zeitbereich (Cepstrummethode) [Hof98].

Eventuell fehlerhaft bestimmte „Ausreißer" der GF-Werte, hervorgerufen durch Formanten oder harmonische Schwingungen, müssen durch eine nachverarbeitende Glättung oder Korrektur mit Hilfe der Nachbarwerte angepasst werden. Diese Nachverarbeitung hat allerdings in der Verarbeitung auf jeden Fall wiederum eine Verzögerung zur Folge. Übliche Methoden sind hier die Medianfilterung [Rab75] oder auch die dynamische Programmierung, wie z. B. der Viterbi-Algorithmus [Boe93],[Nay07].

Vergleiche von GF-Bestimmungsverfahren findet man in [Var98] und [Vep02]. Hier werden die Methoden evaluiert, die sowohl im Zeitbereich als auch im Frequenzbereich arbeiten. Das AKF-Verfahren ist bei verrauschten Sprachsignalen robust [Boe93], während Verfahren in der Frequenzdomäne, wie das Cepstrumverfahren, gegenüber den Formanten unempfindlicher sind [Var98]. Bei einem störungsfreien und mittenbegrenzten Sprachsignal zeigten sich in [Var98] sowohl bei den frequenzbereichsorientierten Verfahren wie SIFT, Cepstrum, 4. Wurzel, als auch bei dem zeitbereichsorientierten Verfahren mit der AKF gleiche Fehlerraten im Bereich von 5 bis 7 % gegenüber den referenzierten GF-Marken. Auch in [Vep02] ermittelte man für die AKF zur GF-Bestimmung die geringste Fehlerrate gegenüber SIFT, Kammfilterverfahren, spektraler Dezimation und Akkumulation sowie Dyadischer Wavelet-Transformation.

3.4.6 Zusammenfassung der linearen Skalierung

Die in den Abschnitten 3.3 behandelten Verfahren skalieren das Audiosignal ausschließlich im Frequenzbereich. Der Aufwand ist bei diesen Verfahren durch die Frequenztransformation, die inverse Transformation und durch die mehrfachen Iterationen zur Phasenfehlerminimierung gegeben. Der Aufwand bei den Zeitbereichsverfahren in Abschnitt 3.4 wird durch das Wegfallen der zweifachen Transformationen etwas geringer. Allerdings ist die Suche nach den ähnlichsten Überlappungsbereichen durch die Kreuzkorrelationsfunktionen bzw. durch die GF-Analyse zur Segmentierung des Sprachsignals beim TD-PSOLA ebenfalls recht aufwendig. Bei den Zeitbereichsverfahren dürfen die Additionsfehler unterschiedlicher Signalverläufe in den Überlappungsbereichen nicht wahrnehmbar sein. Welche Verarbeitungsdomäne für Sprachsignale am besten geeignet ist, wird noch in Abschnitt 3.6 erörtert und analysiert.

Die bisherigen Ausführungen gehen auf Algorithmen ein, die ohne Beachtung der phonetischen oder linguistischen Eigenschaften skalieren. Da die Analysesegmente in linearer Abhängigkeit vom global eingestellten Skalierungsfaktor beibehalten oder verworfen werden, sprechen wir von linearen Skalierungsverfahren.

In der Literatur findet man aber auch Vorschläge, in denen das Sprachsignal z.B. auf seine Anregung oder auf Transienten untersucht wird. Der Skalierungsfaktor wird dann entsprechend der analysierten Eigenschaften lokal angepasst. Somit kommt es zu einer nichtlinearen Skalierung innerhalb eines global geforderten Skalierungsfaktors.

3.5 Algorithmen für die nichtlineare Zeitskalierung

Chang verglich im Rahmen von Sprachskalierungsverfahren bereits das analoge Sprachsignal mit diskreten Sprachelementen, wie den Phonemen [Cha56]. Er stellte damals bereits fest, dass sich der Entwicklungsprozess der Skalierungsverfahren von den kontinuierlichen über die gemischten Formen bis hin zur diskreten Form entwickeln wird.

Die in 3.3 und 3.4 vorgestellten Verfahren skalieren das Sprachsignal anhand seiner signaltheoretischen Eigenschaften. Bis auf das TD-PSOLA-Verfahren wird in allen anderen Verfahren der Skalierungsfaktor in Abhängigkeit von den Signaleigenschaften, genauer von den Signalähnlichkeiten, erreicht. Der Skalierungsfaktor soll dabei möglichst über der Gesamtlänge des Sprachsignals konstant bleiben, was die zeitliche Linearität zwischen Analyse- und Synthesesignal wie in Abbildung 3.17 gewährleisten soll. Ist der Skalierungsfaktor jedoch von zusätzlichen Parametern, wie z. B. phonetischen Merkmalen abhängig, wird im Rahmen dieser Arbeit - im Gegensatz zu [Cha56] - der Begriff *„nichtlinearen Zeitskalierung“* des Sprachsignals verwendet.

Nichtlineare Zeitskalierung ist die Abhängigkeit des Skalierungsfaktors von phonetischen, linguistischen oder semantischen Eigenschaften des Sprachsignals.

3.5.1 TRANSIENTEN-DETEKTION

Ein Nachteil - insbesondere der Frequenzbereichsverfahren - ist die Glättung bzw. auch Eliminierung von Transienten in einer zeitlich komprimierten, synthetischen Ausgabe und das Auftreten von tonalen Störungen bei Expansion durch die Wiederholungen von transienten Signalanteilen. Transienten werden in der sprachlichen Äußerung hauptsächlich von Plosivlauten oder am Beginn eines stimmhaften Lautes gebildet. Weiterhin ist auch die Identifikation von im initialen oder finalen Bereich abgeschnittenen Silben sehr stark von der Position der spektralen Übergänge abhängig [Fur79] (s. Abschnitt 2.2.2).

Lee untersuchte das Sprachsignal mit der Dauer T auf transiente spektrale Anteile mit der Dauer T_t und setzte für diese Bereiche den Skalierungsfaktor auf $\alpha_t = 1$ [Lee97]. Somit musste für das restliche stationäre Sprachsignal mit der Dauer T_s mit einem neuen Skalierungsfaktor α_s durch Umstellung mittels Gl. (3.62) berechnet werden:

$$\frac{1}{\alpha} \cdot T = T_t + \frac{1}{\alpha_s} \cdot T_s. \tag{3.62}$$

Die impulsförmigen Anteile im Signal detektierte [Lee97] mit einer möglichst hohen cepstralen LPC-Distanz zweier benachbarter Frames oder mit einem möglichst niedrigen Kreuzkorrelationswert beider Frames. Die LPC-Methode mit einem 30 ms Analysefenster und mit dem 8 kHz abgetasteten Sprachsignal wurde in einem Hörtest in Verbindung mit dem SOLA-Algorithmus gegenüber dem KKF-Verfahren bevorzugt [Lee97].

Kapilow kombinierte einen auf 1 normierten Energiemittelwert eines Analyseframes mit der Gradientenenergie der einzelnen spektralen Linien im Analyseintervall [Kap99]. Das Linienspektrum wird im Analyseintervall mit der LPC-Methode ermittelt. Beim Überschreiten des Kriterien-Schwellwertes wird der Skalierungsfaktor ebenfalls $\alpha = 1$ gesetzt. Der Transient wird also weder verworfen noch wiederholt. Der zeitliche Energiemittelwert detektiert sehr gut Plosivlaute, während der spektrale Gradient die Transienten im stimmhaften Sprachsignal sehr gut identifiziert. Das Verfahren wurde im Zusammenhang mit dem WSOLA-Verfahren mit expandierten Sprachsignalen getestet und gegenüber dem WSOLA-Verfahren ohne Transienten-Detektion vorgezogen [Kap99].

Röbel untersuchte die spektralen Komponenten Ω_K der Frames u auf Peaks, wobei u gleichzeitigt das Fensterzentrum der FFT-Analyse war [Röb03]. Er berechnete den energetischen Schwerpunkt (*Center of Gravity - CG*) E_{CG} eines Frames u:

$$E_{CG} = \frac{\sum_{k=l}^{k=h} -(\varphi_k - \varphi_{k-1})|S_A(uR_A, \Omega_k)|^2}{\sum_{k=l}^{k=h} |S_A(uR_A, \Omega_k)|^2}. \tag{3.63}$$

In die Rechnung gehen allerdings nur die an einem Transienten beteiligten Frequenzkomponenten um einen spektralen Amplitudenspitzenwert zwischen den Minima Ω_l und

Ω_h ein. Überschreitet der berechnete Energiewert einen bestimmten Schwellwert $E_{CG_{SW}}$, kann von einem Transienten-„Attack" ausgegangen werden. Mit Hilfe des Wahrscheinlichkeitsvergleichs spektraler Peaks im aktuellen Frame - bei angenommener Binomialverteilung der Transienten - und vorangegangener Frames kann ein auftretender Transient vom Hintergrundrauschen getrennt werden. Somit werden die als Transient markierten Frames nicht skaliert und in der Phase neu initialisiert.

Eine weitere Möglichkeit, die Transienten in einem beliebigen Audiosignal mit ihren zeitlichen und spektralen Eigenschaften zu bewahren, stellte *Barry* vor [Bar08]. Die Grundlage seines Algorithmus bildet der Phasenvocoder mit der Peakdetektion der spektralen Amplituden nach [Lar99]. Bisher wurde von starren Analyse- und Syntheseintervallsprüngen R_A und R_S ausgegangen. Bei variablen Skalierungsfaktoren führt dieses aber zu zeitlichen Verzerrungen am Syntheseausgang. Die Lösung ist ein an den Skalierungsfaktor angepasstes Analysefenster:

$$uR_A = (u-1)R_A + \alpha R_S. \tag{3.64}$$

Weiterhin wurde bisher eine variable Analysefenster-Verschiebung R_A favorisiert, was bei einer Überlappung von $R_A > 1/4N$ für die Phasenbestimmung problematisch wird. Die Lösung für einen variablen Skalierungsfaktor und für eine variable Analysefenster-Verschiebung R_A ist die Nutzung der Phasendifferenz zwischen dem aktuellen Analyseframe uR_A und dem Frame, das um einen Synthesesprung R_S zurückverschoben wird. Somit ändert sich Gl. (3.17) in:

$$\varphi_S(uR_S, \Omega_K) = \varphi_S[(u-1)R_S, \Omega_K] + \frac{R_S}{R_A}\{\varphi_A[(u)R_A, \Omega_K] - \varphi_A[uR_A - R_S, \Omega_K]\}. \tag{3.65}$$

Diese Flexibilität der variablen Fensterverschiebung benötigte man in [Bar08] zur Sicherung der Transienten im skalierten Audiosignal, indem in Abhängigkeit eines auftretenden Transienten der Skalierungsfaktor auf $\alpha = 1$ gesetzt wird. Nach dem Transienten muss α zur Erhaltung des globalen Skalierungsfaktors sofort wie in Gl. (3.63) ausgeglichen werden.

Zur Detektion eines Transienten nutzte *Barry* die Breitbandigkeit perkussiver Signale im Audiosignal [Bar08]. Dabei handelt es sich in erster Linie um Schlagzeugsignale in der Musik. Es werden einfach die spektralen logarithmischen Energiedifferenzen zweier aufeinanderfolgender Analyseframes berechnet:

$$\Delta L(uR_A, \Omega_k) = 20\log_{10}\frac{|S_A(uR_A, \Omega_k)|}{|S_A(uR_A - R_s, \Omega_k)|}. \tag{3.66}$$

Die Energiedifferenz diente als Schwellwertvergleich:

$$L_S(uR_A, \Omega_k) = \sum_{k=1}^{N/2} \begin{cases} L_S(uR_A, \Omega_k) = 1 \text{ wenn } \Delta L(uR_A, \Omega_k) > 6dB \\ L_S(uR_A, \Omega_k) = 0 \quad \text{sonst.} \end{cases} \tag{3.67}$$

Überschreitet L_S den Schwellwert $3N/4$, wird ein Transient angezeigt und der Skalierungsfaktor $\alpha = 1$ gesetzt. Aufeinanderfolgende Frames, in denen ein Transient detektiert wird, müssen gezählt werden, um die unterlassene Skalierung der Transientenframes wieder auszugleichen. Ansonsten kommt es, besonders auffällig in Musiksignalen, zu rhythmischen Verzerrungen (s.a. Abbildung 3.17)

Für die Transientendetektion gibt es entsprechend Abbildung 3.23 zwei Verfahren:

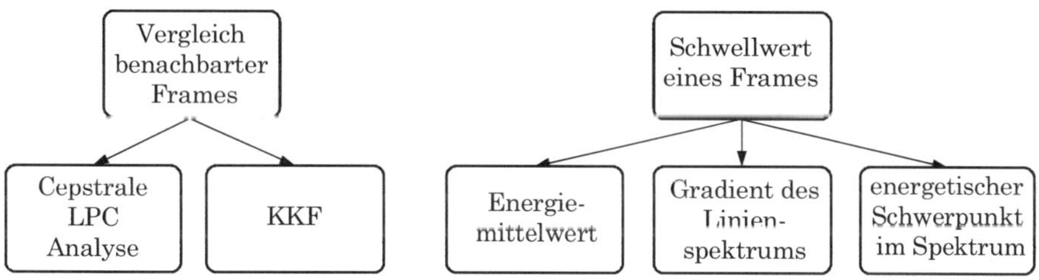

Abbildung 3.23: Verfahren der Transientendetektion

Entweder man vergleicht ein Frame mit den benachbarten Frames und entscheidet anhand eines Differenzschwellwertes, ob es sich um einen Transienten handelt. Oder man berechnet im fraglichen Segment unterschiedliche Werte wie den Energiemittelwert, den spektralen Gradienten oder den energetischen Schwerpunkt im Spektrum, um dann das Frame mit Hilfe eines absoluten Schwellwertes als Transienten zu markieren.

3.5.2 Klassifizierung „Stimmhaft/Stimmlos/Sprachpause"

Die bereits in Abschnitt 3.2.1 erwähnte nichtlineare Strategie der expansiven Zeitskalierung von Sprache wurde erstmals bei [Nak94] zur Unterstützung von hörgeschädigten Menschen eingesetzt. Hierbei wählte *Nakamura* unterschiedliche Skalierungsfaktoren für stimmhafte und stimmlose Sprache oder für Sprachpausen. Auch bei der zeitlichen Komprimierung kann allein die Pausenkürzung einen großen Beitrag zur Verkürzung der Sprache liefern. In Abhängigkeit von Sprecher und Situation können bei vorgelesenem Text bei einem professionellen Sprecher 1 % Pause, bei einem nichtprofessionellen Sprecher 16 % und während eines Dialoges sogar 25 % Pausensegmente im Sprachsignal enthalten sein [Gus01].

Die Analyse- und Synthesekomponenten der nichtlinearen Expansions-Strategie nach [Nak94] sind in Abbildung 3.24 dargestellt.

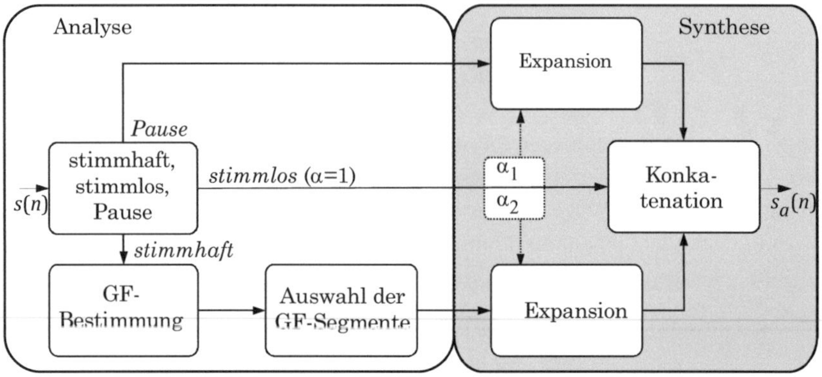

Abbildung 3.24: Strategie der nichtlinearen Zeitdehnung von Sprache nach [Nak94]

Nakamura verwendete für die Skalierung das THDS-Verfahren nach [Mal79], (Abschnitt 3.4.5). Die Analyse für die Sprachsegmente und Unterscheidung in stimmhafte, stimmlose oder Pausensegmente erfolgte mit der Energie-, AKF- und Nulldurchgangsraten-(NDR)-Berechnung.

Die erzeugten Skalierungsfaktoren betrugen 0,7 bis 1,0, wobei die stimmhaften Anteile bis auf die 0,6-fache und die Pausen auf die 0,3-fache Sprechrate des Originalsegmentes verlangsamt wurden. Stimmlose Sprachsegmente wurden, wie aus Abbildung 3.24 ersichtlich, nicht skaliert und sofort der Overlap-and-Add-Funktion in der Synthese zugeführt. Die langsamere Sprache wurde mit dem globalen Skalierungsfaktor von $\alpha = 0{,}7$ von 86 % der älteren Probanden gegenüber der normalen Sprechrate bevorzugt.

Kuwabara zeigte in seiner Analyse von sprachlichen Äußerungen, dass die Verhältnisse von Vokal- zur Konsonantendauer in natürlich skalierten Sprachdaten variieren [Kuw97]. Dieses zeigte sich in verlangsamten Sprachäußerungen besonders deutlich. Die Vokallängen nahmen in den Konsonant-Vokal-Silben mehr zu als die Konsonantenlängen.

Donnellan untersuchte Sprachmaterial mit verringerten Sprechraten für pädagogische Zwecke [Don03]. In Anlehnung an [Kuw97] wird in [Don03] die nichtlineare Skalierungsstrategie nach [Nak94] durch die Berücksichtigung der Transienten, speziell bei Plosiven [Lee97],[Kap99] erweitert. Entsprechend der Laute werden, wie in Abbildung 3.25 dargestellt, unterschiedliche Skalierungsfaktoren für die Geschwindigkeitsverringerung gewählt.

Der Längen-Skalierungsfaktor γ ist der reziproke Wert des SR-Skalierungsfaktors α:

$$\gamma = \frac{1}{\alpha} \tag{3.68}$$

und bezieht sich auf die zu skalierende Länge der Laute. Pausen und Vokale werden, wie in Abbildung 3.25 am stärksten gedehnt, bzw. in der Sprechgeschwindigkeit verringert.

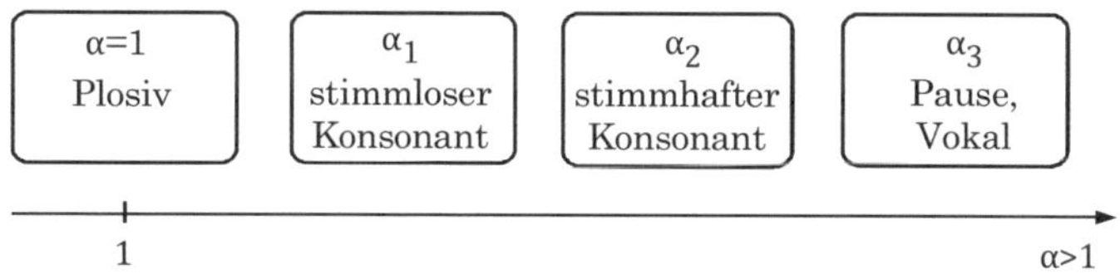

Abbildung 3.25: Skalierungsfaktoren für die zeitliche Expansion in Abhängigkeit der Lautform nach [Don03]

Das Sprachmaterial wurde für die Untersuchungen *manuell* in seine Phone segmentiert und markiert, um dann mit dem AOLA-Verfahren [Law99] eine lautabhängige Skalierung zu erreichen und insbesondere bei der Sprechratenreduktion die tonalen Störungen bei Plosiven oder stimmlosen Konsonanten zu vermeiden. Diese nichtlineare Skalierung wurde von den Testprobanden folgenden Skalierungsmethoden vorgezogen:

- der linearen Skalierung,
- der nichtlinearen Skalierung mit ausschließlicher Modifikation der stimmhaften Laute,
- der nichtlinearen Skalierung, mit ausschließlicher Modifikation der Vokale.

3.5.3 Akzentuierungsabhängige Skalierung

Gemäß der H&H-Theorie in Abschnitt 2.2.1 steuert der Sprecher seine Sprechgeschwindigkeit in Abhängigkeit der intendierten Informationsübermittlung. Sprachinhalte mit vermeintlich hohem Informationsinhalt werden vom Sprecher stärker akzentuiert und in der Sprechgeschwindigkeit verringert. Bei der natürlichen Sprechbeschleunigung werden vom Sprecher die unbetonten Vokale stärker gekürzt als die betonten Vokale [Jan01].

Diese Sprecherintentionen wurden in einer Sprachskalierung integriert [Cov98],[Cov98b]. Die aus den linguistischen Studien abgeleitete Strategie für die Skalierungsfaktoren ist in Abbildung 3.26 dargestellt. Prinzipiell sollen Pausen am stärksten gekürzt werden und betonte Vokale am geringsten. Die Konsonanten sollen stärker beschleunigt werden als die Vokale, wobei es darauf ankommt, welche Nachbarvokale der Konsonant besitzt. Der Algorithmus verwendet nach eingestelltem Skalierungsfaktor für das jeweilige Segment den SOLA-Algorithmus [Rou85]. Zur Einstellung eines ungleichmäßigen Skalierungsfaktors muss in der natürlichen Äußerung zunächst die Akzentuierung sowie die lokale Sprechrate ermittelt werden.

Die Akzentuierung wurde aus der normierten spektralen Energie eines jeden Analyseframes ermittelt. Dabei fanden auch Gruppeneffekte, wie die Auswirkung von stimmlosen Konsonanten in betonten Silben oder Pausen vor einem stimmhaften Vokal Berücksichtigung, indem die Gewichtungsberechnung auf bis zu 80 ms vor und 120 ms nach einem Analyseframe erweitert wurde. Die lokale Sprechrate ließ sich einfach über die Messung der kovarianten akustischen Variationsrate auswerten, indem zunächst das lokale Spektrum bestimmt wurde. Dazu wurden die logarithmischen Differenzen zweier benachbarter Frames berechnet, die nach einfacher Limitierung einen Wert für die lokale relative Sprechrate ergaben.

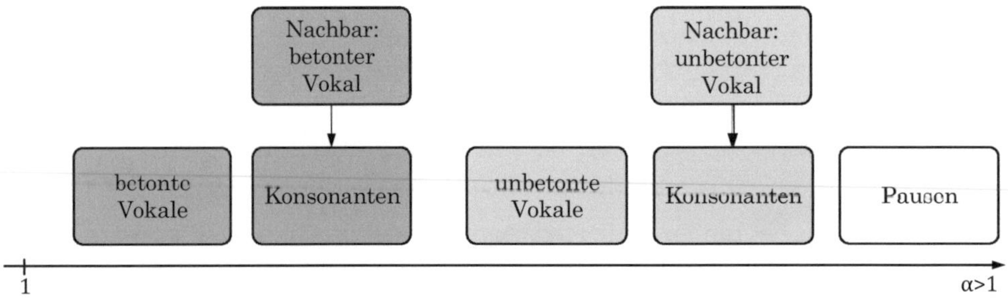

Abbildung 3.26: Strategie der ungleichförmigen lokalen Skalierungsfaktoren nach [Cov98]

Mit den beiden Werten der Akzentuierung $E(t)$ und der lokalen Sprechrate $SR(t)$ berechnet man nach [Cov98] die sogenannte „Audio-Tension“ Funktion $\vartheta(t)$:

$$\begin{aligned}\vartheta(t) &= 0{,}5\left[E(t) - \overline{E(t)}\right] + 0{,}25\left[SR(t) - \overline{SR(t)}\right] = \\ &0{,}5[E(t) - 0{,}7] + 0{,}25[SR(t) - 1].\end{aligned} \tag{3.69}$$

Der Einfachheit halber wurden die beiden Mittelwerte in Gl. (3.69) nach Untersuchung einer großen Sprachbibliothek von *Covell* durch Konstanten ersetzt. Der lokale Skalierungsfaktor $\alpha_l(t)$ ergab sich aus der Audio-Tensionsfunktion $\vartheta(t)$ und dem gewünschten globalen Skalierungsfaktor α:

$$\alpha_l(t) = max\{1, \alpha + (1 - \alpha)\vartheta(t)\}. \tag{3.70}$$

Erreichte $\vartheta(t)$ den maximalen Wert von $\vartheta(t) = 1$, wurde der lokale Skalierungsfaktor ebenfalls $\alpha_l(t) = 1$ gesetzt. Die ursprüngliche Sprechrate zwischen zwei Analyseframes blieb erhalten. In [Cov98] erzielte man mit dieser Methode in kurzen Dialogen oder Monologen signifikante Verstehbarkeits-Verbesserungen gegenüber dem linearen SOLA-Verfahren. Die Erhöhung der Verstehbarkeit wurde vorwiegend durch die starke Pausenverkürzung und die daraus resultierende geringere Artikulationsrate gegenüber einem linearen Verfahren erreicht.

Demgegenüber konnte *Janse* allerdings nachweisen, dass bei einer an die natürlichen Verhältnisse angepassten Skalierung mit manueller Segmentierung und Markierung die Wortverständlichkeit bei höheren Sprechraten erheblich abnimmt [Jan01]. Auch eine oppositionelle Variante, in der die betonten Wortsegmente stärker komprimiert wurden, führte zu einer Verringerung der Wortverständlichkeit gegenüber einem linearen Skalierungsverfahren. In [Jan04] bewerteten die Probanden die lineare Skalierung angenehmer als eine natürlich betonte Skalierung, die allerdings bei einem recht moderaten Skalierungsfaktor von $\alpha = 1{,}4$ durchgeführt wurde.

3.6 VERGLEICH DER VERFAHREN UND ZUKÜNFTIGE SKALIERUNGSSTRATEGIEN

Ziel dieser Arbeit ist es unter anderem, einen echtzeitfähigen Algorithmus zu entwickeln, der gespeicherte Sprache mit einem individuell wählbaren Beschleunigungsfaktor von mindestens $\alpha = 4$ wiedergeben soll. Der Algorithmus soll als Software auf einem Personalcomputer ausführbar sein und keine speziell programmierte Hardware, wie digitale Signalprozessoren (DSP‘s) oder Field Programmable Gate Array (FPGA‘s) erfordern. Aus diesem Grund sollen die bisher entwickelten Verfahren bezüglich ihrer notwendigen Rechenleistung als auch der Ausgabequalität speziell von Sprache anhand der Literatur verglichen werden.

Bei der Auswahl eines geeigneten Verfahrens bzw. beim Vergleich mit den bisher entwickelten Verfahren müssen also folgende Eigenschaften besonders berücksichtigt werden:

- Sprachausgabequalität, insbesondere Verstehbarkeit und Verständlichkeit,
- Berechnungsgeschwindigkeit.

Zunächst ist festzuhalten, dass bereits das gewählte digitale Datenformat Einfluss auf die Berechnungsgeschwindigkeit und Signalqualität hat. Bisherige Entwickler experimentierten meistens mit einer Abtastfrequenz von $f_a = 8\,\text{kHz} \ldots 11\,\text{kHz}$ wie in [Por81],[Gri83], [Mou90],[Lee97], $f_a = 16\,\text{kHz}$ in [Nak94],[Don03] bzw. $f_a = 22\,\text{kHz}$ in [Cov98], so dass bei dem CD-Audioformat, wie hier gewünscht, mindestens das 2- bis 5-fache des Datenvolumens zu verarbeiten ist.

3.6.1 AUDITIVER VERGLEICH VON FD- UND TD-SKALIERUNGSVERFAHREN

Alle bisher betrachteten Skalierungsalgorithmen fanden in den vorangegangenen Untersuchungen ihre Anwendung bei Sprachsignalen. In der aktuellen Literatur finden auch die frequenzbasierten Skalierungsalgorithmen immer wieder Berücksichtigung, allerdings eher bei der Anwendung von Musiksignalskalierungen. Zur Entwicklung einer eigenen Sprachsignalstrategie sollte hier in einem Hörtest bestätigt werden, inwieweit sich *aktuelle* FD- und TD-Skalierungsverfahren bei Sprach- oder Musiksignalen qualitativ unterscheiden. Die Skalierungsdomänen lassen sich eventuell in Bezug auf die Ausgabequalität polyphoner Audiosignale und Sprachsignale unterscheiden.

Für die Musiksignale zeichnet sich ein qualitativer Vorteil der frequenzbasierten Verfahren nach dem Prinzip des Phasenvocoders ab, während bei den Sprachsignalen die SOLA-Verfahren qualitativ bessere Ergebnisse erzielen [Lar99],[Dor05]. Das Vorhandensein quasistationärer periodischer Anteile im Sprachsignal wird optimal von den SOLA-Verfahren - insbesondere dem TD-PSOLA - ausgenutzt. Demgegenüber werden die Glättungs- und Hall-Artefakte des Phasenvocoder-Prinzips in den ohnehin künstlich verhallten Musiksignalen als weniger störend empfunden. In den polyphonen und harmonischen Musiksignalen kommt es hauptsächlich auf eine genaue Phasenanpassung zwischen den spektralen Frames an. Zum informellen Vergleich beider Prinzipien wurde ein *Mean Opinion Score (MOS)* -Test (s. Tabelle 3.1) durchgeführt, um festzustellen, welche der beiden Prinzipien für die Sprachsignalskalierung in der Qualität und dem daraus folgenden Aufwand besser geeignet sind.

Messziel:	Globale Qualitätsmessung anhand wahrnehmbarer Störungen durch TD- oder FD-Zeitskalierung
Messverfahren:	ACR Test mit MOS, Vergabe von Skalenwerten mit 10 sehenden jungen Probanden ohne Erfahrung mit skalierter Sprache
Messobjekt:	Zeitlich skalierte Sprache und Musik
Messgröße:	Qualitätsskala 1 bis 6 bezüglich wahrnehmbarer Artefakte
Träger der Messgröße:	jeweils 10 s lange Sprache mit segmental nicht vorhersagbaren Sätzen (*Segmental Unpredictable Sentences, SUS* nach [Jek00]), Klavieraufnahme, Schlagzeugaufnahme, Länge jeweils 10 s und skaliert mit: $\alpha = [0{,}67; 0{,}83; 1{,}11; 1{,}33]$
Messmittel:	Kopfhörer-Hörtest mit automatischer Wiedergabe computergespeicherter Audiodateien; Eingabe des Urteils über Touchdisplay

Tabelle 3.1: MOS-Test für zeit- und frequenzbasierte Skalierungssysteme

Die Qualitätsskala, nach der die Audiobeispiele bewertet wurden, entsprach dem deutschen Schulnotensystem von 1 bis 6, ergänzt mit folgenden Beschreibungen:

1: keine Artefakte hörbar,
2: wenige, unregelmäßig auftretende Artefakte hörbar,
3: regelmäßiges Auftreten von Artefakten, hörbar,
4: regelmäßiges Auftreten von Artefakten, hörbar und hörbarer Qualitätsverlust,
5: Artefakte bedingen eine starke Qualitätsminderung,
6: Artefakte zerstören Harmonie und Rhythmik, bzw. Verständlichkeit.

Die Skalierung der Sprachsignale erfolgte mit dem TD-PSOLA des Sprachverarbeitungstools *PRAAT* in [Boe06] und mit dem Phasenvocoder-Prinzip (PV) in der Audiobearbeitungssoftware *Wavelab* 5.01b in [Stei05].

Die Ausgabequalitäten der beiden Skalierungssysteme sind vom Inhalt abhängig. Musik, in dem Fall Klavier oder Schlagzeug, wird vom TD-PSOLA Verfahren signifikant schlechter (t-Test: $p < 0{,}05$) komprimiert (s. Abbildung 3.27 b). Bei der Sprache zeigten sich sowohl bei der zeitlichen Expansion, als auch bei der Kompression in den moderaten Beschleunigungsstufen von $\alpha = [1{,}11..1{,}33]$ zwischen den Zeitbereichs- und Frequenzbereichsalgorithmen keine signifikanten Unterschiede. Bei der Expansion ergab sich bezüglich der Sprache zwar ein etwas niedrigerer Mittelwert für das TD-PSOLA Verfahren von Praat [Boe06], er war jedoch nicht signifikant (t-Test: $p = 0{,}44$).

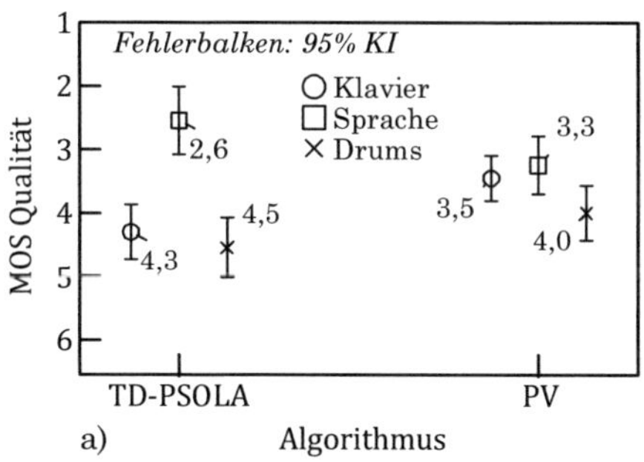

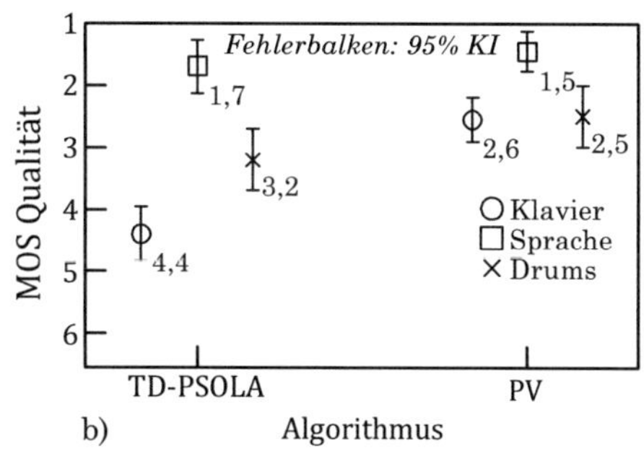

Abbildung 3.27: *Ergebnisse des MOS-Qualitätstests (MW-Mittelwert) für zeit- und frequenzbasierte Skalierungsverfahren a) Expansion, b) Kompression mit jeweiliger Markierung der Konfidenzintervalle (KI)*

Ein wichtiger Parameter für die auditive Qualitätsbeurteilung von Sprache ist die Sprachverständlichkeit, die im nächsten Test (Tabelle 3.2) als Wortverständlichkeit mit Hilfe von sinnleeren Sätzen ermittelt wurde.

Messziel:	Einfluss der TD-PSOLA- und Phasenvocoder-Verfahren mit unterschiedlichen Skalierungsgeschwindigkeiten auf die Wortverständlichkeit
Messverfahren:	Test mit segmental nicht vorhersagbaren Sätzen (*Segmental Unpredictable Sentences, SUS* nach [Rou90]) mit 30 Probanden ohne Hörerfahrung mit temporal skalierter Sprache
Messobjekt:	Zeitskalierte natürliche Sprache; $\alpha = [3; 2; 1]$
Messgröße:	Wortverständlichkeit
Träger der Messgröße:	Grammatikalisch richtige, sinnleere Sätze mit 4 bis 7 Wörtern, 5 Sätze pro Algorithmus
Messmittel:	Kopfhörer-Hörtest mit automatischer Wiedergabe computergespeicherter Audiodateien; Eingabe des Urteils über Touchdisplay

Tabelle 3.2: *SUS-Verständlichkeitstest für zeit- und frequenzbasierte Skalierungssysteme*

Den Probanden wurden sinnleeren Sätze (s. Anhang A13) mit den Beschleunigungsfaktoren $\alpha = [3; 2; 1]$ mit Hilfe eines Kopfhörers vorgespielt und solange wiederholt, bis entweder alle Wörter des Satzes richtig erkannt wurden oder die niedrigste Geschwindigkeitsstufe erreicht war. Vom Versuchsleiter wurden die korrekt erkannten Wörter in der Bedienungsoberfläche des Software-Hörtests markiert.

Vergleicht man die erkannten Wörter mit der jeweils dargebotenen Artikulationsrate, so ergab sich für die beiden Skalierungsverfahren TD-PSOLA und PV ein signifikanter Unterschied für die Mittelwerte über alle 30 Probanden. Bei der Beschleunigung (Abbildung 3.27b) waren keine signifikanten Qualitätsunterschiede zu verzeichnen. Die Verständlichkeit bei dem mit TD-PSOLA beschleunigten Sprachmaterial war jedoch höchst signifikant besser (t-Test: $p < 0{,}001$) und lag im Mittel bei einer Artikulationsrate von 11,7 Silb/s. Die Wörter beim Phasenvocoder wurden im Mittel nur bei einer AR von 10,7 Silb/s verstanden.

Die Zeitbereichsskalierung erreichte für die Sprachsignalkompression zwar keine subjektiv bessere Ausgabequalität, aber eine höhere Verständlichkeit bei der zwei- bis dreifachen normalen Sprechrate.

3.6.2 BERECHNUNGSZEIT

Bezüglich der Berechnungszeit sind Verfahren, die im Zeitbereich angewendet werden (SOLA, WSOLA, TD-PSOLA), gegenüber den frequenztransformierenden Verfahren (Phasenvocoder) vorzuziehen. Ist die STFT-Repräsentation des Audiosignals bereits bekannt, kann auch ein frequenzbasiertes Verfahren für die Echtzeitverarbeitung in Betracht gezogen werden [Ber99]. Selbst beim adaptiven Algorithmus in [Cov98] in Abschnitt 3.5.3 ist eine 10-fache CPU-Belastung gegenüber einem linearen Verfahren (SOLA) im Zeitbereich zu verzeichnen [He01]. Grund hierfür ist die Nutzung der STFT zur Detektion der akzentuierten Phrasen einer sprachlichen Äußerung, trotz SOLA-Skalierung in [Cov98].

Die Performanceanalyse der Zeitbereichsverfahren ergab als Favoriten das PAOLA-Verfahren von *Dorran* [Dor03c] (s. Abschnitt 3.4.2).

Als Vergleich für den erforderlichen Rechenaufwand sind die Anzahl der Rechenoperationen pro Analyse- und Syntheseframe in der Abbildung 3.28 zusammenfassend dargestellt. Angenommen wurden für alle Verfahren eine Analysefensterlänge von 480 Samples, ein stationärer Bereich von 304 Samples und ein Suchbereich von 128 Samples für das PAOLA-Verfahren. Deutlich erkennbar ist der hohe Multiplikations- und Additionsaufwand bei der SR-Verringerung ($\alpha < 1$) und der Kreuzkorrelationsberechnung des SOLA-Verfahrens. Eine erhebliche Einsparung erreicht bereits die Eingrenzung des Suchbereiches durch die Kopplung der Analysefensterlänge an den Skalierungsfaktor und die vereinfachte KKF im SAOLA-Algorithmus, so dass dieser effizienter arbeitet als AOLA mit dem Maximumvergleich. Die Peakmethode erzielt mit einem adaptiven Analysefenster in der PAOLA-Methode die beste Performance.

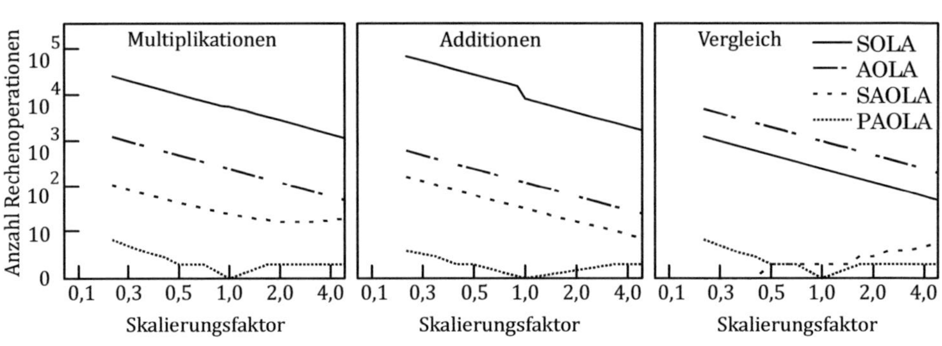

Abbildung 3.28: Anzahl der Rechen- bzw. Vergleichsoperationen pro Analyseframe in Abhängigkeit vom Skalierungsfaktor α der o.a. Algorithmen nach [Law99],[Dor03c]

SOLA, WSOLA und TD-PSOLA erreichen auf Grund der durchzuführenden KKF- und AKF-Berechnungen ungefähr gleiche Werte, wobei die Pitchmarken-Detektion im TD-PSOLA je nach Verfahren (Korrelation oder FFT) den Aufwand wieder beträchtlich erhöhen kann.

3.6.3 Vergleich von linearer und nichtlinearer Skalierung

Das TD-PSOLA Verfahren kann bei den Skalierungsverfahren als lineares Verfahren eingestuft werden (s. Abschnitt 3.5). Der Skalierungsfaktor wird für das gesamte Sprachsignal, trotz geringer Abweichungen durch den nicht konstanten GF-Verlauf, möglichst konstant gehalten. Nichtlineare Verfahren wurden eingeführt, um die Verständlichkeit gegenüber den linearen Verfahren noch weiter zu erhöhen. Untersuchungen hierzu findet man wie beschrieben in [He01],[Tro02],[Jan01],[Jan03],[Jan04].

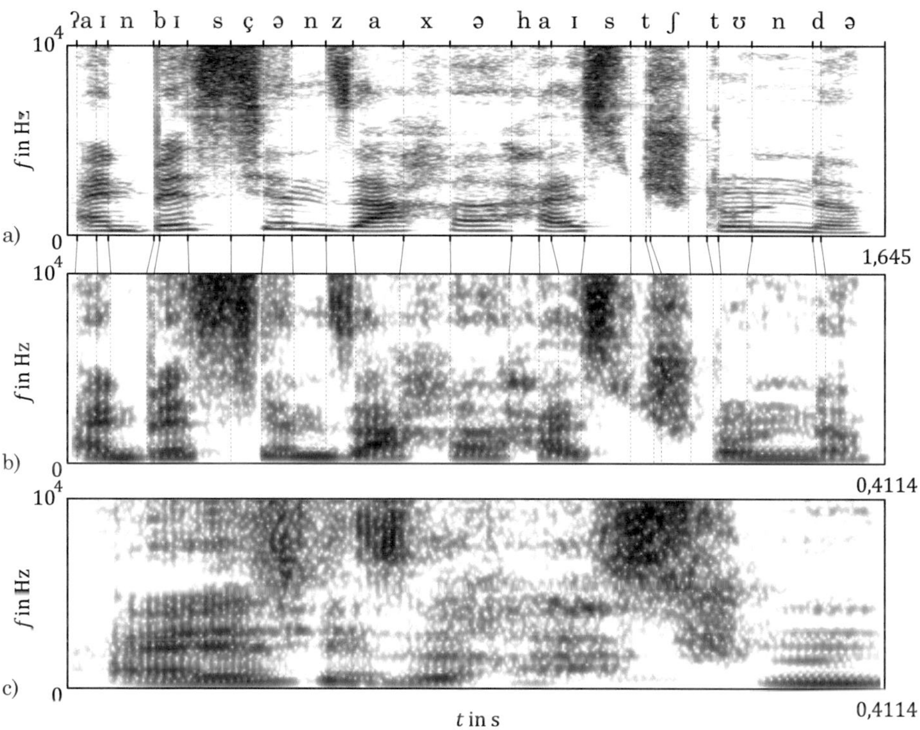

Abbildung 3.29: Spektrogramme einer originalen und linear mit $\alpha = 4$ skalierten sprachlichen Äußerung, a) Original, b) TD-PSOLA skaliert, c) WSOLA skaliert; zur besseren Vergleichbarkeit: Skalierung der Zeitachsen in b) und c) mit Faktor 4

Als sehr effektiv und robust wird der WSOLA-Algorithmus gegenüber dem TD-PSOLA Algorithmus in [Ver93] beurteilt. Der WSOLA Algorithmus wurde von [Ero99] in der Qualität und Performance mit frequenzbasierten Verfahren wie in [Aul86] verglichen.

WSOLA erreichte bessere MOS-Werte als die FD-Verfahren. Nach *Verhelsen* sind WSOLA und TD-PSOLA qualitativ gleichwertig [Ver00] und sie unterscheiden sich nur in der Performance. Beide Algorithmen sind für die weiteren Untersuchungen, Erweiterungen oder Verbesserungen in der Sprachskalierung zu berücksichtigen.

Die Skalierungsergebnisse lassen sich anhand der Lautstrukturen mit Hilfe von Spektrogrammen gut analysieren. In der Abbildung 3.29 sind die Spektrogramme des gesprochenen Satzes „Ein bisschen Sache heißt Stunde" als Original und im Vergleich mit linearer Skalierung und einem Skalierungsfaktor von $\alpha = 4$ dargestellt.

Um die zeitliche Struktur besser vergleichen zu können, wurden die Spektrogramme des vierfach beschleunigten Materials gestreckt und für die zeitliche Auflösungserhöhung die Frequenzanalysefenster demgegenüber geviertelt. Dies führte zwangsläufig zu einer geringeren Frequenzauflösung, wobei die im Original markierten Lautgrenzen im skalierten Signal noch zu erkennen sind.

Im TD-PSOLA-Verfahren liegen die Lautgrenzen weitestgehend an gleicher skalierter Position wie im Original. Das bedeutet, dass das Signal überwiegend linear skaliert wird und alle skalierten Laute nur noch eine Länge von $1/\alpha$ der Originallänge besitzen. Im Spektrogramm des WSOLA-Verfahrens ist eine optische Trennung der Laute nur noch sehr beschränkt möglich.

Dies offenbart das Problem der Ähnlichkeitssuche von Signalsegmenten, insbesondere im stochastischen Sprachsignal und die Auswirkung auf höhere Skalierungsfaktoren. Frikative werden beim WSOLA-Verfahren weniger gekürzt und Transientenanteile geglättet und eventuell sogar eliminiert. Das Diphtong /ʔaɪ / und der Vokal /i/ des Wortes "bisschen" verschmelzen hier durch ihre Signalähnlichkeit, und die Konsonanten /n/ und /b/ sind nicht mehr zu erkennen.

Der Aufwand für eine weitere Klassifizierung des Sprachsignals auf phonetischer oder linguistischer Ebene (s. Abschnitt 3.5), die über die Pitchdetektion eines Sprachsignals hinausgeht, verringert die Leistungsfähigkeit des Algorithmus bezüglich seiner Echtzeitfähigkeit. Die Qualität konnte jedoch in der Vergangenheit mit nichtlinearen Verfahren gesteigert werden, insbesondere die Verständlichkeit auf Wort- und Lautebene.

He verglich eine lineare Skalierung mit Pauseneliminierung, eine nichtlineare Strategie - ähnlich des MACH1-Algorithmus [Cov98] - und einen linearen Skalierungsalgorithmus [He01]. Bis zu einer moderaten Beschleunigung von $\alpha = 1{,}5$ konnten keine signifikanten Unterschiede festgestellt werden. Erst ab $\alpha = 2{,}5$ zeigten sich Vorteile des nichtlinearen Algorithmus gegenüber dem linearen und gegenüber dem Pauseneliminierungsverfahren. *Janse* wiederum stellte fest, dass bei $\alpha = 3{,}0$ die lineare Zeitskalierung gegenüber dem nichtlinearen Algorithmus MACH1, der sich an der natürlichen Betonung orientiert, von ihren Hörtestpersonen bevorzugt wurde [Jan01].

Die Abbildung der natürlichen Betonung auf die skalierte Sprache führte nicht unbedingt zu einer besseren Wortverständlichkeit der Sprache oder gar Hörpräferenz [Jan04]. Eine Verständlichkeitserhöhung des MACH1-Algorithmus [Cov98] resultiert nicht nur aus der beibehaltenen natürlichen Betonung, sondern eher aus der geringeren Artikulationsrate durch die stärker gekürzten Pausen. Die überwiegend segmentalen Fehler in dem nichtlinearen, akzentabhängigen Algorithmus führten jedoch zu einer deutlich verringerten Worterkennung.

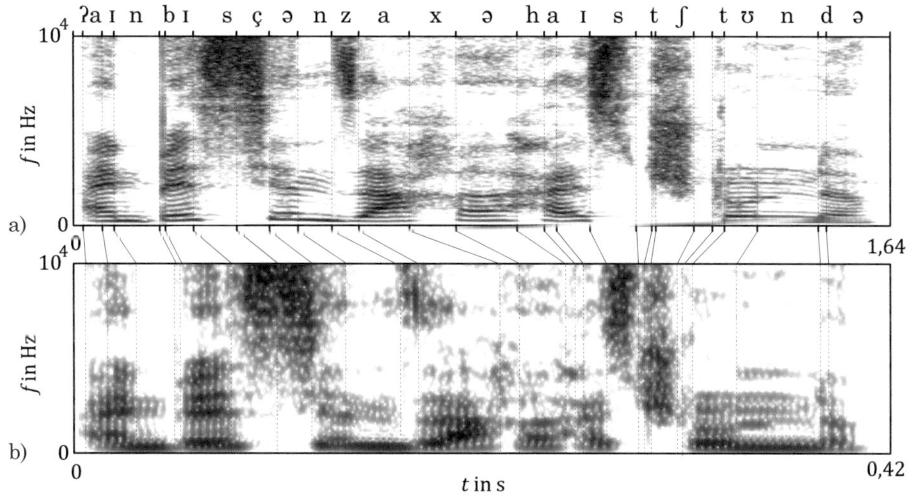

Abbildung 3.30: Spektrogramme einer a) originalen (der gleichen wie in Abbildung 3.29 a) und b) nichtlinear mit MACH 1 und $\alpha = 4$ skalierten sprachlichen Äußerung

Der nichtlineare Charakter des MACH1-Algorithmus wird in Abbildung 3.30 veranschaulicht. Die Lautlängenverhältnisse im skalierten Signal unterscheiden sich deutlich vom Originalsignal, hervorgerufen durch die Abhängigkeit der ermittelten Akzentuierungsfunktion des Algorithmus. Die Betonung liegt in dem Satz offensichtlich auf den Wörtern „bisschen“ und „Sache“ deren Silbenkerne nicht so stark beschleunigt werden. Segmentale Fehler, wie in [Jan03] erörtert, sind im MACH1-Algorithmus nicht zu erkennen, da alle Laute mit ihrer Frequenzverteilung im Sprachsignal identifizierbar sind. Allerdings weisen jetzt viele Laute eine Länge auf, die kleiner als 3 ms ist. Damit gelangen sie in Bereiche, in denen der Mensch physiologisch nicht mehr in der Lage ist, kurz aufeinanderfolgende Laute oder Signale voneinander zu unterscheiden [Hir59] (s. Abschnitt 2.2.2). Die vermeintlichen segmentalen Fehler sind für den MACH1-Algorithmus offenbar hauptsächlich Wahrnehmungsfehler; die Laute sind hier zumindest optisch noch nachweisbar.

Das Problem der zu geringen und nicht mehr wahrnehmbaren Lautlänge tritt auch beim TD-PSOLA-Verfahren auf, da hier auch Laute auf eine Länge von weniger als 3 ms gekürzt werden (Abbildung 3.29 b).

Für eine bessere Wortverständlichkeit scheint es also erforderlich zu sein, bereits sehr kurze Phone nicht unter die Dauer der auditiven Wahrnehmungsschwelle zu komprimieren. Entgegengesetzt zum MACH1-Verfahren [Cov98] behandelt *Nakamura* in seiner Expansionsmethode Vokale mit einem größeren Skalierungsfaktor als Konsonanten oder stimmlose Laute [Nak94]. Akzentuierte Laute finden sich häufig in den Silbennuklei und sind damit die Vokale. In [Cov98] wurden bei der Beschleunigung der Sprache akzentuierte Laute eher dezenter skaliert. Da die Emphasisberechnung in einer Äußerung stark von der Lautenergie gewichtet wird und nach [Kös02] Vokale gegenüber Konsonanten ein Energieverhältnis von ca. 5:1 aufweisen, werden die Vokale in [Cov98] meistens geringer skaliert als die Konsonanten.

3.6.4 Skalierungsstrategien zur Beschleunigung von Sprache

Sprachsignale, die im 10-ms-Bereich starke spektrale Übergänge aufweisen, tragen die wichtigsten Informationen für die korrekte Wahrnehmung eines Phonems [Fur79] (s. 2.2.2). Diese Übergänge sind für eine korrekte Perzeption von skalierter Sprache zu erhalten. Alle bisherigen Skalierungsverfahren manipulieren auch diese relevanten Formanttransienten in ihrer Länge, so dass insbesondere hier Wahrnehmungsfehler auftreten können. (s. Abbildung 2.14).

Anlehnend an das Expansionsverfahren in [Nak94] können auch unterschiedliche Skalierungsfaktoren bei stimmhaften und stimmlosen Lauten für die Kompression angesetzt werden. Stimmhafte Laute können im Gegensatz zu stimmlosen Lauten stärker gekürzt werden, da vor allem die Verständlichkeit von Vokalen durch eine Dauermanipulation weniger anfällig ist, als durch die Veränderungen der spektralen Eigenschaften [Dan68]. *Hillenbrand* wies ebenfalls unveränderliche Erkennungsraten der Vokale bei Dauervariationen von synthetischen CVC Strukturen nach [Hil01]. Die korrekte Erkennung von Vokalen variiert vornehmlich unmittelbar nach dem Einsatzzeitpunkt [Ain72]. Beeinflusst wird die Vokalwahrnehmung wiederum durch die Nachbarkonsonanten [Hil01]. Somit ist es notwendig, auch hier die Lautübergänge korrekt zu erhalten.

In einer eigenen Reimtestuntersuchung nach [Sot92] (s. Anhang A9) mit 138 Probanden konnte festgestellt werden, dass Vokale selbst bei dem im Test angewendeten höchsten Skalierungsfaktor des Sprachmaterials von $\alpha = 4{,}0$ gegenüber den Konsonanten ($\alpha = 3{,}8$) signifikant ($p < 0{,}05$) sicherer erkannt wurden. Die teilweise blinden Probanden hatten hier die Aufgabe, die Wortposition mit dem gesuchten Laut zu nennen. Bei falscher Positionsangabe wurde der Skalierungsfaktor α um 0,2 solange verringert, bis die korrekte Nummer erkannt wurde.

Der Unterschied zwischen den Verstehbarkeitsmittelwerten der Konsonanten und Vokale ist nicht sehr hoch. Für eine bessere Differenzierung der Lautarten hätte ein wesentlich höherer Skalierungsfaktor verwendet werden müssen. Der eher als Einführungstest gedachte Reimtest erfüllt nicht die Vollständigkeit zur Untersuchung der Identifizierbarkeit von skalierten Lautarten. Sein Ergebnis zeigt aber eine Tendenz auf, die in dem hier entwickelten Algorithmus berücksichtigt wurde.

Die Erhaltung von Lautübergängen setzt in einem Skalierungsalgorithmus zunächst eine Segmentierung der sprachlichen Äußerung in seine einzelnen Phone und Übergangsbereiche voraus. Zur Realisierung einer nichtlinearen Sprachskalierung ist nachfolgend die Bestimmung der Segmenteigenschaften wie Pause oder Sprache und deren Anregungsart erforderlich. Eine höhere Verständlichkeit bei stärkerer Komprimierung der Pausen im Vergleich zu den Sprachsegmenten konnte in [He01]und [Jan04] bereits nachgewiesen werden.

Aus den Erfahrungen bisheriger Skalierungsalgorithmen und Perzeptionsexperimenten lassen sich folgende Anforderungen für ein zu entwickelndes Skalierungsverfahren - hier mit FVII benannt - ableiten:

- Segmentierung der Sprache in einzelne Phone und Festlegung des Koartikulationsbereiches,
- Klassifizierung der Segmente in *Sprachpause*, *stimmhaftes* oder *stimmloses* Segment,
- Nichtlineare Skalierung in Abhängigkeit der o.a. Klassifizierung, wobei stimmhafte Laute gegenüber stimmlosen und Sprachpausen gegenüber Sprache stärker skaliert werden können,
- Zur Unterscheidung der sprecherspezifischen Vokale untereinander, Skalierung aller Vokale mit dem möglichst gleichem Faktor,
- Erhaltung aller Laute mit einer wahrnehmbaren Mindestlautlänge,
- Echtzeitfähigkeit und Erhaltung der zeitlichen Auflösung während der Verarbeitung.

Mit Hilfe dieser Anforderungen lassen sich eine noch bessere Lautverstehbarkeit und damit auch eine höhere Verständlichkeit von zeitskalierter Sprache gegenüber bisher bekannten Skalierungstechnologien erreichen. Die Strategien werden in einem neuen Algorithmus umgesetzt in den folgenden Kapiteln beschrieben.

4 Lineare, nichtlineare Zeitskalierung und GF-Manipulation

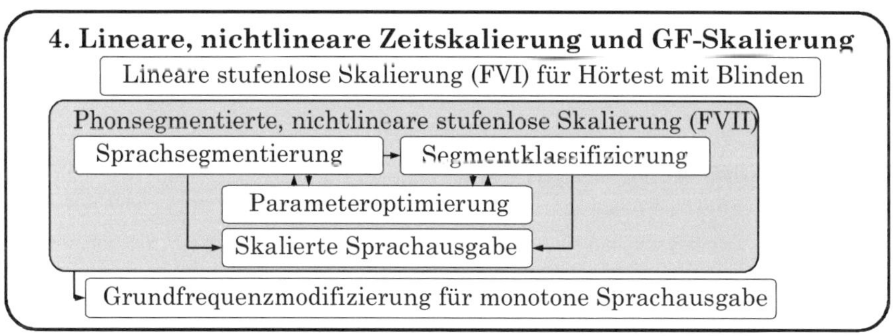

Abbildung 4.1: Übersicht Kapitel 4

Zunächst wird das bis heute in der Sprachskalierung qualitativ beste Verfahren TD-PSOLA genutzt, um einen eigenen Algorithmus (FVI) zu entwerfen. Dieser soll die Wahrnehmungsfähigkeit sehender, sehbehinderter und blinder Probanden evaluieren. Dabei soll vor allem die Sprechgeschwindigkeit individuell regelbar sein und der Regelprozess für die Auswertung aufgezeichnet werden. Die Grundlage ist das TD-PSOLA-Verfahren. Das Verfahren wird erweitert. Maximale Amplituden sind als angenommener Bestandteil von Transienten zu erhalten. Die beschriebene Umsetzung des TD-PSOLA-Verfahrens in FVI gilt auch im FVII-Algorithmus.

Das Fazit in Kapitel 3, teilweise gestützt durch die Hörtestergebnisse mit FVI, führt zur Entwicklung des Skalierungsalgorithmus FVII. Hauptziel bei der Skalierung ist die Erhaltung der Lautübergänge und eine differenzierte Beschleunigung, abhängig von der Anregung im Sprachsignal. Weiterhin soll die Echtzeitfähigkeit für eine Softwarelösung ermöglicht werden. In der Parameteroptimierung wird die erreichbare Genauigkeit variabler Analyseparameter in Bezug auf die Segmentierung und Klassifizierung untersucht, da eine spektrale Signalanalyse nicht stattfand.

Im letzten Abschnitt von Kapitel 4 wird die Manipulation der Grundfrequenz behandelt. Hier kommt ebenfalls das TD-PSOLA-Verfahren zum Einsatz. Die Verringerung der Intonationsschwankungen, bzw. der Grundfrequenzdynamik um eine mittlere Grundfrequenz herum soll mit gleichzeitiger zeitlicher Skalierung des Sprachsignals für weitere Verständlichkeitsuntersuchungen verwendet werden.

4.1 Lineare TD-PSOLA-Skalierung – Fast Voice I (FV I)

4.1.1 Anforderungen

Ziel ist es, einen linearen Skalierungsalgorithmus mit echtzeitfähiger Steuerung zu entwerfen, mit dem einerseits die Wahrnehmungseigenschaften blinder, sehbehinderter und sehender Probanden zu evaluieren sind und der andererseits zur Analyse möglicher Wahrnehmungsprobleme dient, die auf die lineare Skalierung des Sprachmaterials zurückzuführen sind.

Grundlage des Algorithmus ist der in Abschnitt 3.4.5 beschriebene TD-PSOLA-Algorithmus, der für skalierte Sprachsignale die bisher beste Qualität erreicht. Die Signalanalyse des TD-PSOLA-Algorithmus soll in der Analyse und Synthese ausschließlich im Zeitbereich erfolgen, um die Echtzeitfähigkeit für eine individuelle Geschwindigkeitssteuerung zu gewährleisten. Eine zeitintensive Zeit-Frequenz-Transformation sowie die zwangsläufige inverse Transformation werden somit ausgeschlossen. Da bisher kein Algorithmus mit den gewünschten Kriterien der linearen Skalierung nach dem TD-PSOLA-Prinzip und einer individuellen, stufenlosen, echtzeitfähigen Steuerung für Sprachsignale mit einer Abtastfrequenz bis zu 48 kHz und einer Auflösung von 16 bit zur Verfügung stand, wurde ein eigenes Verfahren entwickelt, das auch mit individueller Regelbarkeit in einen Hörtest eingebunden werden konnte.

Der Skalierungsalgorithmus weist folgende Eigenschaften auf:

- Zeitliche Skalierung von gespeicherten Sprachsignalen in CD-Qualität,
- Realisierung einer stufenlos gesteuerten TD-PSOLA-Zeitskalierung,
- Erweiterung des TD-PSOLA-Verfahrens zur Erhaltung plosiver und damit sehr kurzer, energiereicher Laute sowie von Verschlusslauten,
- Echtzeitfähigkeit der Software für herkömmliche PC's und Bereitstellung einer Schnittstelle für die Geschwindigkeitssteuerung in der Hörtestsoftware.

In dem Skalierungs-Algorithmus sind die in Abbildung 4.2 ersichtlichen Komponenten implementiert.

Nach dem Einlesen und der Pufferspeicherung der Audiodaten ist ein Konstanz- bzw. Loopintervall R_L eingerichtet, in dem der Skalierungsfaktor konstant bleibt. Diese Intervalleinteilung dient zum parallelen Verarbeiten der Audiodaten und zur gleichzeitigen Wiedergabe bereits berechneter Audiodaten über die Soundkarte. Der Kompromiss bei der Längenwahl des Loopintervalls besteht einerseits in der ausreichenden Anzahl an Analysesegmenten R_A um den gewählten Skalierungsfaktor möglichst genau zu justieren und andererseits in der trägheitsfreien Realisierung der gewählten Geschwindigkeit. Bei einem eingestellten Skalierungsfaktor von $\alpha = 4{,}0$ müssen im TD-PSOLA von vier Grundfrequenz-Perioden drei Perioden eliminiert werden. Bei einer sehr tiefen Stimme mit einer Grundfrequenz von $GF = 80\,Hz$ [Laz07] müssen bei einer Audiodatenlänge von 50 ms drei Perioden mit T_G =12,5 ms entfernt und der Skalierungsfaktor genau eingestellt werden.

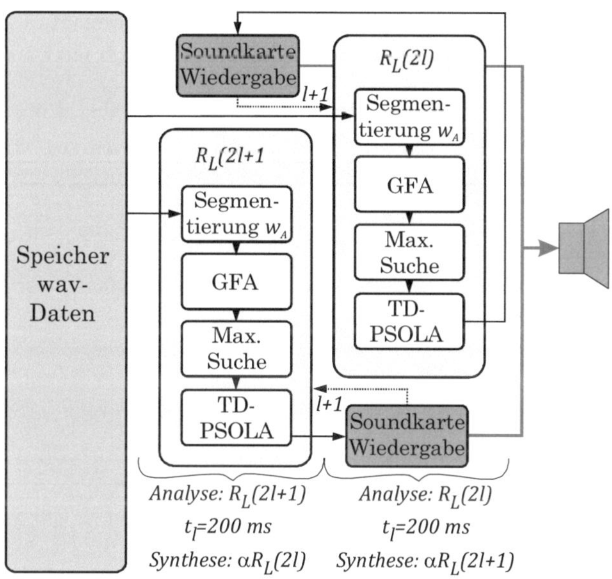

Abbildung 4.2: Komponenten des Skalierungsalgorithmus bis zur Ausgabe über die Soundkarte

Dieses gelingt nur, wenn alle Perioden T_G konstant sind, wovon nicht ausgegangen werden kann. Demzufolge muss während der nachfolgenden Skalierung der erreichte und vom Soll abweichende Skalierungsfaktor wieder korrigiert werden. Um im Loopintervall einen möglichst genauen und auch rationalen Skalierungsfaktor α und eine gute Sprachqualität zu erreichen, kristallisierte sich in Experimenten eine Intervalllänge von $R_L = 200\,ms$ heraus. Diese Zeit ist für die dynamische Nutzersteuerung der Wiedergabe wiederum kurz genug, um auf die Nutzereingaben ohne subjektiv wahrnehmbare Verzögerungen zu reagieren. Verzögerungen führen hier zwangsläufig zu überzogenen und damit kaum noch auswertbaren Geschwindigkeitsregelungen.

4.1.2 Segmentierung und Grundfrequenzanalyse

In einem Loopintervall R_L erfolgen die Segmentierung, Analyse und Synthese der gepufferten Audiodaten. Die Segmentierungsgröße hängt von der zu erwartenden Grundfrequenz des Sprechers ab. Da die GF-Analyse auf der Basis der Korrelation erfolgt, muss die Analysefensterlänge mindestens das Doppelte der zu erwartenden maximalen GF-Periode T_G betragen. Wird das Fenster zu klein gewählt, können auch hohe Formantfrequenzen erfasst werden. Eine anschließende Konkatenation der Segmente in der Synthese führt zu höheren zusätzlichen Frequenzanteilen mit wahrnehmbar starker Sprachqualitätsminderung. Eine zu große Wahl des Analysefensters lässt demgegenüber den Berechnungsaufwand ansteigen. Die Fensterlänge wird deshalb auf $t_{R_A} = 25$ ms festgelegt, was der doppelten Periodendauer einer sehr tiefen und verhältnismäßig selten auftretenden Grundfrequenz von $GF = 80\,Hz$ entspricht. Somit sind alle Sprachsignale mit darüber liegenden Grundfrequenzen von männlichen und weiblichen Sprechern pitchkonform skalierbar. Dieses sollte für eine normale und deutliche Aussprache nach [Laz07] genügen.

Die Segmentierung und GF-Analyse setzt sich aus den in Abbildung 4.3 dargestellten Komponenten zusammen.

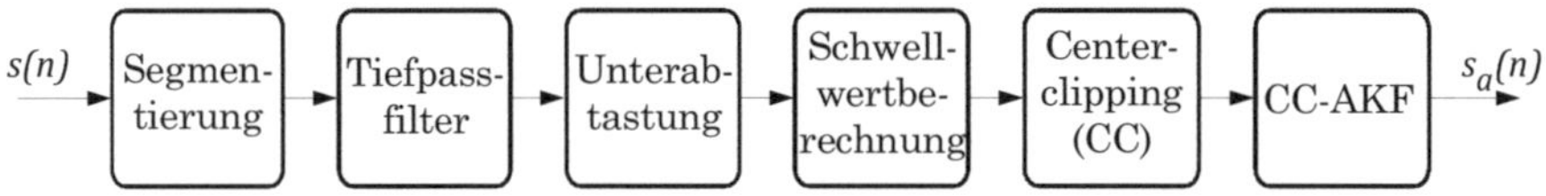

Abbildung 4.3: Komponenten der GF-Analyse pro Analysesegment

Das Sprachsignal setzt sich aus allen Analysesegmenten mit der Anzahl U zusammen, die sich durch die Rechteckfensterung w_A über alle Abtastwerte n ergeben:

$$s(n) = \sum_{u=1}^{U} w_A(uR_A - n) \cdot s(n) \text{ mit } w_A(uR_A - n) = \begin{cases} 1 \text{ für } 1 \leq uR_A - n \leq R_A \\ 0 \qquad\qquad sonst. \end{cases} \tag{4.1}$$

Jedes einzelne Sprachsignalsample eines u-ten Analysesegmentes ist demzufolge:

$$s_{Au}(m) = w_A(uR_A - n) \cdot s(n) \text{ mit } m = uR_A - n. \tag{4.2}$$

Verglichen mit Gl. (3.32) sind hier der Verschiebeparameter für die Analyse R_A und die Größe des Analyseintervalls M gleich, so dass die Analysesegmente nicht überlappen.

Während der Segmentierung der Wavedaten und Konvertierung in ein berechenbares 16-bit-Format, werden gleichzeitig die Amplitudenmittelwerte $\bar{s_A}$ in jedem Analyseintervall berechnet. Dieser Mittelwert ist für die spätere, vereinfachte GFA notwendig.

Die in Abschnitt 3.4.5 in Verbindung mit dem TD-PSOLA-Verfahren aufgeführten GFA-Verfahren zeigen, dass eine vergleichbar gute GF-Detektion mit dem im Zeitbereich arbeitenden Autokorrelationsverfahren erreicht werden kann. Auf Grund der fehlenden Hin- und Rücktransformation in den Frequenzbereich gegenüber den anderen in Abschnitt 3.4.5 aufgeführten Verfahren und der damit verbundenen Echtzeitfähigkeit ist der Algorithmus vorzuziehen. Für eine weitere Beschleunigung der GFA im Analysefenster sollen die Vereinfachungen der Center-Clipping-AKF (CC-AKF) verwendet werden [Fel84].

Die Analysefensterbreite ergibt sich aus der minimal anzunehmenden Grundfrequenz von $GF = 80$ Hz, so dass sich bei einer Abtastfrequenz von $f_a = 44{,}1$ kHz und der doppelten Perdiodendauer von $2 \cdot T_P = 25$ ms insgesamt $M = 1102$ Samples im Analyseintervall befinden.

Die Autokorrelationsfunktion des diskreten und gefensterten Signals $s_A(m)$ berechnet sich folgendermaßen für das Analyseintervall:

$$\varphi_{s_A s_A}(i) = \sum_{m=1}^{M-i} s_A(m+i) \cdot s_A(m) \text{ für } i = [1; M-1] \in \mathbb{N}. \tag{4.3}$$

Für die o.a. Sampleanzahl von $M = 1102$ wären nach Gl. (4.3) mehr als $6 \cdot 10^6$ Additionen und Multiplikationen notwendig. Um den Berechnungsaufwand zu minimieren, werden für das Center-Clipping-AKF-Verfahren (CC-AKF) zunächst folgende Signalvereinfachungen vorgenommen:

- Tiefpassfilterung und Unterabtastung,
- Konvertieren der Samples in Clippingwerte (-1,1), abhängig von einem Schwellwert s_W.

Die Tiefpassfilterung des Signals $s_A(m)$ im Analysesegment erfolgt mit einem einfachen Mittelwertfilter $h(m)$ und ergibt:

$$s_T(m) = s_A(m) * h(m) \text{ mit } h(m) = \frac{1}{6}\sum_{i=1}^{6}(m-i) \text{ und } m = [1; M] \in \mathbb{N}. \tag{4.4}$$

Die anschließende Unterabtastung mit $f_{au} = 7350$ Hz entnimmt dem Analyseintervall nur noch jedes 6. Sample. Die Detektion der maximalen GF ist damit unterhalb der Nyquistfrequenz von $f_N = 3675$ Hz ebenfalls noch sicher möglich.

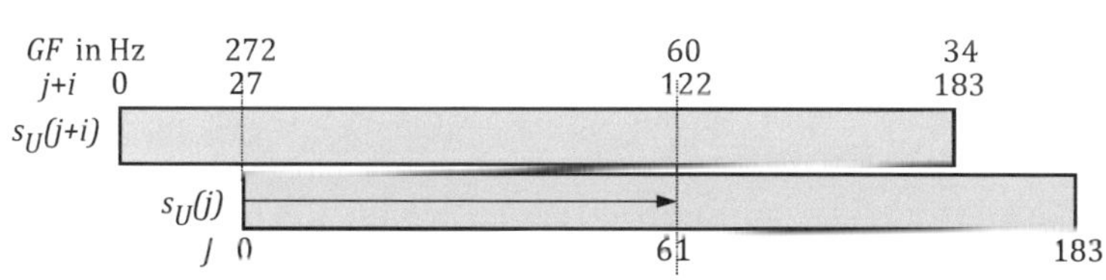

Abbildung 4.4: Verringerung der AKF-Grenzen

Die ursprünglich 1102 Samples eines Analyseintervalls verringern sich im tiefpassgefilterten und unterabgetasteten Signal $s_U(j)$ auf $J = 183$ Samples. Der Berechnungsaufwand der AKF lässt sich allerdings noch weiter dezimieren, wenn der Startpunkt des Verschiebeparameters i der AKF (s. Abbildung 4.4) erhöht bzw. der Endpunkt verringert wird. Daraus folgt für die AKF nach Gl. (4.4):

$$\varphi_{s_U s_U}(i) = \sum_{j=1}^{J-i} s_U(j+i) \cdot s_U(j) \text{ für } i = [27; 122] \in \mathbb{N}. \tag{4.5}$$

Trotz der Begrenzung des Verschiebeparameters i bleibt, wie in Abbildung 4.4 gekennzeichnet, der GF-Bereich von 60 bis 272 Hz detektierbar. Das ist ausreichend bei normaler, genau artikulierter Sprache [Laz07]. Entscheidend ist hierbei die Aufwandsminimierung der Berechnung, da in dem betrachteten Fall nur noch ca. 10^5 Additionen und Multiplikationen notwendig sind.

Die nächste Reduzierung der AKF-Berechnung wird durch die Konvertierung der Amplitudenwerte in sogenannte Clipping-Werte [Fel84] erreicht:

$$s_C = \begin{cases} 1 \text{ für } & s_U > s_W \\ 0 \text{ für } & |s_U| \leq s_W \\ -1 \text{ für } & s_U < -s_W. \end{cases} \tag{4.6}$$

Während der Tiefpassfilterung des Analysesegmentes und der Unterabtastung wird gleichzeitig der Maximalwert $s_{Aumax}(m)$ sowie der Schwellwert nach Gl. (4.7) für die CC-AKF des jeweiligen u-ten Segmentes ermittelt:

$$s_W = \frac{\sqrt{2}}{J} \sum_{j=1}^{J} s_U(j). \tag{4.7}$$

Die Verwendung der geclippten Werte in Abhängigkeit des Schwellwertes s_W in Gl. (4.5) hat zur Folge, dass für jedes i in der CC-AKF nur ein Zähler für das Inkrement oder Dekrement nach Gl. (4.8) benötigt wird:

$$\varphi_{s_C s_C}(i) = \sum_{j=1}^{J-i} Z(j) \text{ für } \begin{cases} & i = [27; 122] \in \mathbb{N} \\ Z(j) = & \begin{cases} 1 \text{ für } & s_C(j+i) = s_C(j) \\ 0 \text{ für } & s_C(j+i) = 0 \cup s_C(j) \in 0 \\ -1 \text{ für } & s_C(j+i) = -s_C(j). \end{cases} \end{cases} \tag{4.8}$$

Der Signalverlauf des erläuterten Beispiels ist in Abbildung 4.5 dargestellt. Die Lage des CC-AKF Maximums wird gespeichert und in Abhängigkeit der daraus berechenbaren T_G weiterverwendet.

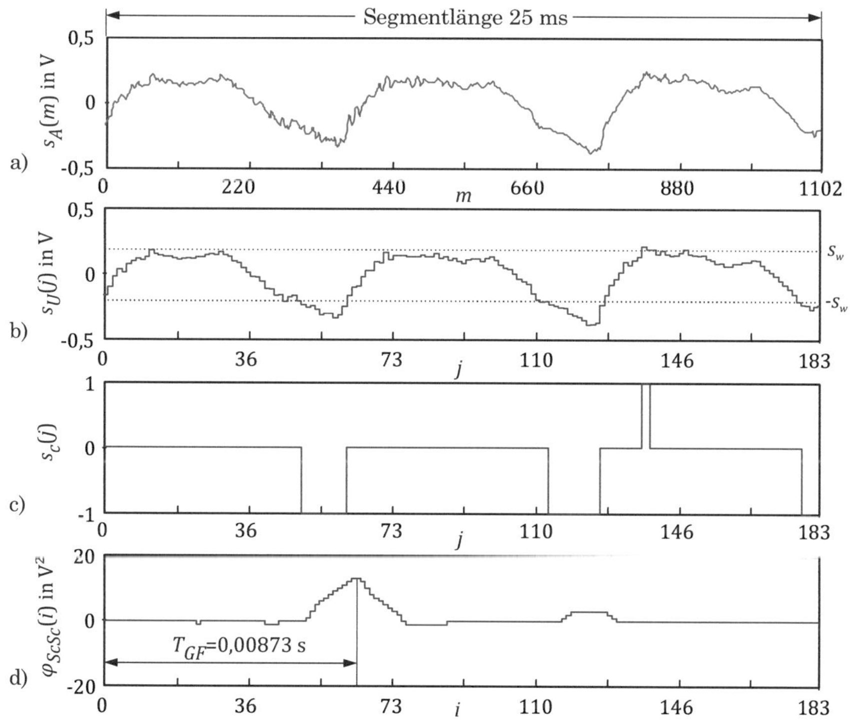

Abbildung 4.5: Signalverlauf der CC-AKF a) Signal $s_A(n)$, b) tiefpassgefiltertes und unterabgetastetes Signal $s_U(j)$, c) geclipptes Signal $s_C(j)$, d) Ergebnis der CC-AKF

4.1.3 Maxima-Suche und Berechnung des TD-PSOLA Ausgabevektors

Mit jeder Position des Maximalwertes der CC-AKF $\max[\varphi_{s_C s_C}(i)]$ wird gleichzeitig der maximale Amplitudenwert $\max[s_A(m)]$ jedes Analysefensters übergeben. Man nimmt an, dass die Maxima in stimmhaften Lauten direkt die Grundfrequenzperiode markieren. Unterschreitet die gefundene Periodendauer T_G den Schwellwert von 6,2 ms (162 Samples) im Analysesegment, was dem Startpunkt in der GF-Analyse von einer maximalen $GF = 272\ Hz$ entspricht, wird die T_G-Länge konstant auf 1/3 der Analysefensterlänge gesetzt. In dem Fall wird ein stimmloser Laut oder eine Sprachpause angenommen, so dass das Signal nicht GF-konform skaliert werden muss.

Die Strategie des Skalierungsalgorithmus impliziert auch die Erhaltung kurzer Verschluss- oder Plosivlaute. Diese Laute zeichnen sich durch ein überhöhtes Amplitudenmaximum gegenüber den Nachbarsamples aus. Diese Maxima dürfen bei der Skalierung zunächst nicht gelöscht werden. Es wird festgelegt, dass zunächst die Übernahme der markierten Maxima in den Ausgabevektor des skalierten Sprachsignals Priorität hat. Jede weitere Verarbeitung, bzw. Skalierung ist von diesen Maxima und deren gespeicherter Position abhängig. Die weiteren Verarbeitungsschritte bis zum berechneten Ausgabe-Markervektor für das TD-PSOLA Verfahren sind in Abbildung 4.6 dargestellt.

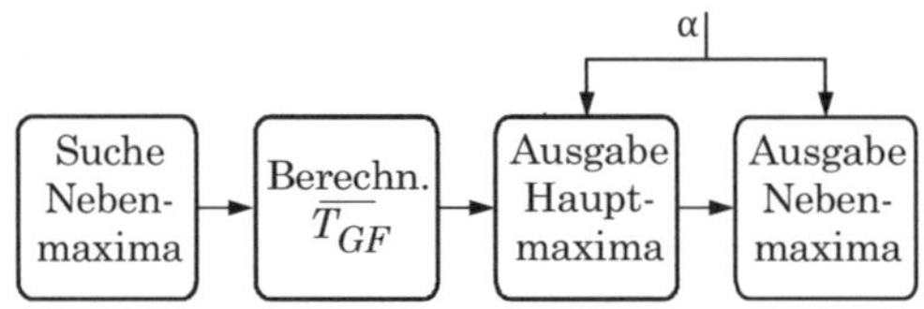

Abbildung 4.6: Komponenten der Markerberechnung für das TD-PSOLA-Verfahren

Zunächst werden weitere Vor- und Nachmaxima (VM; NM) in jedem Analysefenster zum bereits ermittelten Amplitudenmaximum (Hauptmaximum-HM) und der detektierten GF-Periode wie in Abbildung 4.7 gesucht. Beginnend mit dem HM werden im Suchintervall I mit $\frac{4}{5}T_G < I < \frac{6}{5}T_G$ zunächst die Vormaxima ermittelt. Bei der Detektion einer maximalen Amplitude, die zumindest $s_{AU}(m) > 0$ sein muss, wird von der VM_1-Position weiter in Richtung Segmentanfang im gesamten Intervall I gesucht. Dieses gilt, solange der Segmentanfang noch nicht erreicht wurde. Siehe hierzu Abbildung 4.7 mit VM_2. Die gefundenen Positionen werden in zwei Vektoren für die VM und NM des jeweiligen Analysefensters gespeichert. Die Suchroutine übergibt außerdem die halbe Periodenlänge $T_{G_{V1}}/2$ zwischen HM und VM_1, bzw. $T_{G_{N1}}/2$ zwischen HM und NM_1. Werden neben dem HM keine weiteren Amplitudenmaxima detektiert, beträgt die übergebene halbe Periodendauer $T_{G_{V1}}/2 = T_G/2$.

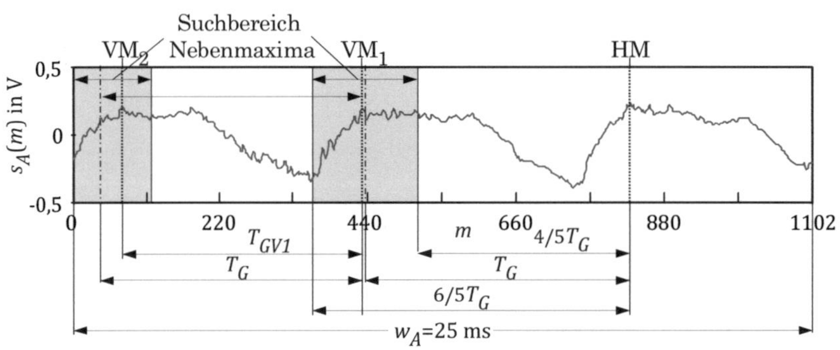

Abbildung 4.7: Suchstrategie der Vor- und Nachmaxima

Die Berechnung der mittleren Grundfrequenz-Periode $\overline{T_{GF}}$ in einem Loopintervall R_L erfolgt durch die Aufsummierung der jeweils übergebenen Halbperioden aus den Suchroutinen für die Vor- und Nachmaxima relativ zum Hauptmaximum:

$$\overline{T_G} = \sum_{i=1}^{I} \frac{T_{G_{V1i}} + T_{G_{N1i}}}{2 \cdot I} \text{ mit } I = \frac{R_L}{R_A}. \tag{4.9}$$

Ausgabevektor mit HM, VM und NM:

Im Gegensatz zu den bisher im Abschnitt 3.4. aufgeführten Verfahren soll bei diesem Algorithmus in Abhängigkeit vom Amplitudenmaximum skaliert werden. Die Pitchmarker p_u -in Form der gefundenen Amplitudenmaxima - werden nicht nur entsprechend des in jedem Loopintervall R_L gewählten Skalierungsfaktors nacheinander einfach in das skalierte Sprachsignal übernommen oder verworfen. Da zunächst die Hauptmaxima in jedem Analysefenster w_A übernommen werden sollen, gilt es, diese zu erhaltenden Marker zu selektieren. Als sogenannte *Pitchmarker* werden hier insgesamt die Maximummarker HM, VM und NM definiert, die sich ungefähr mittig zu den Segmentgrenzen mit einer T_G in stimmhaften Lauten und 1/3 der Analyseintervalllänge (als fiktive Segmentgrenze) in stimmlosen Lauten positionieren. Die Speicherung des Maximums auch für die stimmlosen Laute verbessert die Überblendeigenschaften der anzuwendenden Fensterfunktion im nachfolgenden TD-PSOLA-Verfahren.

Im ersten Schritt wird in jedem Loopintervall R_L die Anzahl der GF-Intervalle N_{p+} nach Gl. (4.10) berechnet, die in das skalierte Signal übernommen werden müssen:

$$N_{p+} = \frac{R_L}{\alpha \cdot \overline{T_G}}. \tag{4.10}$$

Dem gegenüber ergibt sich die Menge zu löschender HM-Pitchsegmente N_{p-} aus der Differenz der Analyseintervallanzahl N_{R_A}mit je einem HM und der Menge der insgesamt zu schreibenden Pitchsegmente N_{p+} in jedem Loopintervall R_L:

$$N_{p-} = \frac{R_L}{R_A} - N_{p+} = N_{R_A} - N_{p+}. \tag{4.11}$$

Ist es nicht notwendig, bereits HM-Segmente zu löschen, werden die Zähler auf einen sicheren Wert weit über der Anzahl vorhandener HM gesetzt. Sind hier z. B. auf Grund eines hohen Skalierungsfaktors und einer sehr großen mittleren Grundfrequenzperiode $\overline{T_G}$ von den ca. acht Hauptamplitudenmaxima pro R_L bereits Segmente zu löschen ($N_p \;\; > 0$), werden die Verhältnisse anhand von Zählern (s. Anhang A1) für die zu schreibenden Z_{p+} und zu löschenden Segmente Z_{p-} eingestellt.

Problematisch ist die Gleichverteilung der zu löschenden bzw. zu verbleibenden Segmente, da nur ganzzahlige Werte angewendet werden können. Der Faktor $\alpha = 1{,}8$ erfordert die Übernahme von 5 Segmenten und das Löschen von 4 Segmenten bei insgesamt vorhandenen 9 Segmenten. Die vorhandene und zu löschende Segmentanzahl entspricht in der Regel nicht einem ganzzahligem Verhältnis oder dessen Vielfachem, und die Segmente haben auch nicht die gleiche Länge. Somit kann nur ein ganzzahliges Verhältnis, wie z. B. 2:1 angewendet werden. Dieses entspricht dann einem Faktor von $\alpha = 1{,}5$, statt wie gewünscht $\alpha = 1{,}8$. Für den Skalierungsfaktor wird ein eher geringerer Wert gewählt, um möglichst gleichverteilt alle in Frage kommenden Segmente zu berücksichtigen. Wie in Anhang A1 äußert sich das in der höheren Anzahl zu erhaltender HM-Segmente N_{p+}. Nach dem Erreichen der erforderlichen Sampleanzahl $N_{s\alpha}$ für das Loopintervall R_L wird der Schreibvorgang einfach abgebrochen, um den gewünschten Skalierungsfaktor einzuhalten. Für die Signalwiedergabe wird ein mit Nullwerten initialisierter Zeiger $P[pos]$ (Anhang A2) installiert. Er besitzt die Länge der Sampleanzahl des Loopintervalls. An den zu übernehmenden HM-Positionen werden der relative Abstand zum Segmentanfang und an der jeweils um eins inkrementierten Position der relative Abstand zum Segmentende gespeichert.

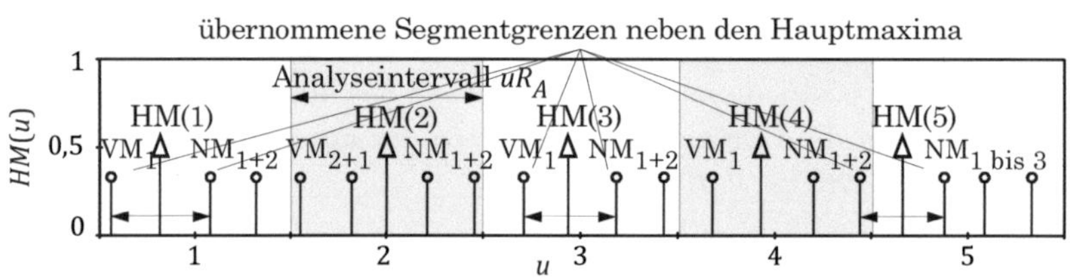

Abbildung 4.8: Prinzip der HM-Suche in den u Analyseintervallen

Die Segmentgrenzen sind die Vor- und Nachmaxima des zu übernehmenden Hauptmaximums wie in Abbildung 4.8 gezeigt. Auch wenn hier keine Grenzen vorhanden sind, werden die Grenzen vom letzten Maximum des vorhergehenden bzw. vom ersten Maximum des nachfolgenden Analyseintervalls gebildet, wie beim 5. HM in Abbildung 4.8. Wird ein HM übernommen, wird der Zähler Z_{p+} solange erhöht, bis der Maximalwert N_{p+} erreicht ist, um dann das nächste Analyseintervall mit seinem Hauptmaximum zu ignorieren. In diesem Fall wird der Zähler Z_{p+} Null gesetzt und der Löschvorgang solange wiederholt, bis der jeweils um eins dekrementierte Zähler Z_{p-} ebenfalls Null wird. Dabei wird in jedem Analyseintervall überwacht, dass die Gesamtsampleanzahl des Loopintervalls R_L die maximale Anzahl im skalierten Signal nicht übersteigt.

Sind alle Hauptmaxima abgearbeitet und können noch Samples bis zur maximalen Sampleanzahl $N_{s\alpha}$ aus dem Ursprungssignal übernommen werden, wird der Zeiger $P[pos]$ um die relativen Segmentgrenzabstände an den verbleibenden Vor- und Nachmaxima erweitert. Die Vorgehensweise ist ähnlich wie bei den Hauptmaxima und teilt sich für jedes Analyseintervall in vier Bereiche: die beiden VM und NM am Rand des Analyseintervalls und die beiden mittleren Bereiche neben dem Hauptmaximum.

Um auch hier möglichst eine Gleichverteilung der Pitchsegmentübernahme aller Analyseintervalle in das skalierte Signal zu erreichen, wird - wie in Anhang A3 ersichtlich - zunächst die durchschnittliche Sampleanzahl N_{smax} pro Analysesegment berechnet. Mit dem Samplezähler Z_s werden hierbei in jedem Segment die in den davorliegenden Segmenten verwendeten Samples beachtet. Mit Hilfe der gespeicherten Periodendauer pro Segment lässt sich somit auch die Anzahl der zu übernehmenden GF-Perioden aus dem Analysesegment u ermitteln. Für die Zählerinitialisierung wird bei den Nebenmaxima ein eher größeres Löschen/Schreiben-Verhältnis eingestellt, um nicht weit vor dem Zeitloopende R_L die maximale Sampleanzahl zu erreichen. Somit werden möglichst alle Maxima berücksichtigt, und die zu verbleibenden Segmente ergeben sich weitgehend gleichverteilt aus dem Originalsignal.

4.1.4 Ausgabevektor mit TD-PSOLA berechneten Audiosamples

Mit dem Pitchvektor, der pro Loopintervall die zu übernehmenden Maximumpositionen und deren Segmentgrenzen markiert, wird nun der Audiosamplevektor zur Ausgabe für die Soundkarte berechnet.

Zu Beginn des Loopintervalls wird das erste Maximumsegment mit dem noch nicht wiedergegebenen Randsegment des letzten Loopintervalls verkettet. Dieses erfolgt, wie für alle weiteren Segmente in dem Intervall, mit der TD-PSOLA-Methode nach Abschnitt 3.4. Die Samples der Segmenthälften werden mit dem Hanningfenster gewichtet, überlappend addiert und in den Ausgabevektor geschrieben. Dabei werden die jeweiligen Segmentlängen berücksichtigt. Die gewichtete Überlappung wird nur im Bereich der kürzeren Segmenthälfte vorgenommen. Die restlichen Samples der längeren Segmenthälfte werden, wie in Abbildung 4.9, einfach übernommen.

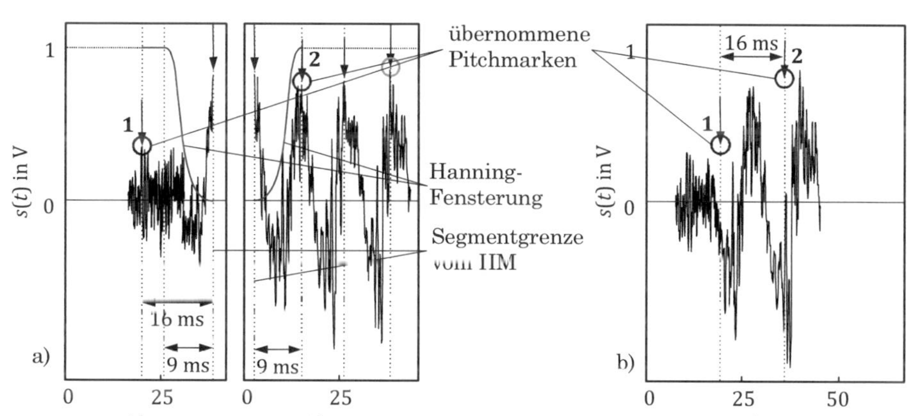

Abbildung 4.9: *TD-PSOLA zweier Lautsegmente mit Längendifferenzen und Hanningfensterung a) zusammenzufügende Signalsegmente der PM 1 und 2, b) mit TD-PSOLA verbundene Segmente*

Die entstehenden Diskontinuitäten durch die Hanning-Gewichtung und Addition beider Segmente unterschiedlichen Signalinhalts sind kaum wahrnehmbar, wie in Abschnitt 3.4.5 bereits dargelegt. Die geforderte Natürlichkeit der Sprache bleibt erhalten. Der Ausgabevektor wird nun sukzessive mit den neu berechneten Audiosamples gefüllt, bis die Analyseschleife R_L mit ihrer Länge von 200 ms abgearbeitet ist. Das Anschlusssegment wird zunächst für die nachfolgende Verarbeitungsschleife gespeichert und mit deren erstem Segment in den Ausgabevektor geschrieben.

4.1.5 Ergebnis FV I

In Abbildung 4.10 werden die verbleibenden Maxima im skalierten Signal dargestellt. In der sprachlichen Äußerung „Katze" werden die Hauptmaxima aller Analysesegmente in das skalierte Signal übernommen.

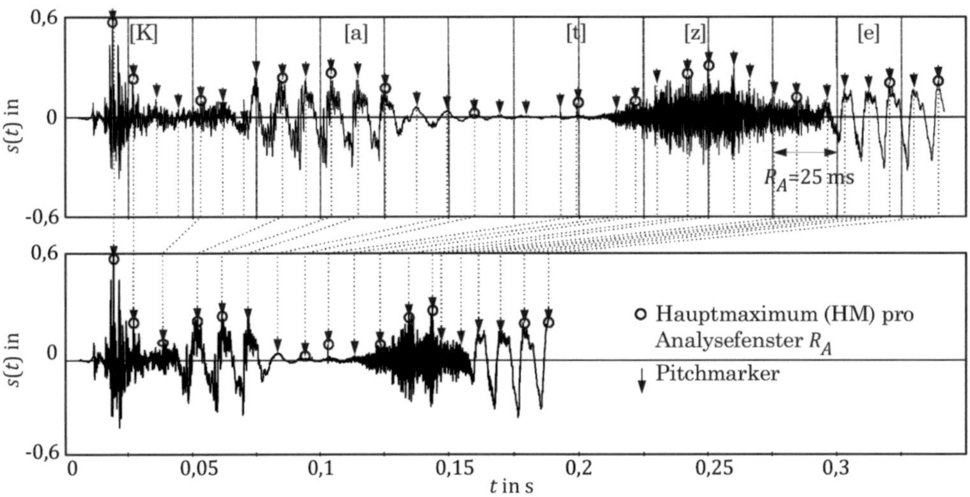

Abbildung 4.10: Beispiel eines markerbasierten skalierten Sprachsignals mit $\alpha = 1{,}8$

Somit wird ein stabiles Lautgerüst des Originalsignals erreicht, in dem zumindest Segmente aller Laute enthalten sind. In dem skalierten Signal wurden zunächst alle Hauptmaxima der Analyseintervalle übernommen. Da die hiermit erzeugte Gesamtsignaldauer für den gewählten Skalierungsfaktor von $\alpha = 1{,}8$ noch nicht ausreichte, wurden weitere Nebenmaxima hinzugezogen. Die Auswahl des Sprachmaterials über die verteilten Hauptmaxima gewährleistet, wie in Abbildung 4.10 ersichtlich, dass jeder Laut mit Segmenten in dem skalierten Signal vertreten ist, insbesondere der kurze Laut /t/.

Ein Vergleich mit einem in Abschnitt 3.6.3 erwähnten linearen Verfahren zeigen die Spektrogramme in Abbildung 4.11. Nach der linearen Skalierung mit Praat [Boe06] wurden die Phone, wie bereits in Abschnitt 4.3.3 gezeigt, fast gleichmäßig skaliert (Abbildung 4.11 b). Zur besseren Vergleichbarkeit wurden in der Darstellung wiederum die Spektrogramme der skalierten Signale um den Skalierungsfaktor $\alpha = 3$ gestreckt. Damit haben die Phone, wie in der Abbildung 4.11 b) dargestellt, übereinander liegende Einsatzpunkte und Längen wie im Originalsignal (Abbildung 4.11 a). Das Ergebnis des FVI-Algorithmus in Abbildung 4.11 c) zeigt eine leichte Abweichung der linearen Skalierung gegenüber dem reinen TD-PSOLA-Algorithmus in (Abbildung 4.11 b). Energiereichere Anteile werden in dem skalierten Signal bevorzugt erhalten, bzw. werden weniger gestaucht (s. die Laute /b/, /z/, /t/). Ob die geringer skalierten transienten und energiereichen Anteile in den Phonen noch verständlich bleiben, wird in den auditiven Tests in Abschnitt 5.1 überprüft.

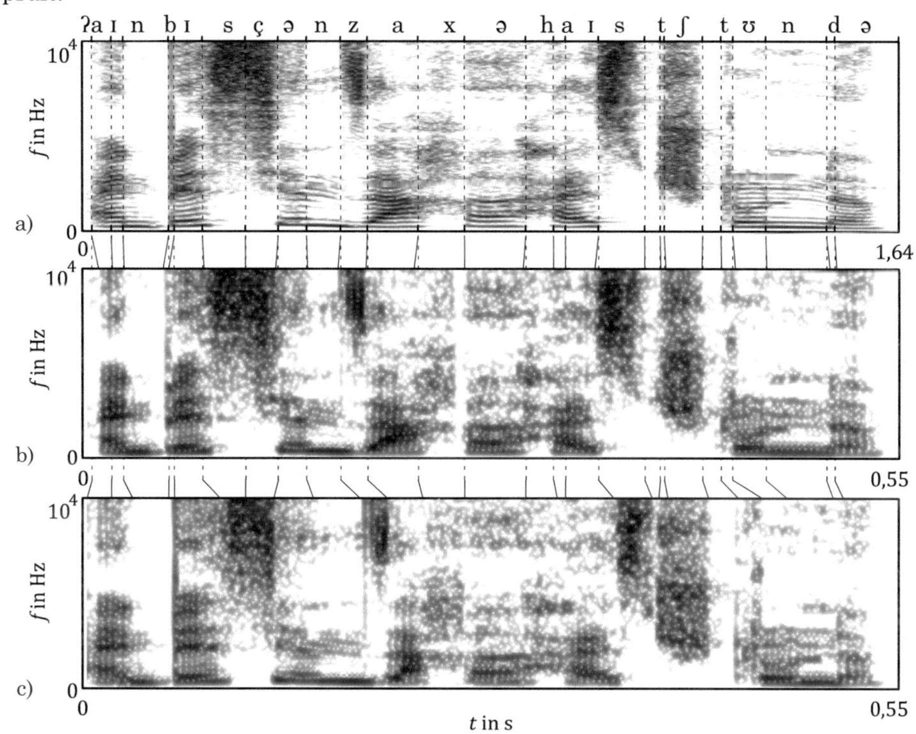

Abbildung 4.11: Vergleichbare Spektrogramme eines originalen und skalierten Sprachsignals a) Original, b) lineare Skalierung mit Praat, c) Skalierung mit FVI. Es handelt sich um die Äußerung eines sinnleeren Satzes: „Ein bisschen Sache heißt Stunde."

Nachteilig bei der Verarbeitung des Algorithmus ist die Notwendigkeit einer vorherigen Abschätzung der Sprechergrundfrequenz zur effizienten Intervallfestlegung der AKF. Der Schwerpunkt bei diesem Algorithmus war zunächst die Echtzeitfähigkeit für die Durchführung auditiver Tests mit individueller Steuerung der Wiedergabegeschwindigkeit. Da die Tests mit definiertem Sprachmaterial eines Sprechers zu absolvieren sind, ist der Nachteil einer Vorherbestimmung des Sprechertyps jedoch zunächst nicht hinderlich.

4.2 Phonsegmentierte, nichtlineare Skalierung – FastVoice II (FVII)

4.2.1 Ziel des nichtlinearen Verfahrens

Die Ergebnisse der ersten Hörversuche mit der linearen Skalierungsmethode, inklusive der besonderen Berücksichtigung von Plosivlauten, bzw. lokalen Maxima in jedem Analyseintervall decken insbesondere bei hohen Sprechraten noch Probleme bei der Verstehbarkeit und Verständlichkeit auf (s. Abschnitt 2.2.2). Obwohl in den Hörversuchen zunächst eine störungsfreie Sprache (Studioaufnahmen) verwendet wurde, blieben noch vereinzelt Störungen wie Artikulationsgeräusche und Häsitationen im skalierten Signal erhalten. Ausgerechnet diese Störungen erzeugen Amplitudenspitzen, die vom FVI-Algorithmus markiert und übernommen werden.

Die auditive Analyse der blinden Probanden im ersten Hörtest ergab außerdem, dass es selbst bei der Erhaltung der Analysesegment-Maxima im skalierten Sprachmaterial zu Verlusten kam bzw. teilweise eine Phonlänge erzielt wurde, die unter der zeitlichen Wahrnehmbarkeitsschwelle blieb.

Es soll aus diesem Grund und unter Berücksichtigung bisheriger nichtlinearer Verfahren ein neuer Ansatz für die Skalierung von natürlicher und gespeicherter Sprache entwickelt und umgesetzt werden. Dabei sollen folgende Restriktionen gelten:

- Stufenlose und sprecherunabhängige Sprechratenerhöhung,
- Verarbeitung im Zeitbereich und Anwendung des TD-PSOLA-Algorithmus auf Grund seiner Verarbeitungsgeschwindigkeit zur Erhaltung der Echtzeitfähigkeit und seiner besseren Sprachqualitätsausgabe gegenüber den Frequenzbereich-Verfahren (s. Abschnitt 3.4.5),
- Stimmhaft-stimmlos-abhängige Skalierung, wie sie einerseits in der natürlichen Aussprache wiederzufinden ist [Kuw97] und andererseits bereits für die Expansion von Sprache in [Nak94] angewendet wurde,
- stärkere Kürzung der Pausen [Cov98],[He01],
- Erhaltung der Phontransitionen, die essentiell für die Verständlichkeit und Verstehbarkeit sind [Fur79],
- Kürzung der Phone nur innerhalb der Phone, möglichst im quasistationären Bereich.

Gegenüber dem FVI- Algorithmus handelt es sich hier um ein phonsegmentierendes, nichtlineares Skalierungsverfahren, das zur Sicherstellung einer dynamischen und generalisierten Echtzeitverarbeitung wiederum ausschließlich im Zeitbereich arbeitet. Frequenzbereichsverfahren gefährden die Echtzeitfähigkeit des Systems und erreichen beispielsweise bei der Phonsegmentierung keine genaueren Werte als Zeitbereichsverfahren [Kam04]. Weiterhin besteht die Forderung, dass z. B. bei einer lautbasierten Geschwindigkeitssteuerung alle Phone und deren koartikulative Übergänge im Sprachsignal zu erhalten und nur innerhalb des Nukleus der Phone und in den Sprachpausen zu kürzen sind. Dies setzt eine genaue Sprachpausendetektion, Lautsegmentierung und -klassifizierung voraus.

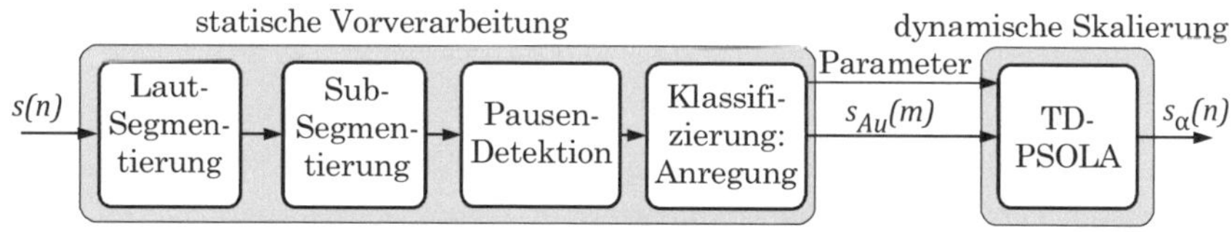

Abbildung 4.12: Komponenten des nichtlinearen Zeitskalierungsalgorithmus FVII

Zur Gewährleistung der zeitlichen Korrespondenz gemäß der globalen Geschwindigkeitssteuerung des Nutzers, muss ein Ausgleich der nichtlinearen Manipulationen der Sprachsegmente vorgenommen werden können.

Der Algorithmus setzt sich aus der statischen Vorverarbeitung und der dynamischen temporalen Signalskalierung zusammen (Abbildung 4.12). Zunächst erfolgt die Segmentierung des Sprachsignals $s(n)$ in seine lautlichen Bestandteile, inklusive der Pausenbereiche; letztere werden nach der Segmentierung bestimmt. Für die verbleibenden Sprachsegmente werden nun an den Phongrenzen die Übergangsbereiche markiert, in denen möglichst nicht gekürzt werden sollte. Der letzte Schritt der statischen Vorverarbeitung beinhaltet die Klassifizierung der Subsegmente in stimmhafte und stimmlose Sprachsignalsegmente, die in der dynamischen Skalierung jeweils unterschiedlichen Skalierungsfaktoren unterliegen. Der dynamische Teil der FVII Skalierung übernimmt die Parameter des in seine Phone segmentierten Sprachsignals $s_{Au(m)}$ und die Parameter der Klassifizierung. Anschließend erfolgt die Skalierung, wobei durch die unterschiedlich einstellbaren Skalierungsverhältnisse zwischen stimmhaften und stimmlosen Phonen sowie Sprache und Pausen ein ständiger Regelungsprozess zur Gewährleistung der gewünschten Länge des skalierten Signals $s_\alpha(n)$ zu realisieren ist. Dieser Regelungsprozess, der die Kompensation von Skalierungsbeschränkungen vorangegangener Phone berücksichtigen muss, stellt eine Herausforderung in der Echtzeitverarbeitung der Sprachskalierung gegenüber bisherigen Algorithmen dar.

4.2.2 LAUTSEGMENTIERUNG

Eine automatisierte Lautsegmentierung des Sprachsignals ist nicht trivial. Die präzise Abbildung phonologischer Strukturen oder sogar lexikalischer Elemente auf ein beliebiges Sprachsignal ist ein bis heute noch nicht zufriedenstellend gelöstes Problem. Bereits die Definition von Lautgrenzen in einer sprachlichen Äußerung aus seiner akustischen Realisierung heraus kann auf Grund der koartikulatorischen Effekte nur arbiträr erfolgen und ist nach [Gre99] problematisch.

Heutige Spracherkennungssysteme arbeiten mit Hilfe der Mustererkennung in einem Merkmalraum. Die Systeme versuchen zunächst einem Referenzmuster ein Testmuster zuzuordnen. Anhand von statistischen Modellen, wie Hidden-Markov-Modellen oder durch neuronale Netze wird durch Lautfolgenvergleiche die graphemische Referenz einem akustischen Signal zugeordnet [Epp93]. Entscheidend ist hier die Präsenz eines Referenzmusterkataloges, dessen Inventar umso größer sein muss, je sprecherunabhängiger die Spracherkennung arbeiten soll.

Hinsichtlich der Analyse mehrdimensionaler Merkmalräume des Sprachsignals und der Vergleichbarkeit komplexer Musterstrukturen in einem echtzeitverarbeitenden Skalierungsverfahren muss eine explizite Erfassung der Phone verworfen werden. Außerdem ist weder eine phonetische Lautreferenz, noch die graphemische Umsetzung oder die Anzahl der Laute für einen bestimmten Signalabschnitt bekannt. Aus diesem Grund kommt bei der Lautsegmentierung nur ein *freies Verfahren* zu Anwendung, bei dem eine lautnahe Segmentierung und Klassifizierung des Sprachsignals erfolgt, aber keine Lauterkennung.

Verfahren der freien Lautsegmentierung bedienen sich zunächst häufig einfacher Analysen, wie z. B. der Analyse der Kurzzeit-Energie und der Nulldurchgangsraten (NDR). Diese basieren auf der allgemeinen Annahme phonetischer Merkmalausprägungen an den Lautgrenzen, die durch zeitliche Restriktionen der maximal und minimal möglichen Lautlängen ergänzt werden können. Die ausschließlich im Zeitbereich arbeitende Analyse des Sprachsignals ermöglicht außerdem die Echtzeitverarbeitung der Zeitskalierung.

Man geht davon aus, dass innerhalb eines Lautes ein quasistätionärer Zustand detektiert werden kann und zwischen den Lauten eine Änderung der Sprachsignalparameter vollzogen wird. Glättungs- und Differenzierungsfunktionen zeigen dementsprechend, dass es sich bei Parameterähnlichkeiten um einen Lautkern und bei Parameterveränderungen um einen Lautübergang handelt [Red68],[Wil87].

Petrillo gelang eine recht genaue Detektion der Silbenkerne im Sprachsignal mit Hilfe der Maximasuche in der Einhüllenden des Zeit-Energie-Signals [Pet03]. Die Einhüllende des Sprachsignals wird mit Hilfe eines Tiefpassfilters mit einer Grenzfrequenz von 1100 Hz gewonnen. Die Silbengrenzen selbst lassen sich an Hand der Minima zwischen den Maxima ermitteln, so dass mit diesem einfachen Verfahren bereits eine Segmentierung des Sprachsignals auf Silbenebene erfolgen kann. Eine feinere Segmentierung auf Phonebene untersuchte *Motlicek*, indem er die zeitlichen Muster einer 15-kanaligen Filterbank im 100 ms Bereich an ein neuronales Netz übergab und mit den Ergebnissen der Fourier-, Diskreten Cosinus- und Hadamard-Transformation verglich [Mot03]. Die Verfahren erreichten im untrainierten Zustand in allen Fällen nur eine korrekte Erkennungsrate von 52 % für die Phonsegmentierung und Klassifikation. *Kamakshi Prasad* empfahl aus diesem Grund, dass eine Analyse des Sprachsignals im Zeitbereich, die Segmentstrukturen auch bei eventuell vorhandenem Rauschen besser bewahrt als eine frequenzbasierende Analyse [Kam04].

Für die Phon-Segmentierung wird das Zeitsignal wie in Abbildung 4.13 in der Vorverarbeitung mit verschiedenen Fensterungen geglättet, um dann die Ergebnisse mehrerer Analysemethoden und -fensterungen einem Vergleich zu unterziehen.

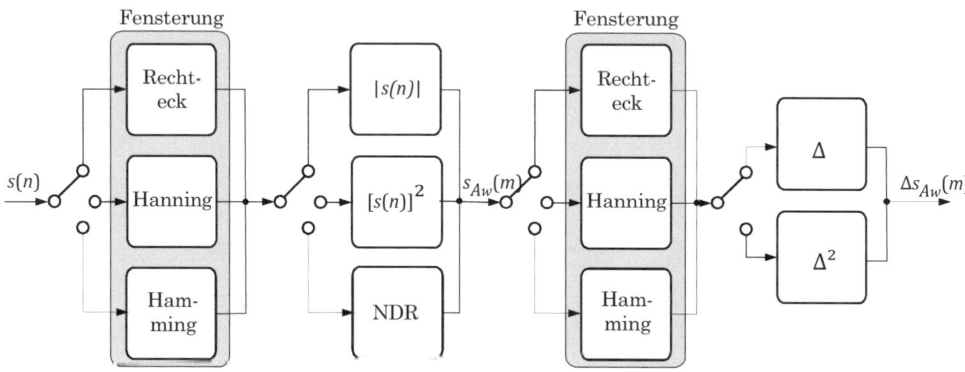

Abbildung 4.13: Signalanalyse für die Segmentierung des Sprachsignals

Mit den Kurzzeitanalysen des Signalbetrags, der Signalenergie, der Nulldurchgangsrate (NDR) und deren einfache oder zweifache Ableitung, soll untersucht werden, ob sich die Phongrenzen für die deutsche Lautsprache, wie in [Ess98] für die arabische, rhythmische Koransprache bereits getestet, markieren lassen. Die Suche nach stimmlosen Phongrenzen mit Hilfe der minimalen Kurzzeitenergie im Sprachsignal wurde in [Ess98] jedoch durch die bekannte Anzahl der Phone und einer damit möglichen dynamischen Programmierung unterstützt.

Um eine echtzeitfähige und dynamische zeitskalierte Wiedergabe der aufgenommenen Sprachdateien - unabhängig vom benötigten Analyseaufwand - zu garantieren, werden die Analysedaten in einem zusätzlichen Audiokanal der wav-Datei abgespeichert. Das von Microsoft entwickelte und auf das Resource Independent File Format (RIFF) aufsetzende wav-Format bietet ideale Voraussetzungen für die Erweiterung um Analysedaten [Wei08],[Bou11],[Mic11]. Neben den standardisierten Abteilungen (Chunks) für die Audiodaten, können weitere Chunks mit Komprimierungs- oder Metadaten hinzugefügt werden. In der vorliegenden Arbeit wird diese Möglichkeit genutzt, um einen *Analyse-Chunk* (als „fv-Chunk" gekennzeichnet) hinzuzufügen und z. B. das Stereosignal mit den Analysedaten in einem dritten Kanal zu ergänzen. Abbildung A.4 im Anhang A4 zeigt die analytische Erweiterung des Audiosignals zur Vorbereitung der zeitskalierten Synthese.

Im Parameter *Timeshift* findet man die relative Position der Analysedaten zu den Audiodaten. Diese Position ist von der zu analysierenden Audiodatenstruktur abhängig. In Abbildung 4.14 ist das Beispiel für eine Stereodatei veranschaulicht. Im dritten Audiokanal sind im ersten Bytepaar die Daten für die Energie- bzw. Betragsfunktion zu finden, im zweiten Bytepaar für die NDR, im dritten Bytepaar werden die Differenzen gespeichert, und im vierten Bytepaar findet man die Daten für die Segmentpositionen und

-klassifikationen. Der Parameter Timeshift beträgt 4 Blöcke für die Analyse, bzw. Synthesedaten, mit dem hier alle Daten eines Parameters gelesen werden können.

Daten-Chunk Größe: N-Blöcke *(1Block=6 Byte)*

Block	0	1	2	3	4	..	N-2	N-1
Audio li	0	3	6	9	12	..	3N-6	3N-3
Audio re	1	4	7	10	13	..	3N-5	3N-2
Analyse-kanal	2 E_0	5 NDR_0	8 D_0	11 S_0	14 E_1	..	3N-4 $D_{1/4N-2}$	3N-1 $D_{1/4N-1}$

Abbildung 4.14: Blockstruktur der Audio- und Analysedaten im Wave-Datenformat

Mit Hilfe der sprachlichen Äußerung: „Katze nach“- [katsə na:x], dessen Zeitsignal, dessen Spektrogramm und den manuell markierten Phongrenzen, soll die Segmentanalyse in Abbildung 4.15 erläutert werden.

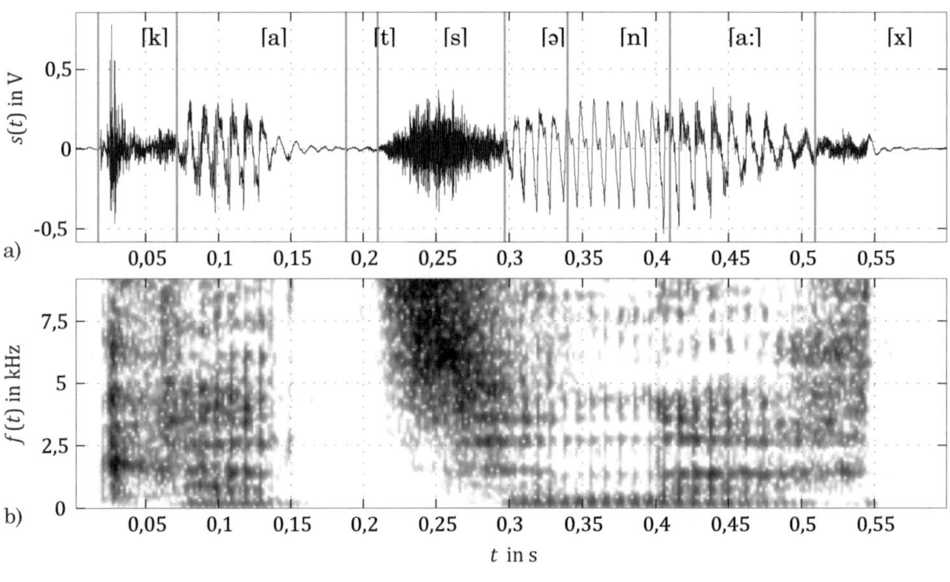

Abbildung 4.15: Zeitlicher Signalverlauf (a) und Spektrogramm (b) der Äußerung "Katze nach"

Zunächst werden die Kurzzeitanalysen des diskreten Zeitsignals betrachtet. Wie in Abbildung 4.13 ersichtlich, werden die Energie $s(n)^2$, der Betragsverlauf $|s(n)|$ und die Nulldurchgangsrate NDR jeweils mit der Kurzzeitfensterfunktion $w(n)$ multipliziert. Für die tiefpassfilternde Fensterfunktion $w(n)$ werden nach [Kie98] die Rechteckfunktion:

$$w_r(n) = 1 \text{ für } 0 < n < N_w - 1, \tag{4.12}$$

die Hanningfunktion:

$$w_n(n) = 0{,}5 - 0{,}5\cos\left(\frac{2\pi n}{N}\right) \text{ für } 0 < n < N_w - 1 \tag{4.13}$$

oder die Hammingfunktion:

$$w_m(n) = 0{,}54 - 0{,}46\cos\left(\frac{2\pi n}{N}\right) \text{ für } 0 < n < N_w - 1 \tag{4.14}$$

verwendet.

Die Fensterfunktion $w(n)$ wird für jeden Analysewert um $4n$ verschoben und mittig zum berechneten Analysewert platziert. Für n gilt:

$$1 \leq n \leq \frac{N_{\max}}{4}. \tag{4.15}$$

Es werden nicht für jedes Sample n des Sprachsignals die Kurzzeitsignale berechnet, sondern mit dem Timeshift von $4n$ die berechneten Werte im Analysekanal der Wavedatei abgespeichert (s. Abbildung 4.14). Somit ergeben sich mit einer der o.a. zu wählenden Fensterfunktion die folgenden normierten und häufig verwendeten zeitlichen Analysefunktionen für das Sprachsignal:

- Betragsfunktion:

$$s_{\text{abs}}(4n) = \frac{\sum_{m=-\infty}^{\infty} |s(m)| \cdot w\left(4n - m + \frac{N}{2}\right)}{\sum_{m=-\infty}^{\infty} s_{\max} \cdot w\left(4n - m + \frac{N}{2}\right)}, \tag{4.16}$$

- Energiefunktion:

$$E(4n) = \frac{\sum_{m=-\infty}^{\infty} \left[s(m) \cdot w\left(4n - m + \frac{N}{2}\right)\right]^2}{\sum_{m=-\infty}^{\infty} \left[s_{\max} \cdot w\left(4n - m + \frac{N}{2}\right)\right]^2}, \tag{4.17}$$

- Nulldurchgangsrate mit Hilfe der Signumfunktion nach [Epp93]:

$$NDR(4n) = \frac{\sum_{m=-\infty}^{\infty} |sgn[s(m-1)] - sgn[s(m)]| \cdot w\left(4n - m + \frac{N}{2}\right)}{\sum_{m=-\infty}^{\infty} w\left(4n - m + \frac{N}{2}\right)}. \tag{4.18}$$

In Abbildung 4.16 b) und c) sind für das in Abbildung 4.15 dargestellte Sprachsignal die mit einem Rechteckfenster und mit einem Hanningfenster gemittelten Kurzzeitbetragssignale dargestellt.

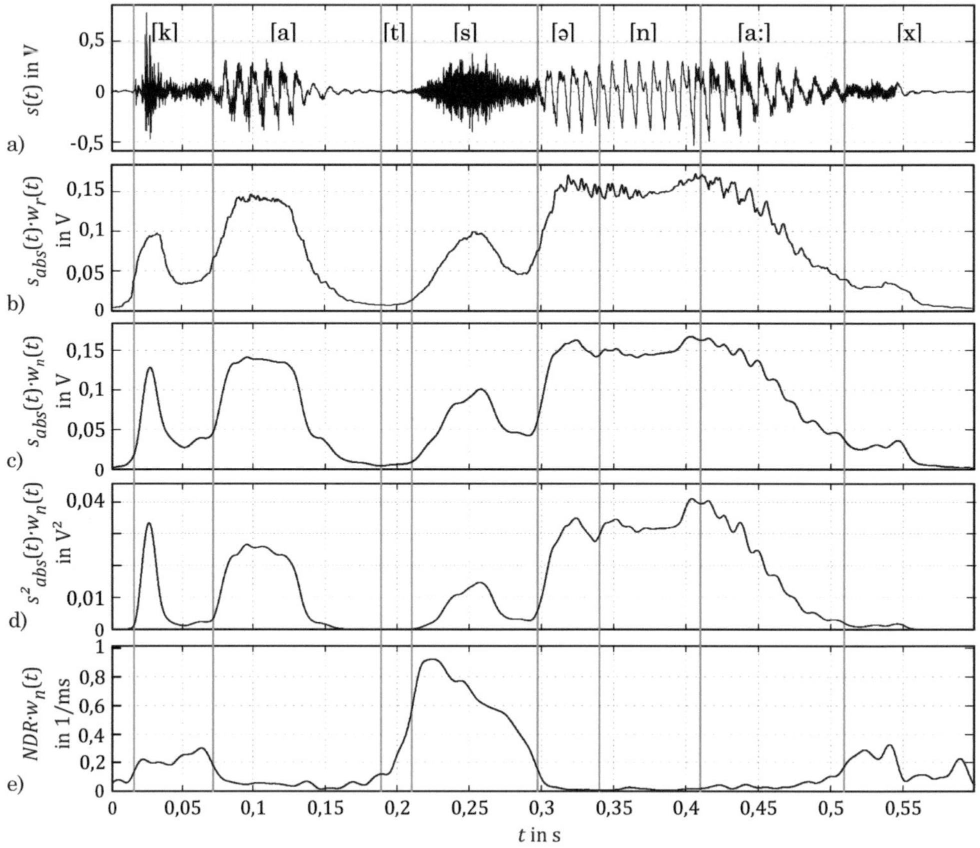

Abbildung 4.16: Sprachliche Äußerung "Katze nach" a) Zeitsignal, b) normierter Kurzzeitbetrag mit Rechteckfensterung, c) normierter Kurzzeitbetrag mit Hanningfensterung, d) normierte Kurzzeitenergie mit Hanningfensterung, e) Kurzzeit-Nulldurchgangsrate mit Hanningfensterung

Der Vorteil der Rechteckfensterung besteht in der einfachen Entnahme der Sprachsamples und Addition z. B. der Beträge im Analysefenster. Hier entfällt die Multiplikation mit der Fensterfunktion. Allerdings bewirken die Leckeigenschaften des Rechteckfensters keine ausgeprägte Glättung wie z. B. bei einer Anwendung der Hanning- oder Hammingfensterung. Trotzdem soll die Rechteckfensterung auf Grund der höheren Berechnungsgeschwindigkeit weiterhin betrachtet werden. Ein Vergleich der Kurzzeitenergie (Abbildung 4.16 d) und der Kurzzeitbetragsfunktion (Abbildung 4.16 c) offenbart dagegen fast identische Kurvenverläufe, so dass auf die rechenintensive Energiebestimmung verzichtet werden kann. Weiterhin soll auch die Kurzzeit-NDR (s. Gl. (4.18), Abbildung 4.16 e), deren Anstieg auf die Grenzen frikativer Laute hindeutet, betrachtet werden. In Abbildung 4.16 e) decken sich die manuell erstellten Phongrenzen der Frikative bereits recht gut mit den Wendepunkten der NDR. Diese Eigenschaft kann jedoch nicht auf die Grenzen stimmhafter Laute angewendet, da hier die NDR sehr klein wird.

Zur weiteren Ermittlung der Minima, Maxima, Wendepunkte bzw. Kurvenkrümmungen werden die erste und zweite Ableitung der Kurzzeitanalyse benötigt.

Ausgehend von der einfachen Differenz (1. Ableitung) des Analysesignals:

$$\Delta s_A(n) = s_A(n) - s_A(n-1) \tag{4.19}$$

bzw. bei jedem abgespeicherten Analysewert an der Stelle $4n$:

$$\Delta s_A(4n) = s_A(4n) - s_A[4(n-1)] \tag{4.20}$$

entspricht dieses gleichzeitig einer einfachen Hochpassfilterung, wie in Abbildung 4.17 c) für die NDR dargestellt.

Auch hier kann eine Glättung des differenzierten Signals mit Hilfe der Fensterfunktionen - in dem Fall wiederum nur für jeden 4. gespeicherten Analysewert - erreicht werden:

$$\Delta s_A(4n) = \frac{\sum_{m=0}^{N_W-1} \left\{ s_A\left[4\left(n+m+1-\frac{N_W}{2}\right)\right] - s_A\left[4\left(n+m-\frac{N_W}{2}\right)\right]\right\} \cdot w(m)}{\sum_{m=0}^{N_W-1} w(m)}. \tag{4.21}$$

Essa entwickelte für das Deltasignal eine ähnliche Funktion, indem er die Summe der linken von der rechten Fensterhälfte seines Analysesignals abzog [Ess98]:

$$\Delta s_A(4n) = \frac{\sum_{m=0}^{\frac{(N_W-1)}{2}} \{s_A[4(n+m+1)] - s_A[4(n-m)]\} \cdot w\left(m+\frac{N_W}{2}\right)}{\sum_{m=-\infty}^{\infty} 2 \cdot w\left(n+\frac{N_W}{2}\right)}, \tag{4.22}$$

Die Summe läuft nur noch über die halbe Fensterbreite. Nach der Summierung der rechten und der linken Fensterhälfte müssen die Summen nur noch subtrahiert werden. Betrachtet man nun wie in [Ess98] die Minima und Maxima im Verlauf der Kurzzeitdifferenz nach Gl. (4.22) für die NDR (Abbildung 4.17 c), stellt man fest, dass jeweils aufeinanderfolgende Maxima und Minima schon recht gut die Phongrenzen markieren.

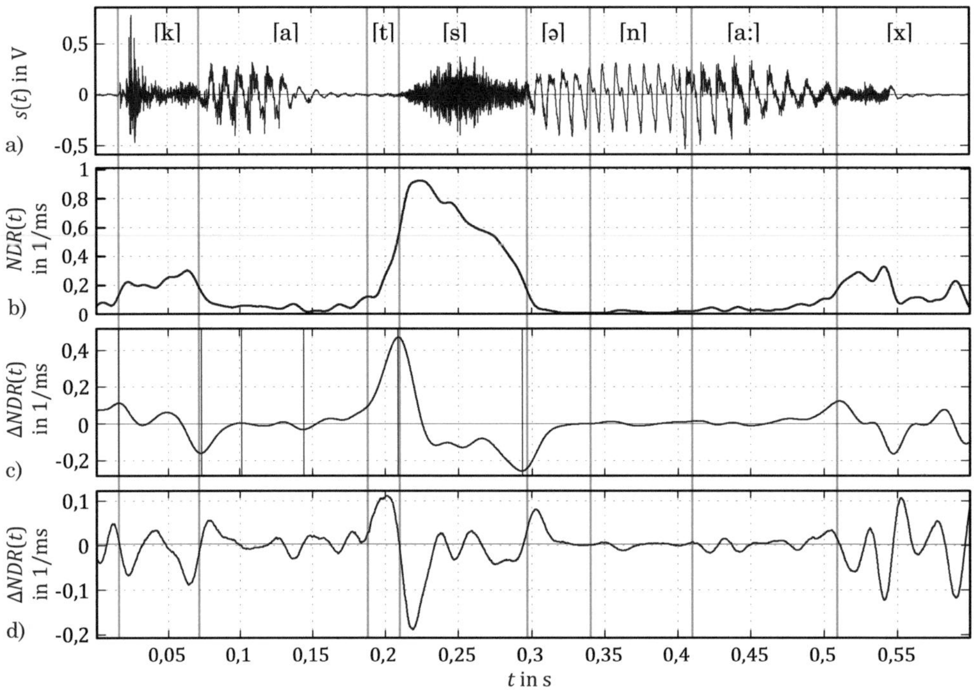

Abbildung 4.17: a) Zeitsignal mit markierten Phonen, b) Kurzzeit-NDR, c) 1. Ableitung der Kurzzeit-NDR, d) 2. Ableitung der Kurzzeit-NDR

Für weitere Untersuchungen wird nun noch die zweite Ableitung der Analysefunktion verwendet. Diese Funktion nach Gl. (4.23) ergibt sich aus der Kombination von Gl. (4.20) und Gl. (4.22) zu einer iterativen Ableitung nach [Ess98]. Praktisch lassen sich die Funktionen in Gl. (4.22) und Gl. (4.23) nun einfach umsetzen, indem für alle Analysewerte 4n die Differenz nach Gl. (4.20) berechnet wird und dann mit Hilfe der Fensterfunktion $w(n)$ für Gl. (4.21) die Summe der linken und rechten Fensterhälfte addiert und für Gl. (4.23) die Summen der linken und rechten Fensterhälften subtrahiert werden:

$$\Delta^2 s_A(4n) = \frac{\sum_{m=0}^{\frac{(N_W-1)}{2}} \{s_A'[4(n+m+1)] - s_A'[4(n-m)]\} \cdot w\left(m + \frac{N_W}{2}\right)}{\sum_{m=-\infty}^{\infty} 2 \cdot w\left(n + \frac{N_W}{2}\right)}. \tag{4.23}$$

In Abbildung 4.17 d) wird nun deutlich, dass die Nulldurchgänge der 2. Ableitung die Grenzen frikativer Laute sehr gut markieren. Stimmhafte Laute zeigen dagegen im Verlauf der NDR und deren Ableitungen kaum auswertbare markante Punkte.

Eine größere Übereinstimmung von Extremwerten mit den manuell markierten Lautgrenzen findet sich in der Kurzzeit-Betragsfunktion (s. Gl. (4.16)) und deren 1. und 2. Ableitung. Unter der Annahme, dass in den Übergangsbereichen, also zwischen den quasistationären Zuständen zweier Laute, ein Energiewechsel stattfindet, ist hier die 2. Ableitung der Betragsfunktion hilfreich. Die Grenzen niedriger Energiebereiche gegenüber höheren Werten bewirken eine Linkskrümmung der Betragsfunktion. Die maximale konkave Krümmung lässt sich mit dem Maximum der 2. Ableitung einer Funktion ermitteln.

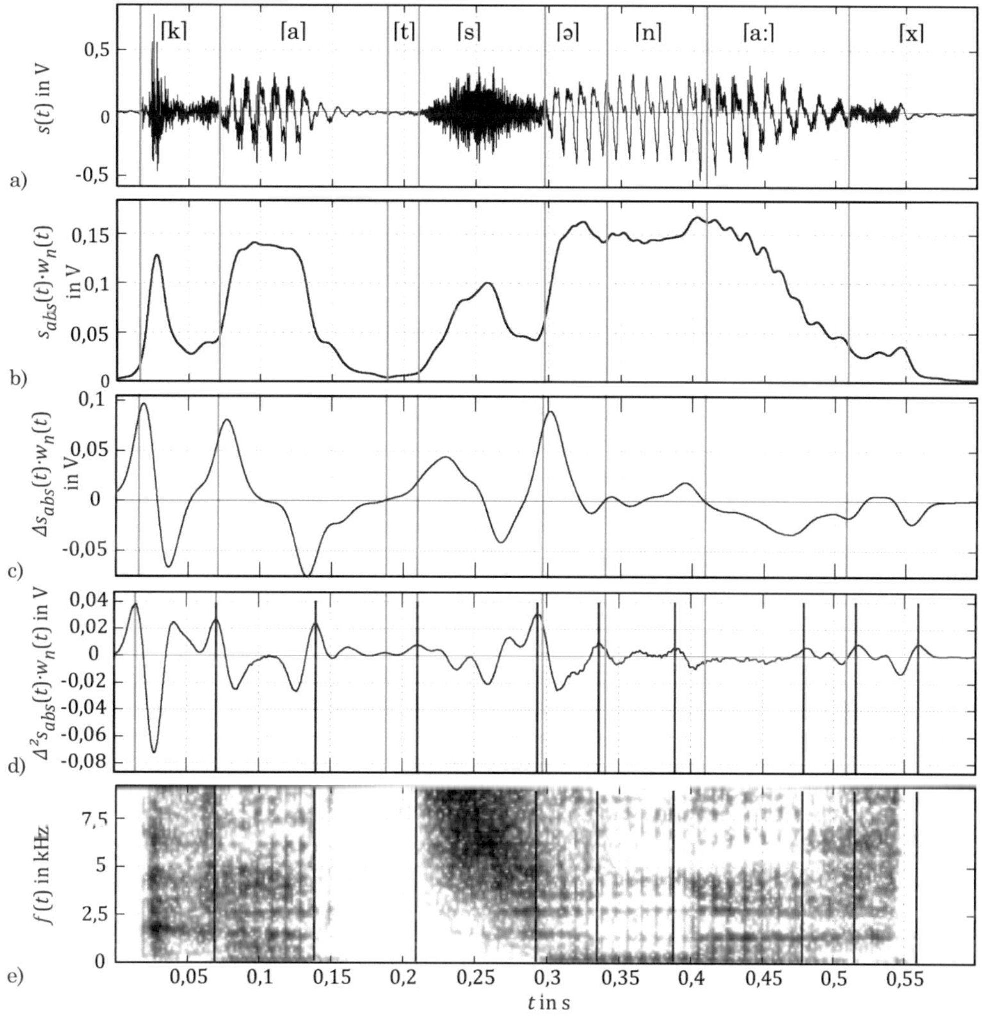

Abbildung 4.18: *Segmentierung: a) manuell im Sprachsignal (grau), b) tiefpassgefilterte Betragsfunktion, c) 1. Ableitung der Betragsfunktion, d) 2. Ableitung der Betragsfunktion mit automatischen Segmentgrenzen (dunkel), e) Spektrogramm als Vergleich*

Als exemplarische Darstellung werden weiterhin die 1. und 2. Ableitungen der Kurzzeit-Betragsfunktion in der Abbildung 4.18 gegenübergestellt. Ausgewählte Maxima der 2. Ableitung (schwarz) liegen in unmittelbarer Nähe zu den manuell ermittelten Phongrenzen (grau) des in Abbildung 4.18 a) dargestellten Sprachsignals.

Abbildung 4.18 d) zeigt gegenüber der möglichen Segmentierung mit Hilfe der NDR (Abbildung 4.17 d) vor allem in den stimmhaften Lauten eine höhere Genauigkeit. Aus diesem Grund und wegen der Berechnungsgeschwindigkeit wird diesem Verfahren der Vorrang in der vorverarbeitenden Segmentierung gegeben. Eine mögliche Unterteilung von Phonen, insbesondere von Vokalen oder stimmhaften Konsonanten, erweist sich in der späteren Skalierung nicht als nachteilig.

Problematischer könnten nicht korrekt erkannte Plosivlaute, wie /t/ in Abbildung 4.18 a) und d) sein, die nach der Skalierung möglichst erhalten werden sollen. Die Phongrenzen von /t/ werden hier in einem größeren Bereich von 140 bis 215 ms detektiert.

Suche der korrekten Maxima für Phongrenzen

Entscheidend für die Ermittlung der Phongrenzen ist ein effektiver Suchalgorithmus, der die relevanten Maxima (bspw. der Ableitungsfunktion) markiert. Für die Suche werden zunächst minimale und maximale Suchfenster festgelegt. Das minimale Suchfenster ist gleichbedeutend mit der geringsten Lautlänge, die in einem Sprachsignal vorkommen kann. Das Suchfenster wird zunächst mit $w_{min} = 25$ ms und mit einer maximal möglichen Lautlänge mit $w_{max} = 500$ ms festgelegt. Dies entspricht in Abbildung 4.19 bei einer Abtastfrequenz von 44,1 kHz und mit jedem vierten Analysesample einem Bereich von $n = 275$ bis $n = 5512$. Eine spätere Segmentierungsanalyse über mehrere Sprachproben unterschiedlicher Sprecher soll diese und weitere Werte der Vorverarbeitung validieren (Abschnitt 4.2.4).

Mit Hilfe eines effizient arbeitenden Ringspeichers wird jeder Analysewert $s_A(n)$ mit den Werten an den Positionen $n - w_{min}$ bis $n - 1$ verglichen (vgl. Anhang A5). Für die Markierung einer Extremwertposition und somit einer möglichen Segmentgrenze werden drei Anker $A_1..A_3$ als Boolsche Variablen benötigt. Entsprechend der Größe und Reihenfolge der Entfernungszähler D_A werden die Anker zunächst gesetzt und danach A_1 und A_3 jeweils wieder Null gesetzt, wenn der Analysewert $s_A(n)$ im Vergleichsbereich w_{min} immer kleiner ist als die anderen Vorgängersamples. A_2 wird dagegen Null gesetzt, wenn $s_A(n)$ immer kleiner oder gleich ist. Mit diesem Anker sollen *mögliche* Extremwerte und konstante Werte gesondert berücksichtigt werden, um Störungen, z. B. bei mehreren Nullen zu vermeiden. A_3 stellt einen *sicheren* Extremwert dar.

Anker A_1 wird nur gesetzt, wenn der aktuelle Analysewert bereits mit der maximalen Segmentlänge w_{max} von der letzten Segmentgrenze entfernt ist. Dann wird auf jeden Fall eine Grenze markiert (Fall 1 Abbildung 4.19). Für die anderen beiden Anker hängt es davon ab, wie hoch die mitlaufenden Zähler D_A vom letzten ermittelten Extremwert sind.

In den Fällen 2 bis 5 werden, je nachdem welcher Zähler größer ist oder noch im Bereich der Mindestsegmentlänge liegt, die Anker wie in der Tabelle in Abbildung 4.19 auf den Wert 1 gesetzt.

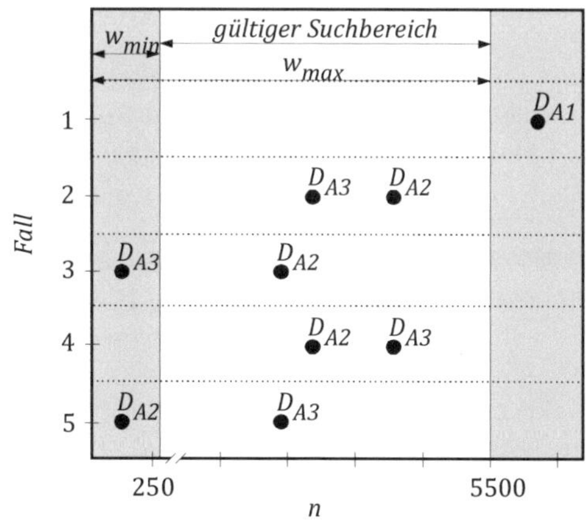

A_1	A_2	A_3
1	0	0
0	1	0
0	1	1
0	0	1
0	1	0

Abbildung 4.19: Bedingungen für die zu setzenden Ankerpunkte A_1 bis A_3, die innerhalb des Analysebereichs w_{max} die nächste Segmentgrenze markieren sollen

Im Fall 2 ist Anker 2 ein möglicher Extremwertkandidat, wogegen Anker 3 eine sichere Segmentgrenze darstellt. Ist, wie im Fall 2, $D_{A2} > D_{A3} > w_{min}$ wird A_2 als Kandidat gesetzt, da sich D_{A2} im gültigen Suchbereich befindet, also der letzte Extremwert weit genug und außerhalb des minimalen Suchfensters w_{min}, entfernt ist. A_2 bleibt jedoch nur erhalten, wenn im darauffolgenden Samplevergleich $s_A(n)$ immer größer ist als die Vorgänger. Ist $s_A(n)$ gleich oder kleiner einem Vorgänger, wird A_2 wieder Null gesetzt, und es werden alle Zähler erhöht. Der Vergleich wird dann mit $s_A(n+1)$ fortgesetzt. A_3 wird wieder Null (nach Fall 3 und 4), wenn $s_A(n)$ nur kleiner als seine Vorgänger ist.

Ist keine der Bedingungen in den Fällen eins bis fünf erfüllt, wird kein Anker gesetzt. Dies ist z. B. der Fall, wenn sich die letzte markierte Segmentgrenze noch innerhalb des minimalen Suchfensters w_{min} befindet. In diesem Fall werden alle Distanzen zu den Ankern mit jedem neuen Analysewert n solange inkrementiert, bis einer der Fälle eins bis fünf eintritt.

Der jeweils gesetzte Anker wird in der Analysespur der Sprachdatei mit einem Wert von $0{,}9 \cdot s_{max}(n)$ - für alle n des Audiosignals – gespeichert, und gleichzeitig werden alle bisher gefundenen Extremwerte im Bereich von $n-1$ bis $n-w_{min}$ wieder gelöscht. Somit wird das größte Maximum mit einem Abstand von mindestens w_{min} markiert. Negative Werte in der Analysefunktion werden auf ein negatives Maximum gesetzt, so dass nur positive Maxima detektiert werden. Die Speicherung der Segmentgrenzen erfolgt als spezifizierter Wert ungleich Null im Block drei des Analysekanals der Wave-Datei (s. Abbildung 4.14). Der genaue Ablauf des Suchalgorithmus ist als PAP im Anhang A5 dargestellt.

Subsegmentierung

Nach der Segmentierung des Sprachsignals in einzelne Laute sollen diese Segmente weiterhin in sogenannte Subsegmente, bzw. Übergangsbereiche unterteilt werden. Die Notwendigkeit entsteht durch die spätere Skalierung der einzelnen Lautsegmente.

Bei der Skalierung wird angenommen, dass das Lautzentrum einen quasistationären Zustand aufweist und die Randbereiche nach der Subsegmentierung die koartikulativen Signalübergänge enthalten. Somit könnten diese - für die Wahrnehmung der Laute wichtigen Randsegmente - erhalten bleiben, indem sie nicht skaliert werden.

Wie in Abbildung 4.20 mit Hilfe der ersten vier detektierten Segmente des Beispiels aus Abbildung 4.18 dargestellt, werden nach der Segmentierung die Übergänge zwischen den einzelnen Segmenten gesucht.

Die Strategie besteht nun darin, ein mittleres Segment S_{EZ} mit seinen beiden linken und rechten Nachbarn S_{EL} und S_{ER} zu betrachten und ausgehend von S_{EZ} die angrenzenden Übergänge $Ü_L$ und $Ü_R$ zu detektieren und zu analysieren. Neben der Subsegmentierung findet gleichzeitig eine Analyse des Zeitsignals $s(n)$ und der NDR für die spätere Klassifizierung statt.

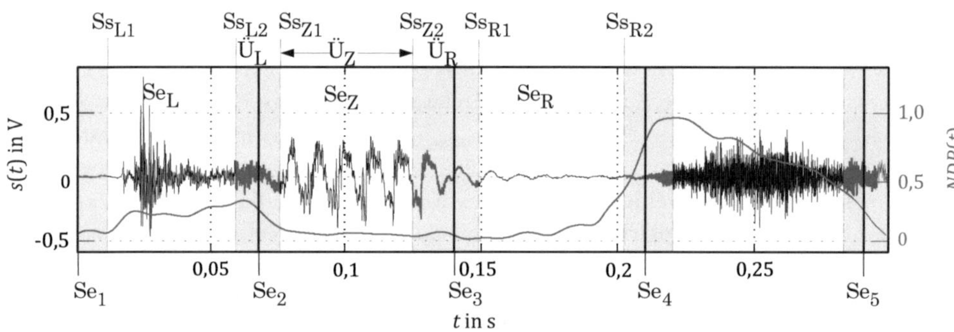

Abbildung 4.20: Subsegmentierung der Lautsegmente

In der Subsegmentierung müssen als erster Schritt - wie in Abbildung 4.21 gezeigt - die vorhergehend im Analysekanal der Wavedatei gespeicherten Segmentgrenzen Se_1 bis Se_4 erfasst werden.

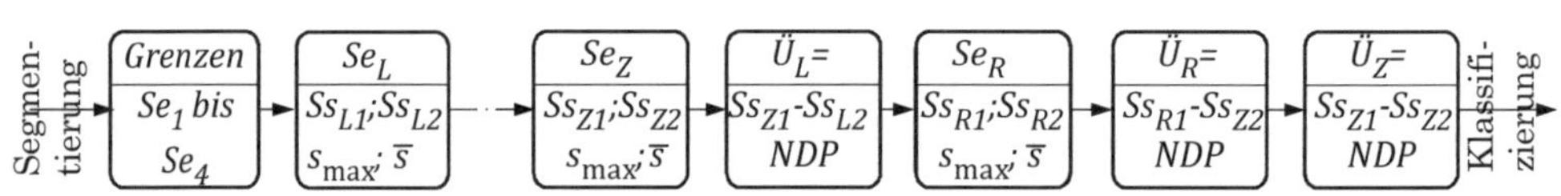

Abbildung 4.21: Ablauf der Subsegmentierung

Anschließend erfolgt für das gegenüber dem mittleren Analysesegment vorangegangene Segment Se_L die Subsegmentierung, das heißt, die Detektion der Subsegmentgrenzen Ss_{L1} und Ss_{L2}. Parallel werden in der Subsegmentierungsschleife der maximale Spannungswert $s_{\max}(n)$ und der Mittelwert des Audiosignals $\overline{s(n)}$ für alle n Werte des Segments Se_L abgespeichert.

Zur Vereinfachung könnte man eine statische Subsegmentierung vornehmen. Betrachtet man jedoch Abbildung 4.17 b), stellt man fest, dass innerhalb der markierten Segmente prägnante NDR-Strukturen auftreten. An den Lautübergängen ändert sich die NDR sehr stark. Innerhalb der Segmente durchläuft die NDR, wie in zahlreichen optischen Analysen von Sprachmaterialien festgestellt wurde, ein Maximum oder Minimum. Diese Eigenschaft soll für die Subsegmentierung ausgenutzt werden.

Allgemein wird trotzdem festgelegt, dass jedes Subsegment eine Mindestbreite nicht unterschreiten darf. Sie wird als *minimale Lautdauer* definiert:

$$\min t_{Se} \geq \frac{1}{3}\min(t_{\text{Laut}}). \tag{4.24}$$

Bei einer minimal angenommenen Lautdauer von bspw. 25 ms beträgt die Mindestlänge eines Subsegmentes demnach 8,3 ms.

Nach zahlreichen praktischen Analysen kristallisierten sich vier markante Verlaufsformen der NDR innerhalb eines Lautsegmentes heraus, die sich in Abbildung 4.17 wiederfinden.

Die NDR-Verläufe in Abbildung 4.22 sind durch markante Gipfel und Senken gekennzeichnet. In den Segment-Randbereichen treten häufig sehr ausgeprägte Anstiege oder Abfälle auf, die im mittleren Segment zu einem Maximum oder Minimum führen. Plosive Anteile mit einem stimmhaften Verschluss prägen im mittleren Segmentteil einen Gipfel, während eine stimmlose Aspiration eher eine Senke der NDR verursacht. Weitläufige Übergänge in der GF- oder Formantstruktur lassen die NDR wie in Abbildung 4.22 c) und Abbildung 4.22 d) eher stetig ansteigen und abfallen, wobei auch hier an den Grenzen der Segmente die Minima und Maxima auffällig sind.

Die entsprechenden Maximum- und Minimumwerte sind folglich in jedem Segment zu ermitteln, wobei auch die korrekten Verlaufstypen wie in Abbildung 4.22 a) bis d zu detektieren ist. Dazu wird ein einfacher Suchalgorithmus (Anhang A6) verwendet, der parallel die Minimum- und Maximumpositionen für die typischen Verläufe in Abbildung 4.22 a) und b) detektiert.

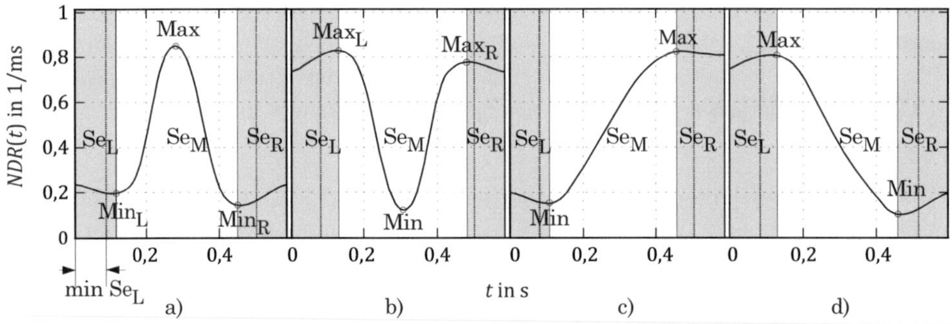

Abbildung 4.22: a) bis d): Idealisierte, typische Verläufe der NDR in den Lautsegmenten

Die Entscheidung, ob es sich in dem Segment um einen Gipfel oder eine Senke handelt, wird durch einen einfachen Vergleich der Extremwertdifferenzen nach Gl. (4.25) getroffen:

$$|0{,}5 \cdot (\mathrm{Max_L} + \mathrm{Max_R}) - \mathrm{Min}| > |\mathrm{Max} - 0{,}5 \cdot (\mathrm{Min_L} + \mathrm{Min_R})|. \qquad (4.25)$$

Ist die Ungleichung (4.25) erfüllt, wurde in dem Segment eine Senke detektiert, anderenfalls handelt es sich um ein mittig gelegenes Maximum. Verläuft die NDR in dem Segment wie in Abbildung 4.22 c) und d), liegt der erste oder letzte Extremwert nach dem Suchalgorithmus am Rand des zu untersuchenden Segments. Damit befindet er sich außerhalb der minimal vorgeschriebenen Subsegmentlänge, so dass nur die beiden verbleibenden Extrempositionen als Subsegmentgrenzen angenommen werden. Wird das mittlere Subsegment kleiner als die vorgegebene Minimallänge, werden die Subsegmentgrenzen gleichmäßig nach außen verschoben.

Sind die Subsegmentgrenzen gesetzt, erfolgt für das mittlere Analysesegment Se_Z die Berechnung und Speicherung der Maximal- und Mittelwerte (vgl. Abbildung 4.20 und Abbildung 4.21). Sind die ersten beiden Segmente Se_L und Se_Z mit ihren Randbereichen ermittelt, wird auch der erste Segmentübergang $Ü_L$ zwischen dem mittleren und linken Segment festgelegt und dafür die Nulldurchgangspause NDP für die folgenden Klassifizierungsschritte berechnet. Über die Ermittlung des letzten rechten Segmentes Se_R, relativ zum Analysesegment Se_Z sowie deren Subsegmentierung und Analyse der Sprachsignal- und NDR-Werte, kommt man zur Analyse des letzten Übergangsbereiches $Ü_Z$. Das ist der mittlere Bereich des aktuellen Analysesegments Se_Z, der nach der Klassifizierung skaliert und mit den ebenfalls zu klassifizierenden Übergangsbereichen verknüpft werden soll.

Nach der Subsegmentierung der drei benachbarten Segmente werden die gespeicherten Segmentgrenzen und somit die Übergänge vom mittleren auf das linke und vom rechten auf das mittlere Segment verschoben. Anschließend wird mit der Suche von Se_4, (Abbildung 4.20) als neues rechtes Segment fortgefahren.

4.2.3 Segmentklassifizierung

Sprach-/Pausenentscheidung

Nach der Segmentierung der Phone folgt eine möglichst korrekte, anregungsabhängige Klassifizierung der Laute. Ein von der Anregungsklasse abhängiger Skalierungsfaktor innerhalb eines Lautes führt dann für die gesamte Sprachäußerung zur nichtlinearen Skalierung.

Zunächst soll die Sprach-/Pausenentscheidung erörtert werden. Vom Sprecher bewusst oder unbewusst gesetzte Sprachpausen (Abschnitt 2.1.2) müssen sich durch den zu verwendenden Algorithmus signaltheoretisch von den angrenzenden sprachlichen Äußerungen separieren lassen. Die Geräusche des Luftholens, des Hintergrunds oder technisch unzureichende Aufnahmen erzeugen Signalmuster, die denen von Sprechlauten ähnlich sind, wie z. B. Frikative, Verschlusslaute, nasale sowie ausklingende Laute am Wortende [Epp93].

In der Literatur [Rab78],[Ney81],[Wri99],[Cla01] werden hauptsächlich Verfahren genutzt, deren Grundlage stets die Schwellwertmethode von *Rabiner* ist [Rab75]. Auf Grund der relativ einfachen Berechnung im Zeitbereich und der Nutzung bereits berechneter Analysefunktionen, wie das tiefpassgefilterte Betragssignal $s_{abs}(n)$ und die Nulldurchgangsrate NDR, soll der effiziente und ausreichend genaue Algorithmus in [Rab75] auch in dieser Arbeit eingesetzt werden.

Im Gegensatz zur zitierten Literatur werden die Pausen- und Sprachsegmente nicht gegeneinander abgegrenzt, sondern das bereits segmentierte Sprachsignal wird klassifiziert. Es wird außerdem im vorliegenden Anwendungsfall von einer möglichst störungsfreien und nicht verrauschten Audioaufnahme ausgegangen. *Rabiner* verwendete drei Schwellwerte: einen unteren Schwellwert für die Intensität SW_u, einen oberen Schwellwert für die Intensität SW_o und einen Schwellwert für die Nulldurchgangsrate SW_{NDR} [Rab75].

Zunächst wird der Verlauf der Signalenergie - in dem Fall die tiefpassgefilterte Betragsfunktion - verfolgt. Beim Überschreiten des unteren Schwellwertes SW_u, und solange auch der obere Schwellwert SW_o überschritten bleibt, wird der Beginn eines Sprachelementes gesetzt. Erst die nachfolgende Unterschreitung des unteren Schwellwertes markiert dann wieder das Lautende. Gefundene Anfangs- und Endpunkte werden anschließend mit Hilfe von SW_{NDR}verifiziert oder korrigiert. Überschreitet die Nulldurchgangsrate vor dem gesetzten Lautanfang den Schwellwert SW_{NDR}, deutet das auf einen früheren Lautbeginn hin, z. B. hervorgerufen durch einen leisen Frikativ. Die gleiche Annahme für das Vorhandensein eines Lautes beim Überschreiten des NDR-Schwellwertes gilt für das Lautfinale.

Für die gesetzten Schwellwerte wird zunächst die in [Wri99],[Cla01] eingeführte Berechnung anhand von Trainingsdaten verwendet. Die Trainingsdaten werden in der Regel durch die ersten 100 ms einer Sprachdatei abgebildet, von denen angenommen wird, dass es sich noch um eine initiale Sprachpause handelt und somit das Hintergrundrauschen der Sprachaufnahme erfasst wird.

Die Schwellwerte SW_u, SW_o, SW_{NDR} berechnen sich nach [Rab75] für ein 100 ms langes Trainingsintervall aus dessen detektierter Maximalamplitude und den jeweiligen Mittelwerten aus N Werten eines 10 ms Analysefensters. Hier kommen die Werte der bereits berechneten 20 ms Fensterung zur Anwendung, um daraus o.a. Schwellwerte zu gewinnen:

$$SW_u = \min \begin{cases} \overline{s_{abs}} + 0{,}3(\max(s_{\mathrm{abs}}) - \overline{s_{\mathrm{abs}}}) \\ 4 \cdot \overline{s_{\mathrm{abs}}} \end{cases}, \tag{4.26}$$

$$SW_o = 5 \cdot SW_u, \tag{4.27}$$

und mit dem Mittelwert der N Betragswerte s_{abs} mit 20 ms Hanning-Fensterung:

$$\overline{s_{\mathrm{abs}}} = \frac{1}{N} \sum_{n=0}^{N} \left[s_{\mathrm{abs}} \left(n - \frac{N}{2} \right) \right]. \tag{4.28}$$

Der untere Schwellwert SW_u wird nach Gl. (4.26) und Gl. (4.28) durch den kleineren Wert von ca. 30 % der Maximalenergie oder durch den vierfachen Mittelwert der Rauschamplitude einer Sprachpause determiniert. Der obere Schwellwert SW_o folgt nach Gl. (4.28) aus dem Fünffachen des unteren Schwellwertes und ist gegenüber dem Sprachsignal noch sehr gering.

Die Grundlage für den NDR-Schwellwert besteht im Trainingsintervall ebenfalls aus den geglätteten NDR-Werten der 20-ms-Fensterung und deren statistischer Abweichung im Trainingsintervall:

$$SW_{NDR} = \min \begin{cases} \overline{NDR} + 2 \cdot \sigma \\ \dfrac{25}{0{,}01 \cdot f_a} \end{cases}. \tag{4.29}$$

Für den Mittelwert und die Standardabweichung gelten:

$$\overline{NDR} = \frac{1}{N} \sum_{n=0}^{N} \left[NDR \left(n - \frac{N}{2} \right) \right], \tag{4.30}$$

$$\sigma^2 = \frac{1}{N}\sum_{n=0}^{N}\left(NDR\left(n - \frac{N}{2}\right) - \overline{NDR}\right)^2. \tag{4.31}$$

Der Wert wird hierbei durch einen statischen Wert von 25 Vorzeichenwechseln pro 10 ms begrenzt, welches einer oberen Frequenz von 1250 Hz entspricht. Normiert auf die Abtastfrequenz ergibt das einen maximalen Nulldurchgang zwischen 18 Abtastwerten.

Die adaptive Berechnung der Schwellwerte für jedes Sprachsignal ergab, dass das verwendete Betragssignal nicht immer so eindeutig die Sprachsegmente indizierte, wie in Abbildung 4.23 gezeigt. Demgegenüber konnte festgestellt werden, dass sich für alle verwendeten Sprachbeispiele - eine Normierung der Sprachsignale und eine Aufnahme mit ungestörter akustischer Umgebung vorausgesetzt - empirisch ermittelte, konstante Schwellwerte recht gut eignen.

Für die Schwellwerte gelten folgende Verhältnisse:

- $SW_u = 0{,}0016 \cdot \max s_{\text{abs}}$,
- $SW_o = 5 \cdot SW_u = 0{,}008 \max s_{\text{abs}}$,
- $SW_{NDR} = 0{,}0567/\text{Sample}$.

Ausgehend von den detektierten und in Abbildung 4.23 dunkel markierten Segmentgrenzen, wird für jedes Segment das Überschreiten der Schwellwerte gezählt und bei nachfolgend aufgeführten Verhältnissen auf Sprache oder auf eine Sprachpause entschieden (s. Anhang A7).

Das Überschreiten des oberen Schwellwertes SW_o in einem Segment markiert dieses Segment als Sprache. Liegt der Betragswert unterhalb von SW_o aber oberhalb von SW_u, werden für das Segment zwei akkumulierende Zähler (Z_{SWu} und Z_{SWNDR}) gestartet. Diese halten fest, wann SW_u *und* SW_{NDR} überschritten werden. Der Zähler Z_{SWNDR} wird nur inkrementiert, wenn der SW_u überschritten wurde. Ist das Verhältnis

$$\frac{Z_{SWNDR}}{Z_{SWu}} < \frac{2}{3} \tag{4.32}$$

wird das Segment als Pause klassifiziert. In Abbildung 4.23 betrifft dieses die Segmente zwischen /a/ und /t/ (0,14 bis 0,21 ms) sowie das letzte gesetzte Segment nach dem /x/ (ab 0,6 ms). Hier zeigt sich bereits, dass der Verschlusslaut /t/ durch Assimilation in der Artikulation weder als eigenes Segment noch als Sprachbereich detektiert wird (s. Abbildung 4.15 b). Das scharf ausgesprochene /s/, in dem sich initial das /t/ verbirgt, bleibt jedoch erhalten und somit im zur Pause angrenzenden Subsegment (vgl. Abbildung 4.20) auch das assimilierte /t/.

Würden statt der gefensterten und damit tiefpassgefilterten NDR die präzise berechneten Nulldurchgänge erfasst (vgl. Abbildung 4.16 a) bis e), entspräche das Segment mit der

Koartikulation nach dem /a/, in der der Betragsverlauf noch über dem unteren Schwellwert SW_u liegt, ebenfalls einem Sprachsegment. Die Berechnungsverkürzung der bereits vorhandenen und in der Wavedatei gespeicherten NDR-Funktion soll jedoch beibehalten werden. Die Koartikulation des /a/ bliebe ebenfalls durch die Subsegmentierung erhalten. Die folgende Parametrisierung der Segmente unterscheidet sich in stimmhafte oder stimmlose Segmente.

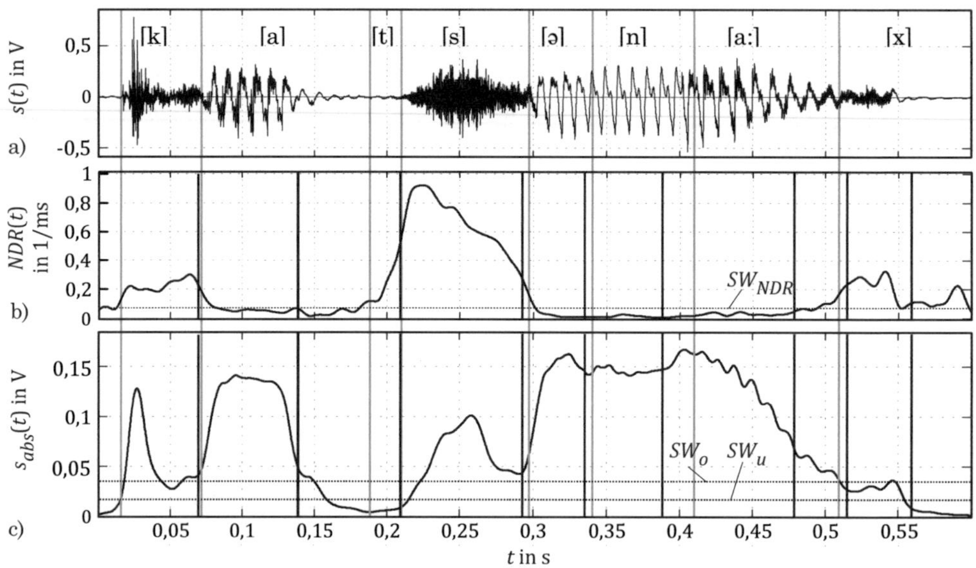

Abbildung 4.23: Sprach-/Pausenentscheidung mit s_{abs}- und NDR-Schwellwerten a) Sprachsignal, b) NDR mit SW_{NDR}, c) Betragsfunktion mit oberen und unteren Schwellwerten SW_o und SW_u

Stimmhaft/stimmlos-Entscheidung

Die stimmhaft/stimmlos Klassifizierung der drei aufeinanderfolgenden Subsegmente und die Vorverarbeitung der GF-Periodenbestimmung für die Skalierung des Sprachsignals erfolgt wiederum mit der in 4.1.2 verwendeten CC-AKF.

Zur Erfassung der minimalen Grundfrequenz $GF = 80$ Hz sollte die doppelte Periodendauer $2 \cdot T_G = 25$ ms für die Verschiebung der AKF in dem Analysefenster zur Verfügung stehen. Die minimale Subsegmentlänge wurde aber auf 8 ms gesetzt, so dass die Übergangssegmente S_{SL} und S_{SR} mit einer eventuell gesetzten Mindestlänge die 25 ms nicht überstreichen. Aus diesem Grund werden die Analysefenster für die Subsegmente S_{SL}, S_{SR}, als auch für die zentralen Lautsubsegmente S_{SZ} über ihre Grenzen um 8 ms erweitert und mit der Hanningfensterung ein- und ausgeblendet (Abbildung 4.24). Obwohl die Lautnuklei in der Regel ein ausgedehnteres Fenster aufspannen, wird auch hier zur sicheren Erfassung aller Grundfrequenzen die Erweiterung mit der Analysefensterung vorgenommen. Für die Übergänge zwischen den Lautsegmenten ergeben sich somit mindestens 32 ms für die Grundfrequenzanalyse.

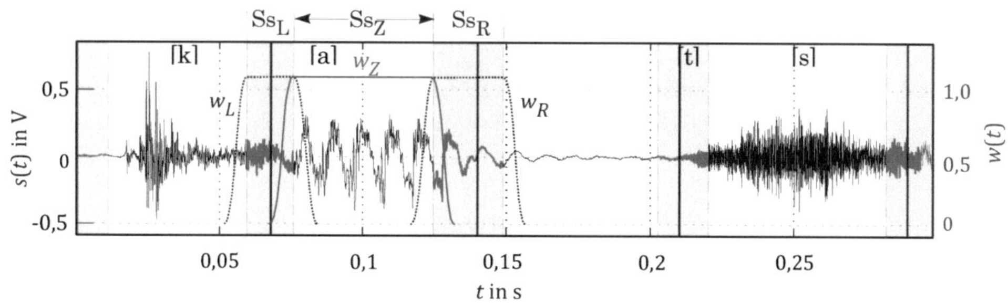

Abbildung 4.24: Analysefenster w(t) der Subsegmente Ss_L, Ss_Z und Ss_R

Das in Abschnitt 4.1.2 eingeführte Verfahren der CC-AKF zur GF-Berechnung wird hier nun zur weiteren Optimierung sprecheradaptiv erweitert. Zur Einsparung von Berechnungszeiten wurde für FVI der Frequenzbereich von 80 bis 3675 Hz statisch festgelegt. *Baker* nutzte die Nulldurchgangspause bereits, um Phoneme zu charakterisieren [Bak75]. Die Nulldurchgangspause (NDP) ist nach [Bak75] der Bereich zwischen zwei Nulldurchgängen mit positiven Werten. Die NDP soll hier genutzt werden, um die minimale GF für das jeweilige Subsegment zu ermitteln. Innerhalb eines Subsegmentes wird der längste Bereich, indem $s(t) > 0$ bleibt, gesucht. Für einen reinen Sinuston mit der Frequenz GF entspricht dieser Wert genau $T_G/2$.

Zu Detektion der minimalen Grundfrequenz GF muss die maximale NDP ermittelt werden, die allerdings von den Formanten eines stimmhaften Lautes stark beeinflusst wird. In der Regel wird die NDP kleiner als der maximal mögliche Wert von $T_G/2$. In Abbildung 4.25 sind für beide Segmentierungen des Lautes /a/ in den zentralen Subsegmenten Ss_{Z2} und Ss_{Z3} die Länge der NDP und der später ermittelten T_G dargestellt.

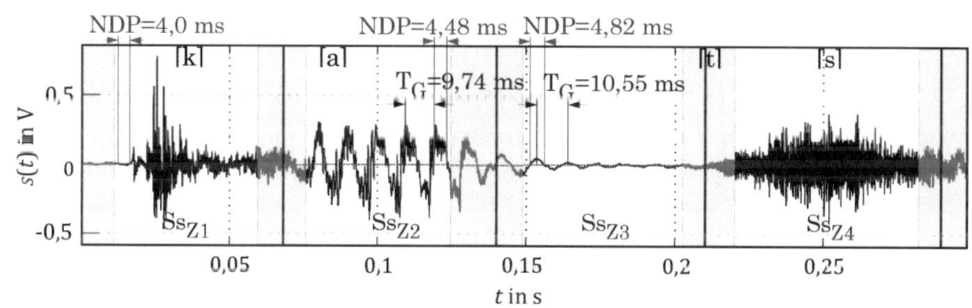

Abbildung 4.25: Vergleich der T_G und der detektierbaren NDP

stimmlos:
Bleibt die NDP unterhalb des stimmhaft/stimmlos Schwellwertes von $SW_{ss1} = 1$ ms (ent-

spricht bei reiner sinusförmiger Anregung der $T_G = 2$ ms und einer $GF = 500$ Hz), so wird das Segment als stimmlos klassifiziert. Im Analysekanal wird diese zweifache NDP gespeichert und die CC-AKF zur GF-Periodenermittlung übersprungen.

stimmhaft:
Auf Grund der Formateinflüsse bleibt die NDP stets unter der halben T_G. Die nach Gl. (4.5) zu berechnende CC-AKF für die Subsegmente wird deshalb in FVII zwischen folgendem Verschiebeintervall begrenzt:

$$t_{\min} = \max\begin{cases} 2 \cdot NDP_{\max} \\ 2\text{ ms}, \end{cases} \tag{4.33}$$

$$t_{\max} = \min\begin{cases} 10 \cdot NDP_{\max} \\ 25\text{ ms}. \end{cases} \tag{4.34}$$

Die Autokorrelation wird maximal mit einem Zeitversatz von $t_{\min} = 2$ ms bis $t_{\max} = 25$ ms ausgeführt, so dass alle Frequenzen von $GF = 500$ Hz bis $GF = 40$ Hz erfasst werden könnten. Zur verlässlichen Detektion wird jedoch eher die zweifache T_G angenommen, was ein sicheres Registrieren von $GF = 80$ Hz bedeutet. Die CC-AKF-Grenzen können sich jedoch adaptiv, abhängig von der gemessenen NDP, im Subsegment zueinander verschieben. Für das zentrale Subsegment S_{SZ2} in Abbildung 4.25 wäre der Verschiebebereich für die CC-AKF von $t_{\min} = 8{,}96$ ms bis $t_{\max} = 25$ ms, so dass bei $t = 9{,}74$ ms das Maximum der CC-AKF detektiert wird.

Wie in Abbildung 4.3 bereits dargestellt und für das FVI-Verfahren angewendet, wird auch für die Grundfrequenzanalyse in FVII zur Verringerung der CC-AKF-Berechnungen eine Tiefpassfilterung mit anschließender Unterabtastung durchgeführt.

Im Gegensatz zu Abschnitt 4.1.2 kommt hier nicht nur ein einfaches Tiefpassfilter TP zum Einsatz. Das bereits tiefpassgefilterte Signal $E(n)$ in Gl. (4.17) wird zusätzlich mit einer Fensterfunktion $w(n)$ nach Gl. (4.12) oder Gl. (4.13) mit der Länge von 0,5 ms multipliziert, welches eine weitere Glättung und sichere Dämpfung für die nachfolgende Unterabtastung induziert. Bei der gewählten Filterlänge von $T_{TP} = 0{,}5$ ms und einer Abtastfrequenz von $f_a = 44{,}1$ kHz erreicht das Filter mit 22 Koeffizienten seine 6 dB Dämpfung bei $f = 2205$ Hz und seinen Sperrbereich bei $f = 4410$ Hz. Die Verschiebung des Filters um $T_{TP}/5$ erzeugt eine Unterabtastung mit $f_a = 10000$ Hz. Somit wird praktisch nur noch jeder 4,4-te Abtastwert für die CC-AKF verwendet.

Der Schwellwert für die CC-AKF-Codierung (-1; 0; 1) der tiefpassgefilterten Audiodaten ergibt sich - zunächst abgeleitet aus dem Maximalwert einer Sinusfunktion - mit $M_{CC} = 1{,}41$, separat für jedes Segment nach Gl. (4.35):

$$SW_{CC-AKF} = M_{CC} \cdot |\overline{s_{TPu}}|. \tag{4.35}$$

Die anschließende CC-AKF (s. Abschnitt 4.1.2) für die geclippten Daten liefert die Position des Maximums und damit die Grundperiodendauer T_G.

Auch am Ende der CC-AKF wird sicherheitshalber noch einmal ein Schwellwert für die stimmhaft/stimmlos Entscheidung gesetzt. $SW_{ss2} = 2$ ms bedeutet hier, dass die Periodendauer, die mit der CC-AKF ermittelt wurde und kleiner als SW_{ss2} ist, einem stimmlosen Laut zuzuordnen ist.

Signalsingularitäten

Für den Erhalt von kurzen Plosivlauten wird weiterhin mit den ermittelten Segmentmaxima und -mittelwerten eine Kennzeichnung transienter Signalformen durchgeführt. Ziel ist es, wie bereits in FVI realisiert, diese überwiegend kurzen, energiereichen und für die Verständlichkeit wichtigen Laute bei der Sprechratenskalierung zu erhalten.

Für die Klassifizierung dieser Phone wurde ein Bewertungsmaß M_{SG} entwickelt, dessen Schwellwertüberschreitung die transienten Lautanteile (Singularität) in einem Phonsegment markieren soll. Verglichen werden die Maxima- und Mittelwerte benachbarter zentraler Lautsegmente (s. S_{SZ1} bis S_{SZ4} in Abbildung 4.25).

Das Bewertungsmaß setzt sich aus den beiden Teilbewertungen M_{SG1}und M_{SG2} zusammen, die aus den Maxima und Mittelwerten der Betragsfunktion $|s(n)|$ des jeweiligen Segments berechnet werden:

$$M_{SG1} = \max\left(\frac{\overline{|s_{SZn-1}|}}{\max s_{SZn-1}}, \frac{\overline{|s_{SZn+1}|}}{\max s_{SZn+1}}\right) - \frac{\overline{|s_{SZn}|}}{\max s_{SZn}}. \tag{4.36}$$

Zunächst werden in Gl. (4.36) die Differenzen zwischen den Verhältnissen von Betragsmittel- und Maximalwert des zu beurteilenden zentralen Lautsegmentes S_{SZn}und dem Maximum der Nachbarn S_{SZn-1} oder S_{SZn+1} gebildet. Ein Verhältnis zwischen Mittel- und Maximalwert wird sehr klein, wenn der Maximalwert in einem Segment als transienter Peakwert auftritt, und es konvergiert gegen den Wert 1, wenn sich die Mittel- und Maximalwerte kaum voneinander unterscheiden. M_{SG1}bewegt sich im Bereich von -1 bis 1 und bedeutet:

- $M_{SG1} = -1$: $S_{SZn\pm1}$ mit transientem Peak, S_{SZn} kein herausragendes Maximum,
- $M_{SG1} = 0$: $S_{SZn\pm1}$ mit transientem Peak, S_{SZn} mit transientem Peak,
- $M_{SG1} = 1$: $S_{SZn\pm1}$ kein herausragendes Maximum, S_{SZn} mit transientem Peak.

Der Wert $M_{SG1} = 1$ beschreibt in Gl. (4.36) demnach die höchste Singularität im Segment S_{SZn}. Abbildung 4.26 a) und e) veranschaulicht eine zu markierende Singularität. Nehmen Maximum und Mittelwert sowohl in $S_{SZn\pm1}$ als auch in S_{SZn} fast gleiche Werte an (Abbildung 4.26 e), wird M_{SG1} negativ.

Es soll jedoch auch der Fall für die Skalierung beachtet werden, wenn das zu markierende Maximum in S_{SZn} in einem sehr leisen Laut auftritt, wie es überwiegend bei Verschlusslauten der Fall ist. Hier wurde ein zweites Bewertungsmaß in Gl. (4.37) entwickelt, das die Mittelwerte der benachbarten Segmente vergleicht.

$$M_{SG2} = \begin{cases} 1 - \dfrac{\overline{|s_{SZn}|}}{\max\left(\overline{|s_{SZn-1}|}, \overline{|s_{SZn+1}|}\right)} & \text{für } \max\left(\overline{|s_{SZn-1}|}, \overline{|s_{SZn+1}|}\right) > \overline{|s_{SZn}|} \\ \dfrac{\max\left(\overline{|s_{SZn-1}|}, \overline{|s_{SZn+1}|}\right)}{\overline{|s_{SZn}|}} - 1 & \text{für } \max\left(\overline{|s_{SZn-1}|}, \overline{|s_{SZn+1}|}\right) \leq \overline{|s_{SZn}|}. \end{cases} \tag{4.37}$$

Sind die benachbarten Mittelwerte sehr hoch, greift der obere Teil der Gl. (4.37) und M_{SG2} liegt in der Nähe vom Maximum 1. M_{SG2} besitzt einen Wertebereich von -1 bis 1:

- $M_{SG2} = -1$: S_{SZn} mit sehr hohem Mittelwert gegenüber $S_{SZn\pm1}$,
- $M_{SG2} = 0$: Mittelwerte von $S_{SZn\pm1}$ und S_{SZn} sind gleich,
- $M_{SG2} = 1$: S_{SZn} mit sehr niedrigem Mittelwert gegenüber $S_{SZn\pm1}$.

Abbildung 4.26 d) verdeutlicht ein Beispiel für das Maß M_{SG2}, das größer als Null wird, wenn das zu bewertende Maximum von sehr leisen Lauten umgeben wird.

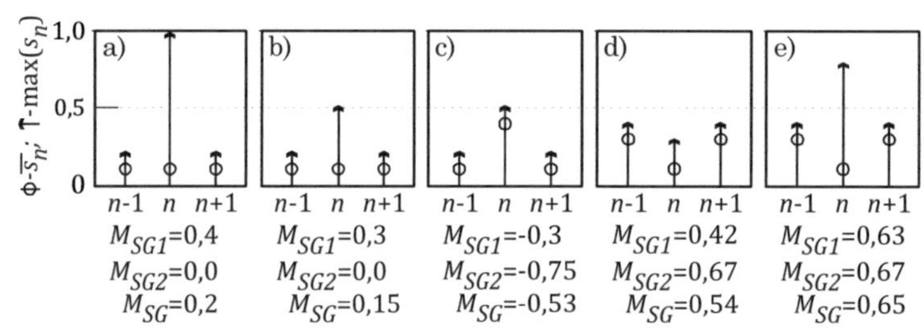

Abbildung 4.26 *a) b) c) d) e): Unterschiedliche Mittel- und Maximalwerte in den zentralen Subsegmenten n-1 bis n+1 und die daraus berechneten Bewertungsmaße M_{SG} für die Singularitäten im zentralen Subsegment n*

Die Kombination der Bewertungsmaße M_{SG1} und M_{SG2} vollzieht sich in einem zu berechnenden Wert M_{SG}, laut Gl. (4.38):

$$M_{SG} = 0{,}5(M_{SG1} + M_{SG2}). \tag{4.38}$$

Die Halbierung der Summe beider Werte normiert den Wertebereich des Gesamtbewertungsmaßes wiederum auf den Bereich von -1 bis 1. Wie in Abbildung 4.26 a) bis e) ersichtlich, bewegen sich die markanten Maxima des Subsegmentes n oberhalb des Wertes von $M_{SG} = 0$. Ein sehr hoher M_{SG} bedeutet, dass in S_{SZn} ein hohes Maximum in einem sehr leisen Laut gegenüber den Nachbarsegmenten auftritt. Für die Erhaltung transienter Lautanteile anhand des zu markierenden Maximums kann nun ein Schwellwert für den berechneten M_{SG} angegeben werden. Für die Skalierung wurde ein Wert von $M_{SG} = -0{,}1$ festgelegt, über dem ein Transient markiert werden soll.

Das Sprachsignal wurde nun analysiert, segmentiert und klassifiziert. Der Analysekanal enthält alle Informationen, um eine lautabhängige skalierte Wiedergabe zu ermöglichen.

4.2.4 PARAMETERVALIDIERUNG

Lautsegmentgrenzen

Die Genauigkeit der Analyseparameter bezüglich ihrer Lautsegmentierung und -klassifizierung soll zunächst noch für verschiedene Sprecher, Dialekte und Aufnahmebedingungen validiert werden. Als Referenz dient die manuelle Segmentierung und Klassifizierung der Sprachaufnahmen. Es sollen hier jedoch einige der zahlreichen Arbeiten erwähnt werden, die sich - im Zusammenhang mit der Spracherkennung und Sprachsynthese - mit der Segmentierung, Klassifizierung und dem Labeln von akustischen sprachlichen Äußerungen beschäftigen [Kip96],[Wes96],[Kie97],[Hos00],[Stö02]. In der Spracherkennung muss bei unbekannter graphemischer Vorlage nur die Lautfolge erkannt werden. Dieses funktioniert in der Regel mit den trainierten akustischen Vorlagen und statistischen Modellen, beispielsweise von Hidden-Markov-Modellen oder neuronalen Netzen, bereits ausreichend gut.

Für die konkatenative Sprachsynthese muss im Gegensatz dazu die Extension der Laute einer Sprecheraufnahme und deren Diskriminierung untereinander exakt bestimmt werden, um natürlich wirkende, neue sprachliche Äußerungen des gleichen Sprechers oder der Sprecherin zu generieren. Für diese Verwendung der Lautsegmentierung existiert eine graphemische Vorlage, die die Trainingsmuster bereits eingrenzen kann.

In der hier angewendeten freien Segmentierung liegen weder akustische Muster von Trainingsdaten, noch die Lautsprachengrapheme mit den entsprechenden Ausspracheregeln vor. Trotzdem sollen zur Genauigkeitsanalyse die Ergebnisse mit den manuellen und automatischen Segmentierungs- und Klassifizierungsalgorithmen der o.a. Verfahren verglichen werden.

Die manuellen Segmentierungen von Sprachdaten und deren Klassifizierungen führen phonetische Experten mit auditiven Hilfsmitteln (z. B. Scrollen in der Audiodatei) und visuellen Darstellungen (Oszillogramm und Spektrogramm) durch. Eine reine auditive Beurteilung gesprochener Sprache stößt auf die zeitlichen physiologischen Wahrnehmungsgrenzen (Abschnitt 2.2). Selbst bei der manuellen Ermittlung erweisen sich z. B. die Koartikulationstransitionen oder die Verschlussphasen vor stimmlosen Plosiven als besonders problematisch. Weiterhin werden durch die unterschiedlichen Erfahrungen und Wahrnehmungsvermögen der segmentierenden Experten Inter-Labeler-Abweichungen erzeugt. Selbst bei der wiederholten Segmentierung und Klassifizierung derselben sprachlichen Äußerung verursacht ein Phonetiker Intra-Labeler-Distanzen

[Schie00],[Kle08]. Das lässt erwarten, dass Abweichungen zwischen instrumentell und subjektiv markierten Segmentgrenzen immer auftreten. Das Maß für die Abweichungen, sowohl manueller und als auch automatischer Grenzfixierungen, wird mittels der Häufigkeit (prozentual) innerhalb definierter Bereiche ausgewiesen. Wird ein fest vorgegebenes Intervall überschritten, ermittelt man außerdem die prozentuale Einfügungs- oder Auslassungsrate.

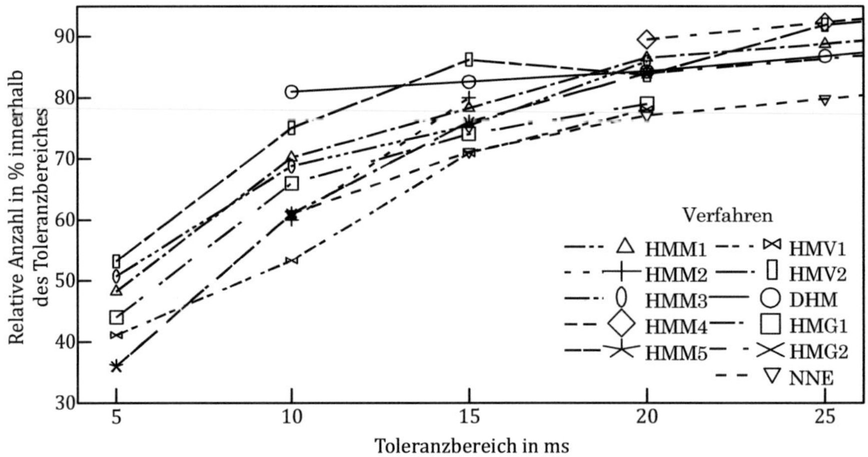

Abbildung 4.27: Prozentuale Anzahl der automatisch ermittelten Segmentgrenzen innerhalb der Abweichung zu den manuell gesetzten Segmentgrenzen mehrerer Verfahren aus [Hos00],[Wes96],[Stö02]

In Abbildung 4.27 kann man die Abweichungen derzeit existierender automatischer Segmentierungsverfahren erkennen. Dafür wurden die Werte aus den Arbeiten von [Hos00],[Wes96],[Stö02] zusammengefasst. Die Verfahren arbeiten überwiegend auf der Basis von Hidden-Markov-Modellen (HMM) (HMM1..HMM5), mit anschließendem Viterbi Algorithmus (HMV1, HMV2) oder des genetischen Algorithmus (HMG1,HMG2) sowie des HMMs mit vorgeschaltetem Dynamic Time Warping (DHM) oder nur mit einem neuronalen Netz (NNE).

Die Genauigkeit ist bei den automatischen Verfahren auch vom zu segmentierenden Sprachmaterial, dessen Aufnahmequalität sowie vom Inhalt abhängig [Stö02]. Für die Nutzung von HMMs bzw. neuronalen Netzen muss für eine erfolgreiche Initialisierung der Segmentierung eine ausreichende Basis an Trainingsdaten vorhanden sein. Wie in Abbildung 4.27 ersichtlich, treten bei einer Segmentabweichung von 20 ms, was bereits einer Lautdauer entsprechen kann, noch immer Fehlerquoten von 10 % bis 25 % gegenüber der manuellen Segmentierung auf.

Selbst beim Vergleich der manuell ermittelten Lautsegmentgrenzen mehrerer Segmentierer in Abbildung 4.28 a) gelingt keine übereinstimmende Zuordnung der Grenzen. Die Inter-Labeler-Distanzen erreichen im 20 ms Bereich immer noch eine

Unsicherheit von 10 bis 5 %, wobei auch hier unterschiedliche Werte bei unterschiedlichen Sprachaufnahmequalitäten und -inhalten generiert werden.

Der Mittelwertvergleich der manuellen und automatischen Segmentierung von Sprachdaten in Abbildung 4.28 b) verdeutlicht die um 10 % bis 20 % höhere Genauigkeit der manuellen Segmentierung im kleinen Abweichungsbereich von 5 ms bis zur hohen Abweichung von 20 ms.

Ein wichtiges Maß zur Beurteilung von Lautsegmentierungen ist die prozentuale Abweichung der Lautsegmente, die innerhalb der Toleranz von 20 ms liegen [Stö02]. Für die automatischen Verfahren liegt der Mittelwert in Abbildung 4.28 b) bei 83,3 Prozent und bei den manuellen Verfahren bei 93,8 Prozent, wobei die hohen Werte der automatischen Segmentierung in Abbildung 4.27 sehr guten Trainingsdaten und/oder einer aufwendigen Nachbearbeitung im Anschluss an die HMM-Anwendung zuzuordnen sind.

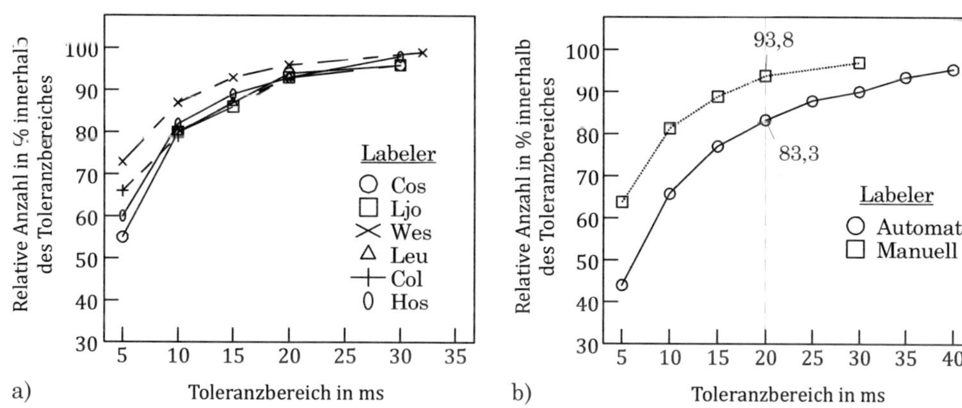

Abbildung 4.28: a) Vergleich der Abweichungen manuell ermittelter Segmentgrenzen aus [Hos00],[Wes96],[Stö02], b) Vergleich der mittleren Abweichung manuell-und automatisch gesetzter Segmentgrenzen

Die in diesem Algorithmus mit Hilfe einiger weniger signaltheoretischer Parameter erzielten Genauigkeiten der Lautsegmentgrenzen sollen ebenfalls mit einer zuvor erstellten manuellen Segmentierung verglichen werden. Als Referenz dienten die o.a. Genauigkeiten der manuellen bzw. automatischen Verfahren mit ihren entsprechenden Trainingsdaten.

Für einen Vergleich des vorgestellten einfachen Segmentierungsalgorithmus wurden fünf kurze Sätze von jeweils vier Sprechern mit unterschiedlichem Geschlecht und Dialekt aus der PHONDAT Datenbank [BAS95] entnommen sowie sechs Sätze in Studioqualität eines eigens aufgenommenen professionellen Sprechers verwendet. Dieses Sprachmaterial wurde von drei Personen manuell, das heißt auditiv und mit visuellen Hilfsmitteln wie Spektrogrammen und zeitlichen Darstellungen des Sprachsignals segmentiert und klassifiziert. Die Personen waren mit phonetischen Untersuchungen vertraut.

Die Abweichungen der drei Segmentierer (Abbildung 4.29) zueinander liegen zwischen den oben vorgestellten Mittelwerten der automatischen Verfahren und den Ergebnissen der in der Phonetik spezialisierten Segmentierer (Abbildung 4.28). Da das nun eigens segmentierte Sprachmaterial mit einer etwas höheren Genauigkeit vorliegt, als die automatischen Verfahren es bisher ermöglichen, sollen diese Segmentierungsdaten als Basis für eine Parameteroptimierung der Segmentierung in dem Skalierungsalgorithmus dienen. Die Segmentgrenzen wurden aus dem Mittelwert der drei Segmentierer als Referenz festgelegt.

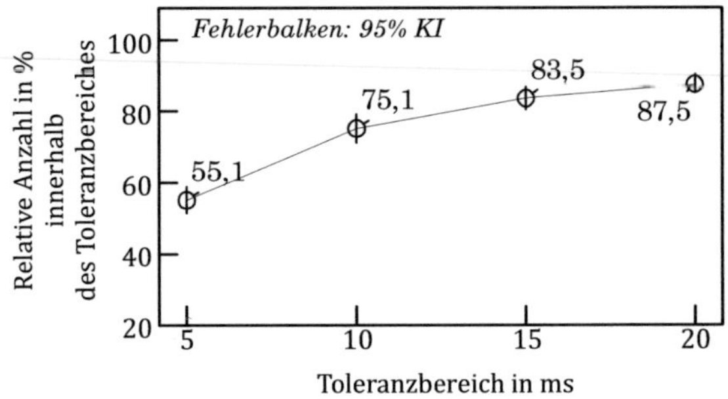

Abbildung 4.29: Mittelwert der Anzahl manueller gesetzter Segmentgrenzen innerhalb des Toleranzbereiches bis 20 ms

Wie in 4.2.2 bereits angegeben, eignen sich die zweifache Ableitung des tiefpassgefilterten Energieverlaufs und deren Maxima sehr gut, um Lautgrenzen zu detektieren. Bei der Signalanalyse und Suche der Segmentgrenzen verursachen die möglichen Funktionen und Längen der Analysefenster unterschiedliche Genauigkeiten (vgl. Abbildung 4.13). Zur Analyse der jeweiligen Betrags- und Ableitungs-Fensterfunktion sind die erzielten Genauigkeiten in Abbildung 4.30 a) dargestellt.

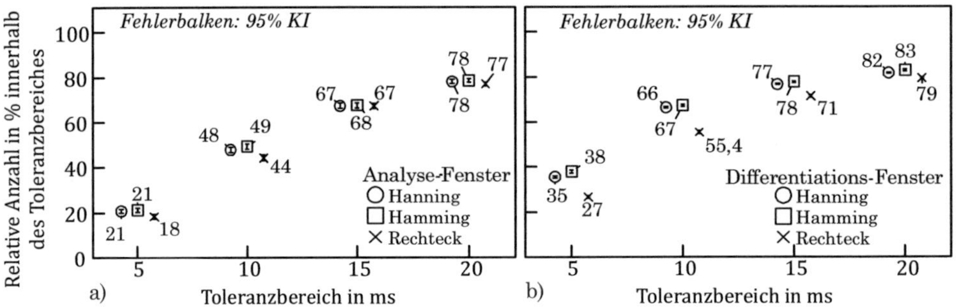

Abbildung 4.30: MW der Anzahl detektierter Segmentgrenzen innerhalb der Abweichungen bezogen auf die manuell ermittelten Segmentgrenzen abhängig von unterschiedlichen Fensterfunktionen und a) deren Variation in der Analyse, b) deren Variation bei der Differentiation

Die Darstellung erfolgt wiederum in Abweichungsintervallen von 5 bis 20 ms, in denen die ermittelten Segmentgrenzen - verglichen mit den manuell festgelegten - liegen. Die Multiplikation der Analysedaten mit dem Hammingfenster erzielte die signifikant beste Genauigkeit bei der Berechnung der Betragsfunktion (Abbildung 4.30 a) und in Abbildung 4.30 b) dessen Ableitung nach Gl. (4.23).

Mit unterschiedlichen Kombinationen der Fensterlängen für die Betragsberechnung, dessen Differentiation und der minimal vorgegebenen Lautlänge wurde weiterhin gemessen, wie die Segmentierungsgenauigkeit variiert. Das Hammingfenster wurde als Funktion in beiden Fällen beibehalten. Die minimal vorgegebene Lautlänge war die Zeit, ab der von der letzten detektierten Lautgrenze entfernt eine weitere Segmentgrenze gesucht werden durfte.

Hier zeigt sich in Abbildung 4.31, dass eine schmale Fensterung (15 ms) in der Betragsfunktion, ein breiteres Fenster für die Ableitungsberechnung (25 ms) und eine minimal anzunehmende Lautsegmentlänge von 15 ms die geringste Abweichung zu den manuell ermittelten Segmentgrenzen Abbildung 4.29 im Bereich von 5 und 10 ms erreicht (Kombination 4: 15 ms; 25 ms; 15 ms).

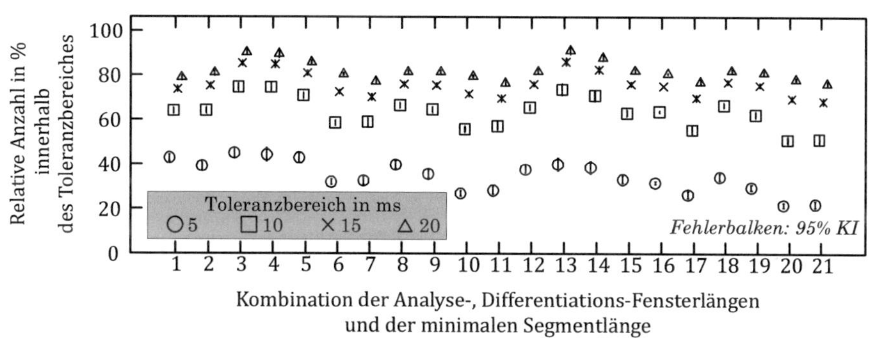

Abbildung 4.31: MW der Anzahl detektierter Segmentgrenzen innerhalb der Toleranzbereiche bezogen auf die manuell ermittelten Segmentgrenzen abhängig von unterschiedlichen Längen der Fensterfunktionen in der Betrags- und Differentiationsberechnung und des minimalen Segmentes (Kombinationen s. Anhang A9, Tabelle A.2)

Eine Änderung der Fenstergröße für die Betrags- und Ableitungsberechnung erhöht bei konstanter minimaler Lautlänge von 15 ms die Genauigkeit nicht signifikant (Kombination 13). Somit scheint die minimale Lautlänge einen entscheidenden Einfluss auf die Segmentierungspräzision zu besitzen. Wird die minimale Lautlänge auf 20 ms erhöht (Kombination 14), sinkt die Anzahl der korrekten Grenzen im 10 ms Bereich um 3 %, allerdings nicht signifikant. Eine weitere Verlängerung auf 25 ms (Kombination 15) lässt die Anzahl um 8 % auf 66 % Prozent sinken, ebenfalls noch nicht signifikant (t-Test: $p = 0{,}12$ gegenüber der Kombination 3). In Abbildung 4.30 und Abbildung 4.31 wird jedoch nicht offensichtlich, wie viele Segmentgrenzen zusätzlich oder gar nicht detektiert werden. Segmentiert man z. B. das Sprachsignal einfach alle 20 ms, könnten alle manuell festgelegten Segmentgrenzen einer dieser automatisch gesetzten Grenzen in der Nähe zugeordnet werden; die somit erreichte Abweichung beträgt dann maximal 20 ms.

Die relative Menge der zusätzlich eingeschobenen bzw. nicht detektierten Segmentgrenzen pro Segment sind für alle getesteten Kombinationen in Abbildung 4.32 a) bzw. b) verdeutlicht. Die Werte der vorgeschriebenen minimalen Lautlängen mit den Kombinationen 3, 4, 5, 13, 14 erreichen zwar die höchste Genauigkeit der Segmentlage und die geringste Fehlerrate beim Überspringen von Lautgrenzen, unterteilen aber mit 100 % zusätzlicher Grenzen im Durchschnitt jeden Laut in zwei Laute.

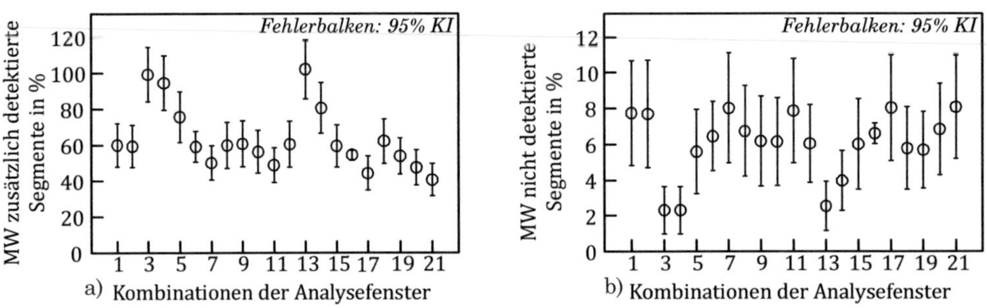

Abbildung 4.32: Relative Fehler der a) zusätzlich detektierten und b) übersprungenen Segmentgrenzen bei unterschiedlichen Fensterkombinationen (s. Anhang A9, Tabelle A.2) bezüglich jedes manuell detektierten Segmentes

Für die Skalierung des Sprachsignals ist dieser Fehler nicht dramatisch, da im Laut selbst nur ein weiterer Bereich entsteht, der nicht gekürzt werden darf. Er könnte aber durch die zusätzlichen Konkatenationsstellen zu wahrnehmbaren Artefakten führen. Für die Berechnungsgeschwindigkeit der Synthese und für die erzielbaren Skalierungsfaktoren spielt dieser Fehlerwert ebenfalls eine eher nachteilige Rolle.

Korrelation r nach Pearson	**Fensterlänge Betrags-funktion**	**Fensterlänge Ableitungs-funktion**	**Mindest-segment-länge**
Abweichung innerhalb 10 ms	-0,12*	-0,22	-0,32
zusätzliche Segmente	-0,11	-0,12	-0,29
nicht detektierte Segmente	0,02	0,06	0,13

Tabelle 4.1: Höchst signifikante (-signifikant) Korrelationskoeffizienten (nach Pearson) der Segmentierungsgenauigkeit in Abhängigkeit der drei Längenparameter*

Die Variationen aller drei Längenparameter wirken sich direkt auf die Genauigkeit der Segmentierung aus. Betrachtet wurden die Korrelationsergebnisse der drei Längenparameter und ihre Einflüsse auf die Genauigkeit innerhalb von 10 ms Abweichung zur manuell festgelegten Segmentgrenze und auf die zusätzlichen sowie nicht detektierten Segmentgrenzen in Tabelle 4.1. Die Mindestsegmentlängen 15 bis 25 ms (Abbildung 4.31: Kombinationen 3 bis 6) zeigen eine stärkere Korrelation als die Längen 15 bis 30 ms der

Betragsfensterung (Abbildung 4.31: Kombinationen 1;8;12;18) oder der Ableitungsfensterung (Abbildung 4.31: Kombinationen 8 bis 11).

Das nachfolgende Histogramm (Abbildung 4.33) soll verdeutlichen, dass Laute nicht (Anzahl=0), mit ihren korrekten Grenzen (Anzahl detektierter Segmente=1) erkannt werden oder in zwei bis sechs Segmente unterteilt werden können. Die Anzahl der Laute, die als ein Segment richtig erkannt werden, erhöht beispielsweise um 15 % bei der Ableitungsfensterlänge von 30 ms gegenüber der Länge von 20 ms, während sich die ausgelassenen Lautgrenzen (Anzahl=0) prozentual zur Lautgesamtmenge nur geringfügig erhöhen.

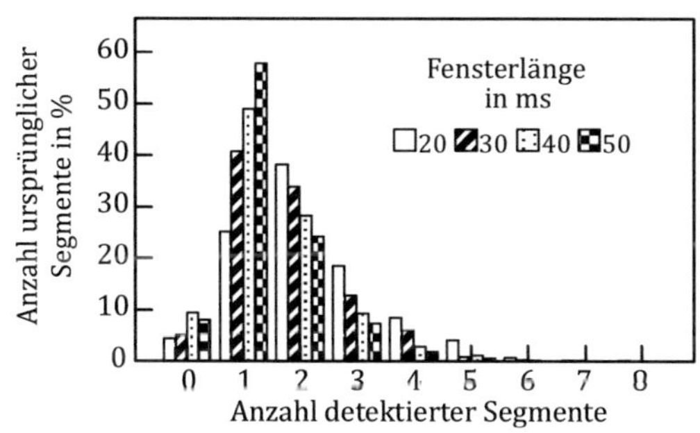

Abbildung 4.33: Prozentuale Häufigkeit der Laute mit ihrer detektierten Segmentanzahl in Abhängigkeit der glättenden Fensterlänge der Ableitungsfunktion 20 bis 50 ms, bezogen auf die Gesamtanzahl aller manuell ermittelten Laute

Die Bildung zusätzlicher Segmente korrelierte mit $r_{20ms} = 0{,}54$ bis $r_{50ms} = 0{,}39$ mit der minimalen Lautdauer stärker als mit der Fensterlänge (Tabelle 4.1). Bei einer geringen Analyselänge von 20 ms wurden bei einer Lautlänge im Bereich von 100 ms bis 150 ms durchschnittlich mehr als zwei Segmente gebildet. Bei der Differentiationsfensterlänge von 20 bis 50 ms und einer minimalen Segmentlänge von 15 ms erreichten die detektierten Lautsegmente beispielsweise im Mittel 45 % bis 75 % der Originallautlängen. Wurde die minimale Segmentlänge auf 25 ms erweitert, betrugen die detektierten Segmente durchschnittlich 63 % bis 89 % der Originallautlänge. Somit konnte ausgeschlossen werden, dass lediglich alle 15 bzw. 25 ms eine Segmentgrenze gesetzt wurde.

Anhand der gemessenen Segmentierungsfehler (Abweichung, Einschub, Auslassung) sollten die optimalen Einstellungen der Fensterkombinationen (Tabelle A.2) für weitere Analysen und Tests ermittelt werden. Die Tabelle A.3 im Anhang A9 listet die gemittelten Fehlerraten nach Fensterkombinationen (Tabelle A.2) auf. Die Kombinationen 3, 4, 13, 14 erreichten den geringsten normierten Fehlermittelwert. Allerdings wurden bei diesen vier Fensterkombinationen fast doppelt so viele Lautsegmente abgegrenzt als ursprünglich vorhanden. Aus diesem Grund wurden weitere Kombinationen, die sich in der Abweichung signifikant (Tabelle A.4) von den vier präziseren Kombinationen unterschieden, verglichen. Die präferierten Kombinationen 9: (20; 20; 25), 6: (15; 25; 25) und 12: (25; 15; 25) (Tabelle A.3, grau markiert) erreichten zwar acht bis zehn Prozent weniger Segmente innerhalb der 10 ms Abweichung, markierten jedoch nur 60 % weniger Lautsegmente, verglichen mit der manuell ermittelten Segmentanzahl. Der Fehler wurde in diesem Fall fast halbiert. Es musste jedoch wiederum eine etwas höhere Nichtdetektion (3 %) von Segmentgrenzen gegenüber den präziseren Einstellungen 3; 4; 13; 14 mit der geringen Mindestsegmentlänge in Kauf genommen werden.

Blieb die mittlere Fensterlänge bei der Betrags- und Ableitungsberechnung wie in den Kombinationen 6; 9; 12 konstant, wurden Genauigkeiten erzielt, die sich nicht signifikant voneinander unterschieden (Abbildung 4.31). Eine genauere Untersuchung, welche der beiden Kombinationsstrategien eventuell höhere auditiv wahrnehmbare Störungen hervorrufen, wird in Abschnitt 5.3.2 näher betrachtet.

Weiterhin wurde die Detektionspräzision der Lautgrenzen und deren mögliche Abhängigkeit vom Sprecher bzw. von den Lautklassen und -transitionen untersucht. Sprecherabhängig zeigten sich innerhalb der präferierten Fensterkombination 6 bei den Abweichungen der detektierten Segmentgrenzen kaum signifikante Unterschiede. Dafür ist in Abbildung 4.34 a) die mittlere relative Anzahl innerhalb einer Abweichung von 10 ms dargestellt. Sprecher 1 und 2, 2 und 5 sowie 4 und 5 unterschieden sich zwar in der detektierten Lautgrenzenabweichung bis 10 ms höchst signifikant ($p = 0$ nach U-Test, Tabelle A.7), jedoch lagen die Werte auf ähnlichem Niveau. Betrachtet man dagegen die zusätzlichen (Abbildung 4.34 b) und nicht detektierten (Abbildung 4.34 c) Segmentgrenzen, so beeinflusste die Sprecherwahl die Ergebnisse.

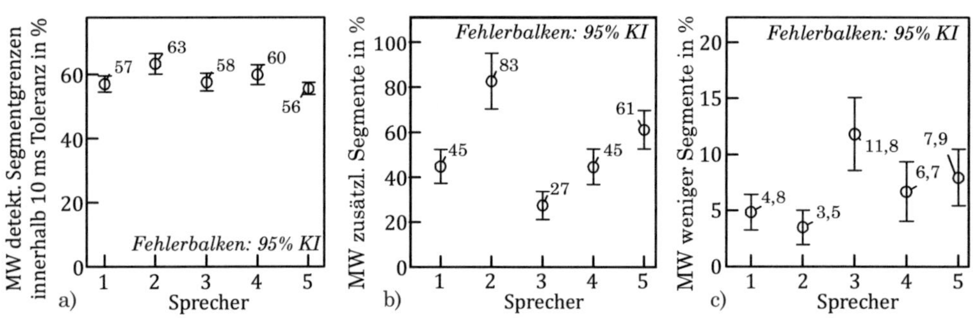

Abbildung 4.34: a) Detektierte relative Anzahl der Segmentgrenzen innerhalb einer Abweichung von 10 ms, b) zusätzlich markierte Segmentgrenzen und c) nicht detektierter Segmentgrenzen jeweils in Abhängigkeit vom Sprecher

Wie bei den unterschiedlichen, minimal festgelegten Lautlängen erfolgte bei einem Dekrement der zu viel markierten Lautgrenzen ein Inkrement der nicht detektierten Segmente (vgl. Sprecher 2 und 3 in Abbildung 4.34 b) und c). Bei Sprecher 3 wurden mit 83 % die meisten zusätzlichen Segmente erzeugt und höchst signifikant ($p = 0$, s. Tabelle A.7) 27% weniger Segmente detektiert. Sprecher 2 wurde mit der langsamsten Sprechrate von SR=2,7 Silb/s aufgenommen. Die Laute sind entsprechend länger. Wie oben bereits festgestellt, korrelierte die Anzahl zusätzlicher Laute mit der zu analysierenden Lautdauer.

Die umgekehrte Beziehung lässt sich mit der Sprechrate der einzelnen Sprecher ermitteln. Die eingeschobenen Segmentgrenzen sanken ($r = -0{,}34$) mit der Erhöhung der Sprechrate und mit der Korrelation von $r = 0{,}16$ stieg die Anzahl der nicht ermittelten Segmentgrenzen. Neben den Analysefensterkombinationen beeinflusste demnach auch die natürlich erzeugte Sprechrate bzw. die Lautdauer die korrekt detektierte Lautanzahl.

Für weitere zukünftige Einflussanalysen der Aussprache bezüglich Dialekt oder Deutlichkeit müssten weitere Aufnahmen durchgeführt und vermessen werden, in denen zumindest der Parameter „Sprechrate“, bzw. „Lautdauer“ konstant gehalten wird.

Zwischen den Lautklassen „stimmhaft“, „stimmlos“ und „Pause“ ließen sich keine Genauigkeitsunterschiede bei der Detektion feststellen. Wichtiger war die Frage, ob es bei den Klassenübergängen zu unterschiedlichen Fehldetektionen kommt. Insgesamt 531 vorhandene Lautübergänge sowie deren Detektionspräzision wurden in dem vorhandenen Sprachmaterial (Tabelle A.1) untersucht.

Bis auf den Übergang „Pause/stimmhaft“ unterschieden sich die Lautklassen in der detektierten Anzahl innerhalb einer Abweichung von 10 ms und mit den zusätzlich detektierten Grenzen nicht signifikant.

Lautübergänge	Anzahl	Relativ	bis 10 ms Abweichung	Einschub	Auslassung
Pause/stimmlos	22	4 %	82 %	63 %	10 %
Pause/stimmhaft	8	2 %	36 %	40 %	18 %
stimmlos/stimmlos	8	2 %	50 %	71 %	4 %
stimmlos/Pause	25	5 %	50 %	44 %	0 %
stimmlos/stimmhaft	84	16 %	84 %	57 %	3 %
stimmhaft/Pause	21	4 %	62 %	52 %	0 %
stimmhaft/stimmlos	70	13 %	72 %	61 %	1 %
stimmhaft/stimmhaft	293	55 %	71 %	55 %	3 %
Gesamt	**531**	**100 %**	**68 %**	**59 %**	**5 %**

Tabelle 4.2: Vorhandene Lautübergänge und deren Detektionsgenauigkeit

Die Betrachtung der nicht erfassten Lautgrenzen in der letzten Spalte der Tabelle 4.2 verdeutlicht, dass deren Anzahl jedoch klassenabhängig ist. Insbesondere nach einer Pause auftretende alveolare Verschlusslaute /d/ und /t/ wurden durch die tiefpasswirkende Fensterung nicht optimal vor ihrem Beginn erfasst, sondern erst die Änderung der Energiekurve mit der einsetzenden Stimmhaftigkeit nachfolgender Laute, wo dann das Maximum der zweiten Ableitung, bzw. die stärkste Krümmung der Energiekurve zu verzeichnen war (s. Anhang Tabelle A.8). Ein weiterer Grund kann auch die mehrfache Segmentierung der Pause vor einem Sprachsignal sein. Die Segmentierung lag dabei so ungünstig, dass der Beginn des ersten stimmhaften Lautes noch innerhalb der festgesetzten minimalen Lautlänge lag. Somit wurde dieses Maximum übersprungen. Weiterhin stellte sich auch die Lautkombination /b/ /l/ als problematisch heraus. Dieses ist eine Folge von

Plosiv und alveolarem Lateral, in der der Laterallaut mit begleiteter Stimmhaftigkeit ebenfalls nicht von einer ausgeprägten Energieänderung gezeichnet war.

Für die weitere instrumentelle und auditive Genauigkeitsanalyse der Klassifizierung werden für die Analysefensterlänge und für die Differentiationsfensterlänge jeweils 20 ms sowie für die Mindestsegmentlänge 25 ms gewählt (Kombination 9: 20; 20; 25). Diese Fensterlängenwahl ähnelt in der Segmentierungsgenauigkeit der Kombination 3: 20; 20; 15 ms, unterschied sich jedoch signifikant mit einer geringeren Anzahl von Segmenteinschüben.

Validierung der Klassifizierung

Eine fehlerhafte Lautklassifizierung und der davon abhängige Skalierungsfaktor reduzieren die Qualität der wiedergegebenen Sprache. Beispielsweise könnten Plosive, die als stimmhaft markiert werden, bei einem hohen Skalierungsfaktor eliminiert werden.

Folgende Parameter können in der Konfigurationsdatei des FVII-Algorithmus für die Klassifizierung variieren:

- **Sprach-/Pausendetektion:** Schwellwerte für die Energie und die Nulldurchgangsrate und SW_o, SW_u *und* SW_{NDR},
- **Stimmhaft/stimmlos Entscheidung:**
  - Fensterlänge für die NDP-Ermittlung zur Ermittlung der Verschiebeparameter der CC-AKF,
  - SW_{SS1}nach der Ermittlung der NDP und vor Berechnung der CC-AKF,
  - Fensterlänge und -typ für die Tiefpassfilterung vor dem Clipping,
  - Clippingfaktor für CC-AKF SW_{CC} nach Gl. (4.35),
  - Weiterer Schwellwert SW_{SS2}, verglichen mit der T_G, berechnet in der CC-AKF, zur stimmhaft/stimmlos-Entscheidung.

Die bereits in 4.2.3 angegebenen und stichprobenartig ermittelten Schwellwerte für die Sprach-/Pausenentscheidung wurden zunächst beibehalten. Interessant ist die stimmhaft-/stimmlos Entscheidung mit zu testender Variabilität der o.a. Parameter. Hierfür wurden wiederum die in der Segmentierungsanalyse verwendeten Sprachdateien herangezogen.

Zunächst wurden die Einflüsse der Segmentierungsparameter auf die Fehlerrate der Phonklassifizierung analysiert. Die Klassifizierungsfehler bestehen aus den sechs Fehlerarten, deren Werte später zur Optimierung der Klassifizierungsparameter dienen sollten. Es wurde in folgende Fehler (ursprüngliche Lautklasse wird zur detektierten Lautklasse) unterschieden:

1. Pause → stimmlos (P > sl),
2. Pause → stimmhaft (P > sh),
3. stimmlos → Pause (sl > P),
4. stimmlos → stimmhaft (sl > sh),
5. stimmhaft → Pause (sh > P),
6. stimmhaft → stimmlos (sh > sl).

Abbildung 4.35 zeigt, dass die relativ zur Anzahl der detektierten Segmente ermittelten Klassifizierungsfehler unabhängig von den gewählten Analyseparametern wie Fensterfunktionen und Fensterlängen sind. Man sieht in Abbildung 4.35 auch bereits, dass die Erkennung stimmloser Laute noch mit einer durchschnittlichen Fehlerquote von 20 % erscheint, während die Sprache/Pause-Entscheidung mit einer Fehlerquote von 1 % bereits sehr gute Ergebnisse erreichte.

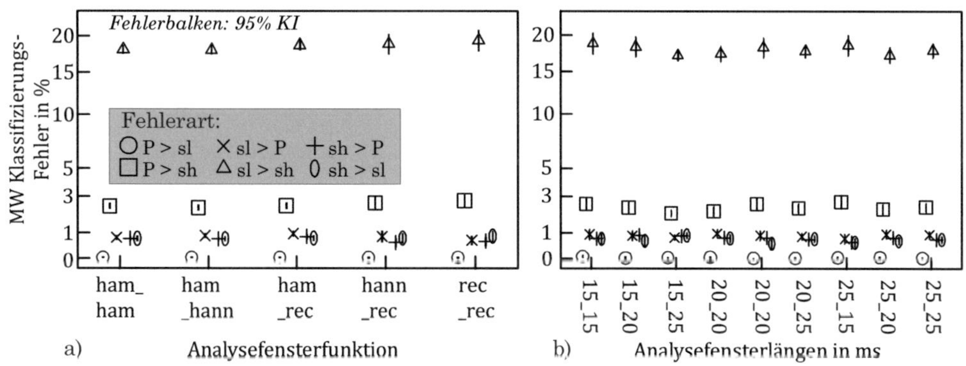

Abbildung 4.35: Klassifizierungsfehler relativ zur erkannten Segmentanzahl für a) unterschiedliche Analysefensterfunktionen und b) für unterschiedliche Analysefensterlängen

Die o.a. Klassifikationsparameter wurden bei der Variation der Segmentierungsparameter zunächst konstant gehalten. Für die weitere Klassifikationsanalyse wurden für die Segmentierung, wie in 4.2.4 beschrieben, die Einstellungen der Parameterkombination 9: 20; 20; 25 ms gewählt und konstant gehalten. Die eingesetzten Fensterfunktionen zur Tiefpassfilterung des Clipping-Signals für die CC-AKF in 4.2.3 hatte keinen Einfluss auf die Genauigkeit der Lautklassifizierung (Abbildung 4.36 a).

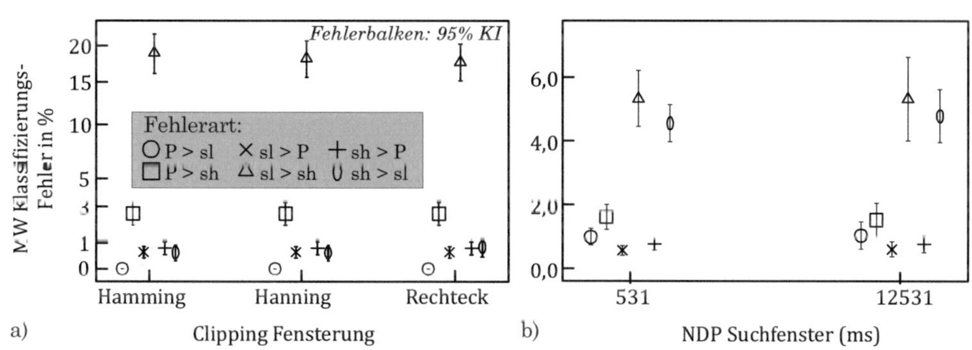

Abbildung 4.36: Klassifizierungsfehler bei Variationen der a) Clipping-Fensterfunktion und b) der Suchfensterlänge bei der NDP Ermittlung

Auch die vor der AKF stattfindende NDP-Suche mit variablen Suchfenstern, die zur automatischen Ermittlung der Verschiebeparameter der CC-AKF dienen, wirkte sich nicht auf unterschiedliche Detektionsergebnisse der Lautklassen aus (Abbildung 4.36 b). Hier wurde eher ein Geschwindigkeitsunterschied in der Berechnung der AKF erwartet.

Der Bewertungsfaktor M_{cc} für die Berechnung des Clippingwertes für die CC-AKF beeinflusste nach Abbildung 4.37 a) und b) die Klassifizierungsgenauigkeit. Der mit dem Mittelwert $\overline{E_{TP}(n)}$ innerhalb eines Lautsegmentes multiplizierte Faktor M_{CC} erreichte nur eine minimale Fehlerquote von ca. 13 %. Wurde der Faktor wie in Abbildung 4.37 a) weiter erhöht, sanken zwar die stimmlos/stimmhaft Fehldetektionen, jedoch stiegen die stimmhaft/stimmlos Fehler bei einem Wert von $M_{CC} = 2{,}61$ wieder an

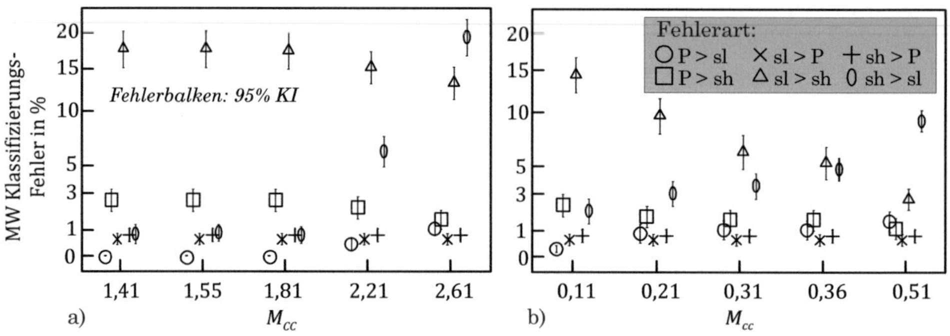

Abbildung 4.37: Klassifizierungsfehler in Abhängigkeit des gewählten Clippingfaktors M_{cc} multipliziert mit a) dem Avg und b) dem Max

Eine bessere Ermittlung des Clippingwertes und damit eine genauere Analyse in der CC-AKF erfolgte eher mit Hilfe des Maximums (Abbildung 4.37 b) innerhalb des segmentierten Lautes. Die Bewertung des Maximums mit $M_{CC} = 0{,}36$ erreichte ein Minimum in der Fehlerquote bei den stimmhaften und stimmlosen Lauten von 5 %. Damit verringerte sich auch der Aufwand der Mittelwertberechnung für jedes Segment, da das Maximum für jedes Segment bereits in der Analyse abgespeichert wurde.

Der CC-AKF wurde ein weiterer Schwellwert SW_{SS2} nachgeschaltet, der angibt, unter welcher Periodendauer T_G das Segment als stimmlos gelabelt wird. Dieser erreichte im Bereich von 2,075 bis 2,143 ms die in Abbildung 4.37 b) dargestellten *stimmhaft zu stimmlos* und *stimmlos zu stimmhaft* Fehler von minimal ca. 5%.

4.2.5 Skalierte Sprachausgabe mit dynamischem Skalierungsfaktor

Nach der Segmentierung des Sprachsignals und der Klassifizierung der einzelnen Segmente erfolgt zum Abschluss die skalierte Sprachausgabe. Diese wurde wiederum, wie in Abschnitt 4.1.4 für das lineare Skalierungsverfahren FVI, mit Hilfe des TD-PSOLA-Verfahrens realisiert. Dafür sind die Markierungen zu ermitteln, an denen das Sprachsignal aufgetrennt wird und mit späteren oder vorhergehenden Markierungen überlappt werden soll. Die Markerlagen werden in den stimmhaften Lauten von der Periodizität des

Grundfrequenzverlaufes determiniert. Bei stimmlosen Lauten und Pausen wurden die Abstände der Dissoziationsstellen vereinfachend durch den zweifachen Klassifizierungsschwellwert (*NDP*) angenommen. Bei benachbarten, stimmhaften Lauten wurden die Markerpositionen allerdings durch Interpolation angeglichen.

Bei der linearen Skalierung in 4.1.1, Abbildung 4.2 werden zur echtzeitfähigen, nutzerabhängig skalierten Sprachausgabe die Analyse- und Wiedergabeprozesse jeweils in einer Schleife abgearbeitet. Bei der nichtlinearen Skalierung erfolgt die Analyse für die Audiodatei zunächst komplett mit anschließender Speicherung der Analysedaten in einem zusätzlichen Audiokanal der Datei selbst. Zur echtzeitfähigen Skalierung werden in FVII der Analyseprozess und Syntheseprozess zeitlich getrennt ausgeführt und sind somit für verschieden Schleifen R_L parallel ausführbar (s. Abbildung 4.38).

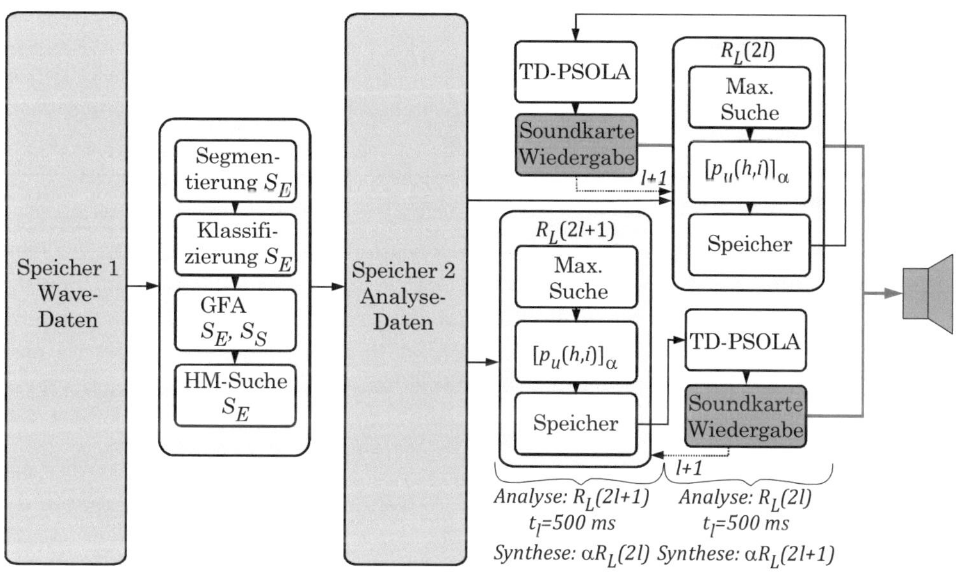

Abbildung 4.38: Verarbeitungsschritte bei der Audiodatenskalierung in FVII in zwei parallel arbeitenden Schleifen L bis zur Sprachausgabe über die Soundkarte

Im ersten Schleifendurchlauf $R_L(2l)$ mit $l = 0$ werden in 500 ms:

- die GF-Marker M_{GF} in jedem Lautsegment von jedem Hauptmaximum aus detektiert,
- der Ausgabevektor (wiederzugebende M_{GF} entsprechend des segment- und nutzerabhängigen Skalierungsfaktors α) in den Speicher geschrieben.

In der darauffolgenden Schleife $R_L(2l+1)$ mit $l = 0$ werden:

- die wiederzugebenden Lautsegmente mit TD-PSOLA zusammengeführt,
- die skalierten Audiodaten zur Ausgabe an die Soundkarte übergeben.

Während der Wiedergabe des ersten Schleife $R_L(1)$ werden parallel die GF-Marker $[p_u(h,i)_\alpha]$ von $R_L(2)$ ermittelt.

Der Unterschied zur linearen Skalierung besteht im skalierten Ausgabevektor, der die Marker impliziert. Die zu berücksichtigenden zugehörigen Sprachsegmente unterscheiden sich gegenüber der linearen Skalierung im Verhältnis zu den verworfenen Maximummarkern je nach Lautanregung (stimmhaft, stimmlos, keine).

Zunächst müssen die GF-Marker $p_u(i)$, deren Abstände die Periodendauer T_G der Grundfrequenz GF im Segment beschreiben, fixiert werden. Aus dem Analysekanal (Speicher 2 in Abbildung 4.38) stehen für die zentralen Lautsegmente $Se(u)$ und die benachbarten Subsegmente $Ss(u-1;u)$ und $Ss(u,u+1)$ - für den Fall, dass die Segmente nicht als Sprechpause deklariert wurden - folgende Informationen zur Verfügung:

- *Linkes Subsegment* $Ss(u-1;u)$: Position n der Laut- und Subsegmentgrenze, GF-Periode T_G (stimmlos: $T_G = 0$),
- *Zentrales Lautsegment* $Se(u)$: Position und Singularitätsgewichtung des Amplitudenmaximums (HM), GF-Periode T_G (stimmlos: $T_G = 0$),
- *Rechtes Subsegment* $Ss(u;u+1)$: Position n der Laut- und Subsegmentgrenze, GF-Periode T_G (stimmlos: $T_G = 0$).

Die Bildung des Markervektors (Pitchvektor) $[p_u]$ beginnt in einem Segment mit der Festlegung der Suchgrenzen im Segment. Die linke Grenze hängt vom letzten gefundenen M_{GF} im vorhergehenden Segment ab. In Abbildung 4.39 a) stellt dieses $M_{GF}(5)$ des Segments Se_{u-1} dar. Der bereits analysierte Signalbereich ist in Abbildung 4.39 a) schwarz markiert. Die rechte Grenze bildet zunächst das Maximum, das innerhalb des T_{GSS}-Bereiches von der rechten Segmentgrenze bis zur Segmentmitte liegt, jedoch noch keinen GF-Marker repräsentiert.

Die Suche der GF-Marker im Segment $Se(u=0)$ beginnt am Amplitudenmaximum des zentralen Lautsegmentes (Abbildung 4.39 a). Mit der zum Segment zugehörigen gespeicherten Grundfrequenzperiode $T_G(u)$ wird in Richtung der beiden Subsegmente im Bereich von 0,9 $T_G(u)$ bis 1,1 $T_G(u)$ nach weiteren Amplitudenmaxima gesucht.

Diese werden dann markiert. Der Suchbereich wird nach jedem gefundenen Marker durch eine interpolierte T_G zwischen der gespeicherten $T_G(u)$ des zentralen Segmentes $Se(u)$ und den jeweiligen T_G der Subsegmente $Ss(u-1;u)$ und $Ss(u;u+1)$ angepasst (Abbildung 4.39 b).

An den Segmentgrenzen wird die Überschreitung durch einen neuen $p_u(i)$ -Marker-Suchbereich wie folgt behandelt: Links wird der letzte gesetzte Marker im Segment $Se(u-1)$ beibehalten und der letzte gefundene Marker in $Se(u)$ verworfen, wenn der Abstand beider Marker kleiner als $0{,}9T_{Gu-1}$ ist. Rechts endet die Suche mit dem letzten Maximum vor der Segmentgrenze.

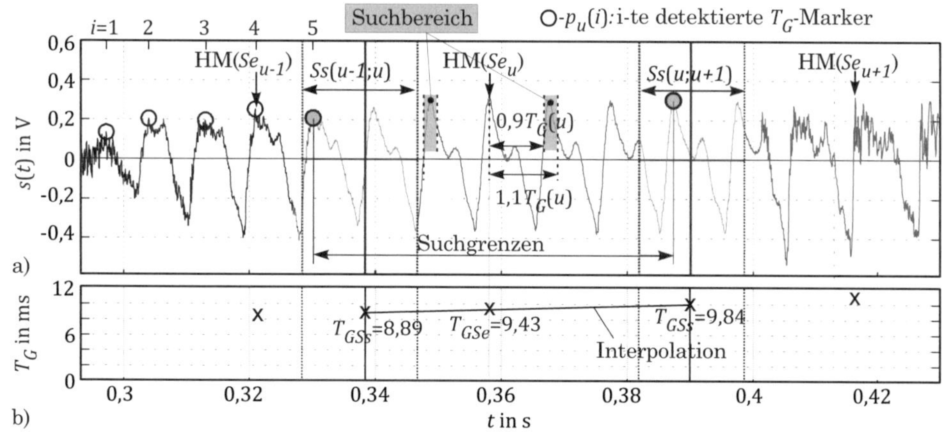

Abbildung 4.39: a) Suche der Grundperiodenmarker T_G für die skalierte Wiedergabe in Se(u) b) gespeicherte T_G-Perioden in den Segmenten Se und Subsegmenten Ss mit Interpolation für die Maximasuche

Nach der Detektion aller I GF-Marker in einem Segment (Bsp.: $I = 4$ für das Segment Se_u in *Abbildung 4.40*) werden die GF-Marker zeitlich sortiert und im Markervektor $[p_u(i)]$ gespeichert, der jetzt nur noch die Samplenummern der Position i enthält und im Bereich der Subsegmente für deren Kennzeichnung als negativer Wert abgespeichert wird:

$$[p_u(i)] = [n_i; n_{i+1}; \dots; n_I]. \tag{4.39}$$

Für das Beispiel in Abbildung 4.40 wäre der Markervektor:

$$[p_u(i)] = [-n_3; n_2; n_1 = n_{HM}; n_4; n_5; -n_6]. \tag{4.40}$$

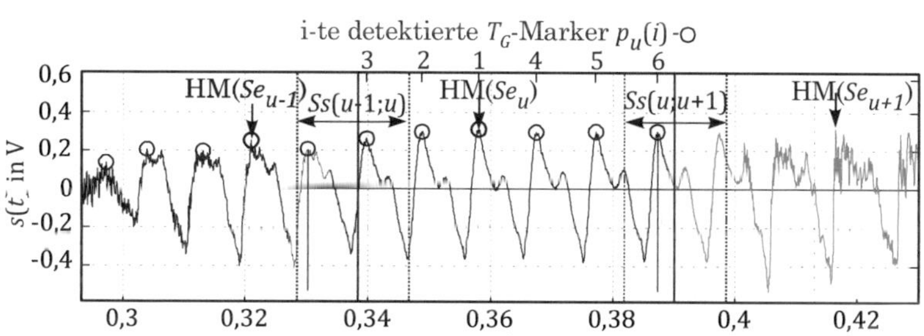

Abbildung 4.40: Detektion der T_G-Marker (unsortiert) für die skalierte Wiedergabe in Se_u

Mit diesem Vektor und der Position des HM wird die skalierte Ausgabematrix $[p_u(i)]_\alpha$ generiert. Hierbei sollen folgende nutzer- und signalabhängige Restriktionen Berücksichtigung finden:

- Erhalten des Hauptmaximums HM eines Segmentes ab einem bestimmten Singularitätsschwellwert M_{SG} innerhalb der Dauer von mindestens zweimal der T_G,
- Skalierungsverhältnis zwischen Sprache/Pause α_S/α_P,
- Skalierungsverhältnis zwischen stimmhaft/stimmlos α_{SH}/α_{SL},
- möglichst keine Löschung von T_G-Markern in den Subsegmenten, bzw. Lautübergängen,
- für die gesamte Audiodatei globaler Skalierungsfaktor α, aber dynamisch veränderbarer Skalierungsfaktor α in jedem Segment.

Der ursprünglich geschwindigkeitsbezogene Skalierungsfaktor α muss reziprok auf die Audiosignallänge bzw. zu verbleibende Sampleanzahl in der Ausgabedatei angewendet werden. Zur besseren Übersichtlichkeit wird demzufolge ein längenbezogener Skalierungsfaktor γ benutzt, wie er in Gl. (3.68) eingeführt wurde.

Die aufgeführten Restriktionen erfordern bei einem global konstanten Skalierungsfaktor eine nutzer- und signaladaptive dynamische Steuerung zur Generierung des Ausgabevektors. Dieser Vektor - eine vierzeilige Matrix - enthält die zu übernehmenden GF-Marker, die in der Synthese überblendend zusammengefügt werden. Diese Matrix wird wie folgt in Gl. (4.41) definiert:

$$[p(h,i)]_\alpha = \begin{bmatrix} N_i \\ n_i \\ T_{G-i} \\ T_{G+i} \end{bmatrix}. \tag{4.41}$$

In den Zeilen h der Ausgabematrix werden folgende Informationen gespeichert:

1. Anzahl des zu verwendenden GF-Markers M_{GF} (bei Dehnung $N_i > 1$),
2. Markerposition als Samplenummer der Sprachdatei,
3. T_{G-} vor dem Marker,
4. T_{G+} nach dem Marker.

Vor der Synthese wird eine weitere Audio-Analysespur initialisiert, die parallel in eine wav-Datei geschrieben werden kann. Hier sind an der Sampleposition n die zu verwendende Anzahl für den GF-Marker, in dem Sample n-1 der Wert für T_{G-} und im Sample n+1 der Wert für T_{G+} gespeichert. Somit kann diese Audiodatei ohne vorangestellte Analyse, allerdings mit vorzugebenden Skalierungsfaktoren, skaliert wiedergegeben werden.

Vor der Bildung des Ausgabevektors in jedem Segment muss der Skalierungsfaktor zur Sicherstellung des global eingestellten γ und durch den sich ändernden lokalen Skalierungsfaktor in jedem Loop neu berechnet werden.

Für den globalen Skalierungsfaktor γ gilt mit der Gesamtsampleanzahl N_{ges} und den entnommenen Samples ΔN:

$$\gamma = \frac{N_{ges} - \Delta N}{N_{ges}}. \tag{4.42}$$

Mit den bisher skalierten Segmenten und den gerade übernommenen Samples der Subsegmente lässt sich der erreichte Skalierungsfaktor mit dem gewünschten Skalierungsfaktor vergleichen. Die Übernahme von GF-Markern innerhalb des Segmentes wird entweder abgebrochen oder es werden GF-Marker wiederholt.

Aus der Segmentierungs- und Klassifikationsanalyse wird für jede Schleife die Sampleanzahl der Klassen Pause N_P, stimmhaft N_{sh} und stimmlos N_{sl} übergeben. Innerhalb des Loops werden die Skalierungsfaktoren für die einzelnen Klassen berechnet. Vom Nutzer kann paarweise ein Skalierungsverhältnis $g_{sh,sl}$ jeweils für die Klassen stimmhaft/stimmlos oder g_{PS} für die Klassen Pause/Sprache eingegeben werden. Der erste Ansatz für die Berechnung zweier ins Verhältnis gesetzter Klassen (Index 1 und 2) ergibt sich mit der vorhandenen Sampleanzahl N_{ges} und der zu kürzenden Sampleanzahl ΔN:

$$N_1 + N_2 = N_{ges}, \tag{4.43}$$

$$\Delta N_1 + \Delta N_2 = \Delta N. \tag{4.44}$$

Wird Gl. (4.42) auf die einzelnen Klassen bezogen, ergibt sich für Gl. (4.44):

$$N_1(1 - \gamma_1) + N_2(1 - \gamma_2) = N(1 - \gamma). \tag{4.45}$$

Der zweite Ansatz erfolgt mit dem Skalierungsverhältnis zwischen zwei Klassen:

$$\frac{\Delta N_1}{N_1} \cdot \frac{N_2}{\Delta N_2} = \frac{g}{1 - g}. \tag{4.46}$$

Die gekürzten Anteile beider Klassen ergeben in der Summe 100 %. Mit Gleichung (4.42) lässt sich das Skalierungsverhältnis auch wie in Gl. (4.46) berechnen:

$$\frac{1 - \gamma_1}{1 - \gamma_2} = \frac{g}{1 - g}. \tag{4.47}$$

Durch Substitution des Ausdrucks $1 - \gamma_2$ in Gl. (4.45) mit Gl. (4.47) ergibt sich schließlich γ_1:

$$\gamma_1 = 1 - \frac{(1 - \gamma) \cdot N \cdot g}{N_2 + g(N_1 - N_2)} \tag{4.48}$$

und umgekehrt γ_2:

$$\gamma_2 = 1 - \frac{(1-\gamma)N(1-g)}{N_2 + g(N_1 - N_2)}. \tag{4.49}$$

Um zu vermeiden, dass eine der beiden Klassen im skalierten Signal vollständig unterdrückt wird, demnach γ_1 oder γ_2 zu Null werden, müssen zunächst die Grenzbereiche von g_{min} und g_{max} ermittelt werden. Für $N_2 < N_1$ ergibt sich ein maximales Verhältnis g_{max}. Für g_{max} wird in Gl. (4.48) $\gamma_1 = 0$ gesetzt:

$$g_{max} = \frac{N_2}{2N_2 - \gamma N}. \tag{4.50}$$

Für $N_1 < N_2$ ergibt sich ein minimales Verhältnis mit g_{min}, wenn $\gamma_2 = 0$ in Gl. (4.49) gesetzt wird:

$$g_{min} = \frac{N_1 - \gamma N}{2N_1 - \gamma N}. \tag{4.51}$$

Oberhalb von g_{min} wird der Skalierungsfaktor γ_2 demnach nicht negativ.

Zuerst werden aus dem globalen Faktor γ die Skalierungsfaktoren der beiden Klassen Sprache γ_s und Pause γ_P berechnet. Für die beiden Klassen stimmhaft und stimmlos findet dann der Sprachfaktor γ_S als globaler Faktor γ zur Berechnung von γ_{sh} und γ_{sl} Verwendung.

Mit den errechneten Klassen-Skalierungsfaktoren beginnt die segmentweise Suche der Pitchmarker M_{GF}, die in der Synthese des skalierten Sprachmaterials berücksichtigt werden sollen. Unter Verwendung der o.a. Spezifikationen erfolgt zunächst die Übernahme des Hauptmaximums, sofern dessen Bewertungsmaß einen vorgegebenen Schwellwert überschreitet (s. PAP im Anhang A8). Weiterhin sollen die Pitchmarker in den Subsegmenten weitestgehend erhalten bleiben.

Nach der eventuellen Übernahme des Hauptmaximums erfolgt die erste Prüfung, ob die praktisch übernommene Sampleanzahl die theoretische und gewünschte Anzahl noch unterschreitet. Dann setzt der Übernahmealgorithmus für die verbleibenden M_{GF} ein. Beginnend an den jeweiligen Segmentgrenzen werden die aufeinanderfolgenden M_{GF} abwechselnd links und rechts vom Hauptmaximum übernommen. Nach jeder Übernahme wird die summierte, wiederzugebende Sampleanzahl mit der geforderten Anzahl verglichen. Ist die geforderte Anzahl erreicht, bricht der Suchalgorithmus ab und der Skalierungsprozess geht zum nächsten Segment über. Praktische Analysen haben hier gezeigt, dass der Beginn der Übernahme von der Segmentgrenze insbesondere bei höheren Skalierungsfaktoren $\alpha > 3$ günstiger ist, da diese mit den T_G-Elementen ausschließlich aus dem zentralen Segment kaum umzusetzen sind. Wie in Abbildung 4.40 deutlich wird, werden bereits bei $\alpha \approx 2$ die unsortierten Marker 2, 4, 5 verworfen, wenn das HM als erste Marke übernommen wird.

Kommt es auf Grund des ausgewählten Skalierungsfaktors oder durch eine sehr ungünstige Verteilung der Sprachklassen in der Sprachdatei zur Dehnung des Zeitsignals, startet der Suchalgorithmus von der gleichen Segmentgrenze ein zweites Mal. Dann wird die in die Übergabematrix $[p_u(i)]_\alpha$ übernommene Anzahl N_i der zu verwendenden Pitchmarker in Gl. (4.41) jeweils um eins erhöht, bis die geforderte Sampleanzahl erreicht ist.

Zur Ausgabe (s. Abbildung 4.38) bzw. parallelen Speicherung der Sprachdatei wird nun die Ausgabematrix in Gl. (4.41) in der letzten berechneten Schleife sequentiell abgearbeitet. Mit dem bereits beschriebenen TD-PSOLA-Verfahren in Abschnitt 4.1.4 wird jeweils an der Position n_i der Marker M_{GF} mit der Anzahl N_i übernommen und mit den Markern der Positionen n_{i-1} und n_{i+1} im Bereich von $\min[T_G(i-1)_+; T_G(i)_-]$ bzw. $\min[T_G(i)_+; T_G(i+1)_-]$ überblendet (Abbildung 4.41).

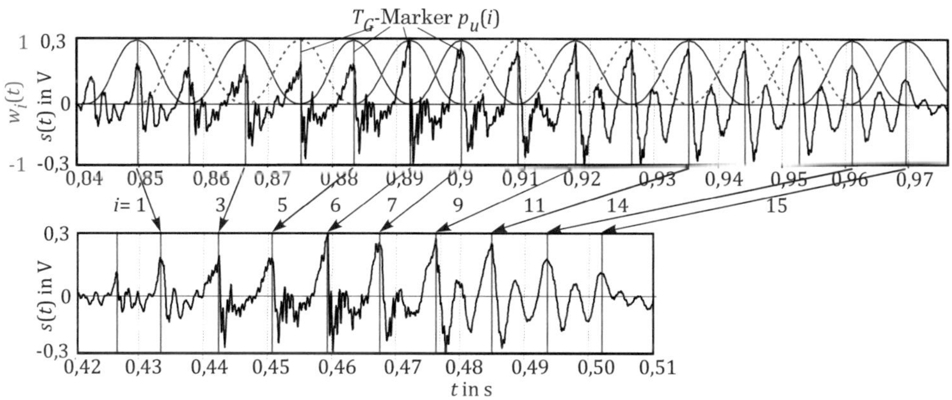

Abbildung 4.41: Zeitskalierung mittels TD-PSOLA und der GF-Marker

4.3 Begrenzung der Grundfrequenz-Dynamik

Neben der zeitlichen Skalierung des Sprachsignals soll das Signal auch noch in seiner Grundfrequenz verändert werden. Für einen Hörversuch zur Untersuchung des Einflusses der GF-Dynamik D_{GF} auf die Verständlichkeit des skalierten Sprachsignals soll die Dynamik bis zu einer monotonen Intonation reduziert werden.

Die GF-Dynamik berechnet sich einfach als die Differenz der maximalen und minimalen Grundfrequenz:

$$D_{GF} = \max(GF) - \min(GF). \tag{4.52}$$

Dafür wurde ein eigenes Tool entwickelt, das entweder vor oder nach der zeitlichen Skalierung den GF-Bereich über die gesamte Sprachdatei verringert. Gegenüber der Echtzeit-Forderung des Skalierungstools und der damit verbundenen parallelen Schleifenbearbeitung von Analyse und skalierter Wiedergabe muss bei der GF-Bearbeitung zunächst das komplette Signal analysiert werden. Nur auf diese Weise lassen sich der gesamte GF-Bereich ermitteln und die GF-Dynamik relativ zur Mittenfrequenz begrenzen.

Abbildung 4.42: Komponenten der GF-Manipulation

Der Ablauf des sogenannten GF-Dynamik-Tools ähnelt mit seinen Komponenten sehr stark den Skalierungsverfahren. Das Beispiel in Abbildung 4.43 zeigt die Reduzierung der GF-Dynamik um 50 % für den Satz: „Und er bietet ihr ein Zimmer in seiner Dachwohnung über der Buchhandlung von Onkel Hubert an.“

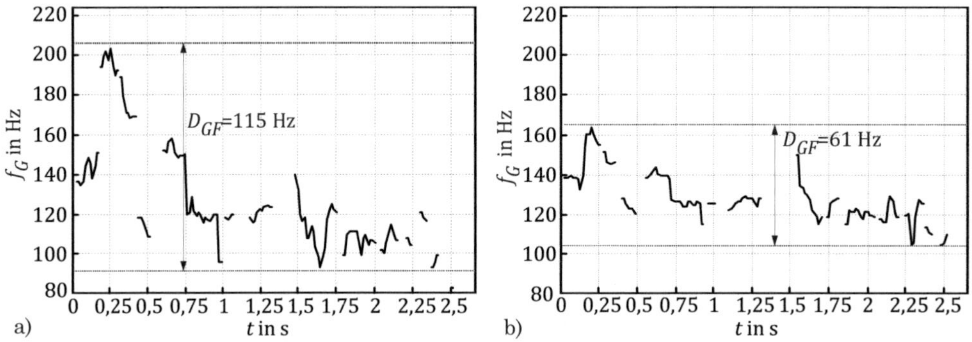

Abbildung 4.43: a) Original GF-Dynamik (entspricht 100 %) und b) Begrenzung auf 50 %

Mögliche Verfahren für die einzelnen Komponenten wurden anhand der Literatur oder mit eigenen praktischen Umsetzungen evaluiert.

4.3.1 Grundfrequenzanalyse

Die GF-Analyse (GFA) wurde bereits in Abschnitt 3.4.5 in der Vorverarbeitung des Zeitskalierungsalgorithmus TD-PSOLA eingeführt. Die in 4.1.2 verwendete Grundfrequenzanalyse mit der vereinfachten und damit aufwandreduzierten CC-AKF zeigt jedoch noch leichte Abweichungen bei der Markerbestimmung. Für die Synthese eines GF-manipulierten Sprachsignals sollten die Marker möglichst mit dem Anregungsbeginn durch die Glottis übereinstimmen, also am Ende der höchsten Glottisverengung bzw. des Verschlusses liegen [Hög06].

Folgende Probleme erschweren in der Regel die GF-Detektion, bzw. die Lagebestimmung der GF-Marker:

- das von Stimmbändern erzeugte Signal ist keine Folge von streng periodischen Impulsen,
- starke Variationen der Periodenlänge, die z. B. bereits innerhalb des Analyseintervalls einer FFT auftreten können,
- der Übergang von stimmhafter zu stimmloser Anregung ist in einem Analyseintervall schwer erkennbar, da auch häufig keine reine stimmhafte oder stimmlose Anregung, sondern eine Mischanregung stattfindet und somit keine klare Trennung von stimmhaften oder stimmlosen Lauten möglich ist,
- Einfluss der unteren Formanten auf die GF-Detektion,
- Umgebungsgeräusche behindern die GF-Analyse stark.

Der letztgenannte Fall sollte in den Untersuchungen nicht berücksichtigt werden, da von einer GF-Manipulation von unter Studiobedingungen aufgenommener Sprache ausgegangen wurde.

Wie bereits in Abschnitt 3.4.5 erörtert, erzielt die AKF sehr gute Detektionsraten bei der Erkennung der GF in ungestörten Sprachaufnahmen. Für die Übereinstimmung der detektierten GF-Marker mit dem Glottisverschluss ist jedoch noch eine Nachverarbeitung zur Eliminierung fehlerhafter Marker notwendig. Für die GF- Analyse wurde das Verfahren von *Boersma* in Betracht gezogen [Boe93], das seither als Softwarelösung weiterentwickelt wurde und in [Boe06] bereitgestellt wurde.

Ein Vergleich mit anderen Verfahren zeigte, dass der Praat-Algorithmus in der Korrektheit der GF-Lagen nur wenige Prozent in der Fehlerrate abweicht. *Sun* verwendete die dyadische Wavelet-Transformation und verglich diese allerdings nur mit der einfachen Autokorrelation ohne Nachverarbeitung von Ausreißern [Sun02]. Die erzielten GF-Verläufe der AKF- und der Wavelet-Funktion unterscheiden sich mit ihrer Einhüllenden im Diagramm nicht wesentlich. Präzisionsuntersuchungen durch Vergleich mit referenziertem Sprachmaterial wurden nicht vorgenommen. Dagegen konnte *Veprek* in seinem Vergleich von fünf GF-Bestimmungsalgorithmen für die Korrelation ohne weitere Verarbeitung eine um 6 % geringere Fehlerrate gegenüber der Wavelet-Transformation ausweisen, die sich nach einer glättenden Nachverarbeitung der Ausreißer auf 1 % verringerte [Vep02]. *Song* bestimmte die GF-Marker aus dem Amplitudenverhältnis der subharmonischen und harmonischen Amplituden [Son05] und erzielte im Mittelwert etwa 1 % bessere Fehlerraten als der Praat-Algorithmus in [Boe06]. *Naylor* erreichte mit seinem DYPSA (Dynamic Programming Projected Phase-Slope)-Verfahren eine Identifikationsrate von 94 % in einem mittels EGG (Elektroglottograph) referenzierten Sprachmaterial [Nay07]. Als Identifizierung definierte er die Erkennung eines einzelnen Markers in jedem Anregungsintervall. Die Standard-Abweichung wurde mit σ = 0,74 ms angeben, was ca. 10 % einer Periode von $GF = 130\,\mathrm{Hz}$ entsprechen würde. Verglichen wurde der Algorithmus leider nur mit etwas älteren Lösungen (1976-1995), deren Genauigkeiten weit hinter dem DYPSA-Verfahren lagen.

Einen direkten Vergleich mit dem Praat-Algorithmus findet man jedoch wiederum in [Hus08],[Kot09]. *Hussein* verwendete eine hybride Lösung, in der mittels zweier paralleler Verfahren (komplexe harmonische Filteranalyse sowie Kurzzeitanalyse mit Wavelettransformation) eventuell voneinander abweichende Marker detektiert wurden [Hus08]. Ein nachgeschalteter endlicher Zustandsautomat entschied über einen wahrscheinlichsten Marker, der übernommen wurde. Gegenüber *Praat* wurde eine um 2,4 % höher detektierte Markeranzahl (Abweichung innerhalb ± 6 ms) und 8 % bessere Genauigkeit bezüglich des Löschens und Einfügens der Marker erreicht. Mit einem mehrstufigen Verfahren in [Kot09] ließ sich gegenüber *Praat* der Genauigkeitsunterschied auf 14 % erhöhen, und die relativ detektierte Markeranzahl verbesserte sich gegenüber *Praat* auf 11,5 %. Kern der besseren Ergebnisse war ein trainiertes künstliches neuronales Netz (KNN). Dieses verbesserte die Sprach-Pausen- und stimmhaft-stimmlos-Entscheidung in der Vorverarbeitung signifikant, so dass die fehlerhaften Marker in stimmlosen oder Übergangsbereichen verringert wurden.

Auf Grund des Aufwandes eines zu trainierenden KNN in [Kot09], des nicht sehr großen Unterschiedes in [Hus08] und im Hinblick auf eine echtzeitfähige Grundfrequenzmanipulation wurde das Praat-Verfahren zur GF-Analyse verwendet. Die Entscheidung wurde auch durch die einfache scriptbasierte Implementierung der GF-Analyse aus [Boe06] in das D_{GF}-Tool beeinflusst.

In Abbildung 4.44 sind die Komponenten des verwendeten *Praat*-Algorithmus zur Markierung der GF-Marker aufgeführt und sollen nachfolgend grob skizziert werden. Zunächst erfolgt nach [Boe93] in der Vorverarbeitung eine Tiefpassfilterung durch Transformation in den Frequenzbereich und eine lineare Dämpfung der Frequenzwerte von 0,95 f_{Ny} bis f_{Ny} von eins bis null, um die Nebenzipfel der Fensterung zu entfernen. Anschließend wird in [Boe93] die inverse FFT mit einer Ordnung höher verwendet, um die Genauigkeit etwas verbessern. Das Zeitsignal wird nun in Frames mit einer Länge von mindestens drei Periodenlängen segmentiert, von jedem Sample der Mittelwert des Segmentes subtrahiert und mit dem Hanning-Fenster multipliziert.

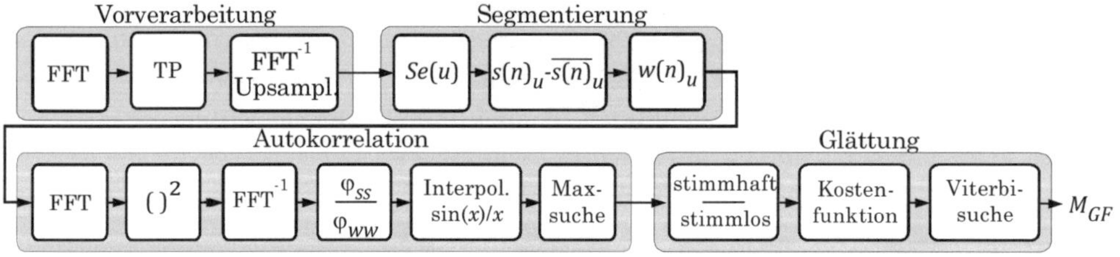

Abbildung 4.44: Komponenten des GF-Analyse- Algorithmus in Praat nach [Boe93]

Die Autokorrelation jedes Frames wird mit Hilfe der inversen FFT des Leistungsdichtespektrums berechnet. Die AKF der Sprachsignalframes, durch die AKF der Fensterfunktion dividiert, verringert einerseits den Einfluss der Harmonischen auf das erste Maximum der AKF und damit der Grundfrequenzperiode. Andererseits wird das Verfahren robuster gegenüber Rauscheinflüssen.

Eine Genauigkeitserhöhung der Maxima in jedem Frame erreicht man in [Boe93] durch die Interpolation zwischen den diskreten Werten der AKF mit Hilfe der Spaltfunktion $\sin(x)/x$. Für die stimmhaft/stimmlos- bzw. Sprache/Pause-Entscheidung muss jeweils ein vorgegebener Schwellwert von den Kandidaten der AKF-Maxima überschritten werden.

Zur Glättung möglicher Ausreißer (großer Frequenzsprünge) sowie zufälliger stimmhafter oder stimmloser Entscheidungen führte *Boersma* für jeden möglichen M_{GF}-Kandidaten im Frame eine Kostenfunktion ein. Mit Hilfe des Viterbi-Algorithmus markiert der Pfad der geringsten Summe aller Kostenfunktionen die Auswahl der M_{GF}-Kandidaten.

Die M_{GF}-Kandidaten werden von Praat innerhalb eines Scriptes einer einfachen Textdatei übergeben und können in eigenen Programmen weiterverwendet werden.

4.3.2 Berechnung der Grundfrequenz-Dynamik D_{GF}

Die Berechnung einer neuen D_{GF} bedarf zunächst der Suche nach der maximalen und minimalen Grundfrequenz in den übergebenen GF-Markern. Die Berechnung einer neuen D_{GF} erfolgt anhand des gewünschten und eingestellten Frequenz-Skalierungsfaktors ε. Eine Skalierung der Frequenz muss jedoch gehörrichtig und damit logarithmisch erfolgen [Zwi99].

Die Übergabe der Pitchmarken erfolgt aus dem Script mit einer Textdatei. Die Pitchwerte sind als Beispiel in der zweiten Spalte der Tabelle 4.3 enthalten.

i	t_i in ms	$T_G = t_{i+1} - t_i$ in ms	$GF = 1/T_G$ in Hz
1	0	0,0083	120
2	0,0083	0,0083	120
3	0,0166	0,0084	119
4	0,025	0,1851	5
5	0,2101	0,0056	170
6	0,2157	0,0055	182
7	0,2212	-	-

Tabelle 4.3: *Einfache Übergabe der GF-Marker in Spalte t_i aus dem Praat-Script als Textdatei*

Wie in der Spalte der GF bereits ersichtlich, dürfen die Marker nach stimmlosen oder Pausenbereichen durch Schwellwertentscheidung für die D_{GF}-Berechnung nicht berücksichtigt werden. Die Berechnung der mittleren Grundfrequenz GF_m erfolgt nach Gl. (4.53) zunächst logarithmisch nach [Zwi99],[Vei88]:

$$GF_m = 2^\wedge\left(\frac{\sum_{i=1}^{I-1} ld\big(GF(i)\big)}{I-1}\right). \tag{4.53}$$

Angenommen, die untere Grundfrequenz beträgt $\min(GF) = 50$ Hz und die obere Grundfrequenz $\max(GF) = 200$ Hz, dann ergibt sich als arithmetisches Mittel $\overline{GF} = 125$ Hz. Wahrnehmungskonform entspricht die Differenz zwischen der unteren und der oberen GF genau zwei Oktaven, so dass die Mittenfrequenz eine Oktave über der unteren Frequenz $\min(GF)$ bei $GF_m = 100$ Hz korrekt wäre. Die Logarithmierung der einzelnen GF und die Potenzierung der gemittelten Summe bedeuten jedoch wiederum einen erhöhten Berechnungsaufwand. Aus diesem Grund wurden die gehörrichtige mittlere Frequenz und das arithmetische Mittel nach Gl. (4.54) von 47 Sprechern aus der *PHONDAT*-Datenbank [BAS95] analysiert und deren Abweichungen zueinander ermittelt:

$$\overline{GF} = \frac{\sum_{i=1}^{I-1} GF(i)}{I-1}. \tag{4.54}$$

Für die weiblichen und männlichen Sprechergruppen ergaben sich nach Abbildung 4.45 a) und nach den Gleichungen (4.53) und (4.54) zwar unterschiedliche GF-Mittelwerte, jedoch waren in beiden Gruppen die Differenzen zwischen dem Mittelwert $\overline{GF}$ und GF_m nach Gl. (4.53) sehr gering (Abbildung 4.45 b).

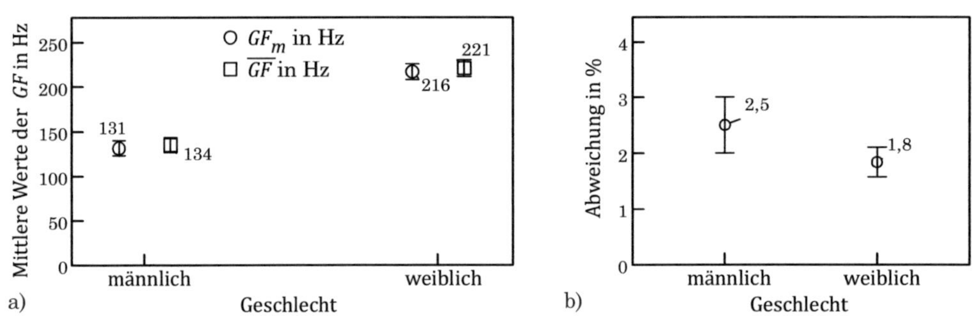

Abbildung 4.45: Vergleich a) Mittelwert und logarithmisch gemittelte Grundfrequenz b) Differenz beider Mittelungen

Über alle Sprecher zusammengefasst betrug die mittlere Betragsdifferenz zwischen der einfachen mathematischen und der gehörrichtigen Mittelung der Grundfrequenzen $|GF_m - \overline{GF}| = 2{,}12$ Hz. Dieser Unterschied kann im unteren Hörbereich bis 500 Hz nach [Ter98] vernachlässigt werden, da er bei einer Diskriminationsfähigkeit von 1 Hz kaum wahrnehmbar ist. Weiterhin ergibt sich nach [Zwi99] im Bereich bis 500 Hz ein fast linearer Verlauf zwischen empfangener und wahrgenommener Frequenz.

Somit kann die mittlere Grundfrequenz mit dem einfachen, auf die auftretende Zeitdauer gemittelten Wert, nach der Gl. (4.55) berechnet werden:

$$\overline{GF} = \frac{\sum_{i=1}^{I-1}\left[(t_{i+1}-t_i)\cdot\frac{1}{t_{i+1}-t_i}\cdot c(i)\right]}{\sum_{i=1}^{I-1}[(t_{i+1}-t_i)\cdot c(i)]} = \frac{\sum_{i=1}^{I-1} c(i)}{\sum_{i=1}^{I-1}[(t_{i+1}-t_i)\cdot c(i)]} \qquad (4.55)$$

$$\text{mit} \begin{cases} c(i) = 1, \text{wenn } GF > GF_{\min} \\ c(i) = 0, \text{wenn } GF \leq GF_{\min}. \end{cases}$$

Der Entscheidungsfaktor $c(i)$ berücksichtigt nur die stimmhaften Bereiche oberhalb einer festgelegten Schwellwertfrequenz. Für das frequenzskalierte Sprachsignal können anschließend die zu synthetisierenden Grundfrequenzperioden $T_{Gsyn}(i)$ wahrnehmungskonform bezüglich des GF-Mittelwertes und des Skalierungsfaktors ε wie in Gl. (4.56) nach [Zwi99],[Vei88] ermittelt werden:

$$T_{Gsyn}(i) = \frac{1}{\overline{GF}\cdot 2^\wedge\left(\varepsilon\cdot ld\left(\frac{GF(i)}{\overline{GF}}\right)\right)}. \qquad (4.56)$$

Ein Skalierungsfaktor von $\varepsilon = 0{,}5$ bedeutet eine Dynamikverringerung der Grundfrequenz um 0,5 Oktaven. Durch die Berücksichtigung der logarithmischen Wahrnehmung in Gl. (4.56) wird oberhalb der mittleren Frequenz stärker komprimiert als unterhalb. Somit führt der angegebene Faktor zu einer nichtlinearen GF-Dynamikverringerung (Abbildung 4.43). Die neuen GF-Marker werden an den Synthesealgorithmus übergeben und mit den ursprünglichen Werten verglichen.

4.3.3 Synthese mit modifizierter Grundfrequenz

Für die Synthese des Sprachmaterials mit veränderter Grundfrequenz stehen wiederum mehrere Algorithmen zu Verfügung. Mit der Kenntnis der zeitlichen Lage der Glottisanregung lässt sich einerseits das *Linear Prediction Coding* (LPC) anwenden, dem jedoch neben der M_{GF}-Analyse eine Anregungs- und Filteranalyse vorgeschaltet werden muss. Nachteil des LPC-Verfahrens ist die sehr hohe Anzahl an LPC-Koeffizienten, um die natürliche Sprachwiedergabe der Originalaufnahme beizubehalten.

Die Verwendung des Phasevocoders hätte den Vorteil einer einfachen Frequenzmanipulation des Sprachmaterials, wobei auch hier mit den qualitativen Problemen in der Synthese, wie bereits in Abschnitt 3.6.2 erörtert, zu rechnen ist. Insbesondere die Ungenauigkeit in den unteren Frequenzbereichen, also den Grundfrequenzbereichen, wirkt sich stark qualitätsmindernd aus.

Die Verwendung des TD-PSOLA-Verfahrens ist auch für die GF-Manipulation insbesondere von Sprache geeignet [Mou95]. Die zu verschiebenden Marker werden, wie bei der zeitlichen Skalierung, mit dem verändertem Abstand T_{Gsyn} und einer Hanning-Fensterung übereinander geblendet. Der Vorteil des TD-PSOLA-Verfahrens, die Formantfrequenzen zu erhalten, könnte allerdings bei zu großer Änderung der GF nicht aufrecht erhalten bleiben.

Eine zu starke Verringerung der T_{Gsyn} bewirkt eine starke Dämpfung der harmonischen Frequenzen und der Formanten. Eine Vergrößerung von $T_{Gsyn} > 2T_G$ hätte zur Folge, dass die Dämpfung der Fensterfunktion für den nachfolgenden Anregungsimpuls nicht mehr ausreicht und dieser trotzdem wahrzunehmen ist.

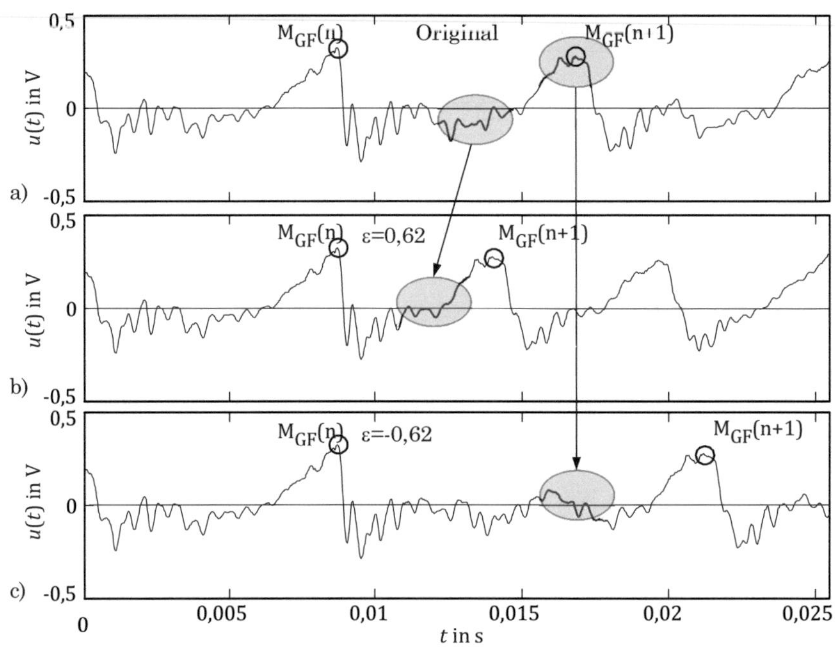

Abbildung 4.46: a) Originalsprachsignal mit GF-Markern b) GF-Inkrementierung c) GF-Dekrementierung mit dem TD-PSOLA-Verfahren

In Abbildung 4.46 b) kann man erkennen, dass bei einem Skalierungsfaktor von $\varepsilon = 0{,}62$, also einer Erhöhung der Frequenz um 0,62 Oktaven, die harmonischen bzw. Formantanteile des Sprachsignals durch die überblendende Fensterfunktion im markierten Ausschnitt stark in der Amplitude gedämpft werden.

In Abbildung 4.46 c) wird gegenübergestellt, wie sich das TD-PSOLA-Verfahren bei einem Skalierungsfaktor von $\varepsilon = -0{,}62$ Oktaven auswirkt. Die Blendfunktion $w(n)$, bspw. als Hanningfenster, wird jeder neuen synthetisierten Periodendauer angepasst. Wird die Periodendauer wesentlich größer als die Originaldauer, so reicht die Ausblendwirkung des

Fensters nicht mehr und das ursprüngliche Maximum wird unzureichend ausgeblendet und wäre demnach wahrnehmbar.

Aus diesem Grund wurden wiederum die Aufnahmen der Sprecher aus der *PHONDAT*-Datenbank [BAS95] auf die Abweichungen der Grundfrequenz zur jeweils mittleren Grundfrequenz $\overline{GF}$ analysiert. Es sollte festgestellt werden, in welchen maximalen Bereichen eine Frequenzmodifizierung notwendig ist, wenn der Sprecher auf eine konstante Intonation bei $\overline{GF}$ modifiziert wird und sich der Grundfrequenzbereich weit über eine Oktave bewegen kann.

In Abbildung 4.47 a) ist die Häufigkeit der Abweichungen von der Grundfrequenz dargestellt. Die meisten Grundfrequenzschwankungen bewegen sich im Bereich von -0,5 bis 0,5 Oktaven. Die Mittelwerte dieser Abweichungen betragen nur rund 0,2 Oktaven unterhalb der Grundfrequenz und 0,17 Oktaven oberhalb der Grundfrequenz.

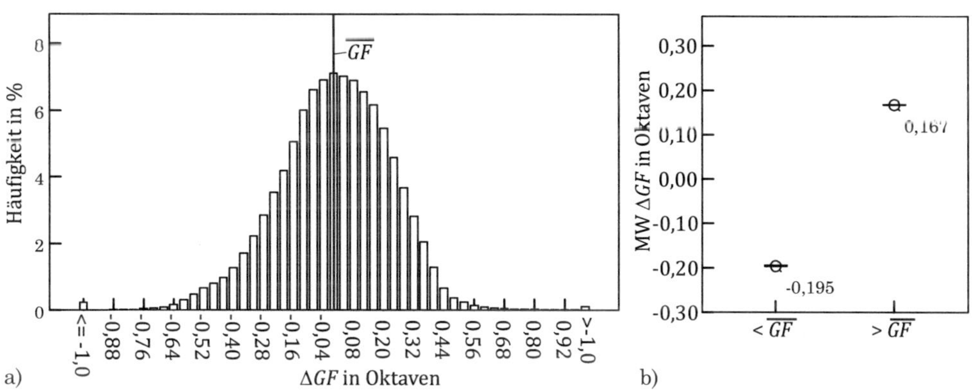

Abbildung 4.47: a) Häufigkeit der GF-Schwankungen relativ zur $\overline{GF}$ b) Mittelwert der Abweichungen

Demzufolge dürften die Dämpfungsprobleme des Ausblendfensters beim TD-PSOLA-Algorithmus und bei den zu erwartenden Frequenzanhebungen oder -absenkungen qualitativ kaum Einfluss nehmen. Selbst bei einer monotonen Wiedergabe des Sprachmaterials beträgt die Modifizierung durchschnittlich ±0,2 Oktaven und sehr selten ±0,5 Oktaven, was jedoch immer noch unterhalb der Werte von Abbildung 4.46 b) liegt.

Das Prinzip des TD-PSOLA-Verfahrens für die GF-Skalierung ist in Abbildung 4.48. dargestellt, ähnlich der Zeitskalierung in Abbildung 4.41. Die GF-Marker werden gegenüber der Zeitskalierung zunächst komplett in die Synthese übernommen, und mit Hilfe der variablen Abstände werden dort die Frequenzen geändert.

Kommt es über ein längeres Intervall überwiegend zur Frequenzerhöhung und damit zur zeitlichen Stauchung des Materials, muss ein T_G-Segment für den zeitlichen Ausgleich des Synthesesignals wiederholt werden ($p_u(9)$ in Abbildung 4.48). Während der Frequenzskalierung muss demnach auch die zeitliche Synchronisation zum Originalsignal parallel überprüft werden. Das Tool zur Modifizierung der Intonation eines gespeicherten Sprachsignals übergibt die Wavedaten beim Aufrufen der gewünschten Wavedatei sofort an das Praat-Script [Boe06] zur Ermittlung der Grundfrequenzmarker. Diese werden für das komplette Wave-Datei von Praat wieder in Form einer einfachen Textdatei (Speicher 2) auf der Festplatte gespeichert (Abbildung 4.49). Mit Hilfe der M_{GF} kann die mittlere Grundfrequenz nach Gl. (4.54) berechnet werden.

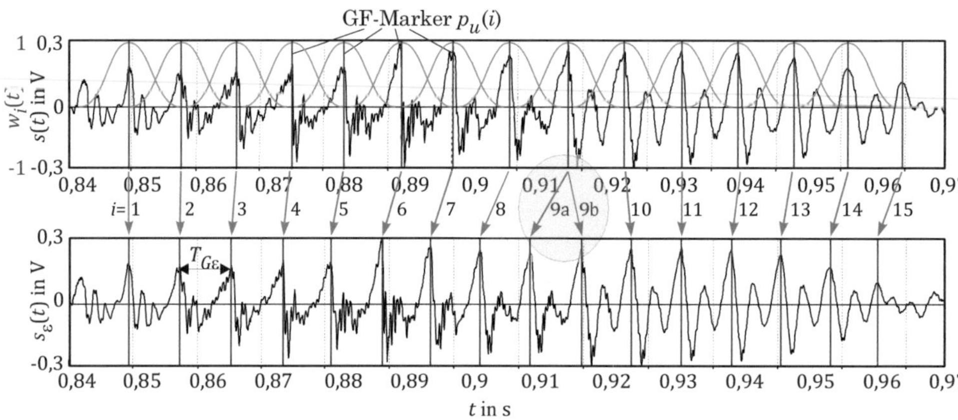

Abbildung 4.48: Frequenzskalierung mit TD-PSOLA

Das anschließende TD-PSOLA Verfahren erfolgt in zwei Schleifen, damit eine unterbrechungsfreie Wiedergabe mit der Soundkarte gewährleistet wird. Hier wurde eine Schleifenlänge von 200 ms gewählt, in der der Skalierungsfaktor ε mit möglichst geringer und kaum wahrnehmbarer Verzögerung während der Wiedergabe vom Nutzer dynamisch regelbar ist. Diese Zeit ist auch mindestens notwendig, um eine ununterbrochene Wiedergabe zu realisieren. Um in stimmlosen Bereichen, die auch größer als 200 ms werden können, eine instabile Wiedergabe zu vermeiden, werden die Wavedaten zwischen zwei Grundfrequenzmarkern in mehrere Segmente mit einer Länge der größten T_G unterteilt.

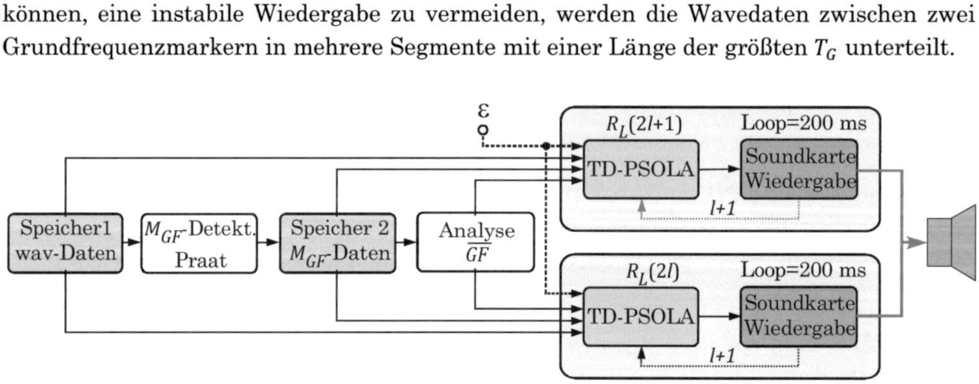

Abbildung 4.49: Komponenten der GF-Modifizierung und Wiedergabe von Sprachaufnahmen

Mit diesem Verfahren steht nun ein Werkzeug zur Verfügung, mit dem auch die Wirkung einer Intonationsmanipulation auf die Verständlichkeit zeitskalierter Sprache überprüft werden kann.

5 Hörtests mit skalierter Sprache

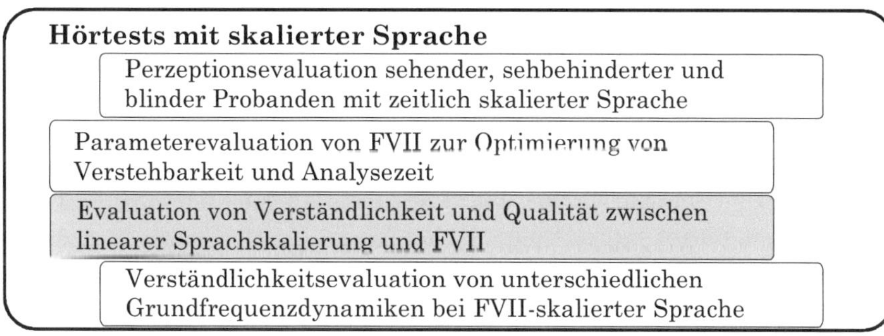

Abbildung 5.1: Übersicht Kapitel 5

Nach einer Einführung und Systematisierung der allgemeinen auditiven Testbedingungen aller hier durchgeführten Verfahren werden im zweiten Abschnitt die Ergebnisse mit den sehenden, sehbehinderten und blinden Probanden evaluiert. Die Ergebnisse der segmentalen Wortverständlichkeit sowie des Verständlichkeitstests mit FVI mit eigener Geschwindigkeitsregelung fielen bezüglich der Probandengruppen unterschiedlich aus. Die Auswertung des segmentalen Verstehbarkeitstest (SuS-Test) deckten weitere Einflussfaktoren des Testdesigns auf.

Zur Evaluierung der Ausgabequalität in Abhängigkeit der verwendeten Parameter des entwickelten FVII-Algorithmus wurden Hörtests mit ausschließlich sehenden Probanden durchgeführt und die Ergebnisse mit den entsprechenden Berechnungszeiten des PC-Systems verglichen. Die Skalierungsverhältnisse für FVII in Abhängigkeit von der Anregung im Sprachsignal wurden hier ebenfalls ermittelt.

Die nächsten Tests verglichen die Qualität des neuen nichtlinearen Skalierers mit den bisher bekannten linearen Zeitbereichsverfahren FVI und WSOLA. FVII erreichte eine bessere Verständlichkeit und Ausgabequalität im Bereich des Doppelten bis Dreifachen der normalen Sprechrate. Abschließend wurde die Hypothese einer Verständlichkeitsverbesserung bei gleichzeitiger Zeitskalierung und Grundfrequenzdynamikverringerung untersucht.

5.1 EINFÜHRUNG

In diesem Abschnitt sollen mit dem FVI-Algorithmus die Hörtests zur Untersuchung der Wahrnehmungsfähigkeit sehbehinderter und blinder Probanden im Vergleich mit sehenden Probanden entwickelt und durchgeführt werden. Die Resultate der Hörtests mit FVI führten zu einer neuen Skalierungsstrategie in FVII, dessen Parameter hier validiert werden. Mit den optimierten Parametern werden FVI, FVII und WSOLA als linearer Skalierungsalgorithmus mit auditiven Testverfahren evaluiert. Untersucht wurden instrumentell zeitskalierte Sprachaufnahmen, wobei die Quellen der instrumentell skalierten Sprachbeispiele in jedem Fall natürliche Sprachaufnahmen sind. Als Untersuchungsobjekte wurden herangezogen: Unterschiede in den Wahrnehmungsfähigkeiten von sehenden, sehbehinderten bzw. blinden Probanden sowie die Verständlichkeit und Qualitätsparameter des entwickelten, nichtlinearen Zeitkomprimierungsalgorithmus gegenüber den anderen beiden Verfahren. Diese beiden Untersuchungsparameter bedürfen einer besonderen Beachtung bei der Entwicklung des Testdesigns. In vielen Hörversuchen zur Erforschung der komprimierten Sprache wurden Widersprüche und Fehler durch mangelhafte Messmethoden oder -equipment entdeckt [Orr71]. Bei Beachtung aller Parameter, die im Test (s. Anhang 6) auftreten können, ist hier eine gewisse Sortierung, Systematisierung [Jek00] und Parameterkonstanz zur Gewährleistung der Validität und Reliabilität der Messergebnisse notwendig. Während eines Messvorganges existiert nicht eine einzelne zu ermittelnde Messgröße, sondern es handelt sich um vernetzte Abhängigkeiten mehrerer Einflussparameter auf diese Messgröße [Jek00]. Die damit verbundene Variabilität der Messgröße ist zu unterdrücken oder zumindest zu erfassen und auszuwerten. Gerade bei Hörtests muss zudem der Hörprozess als ein Set kognitiver, voneinander abhängiger Eigenschaften betrachtet werden und als abhängige Variablen in die Verstehbarkeits- oder Verständlichkeitsmessungen mit einbezogen werden [Kin89].

Die Testentwicklung erfolgte mit Hilfe der Systematisierung nach [Jek00], wie sie bereits in Abschnitt 3.6 angewendet wurde. Die Einflussuntersuchungen der Sprachverarbeitungsalgorithmen bzw. der Probandeneigenschaften werden als Messung definiert: *„Messung ist ein Mittel oder Werkzeug, um Informationen über auditive Wahrnehmungsereignisse in eine quantitative Form zu bringen“* [Jek00]. Der Aufbau und die Ziele der Messungen werden mit folgenden Größen gekennzeichnet (nach [Jek00]):

- *Messziel*: Einflussuntersuchung von Probandenparametern (z. B.: Alter, Bildung, physische Eigenschaften, insbesondere das Sehvermögen) oder Objektparametern (z. B.: Sprechrate, Grundfrequenzmanipulationen) auf z. B. eine relative Verstehensleistung oder auch die Qualitätswahrnehmung.
- *Messobjekt* ist in der Regel die natürlich oder technisch manipulierte und/oder wiedergegebene Lautsprache, die mit den Probanden vermessen wird oder die physiologisch/psychischen Eigenschaften der Probanden selbst.
- *Messgröße* ist die quantitative Größe für die Qualität auf einer absoluten oder relativen Skala oder die relative Anzahl verstandener Lautelemente.

- *Träger der Messgröße* ist das manipulierte akustische Material mit ebenfalls unterschiedlichen Einflussgrößen auf die Messung (Inhalt, Sprecher, Länge) oder der Proband (Alter, Bildung, Gesundheit, Erfahrung, Training). Dieses wären in der Arbeit die skalierten Sprechraten oder die unterschiedlichen Sehfähigkeiten der Probanden.
- *Messmittel:* Verwendete Mittel zur Übertragung der akustischen Audioinformation zur Versuchsperson (VP), wie Audiospeicher- und -wiedergabegerät, Verstärker, Kopfhörer, Lautsprecher und Mittel zur Protokollierung der Messgröße.

Für die zu untersuchenden Algorithmen sowie die Messung unterschiedlicher Wahrnehmungen von sehenden und sehbehinderten, bzw. blinden VP‘n werden die in Abbildung 5.2 aufgezeigten Versuche angewendet.

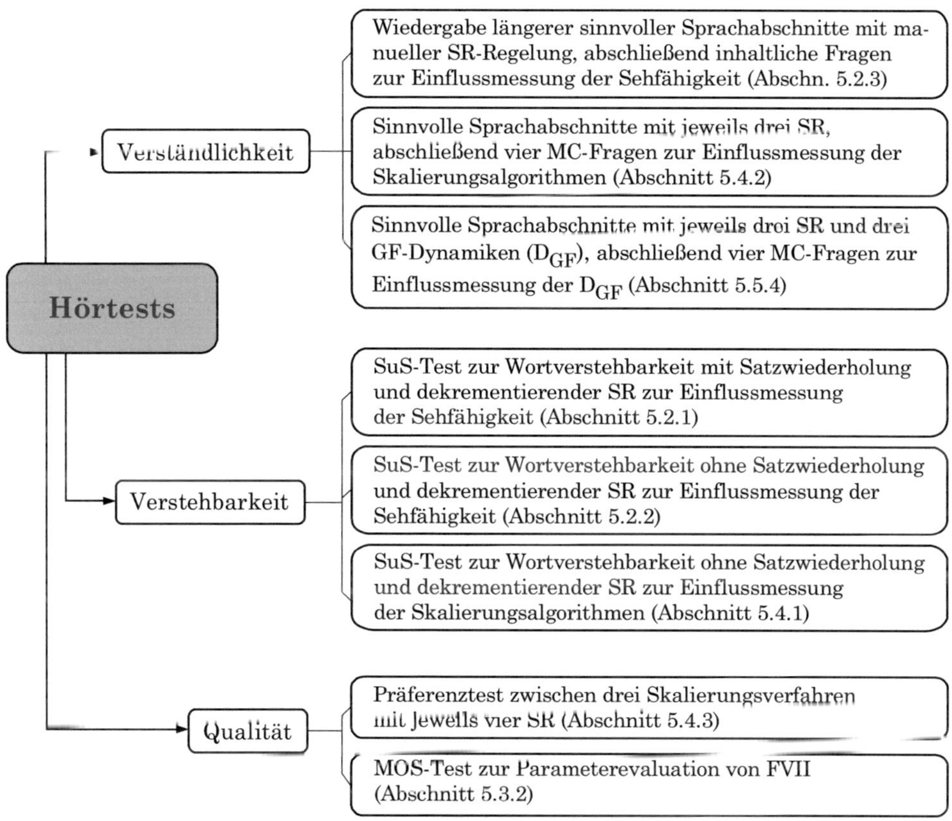

Abbildung 5.2: Entwickelte Hörtests zur Evaluation der Algorithmen und der Probandenparameter bezüglich zeitskalierter Sprache

Für alle nachfolgend aufgeführten Testverfahren wurden gleiche Messmittel für die Wiedergabe der zeit- oder frequenzskalierten Sprachdateien verwendet. Ein Notebook von *Dell Latitude C* 640 diente als Speicher für die Sprachdatei und auf ihm wurde der automatisierte Programmablauf der Hörtests ausgeführt. Der Frequenzgang der Soundkarte wurde im Hörbereich von 20 Hz bis 20 kHz mit einer Abweichung von ±0,25 dB gemessen. Die Kalibrierung des Kopfhörers *DT 770* von *Beyerdynamic* wurde mit dem Kunstkopf *HMS II.3* der Firma *Head Acoustics* auf einen maximalen Schalldruckpegel von 79 dB nach [ITU830] eingemessen. Die physiologische Hörfähigkeit der Probanden wurde mit der frei verfügbaren Audiogramm-Software [Are04] und dem Audiometriekopfhörer der Firma *Sennheiser HDA 200* überprüft. Der Kopfhörer wurde ebenfalls mit dem Notebook kali-briert. Die audiometrische Vermessung der Probanden hat nicht den Anspruch eines Audiogramms mit geeichten Messinstrumenten und sie konnte auch nicht in einer schalldichten Kabine durchgeführt werden. Die Überprüfung diente lediglich dazu, Testteilnehmer mit einer starken Hörbeeinträchtigung herauszufiltern. Die Sondierung der Probanden erfolgte bei einem Hörschwellenabfall von 15 dB unter der normalen Hörschwelle im Bereich der Prüffrequenzen von 500 Hz bis 4 kHz. Die Länge der Tests wurde für alle Personen auf maximal 30 Minuten begrenzt, um Ermüdungserscheinungen auszuschließen [Höp01]. Die Sequenzen für eine Beurteilung blieben stets weit unter den in [ITU800] empfohlenen sechs Minuten.

Bezüglich der Probanden, die teilweise sehbehindert waren, musste ein Test entwickelt werden, der eine akzeptable Steuerung und fehlerfreie Protokollierung der Antworten und des Feedbacks der Probanden ermöglichte. Die Protokollierung, üblicherweise durchgeführt von den Probanden selbst, mittels lautsprachlicher Verschriftung per Stift, Eingabe über Tastatur oder Touchdisplay, musste durch den Versuchsleiter erfolgen. Die Antworten des Probanden sollten unverfälscht im Sinne des Probanden gespeichert werden. Abbildung 5.3 zeigt den prinzipiellen Aufbau und den Informationsfluss während der Hörversuche.

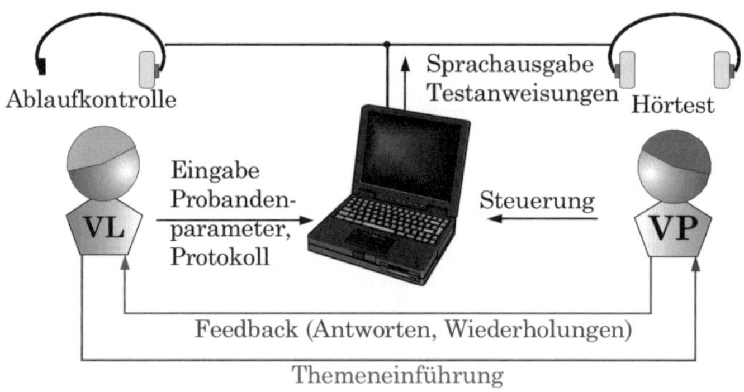

Abbildung 5.3: Prinzipieller Aufbau und Informationsfluss der auditiven Messverfahren mit Versuchsleiter (VL) und Versuchsperson (VP)

Die zu vermessenden unterschiedlichen Sprechgeschwindigkeiten wurden entweder stufenweise vor dem Versuch generiert und als abrufbare Datei gespeichert, oder der Proband konnte die Geschwindigkeit mit Hilfe eines Mausrades selbst regeln.

Die Messung segmentaler Identifizierbarkeiten der Skalierungsalgorithmen oder das Identifizierungsvermögen unterschiedlicher Probandengruppen mit Logatomen, insbesondere der CLID-Test (Cluster-Identifizierung nach [Jek92]), schied auf Grund der nicht möglichen Verschriftung des Wahrgenommenen aus. Segmentale Verstehbarkeiten auf Lautebene könnten mit Hilfe des Reimtests nach [Sot92] (Anhang A12) gemessen werden. Die Position des Wortes, das den vor der Sprachausgabe geforderten Laut enthielt, wurde von den Probanden angesagt. Ein Vorversuch zeigte jedoch eine ungenügende Diskriminierbarkeit der Ergebnisse. Eine weitere Möglichkeit war die Nutzung unvorhersagbarer Sätze (SuS-Test; Segmental unpredictable Sentences Test) nach [Ben89], mit denen die Verständlichkeit der Wörter und die Verstehbarkeit der sinnleeren Sätze gemessen werden kann. Auf Wortebene kann man neben der akustischen Wahrnehmungsfähigkeit sein Kontextwissen nutzen, während durch die Wahl der sinnleeren Wörter das Kontextwissen auf der Satzebene unterbunden wird.

Um den Einfluss der Wortkenntnisse unterschiedlicher Probandengruppen weitestgehend auszuschließen, wurden die häufigsten Wörter der deutschen Sprache nach [Rou90] verwendet. Die Sätze sind wiederum grammatikalisch korrekt und in richtiger Wortreihenfolge gesprochen, so dass hier allerdings Bindewörter oder Artikel aus dem Kontext identifizierbar waren. Der Proband musste die Wörter wiederholen, und die korrekte Wiederholung wurde vom Versuchsleiter (VL) protokolliert.

Als ein weiteres Verfahren für die Verständlichkeitsmessung wurde die Wiedergabe längerer Textpassagen getestet, zu denen jeweils sofort inhaltliche Fragen gestellt wurden. Die Antwort der VP wurde vom VL als „korrekt“ oder “falsch“ gespeichert, deren Eindeutigkeit für die Protokollierung durch den VL wichtig war. Die Länge der Textpassagen wurden in der einfachen bzw. normalen Sprechgeschwindigkeit nicht länger als 40 s gewählt, um den Einfluss des langsamer arbeitenden Langzeitgedächtnisses der Probanden zu minimieren (s. Abschnitt 2.2.2). Die Verwendung des Langzeitgedächtnisses kann jedoch insbesondere bei Verständlichkeitsaufgaben niemals ausgeschlossen werden. Alle zu messenden Sprachdateien wurden mit einem kurzen Hinweiston eingeleitet.

Die meisten Probanden waren noch nie mit zeitlich skalierter Sprache in Berührung gekommen. Aus diesem Grund erfolgte vor jedem Test eine Eingewöhnungsphase, in der die Probanden mit der jeweiligen speziellen Sprachausgabe vertraut gemacht wurden.

Für die Messverfahren wurden digitale Sprachaufnahmen (CD Qualität) eines professionellen und geschulten Sprechers unter Studiobedingungen verwendet. Somit wurden artikulatorische und akustische Störungen bei den Messversuchen vermieden.

Alle Tests wurden im Vorfeld mit einer kleinen Probandengruppe auf ihre Erfüllbarkeit bei normaler Sprechrate validiert.

5.2 Hörtest mit sehenden, sehbehinderten und blinden Probanden mit FVI

Mit den ersten Hörtests sollten mittels des linearen Skalierungsverfahrens FVI (Abschnitt 4.1) das unterschiedliche Wahrnehmungs- und Identifikationsvermögen sehbehinderter und blinder Probanden im Vergleich zu sehenden Probanden untersucht werden.

In der Vergangenheit wurden zahlreiche Versuche mit blinden und sehenden Probanden durchgeführt. Es lassen sich jedoch in jüngerer Literatur trotz der schnellen Entwicklung der computergestützten Sprachtechnologien wenige vergleichende Wahrnehmungsexperimente mit beschleunigter Sprache in Abhängigkeit von visuellen Beeinträchtigungen der Probanden finden.

Bellamy ließ z. B. Schüler mit unterschiedlichem Sehvermögen eine wissenschaftliche Lektion über die Blutzirkulation vorlesen und stellte direkt im Anschluss in einem Multiple-Choice (MC)-Test keine signifikanten Unterschiede fest [Bel66]. In einem späteren Interview schnitten die blinden Schüler besser ab, wobei hier eher die Merkfähigkeit getestet wurde. Das skalierte Sprachmaterial wies durch damalige Technologien außerdem erhebliche Verzerrungen auf und die segmentale Verstehbarkeit sank schnell. Beim Richtungshören durch interaurale Zeitdifferenzen oder bei der Auswertung der reflektierten Schallanteile stellte man in [Sta81] ebenfalls keine signifikanten Unterschiede zwischen den blinden und sehbehinderten Gruppen fest. Aus einem aktuelleren Versuch in [Moo07] mit skalierter synthetischer Sprache und der Variation der Pausenanteile ließen sich auch keine signifikant besseren Ergebnisse der blinden Probanden in der Verstehbarkeit ermitteln.

Die Genauigkeitswahrnehmung auf akustische und taktile Reize, gemessen in [Col06] und [Col09], sind ebenfalls bei blinden und sehenden Menschen nicht zu differenzieren. Allerdings konnten in diesen Versuchen schnellere Reaktionszeiten auf die Detektion räumlicher Ziele bei den Blinden nachgewiesen werden. Diese kürzeren Zeiten wurden in [For07] in den Event Related Brain Potentialen (ERP) auch instrumentell gemessen. Nicht nur eine kürzere Reaktionszeit auf einen Reiz scheint bei den blinden Probanden ausgeprägter zu sein, sondern insgesamt die serielle Informationsverarbeitung.

Bei einer zweidimensionalen Weg- und Modellbeschreibung nutzten blinde Jugendliche mehr Wörter als die Sehenden, aber wesentlich weniger Gesten [Ive99]. *Raz* konnte bei blinden Probanden eine signifikant bessere serielle Wiederholfähigkeit von insgesamt 20 akustisch präsentierten Wörtern verzeichnen, wiederholt mit ungeordneter Reihenfolge, als auch mit der gehörten Reihenfolge [Raz07]. In ihrer seriellen Aufnahme- und Merkfähigkeit waren die Blinden überlegen. Diese Überlegungen lassen vermuten, dass auch in Bezug auf zeitskalierte Sprache blinde Probanden, zumindest angeboren Blinde, höhere

Verstehens- und Verständnisleistungen als Probanden ohne visuelle Beeinträchtigungen erzielen. Mit dieser Vermutung soll folgende Hypothese aufgestellt werden:

Blinde Menschen sind in der Lage, zeitlich skalierte Sprache segmental besser zu identifizieren und damit zu verstehen als Sehende. Daraus leitet sich auch eine bessere Verständlichkeitsleistung durch die Blinden ab.

5.2.1 SuS-Test mit Wiederholung

Es wurde das bereits erwähnte SuS-Verfahren angewendet. Die Texte und Abläufe sind im Anhang A13 und A14 aufgeführt. Die Länge der Sätze durfte sieben Wörter nicht übersteigen, um auch hier die Merkfähigkeit der Probanden nicht zu überfordern. Zunächst wurden die sinnleeren Sätze mehrfach wiedergegeben. Der anfängliche Skalierungsfaktor betrug $\alpha = 4{,}0$ und wurde mit jeder Satzwiederholung um $\Delta\alpha = 0{,}3$ gesenkt, bis alle Wörter in den Sätzen korrekt verstanden wurden oder die einfache Wiedergabegeschwindigkeit erreicht wurde. Die korrekt erkannten Wörter markierte der VL mit der Hörtestsoftware. Beim Setzen aller „Richtig"-Buttons oder beim Erreichen der einfachen Sprechgeschwindigkeit setzte der Test automatisch mit dem nächsten Satz fort. Alle Anweisungen und Hinweise während des Testablaufs wurden als gespeicherte Sprachdatei automatisch wiedergegeben, so dass diesbezüglich die Konstanz für alle Probanden gewährleistet war. Tabelle 5.1 fasst die Versuchsmethode und Parameter zusammen.

Messziel:	Einfluss des Probandenparameters *Sehfähigkeit* auf die Verständlichkeit von Wörtern in sinnleeren Sätzen
Messverfahren:	Protokollierter Verständlichkeits-Hörtest mit segmental nicht vorhersagbaren Sätzen (*Segmental Unpredictable Sentences)*
Messobjekt:	Auditive Wahrnehmungsfähigkeit der Probanden mit unterschiedlichem Sehvermögen (sehend, sehbehindert, blind)
Messgröße:	Wortverständlichkeit
Träger der Messgröße:	Grammatikalisch richtige, sinnleere Sätze mit 4-7 Wörtern, zeitskaliert mit $\alpha = [4{,}1]$, mit Wiederholungen und $\Delta\alpha = -0{,}3$
Messmittel:	Kopfhörer-Hörtest mit 138 Probanden und mit automatischer Wiedergabe computergespeicherter Sprachdateien; schriftliches Protokoll durch VL

Tabelle 5.1: SUS-Verständlichkeitstest mit Wiederholung für sehende, sehbehinderte und blinde Probanden

In den ersten drei Messverfahren (Abschnitt 5.2.1 bis 5.2.3) kamen jeweils die Daten von 138 Probanden mit den Gruppenhäufigkeiten, wie in Abbildung 5.4 ersichtlich, zur Auswertung.

Die Anzahl der Probanden teilte sich fast gleichmäßig in sehbehinderte, inklusive der Blinden, und sehende Probanden auf. Das Testmaterial besaß auf Grund der deutlichen Artikulation des Sprechers eine Sprechrate von 3 bis 4,7 Silb/s. Für jeden von den Probanden gehörten Satz wurde entsprechend des eingestellten Skalierungsfaktors von $\alpha = 4$

bis $\alpha = 1$ die globale Sprechrate SR über den kompletten Satz gemessen und in die Versuchsauswertung einbezogen.

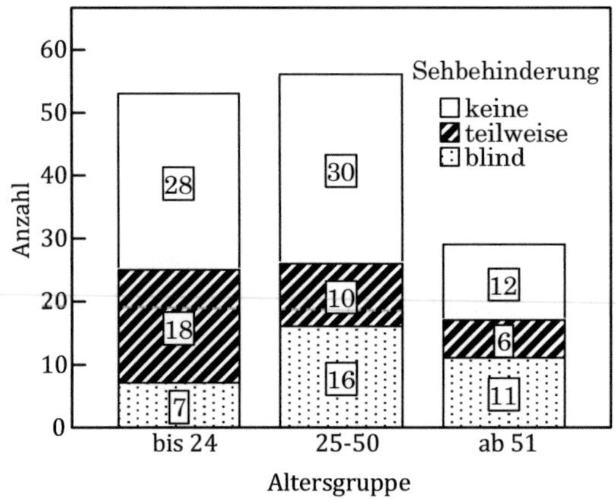

Abbildung 5.4: Beteiligte Probanden bei den ersten drei auditiven Hörtests

Ergebnisse:

Für jedes Wort, das richtig erkannt wurde, wurde die Sprechrate des gerade präsentierten Satzes festgehalten. Somit kann der Mittelwert der Sprechrate aller richtig erkannten Wörter über einzelne Probanden oder Probandengruppe gebildet werden. In Abbildung 5.5 a) wurden die Probanden entsprechend ihrer Sehbeeinträchtigung gruppiert, und für jede Gruppe sind die Mittelwerte und die Standardabweichungen der Sprechrate aller erkannten Wörter dargestellt.

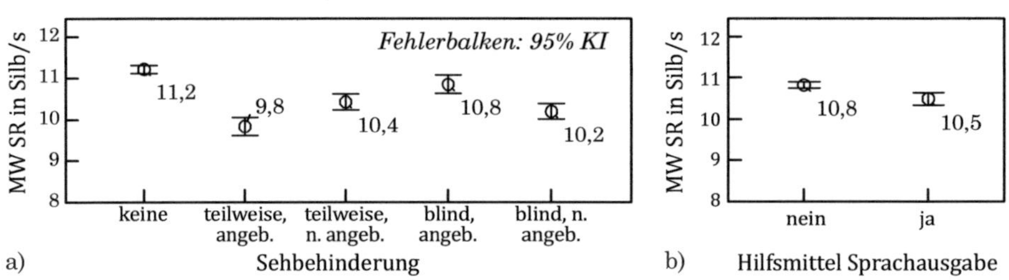

Abbildung 5.5: Mittlere Sprechraten der Worterkennung bei a) Probanden mit unterschiedlichem Sehvermögen und angeborener oder nicht angeborener Behinderung b) bei Probanden mit oder ohne Erfahrungen in der Nutzung von Hilfsmitteln mit Sprachausgabe

Die erreichten Sprechraten für die jeweiligen Wörter sind nach dem Kolmogorov-Smirnov-Test (K-S-Test) normalverteilt. Die nicht angeboren Sehbehinderten und die nicht angeboren Blinden sowie die angeboren Sehbehinderten und nicht angeboren Blinden unterscheiden sich im erreichten Gruppenmittelwert der Sprechraten nicht signifikant (t-Test: p>0,05). Die kongenital Blinden heben sich in ihrer Identifikationsfähigkeit der Wörter minimal von den anderen sehbehinderten Probanden ab. Jedoch erreichten die Sehenden die besseren Erkennungsraten in den stärker beschleunigten Sprachausgaben. Selbst bei einer Betrachtung der Gruppe der Blinden und stark Sehbehinderten, die die Sprachausgabe regelmäßig als Kommunikationshilfsmittel verwendet, offenbart sich das Ergebnis:

> Blinde und stark sehbehinderte Menschen erreichen keine signifikant bessere Wahrnehmungsfähigkeit dieser Probandengruppe gegenüber den sehenden Versuchsteilnehmern. Nach diesem Versuch kann die Hypothese einer besseren Wahrnehmungsfähigkeit blinder Menschen beim Hören skalierter Sprachausgaben auf *Wortsegmentebene* nicht aufrecht erhalten werden.

Die in 2.3.2 erörterte effiziente auditive Wahrnehmungsfähigkeit von Blinden lässt sich mit diesen Ergebnissen nicht bestätigen.

Aus den Ergebnissen sind jedoch weitere wichtige Einflüsse auf die Sprachwahrnehmung ableitbar. Die Identifikationsstrategie für die zusammenhanglosen Wörter in einem Satz lehnte sich offenbar an die grammatikalische Kompetenz der Hörer an. Die primären Satzglieder „..Subjekt.. Prädikat.. Objekt" beeinflussen sehr wesentlich die Verstehensleistung. Die Probanden identifizierten signifikant (t-Test: $p < 0{,}05$) das Subjekt des Satzes bei der höchsten Sprechrate. Das Subjekt lag in der Regel an der zweiten Position des Satzes. Durch die Pause nach dem Satz (vgl. Abschnitt 2.1.2) wird auch das letzte Wort bereits mit hoher Sprechrate identifiziert (Abbildung 5.6 b). Hier handelte es sich in der Regel um das Objekt des Satzes, so dass dieses signifikant noch vor dem Prädikat vom Probanden korrekt wiedergegeben wurde.

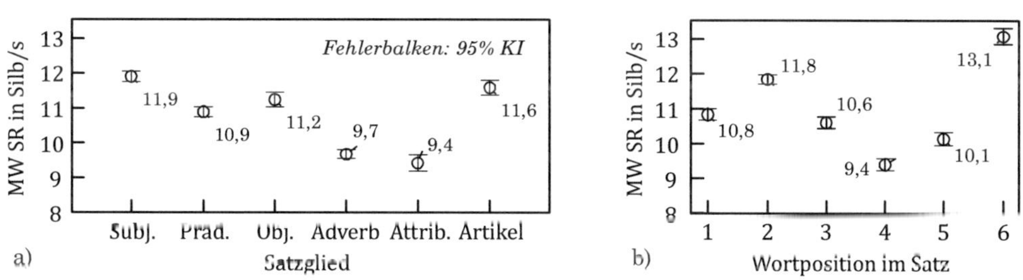

Abbildung 5.6: Mittlere SR bei der Identifikation der Wörter in Abhängigkeit a) vom Satzglied und b) von der Wortposition im Satz

Die adverbiale Bestimmung als sekundäres Satzglied und die Attribute als Erweiterungen zu Subjekt oder Objekt wurden erst nach den primären Satzgliedern beachtet. Die Artikel konnten - auf Grund der grammatikalisch korrekten Zuordnung zu den Subjekten oder Objekten - einerseits aus dem Kontext und andererseits auf Grund der einfachen

Entscheidung zwischen nur drei skalierten Lautkombinationen /iː/, /as/, /eːɐ/ identifiziert werden. Somit war auch hier die Identifikations-SR mit 11,6 Silb/s hoch.

Abbildung 5.7 zeigt die linearen Regressionskurven der drei unterschiedlich sehfähigen Probandengruppen und die von ihnen erzielten mittleren Sprechraten der Wortidentifizierungen, die von der Satzposition im Versuch abhängig ist. Während des gesamten Versuches stieg die mittlere Sprechrate aller identifizierten Wörter pro Satz bei den jeweiligen Probandengruppen um mindestens eine Silbe pro Sekunde an und dieses fast gleichmäßig für alle drei Gruppen. Während dieses Hörversuches wurde, trotz der sehr kurzen Zeit von 10 Minuten, die Trainierbarkeit skalierter Sprache bereits offensichtlich.

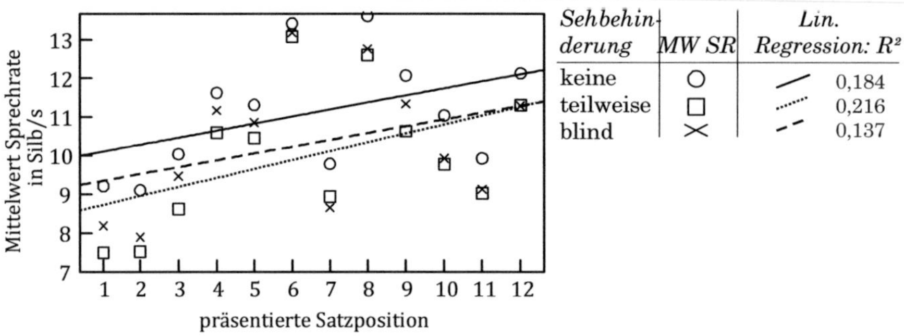

Abbildung 5.7: Erhöhung der Wörtererkennbarkeit pro Satz mit der Dauer des Versuches, dargestellt mit der präsentierten Satzposition (-reihenfolge)

Weiterhin ist interessant, dass die Versuchspersonen durchschnittlich ein Wort je akustischer Präsentation verstanden hatten und sich erst in der nächsten Präsentation auf ein weiteres Wort in der grammatikalisch richtigen Reihenfolge konzentrierten.

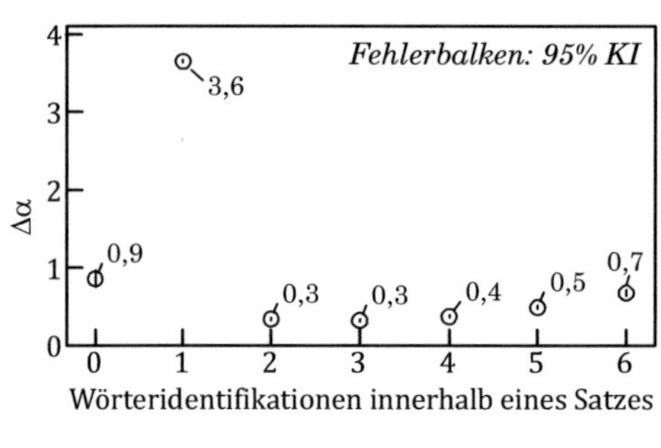

Abbildung 5.8: Differenz des Skalierungsfaktors zwischen den erkannten Wörtern

Die Wörteridentifikation=0 in Abbildung 5.8 enthält die Wörter, die selbst bei einfacher bzw. normaler Sprechrate nicht erkannt wurden. Das Erreichen der normalen Sprechrate, bzw. die Nichtidentifizierung des letzten Wortes von der letzten Erkennung, erfolgte im Durchschnitt mit drei Präsentationsschritten, wenn bei jeder Wiedergabe des Satzes der Skalierungsfaktor um $\Delta\alpha = 0{,}3$ gesenkt wurde. Offenbar hatte hier die Identifikationsfähigkeit bzw. Kompetenz der Probanden keinen Einfluss mehr, sondern eher der Skalierungsalgorithmus oder der Wortinhalt.

Das erste Wort (meistens das Subjekt des Satzes) konnten die Probanden bereits mit einer mittleren Skalierungsstufe $\alpha_{max} = 3{,}6$ wahrnehmen. Das entspricht der zweiten akustischen Präsentation, wenn in der ersten Präsentation der Skalierungsfaktor von $\alpha = 4{,}0$ verwendet wurde. Bei den nachfolgend erkannten Wörtern wurde immer eine Präsentation ($\Delta\alpha = 0{,}3$) abgewartet, um ein weiteres Wort zu identifizieren. Zum Ende der Satzpräsentation nahm die Verständlichkeit der Wörter schneller ab, bzw. die Wiederholungen stiegen, bis ein weiteres Wort erkannt wurde, was wiederum dem Algorithmus oder dem Wortinhalt in dem sinnleeren Satz entsprechend dem Erfahrungsschatz der Probanden zugeschrieben werden konnte.

5.2.2 SuS-Test ohne Wiederholung

Beim zweiten Verständlichkeitstest wurden die Sätze ohne Wiederholung präsentiert, beginnend mit normaler nicht skalierter Sprachwiedergabe. Ihre Wiedergabegeschwindigkeit wurde nun mit jeder Präsentation um $\Delta\alpha = 0{,}3$ erhöht. Die Texte der Sprachaufnahmen sind im Anhang A14 aufgeführt.

Messziel:	Einfluss des Probandenparameters *Sehfähigkeit* auf *Verständlichkeit* von Wörtern in sinnleeren Sätzen
Messverfahren:	Protokollierter Verständlichkeits-Hörtest mit segmental nicht vorhersagbaren SuS-Sätzen
Messobjekt:	Auditive Wahrnehmungsfähigkeit der Probanden mit unterschiedlichem Sehvermögen (sehend, sehbehindert, blind)
Messgröße:	Wortverständlichkeit
Träger der Messgröße:	Grammatikalisch richtige, sinnleere Sätze mit 4-7 Wörtern, mit $\alpha = [1{,}4]$, ohne Wiederholungen und $\Delta\alpha = +0{,}3$
Messmittel:	Kopfhörer-Hörtest mit 138 Probanden und mit automatischer Wiedergabe gespeicherter Sprachdateien; schriftliche Protokollierung durch VL

Tabelle 5.2: SUS-Verständlichkeitstest ohne Wiederholung für sehende, sehbehinderte und blinde Probanden

Ergebnisse:

Ohne Wiederholungen wurde der Lerneffekt ausgeschlossen. Demzufolge sanken die mittleren Sprechraten (gemessen während eines kompletten Satzes) gegenüber 5.2.1 erheblich ab (Abbildung 5.9). Wie im SuS-Test 1 (mit Wiederholungen) erkannten die Sehenden die Wörter durchschnittlich bei einer etwas höheren Sprechrate. Die Sprechrate wurde hier wieder für den kompletten Satz einer Präsentation berechnet. Die sehenden Probanden unterschieden sich signifikant (t-Test; $p < 0{,}05$) von der nicht angeboren blinden und nicht angeboren sehbehinderten Probandengruppe.

Die sehr niedrige Sprechrate der erkannten Wörter gegenüber dem ersten Test mit Wiederholungen ergibt sich nicht nur aus der Verstehensleistung der Probanden, sondern auch durch die Nullsetzung der Sprechrate bei einem nicht erkannten Wort. Die Differenzen zwischen den Probandengruppen ändern sich jedoch bei der Mittelwertbildung der SR mit den nur erkannten Wörtern unwesentlich und sie ähneln stark den SR-Differenzen in Abbildung 5.5.

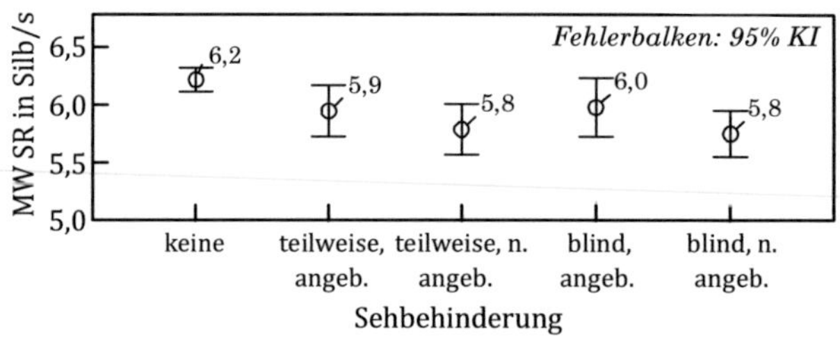

Abbildung 5.9: *SuS-Test ohne Wiederholung, mittlere Sprechraten der identifizierten Wörter für die Probandengruppen mit unterschiedlichem Sehvermögen. Man vergleiche Abbildung 5.5 a)!*

Selbst bei Betrachtung der Probandenparameter (angeboren blind, Alter bis 24, Computererfahrung, intensiver Nutzung einer synthetischen Sprachausgabe) lässt sich keine erhöhte Wortverständlichkeit gegenüber den übrigen Probanden nachweisen.

Der Vergleich der erzielten Sprechraten, bezogen auf die Satzglieder, weist eine größere Differenz zwischen den Satzgliedern gegenüber dem ersten Test mit Wiederholungen auf und deutet auf die striktere Verfolgung der erlernten „Subjekt-Prädikat-Objekt“ Strategie hin. Die Probanden waren z. B. noch weniger in der Lage, bei erhöhten Sprechraten mehr Wörter als nur das Subjekt und den dazugehörigen Artikel im Satz zu erkennen.

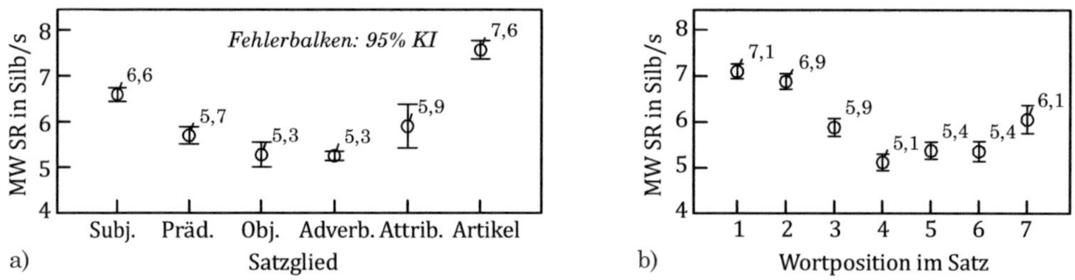

Abbildung 5.10: *SuS-Test ohne Wiederholungen a) SR in Abhängigkeit der Satzglieder und deren Erweiterungen b) in Abhängigkeit der Wortposition*

5.2.3 Satz-Verständlichkeitstest mit Inhaltsfragen

Nach dem Wortverständlichkeitstest wurde ein weiterer Test durchgeführt, um der realen Nutzungssituation von skalierter Sprache besser gerecht zu werden. Nutzen blinde

Menschen die Sprachausgabe am Computer oder mobilen Apparaten, so hören sie bei den meisten Geräten eine synthetische Sprache mit regelbaren Geschwindigkeitsstufen. Dieses sollte nun mit der regelbaren Skalierung natürlicher Sprache nachempfunden werden, um die besonderen Fähigkeiten der Blinden gegenüber den sehenden Probanden zu untersuchen.

In bisherigen Messverfahren wurden den Probanden überwiegend fest vorgegebene Geschwindigkeitsstufen dargeboten (s. Abschnitt 3.3), wie auch bei den vorangegangenen Hörtests mit den nicht vorhersagbaren Sätzen. Der Algorithmus FVI wurde so entwickelt, dass nach einer kurzen Analysephase des Sprachmaterials eine verzögerungsfreie, zeitliche Skalierung und Wiedergabe ausführbar ist. Der Skalierungsfaktor konnte vom Nutzer mit Hilfe des Mausrades individuell und kontinuierlich geregelt werden. Damit wurde der Versuch in seinen Bedingungen vergleichbarer mit der praktischen Handhabung und Anwendung skalierter Sprache.

Messziel:	Einfluss der Probandenparameter *Sehfähigkeit* auf SR-Regelung und Satz-Verständlichkeit
Messverfahren:	Hörtest mit Sprachabschnitten und einer Länge von 15 bis 40 s, eigene Regelung, mündliche Beantwortung von Inhaltsfragen
Messobjekt:	Auditive Wahrnehmungsfähigkeit von 138 Probanden mit unterschiedlichem Sehvermögen (sehend, sehbehindert, blind)
Messgröße:	Satzverständlichkeit
Träger der Messgröße:	6 Sprachabschnitte aus Geschichten und Zeitungsartikeln, Skalierung manuell vom Probanden regelbar
Messmittel:	Kopfhörer-Hörtest mit automatischer Wiedergabe computergespeicherter Sprachdateien; Geschwindigkeitsregelung mit der Maus; schriftliche Protokollierung durch VL

Tabelle 5.3: Satz-Verständlichkeitstest mit individueller Sprechratenregelung für sehende, sehbehinderte und blinde Probanden

Der Inhalt des Tests war Teil eines belletristischen Werkes. Am Ende eines jeden Abschnittes musste eine Frage bezüglich einer gehörten Phrase richtig beantwortet werden. Es konnte einerseits festgestellt werden, welche subjektiv präferierte Geschwindigkeit gewählt wurde und andererseits, ob die Probanden dabei auch den Inhalten der Sprachausgabe folgen konnten.

Um sich mit der Geschwindigkeitsregelung der Sprache vertraut zu machen, wurde den Probanden ein längerer Abschnitt vorgespielt. Sie konnten solange testen, bis sie sicher waren, die mausgesteuerte Regelung der Sprechraten zu beherrschen. Dieses war insbesondere bei älteren und blinden Probanden ohne Computererfahrung notwendig. Die Regelkurve der Skalierung wurde zur späteren Auswertung mit einem Intervall von 200 ms aufgezeichnet, um sowohl den individuell eingestellten Skalierungsfaktor bei der Antwortpassage zu erhalten als auch das Regelungsverhalten der Probanden zu berücksichtigen und eventuelle Unsicherheiten aus der Auswertung zu eliminieren.

Die ebenfalls gespeicherte und automatisch wiedergegebene Frage zum gerade gehörten Abschnitt musste sofort mündlich beantwortet werden, und die Antwort wurde vom VL als „richtig“ oder „falsch“ protokolliert (s. Anhang A15). Probanden, die die Geschichte oder das Buch bereits kannten, konnten an dem gesamten Verständlichkeitsversuch nicht teilnehmen.

Ergebnisse:

Für jeden Zeitpunkt wurden mit den aufgezeichneten Skalierungsfaktoren über alle Probanden die Mittelwerte berechnet und wie in Abbildung 5.11 dargestellt.

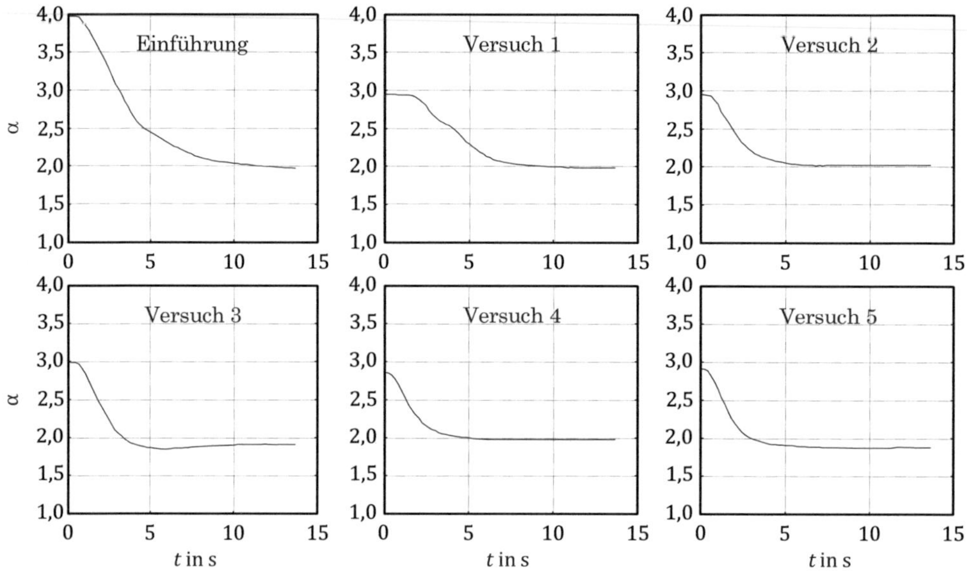

Abbildung 5.11: Über alle Probanden gemittelte Geschwindigkeitsregelung (eingestellter Skalierungsfaktor), begrenzt auf die ersten 14 s für jeden Teilversuch

Da die einzelnen gehörten Abschnitte für jeden Probanden auf Grund der unterschiedlichen Skalierungsfaktoren in der Dauer variierten, wurde nur der Bereich bis 14 s betrachtet (vgl. Abbildung 5.11). Bereits im Bereich von 10 s bis 14 s wurde der Skalierungsfaktor in der Regel konstant gehalten. Eine Steigerung der Wiedergabegeschwindigkeit, bzw. Erhöhung des Skalierungsfaktors am Ende jedes Teilversuches war für die Dauer des Gesamtversuches, verglichen mit den Versuchen 1 bis 5, nicht zu erkennen. Die eingestellten Skalierungsfaktoren pendelten sich in allen Wiedergabepassagen 1 bis 5 bei $\alpha = 2$ ein. Dagegen verkürzte sich die Einregelungszeit von der Einführung bis zur fünften Wiedergabepassage deutlich von ca. 10 s auf 4 s. Der Trainings- und Gewöhnungseffekt bezüglich der Regelung ist in Abbildung 5.11 deutlich erkennbar, und somit ist auch die dringende Notwendigkeit einer Einführungsphase mit ausführlicher Länge gegeben. Eine genaue Aussage über die wahrgenommene Sprechrate lässt sich allein mit dem Skalierungsfaktor noch nicht feststellen. Die doppelte Sprechgeschwindigkeit gegenüber der zunächst aufgenommenen Geschwindigkeit wurde hier offenbar bevorzugt.

Die Betrachtung einzelner Regelungskurven von Probanden dokumentiert allerdings, dass einige Probanden Schwierigkeiten mit der Maussteuerung hatten, bzw. bei der Einstellung einer für sie annehmlichen Sprechrate grundsätzlich unentschlossen waren. Die Regelungskurven wurden weiterhin, bezogen auf den jeweils individuell eingestellten Skalierungsfaktor $\alpha_{max} = 1$ und $\alpha_{min} = 0$, normiert und hier ebenfalls die Mittelwerte über alle N Probanden für jedes Sample n gebildet:

$$\overline{\alpha_n} = \frac{1}{N}\sum_{n=1}^{N} \alpha_n. \tag{5.1}$$

Die individuelle Probanden-Abweichung der Regelung von der Mittelwertkurve berechnet sich nach Gl. (5.2) mit Hilfe der Summe der Betragsdifferenzen über alle Samples n:

$$\Delta\alpha_{sum} = \sum_{n=1}^{N} |\overline{\alpha_n} - \alpha_n|. \tag{5.2}$$

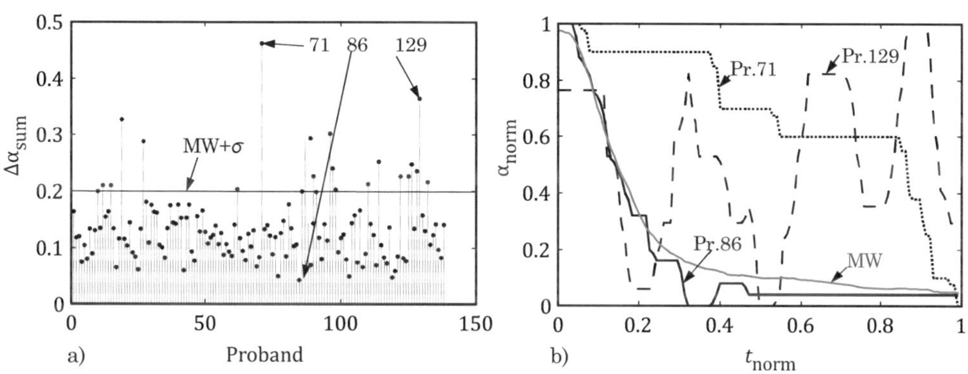

Abbildung 5.12: a) Summe der Betragsdifferenz zur Mittelwertkurve (graue Linie in b) aller 140 Probanden für Versuch 5 und b) Beispiele für sichere Regelung (Proband 86) und unentschlossene Regelung der Wiedergabegeschwindigkeit (Probanden 71,129)

Abbildung 5.12 a) stellt die Summe der Betragsdifferenzen zur normierten Mittelwertkurve (graue Linie in Abbildung 5.12 b) aller 138 Probanden für den 5. Versuch) dar. Einige Probanden liegen über dem Wert von $MW + \sigma = 0{,}2$. Exemplarisch sind die starken Schwankungen der beiden Probanden 71 (erreichte höchste Abweichung zum MW, s. Abbildung 5.12 a) und 129 in Abbildung 5.12 b) dargestellt. Proband 71 regelte die Geschwindigkeit bis zum Ende der Präsentation und befand sich folglich während der Präsentation der hinterfragten Passage sehr sicher noch in der Einstellphase. Proband 129 konnte sich für kein präferiertes Wiedergabetempo entscheiden und schwankte sehr stark zwischen seinen maximal und minimal eingestellten Skalierungsfaktoren.

Abbildung 5.12 zeigt, dass sich starke Unregelmäßigkeiten während der Einstellung des gewünschten Skalierungsfaktors nachweisen lassen, die sich nachteilig auf die Erkennungsrate auswirken. Liegt $\Delta\alpha_{sum}$ außerhalb des Bereiches der Standardabweichung ($MW + \sigma = 0.2$ in Abbildung 5.12 a), kann man davon ausgehen, dass der Skalierungsfaktor entweder während der gesamten Hörprobe stark variiert hat oder bis zum Ende der Hörprobe geregelt wurde. Somit könnte die Aufmerksamkeit eher der Regelung als dem verständlichen Hören der skalierten Sprachausgabe gewidmet gewesen sein. In diesem Fall wurde der Proband aus der Versuchsstatistik ausgeschlossen.

Um die Probanden zur individuellen Geschwindigkeitsregelung zu veranlassen, damit sie nicht für alle Abschnitte nur die normale Sprechrate hörten, wurde der Skalierungsfaktor nach jedem Abschnitt automatisch um $\Delta\alpha = 1{,}0$ vom zuletzt eingestellten Wert erhöht, sichtbar in der Differenz zwischen dem Ende des Teilversuches n und dem Anfang des Teilversuches n+1 in Abbildung 5.11.

Zunächst sollen die abgegebenen richtigen Antworten in den Sehbehinderungskategorien in Abbildung 5.13 a) verglichen werden. Die sehenden Probanden unterschieden sich signifikant (U-Test: $p = 0{,}016$) nur von den Teilnehmern mit angeborener Blindheit.

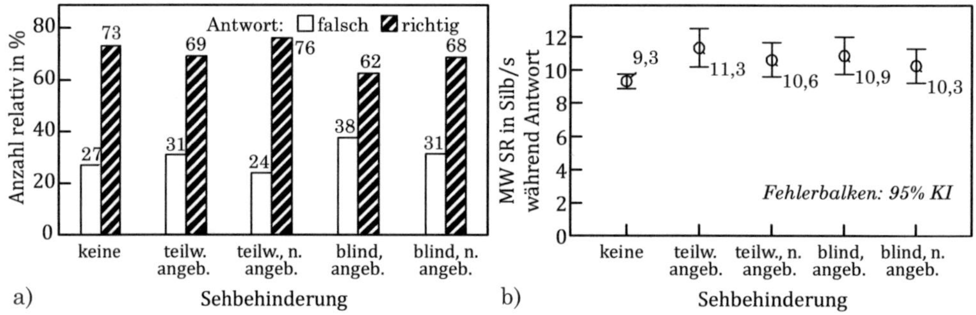

Abbildung 5.13: Satzverständlichkeit a) prozentual richtige Antworten für jede Sehbehinderungskategorie b) richtige Antworten und Mittelwerte der SR während der Antwortpassage

Alle anderen paarweisen Kategorievergleiche wiesen Nichtsignifikanz aus (U-Test: $p > 0{,}05$). Dieses Ergebnis scheint die kongenital Blinden gegenüber den Sehenden schlechter abschneiden zu lassen. Betrachtet man allerdings die Sprechrate, mit der die entscheidende Passage auf die anschließende Frage präsentiert wurde, so verschieben sich das bessere Ergebnis, bzw. die höheren Sprechraten zu Gunsten aller Sehbehinderten gegenüber denjenigen mit normaler Sehfähigkeit (Abbildung 5.13 b). Für jeden Probanden wurde anhand des regulierten Skalierungsfaktors zunächst der SR-Mittelwert über die gesamte Antwortpassage gebildet. In Abbildung 5.13 b) sind dann die MW aller

Probanden in den jeweiligen Sehfähigkeitskategorien zu sehen. Signifikante Unterschiede bestanden nur zwischen der Gruppe der „Sehenden“ und den Gruppen „angeboren sehbehindert“ und „angeboren blind“. Diese Probandengruppen wählten während der Präsentation die höchste Sprechrate von 11,3 bis 10,9 Silb/s, was ungefähr dem 2,5-fachen der normalen Sprechrate entspricht. Signifikante Unterschiede zwischen den sehbehinderten Gruppen konnten nicht festgestellt werden. Auf Grund der höher gewählten Skalierungsfaktoren, beantworteten allerdings die kongenital Blinden gegenüber den Sehenden insgesamt und signifikant weniger Fragen richtig (Abbildung 5.13 a).

Mit der Aufzeichnung der Skalierungsregelung konnte auch eine individuell „angenehme“ Sprechrate für jeden einzelnen Probanden untersucht werden. Wiederum eingeteilt in die Sehbehinderungskategorien, sind die Mittelwerte der zum Ende eingestellten Skalierungsfaktoren und die daraus resultierenden wahrgenommenen Sprechraten für die letzten 20 Silben der Äußerung in Abbildung 5.14 dargestellt. Die aufgenommenen Originalsprechraten der letzten 20 Silben bewegten sich in den fünf Teilabschnitten im Bereich von 4,5 bis 4,8 Silb/s.

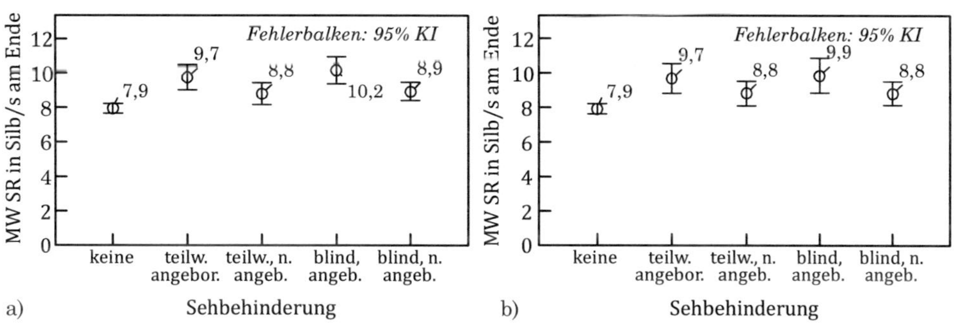

Abbildung 5.14: a) MW SR für die letzten 20 gehörten Silben aller Abschnitte und b) MW SR für die letzten 20 gehörten Silben nur der Abschnitte mit korrekter Antwort

Die für jede Kategorie der Sehbehinderung gewählten Sprechraten, unabhängig von der richtigen oder falschen Antwort, sind in Abbildung 5.14 a) abzulesen Die Werte bewegen sich um einen Skalierungsfaktor von $\alpha = 2{,}0$, wie aus Abbildung 5.11 bereits zu vermuten war. Mit sehr großer Signifikanz (U-Test: $p \leq 0{,}01$) unterschieden sich die Sehenden von den restlichen Teilnehmern. Unter der Annahme, dass die Geschwindigkeit eventuell zu hoch eingeregelt wurde und dann dem Inhalt nicht mehr gefolgt werden konnte, sind in Abbildung 5.14 b) die Sprechraten am Ende der Äußerung nur für die korrekten Antworten dargestellt. Die Ergebnisse ändern sich nur unwesentlich. Die gewählten Sprechraten der kongenital Sehbehinderten lagen um ca. zwei Silb/s und die der nicht angeboren Sehgeschädigten um eine Silb/s höher als die der sehenden Probanden. Sowohl an Hand der Mittelwerte der Sprechraten während der Antwortpassage, als auch am Ende der Sprachwiedergabe, fällt die paarweise Ähnlichkeit zwischen den angeboren und nicht angeboren sehbehinderten Teilnehmern des Versuches auf. Die erreichten Mittelwerte innerhalb dieser Kategorien „angeboren“ und „nicht angeboren“ unterschieden sich nicht signifikant (U-Test: $p > 0{,}05$).

In Abbildung 5.15 wurden die Probanden mit Sehbehinderung zusammengefasst und nur unterschieden, ob der Eintrittszeitpunkt der Sehbehinderung bereits zur Geburt vorlag, später erfolgte oder gar nicht vorhanden war.

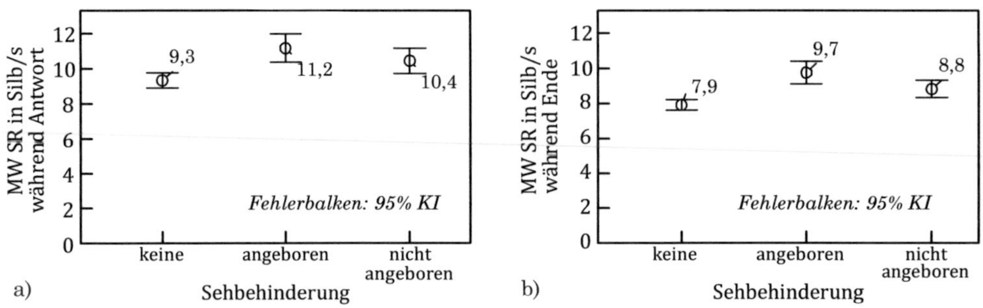

Abbildung 5.15: Mittelwerte der Sprechraten in Abhängigkeit des Sehbehinderungs-Eintrittzeitpunktes a) für die Passage der Antwort und b) für das Ende der Sprachwiedergabe in jedem Teilversuch

Die von Geburt an Sehbehinderten verstehen höchst signifikant eine um zwei Silb/s höhere Sprechrate als die Sehenden (U-Test: $p = 0$). Die Sprechraten unterscheiden sich jedoch nicht signifikant (U-Test: $p = 0{,}106$) von denen der im Laufe ihres Lebens beeinträchtigten Gruppe (Abbildung 5.15 a).

Bei der Wahl der am Ende eingestellten Sprechrate (Abbildung 5.15 b) liegt jedoch zwischen allen drei Probandengruppen ein signifikant unterschiedlicher Mittelwert vor (U-Test: $p < 0{,}05$). Die Wahrnehmungsfähigkeit bezüglich skalierter Sprechgeschwindigkeit hängt offensichtlich eher davon ab, ob der Teilnehmer von Geburt an sehgeschädigt ist. Ob die Ergebnisse allein der Sehfähigkeit zuzuordnen sind, muss in weiteren Parametervergleichen untersucht werden. Computererfahrung, Alter und der Umgang mit Hilfsmitteln, die eine Sprachausgabe ermöglichen (Handy, Daisy-Player, mp3-Player Screenreader), sind erhebliche Einflussfaktoren auf eine eventuell besser trainierte Wahrnehmungsfähigkeit, insbesondere der sehbehinderten Probanden.

Der Grad der Computernutzung (Abbildung 5.16 a) ist in den beiden Gruppen der sehenden und angeboren sehbehinderten Teilnehmern fast identisch und somit nicht die Ursache für die signifikanten SR-Unterschiede beider Gruppen (Abbildung 5.15 a). Die angeboren sehbehinderte Probandengruppe enthielt mit 75 % die meisten jungen Probanden im Alter bis 24 Jahre (Abbildung 5.16 b). Die Altersstruktur könnte eine Ursache für die höheren Skalierungsfaktoren sein.

Bezüglich der Erfahrung mit einer Sprachausgabe nutzten nur 30 % der Teilnehmer mit angeborener Sehbehinderung ein Hilfsmittel mit Sprachausgabe (Abbildung 5.16 c), während es bei den Probanden mit nicht angeborener Sehbehinderung 58 % waren. Letztere wählten in den Versuchen jedoch geringere Sprechraten. Es bleibt zunächst die Vermutung des größeren Umfanges junger Probanden in der Gruppe der angeboren Sehbehinderten als Ursache einer höher gewählten SR bei den angeboren Sehbehinderten.

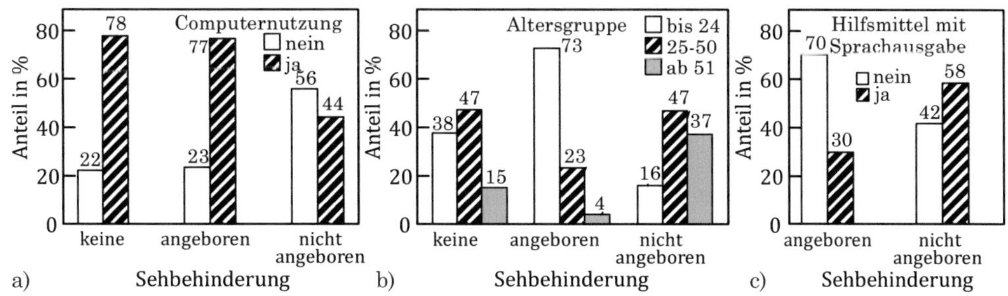

Abbildung 5.16: Vergleich der anteiligen Teilnehmerzahlen in Bezug auf a) ihre Computernutzung, b) ihre Altersgruppe und c) ihre Verwendung von Hilfsmitteln mit Sprachausgabe

Für eine weitere Analyse erfolgte eine Aufteilung aller Probanden in Altersgruppen wie in Abbildung 5.16 b. Nun sollte festgestellt werden, ob es insgesamt bei der jüngsten Gruppe der Teilnehmer zur Einstellung der höchsten Skalierungsfaktoren kam.

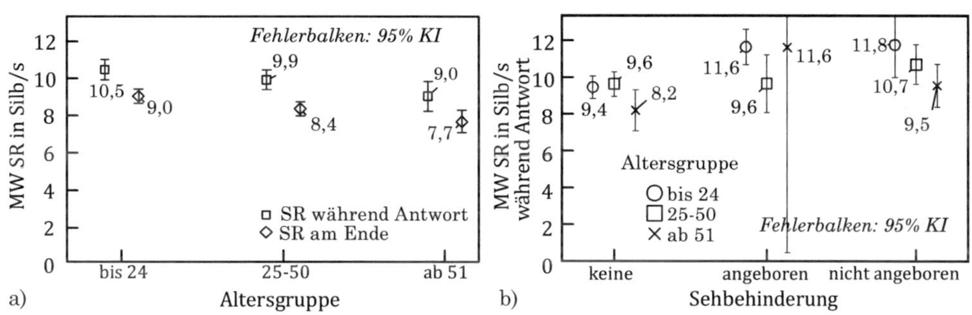

Abbildung 5.17: Mittelwerte der eingestellten Sprechraten a) während der Antwortpassagen und am Ende der Präsentationen unterteilt in die Altersgruppen sowie b) in Abhängigkeit der Altersgruppe und unterteilt in den Eintrittszeitpunkt der Sehbehinderung

Sehr signifikant unterscheiden sich die präferierten Sprechraten sowohl während der Schlüsselpassage als auch am Ende nur zwischen der jüngsten und der ältesten Altersgruppe (U-Test: $p = 0{,}01$; Abbildung 5.17 a). Eine weitere Unterteilung der Altersstufen in die Sehbehinderungskategorien „angeboren“, „nicht angeboren“ und „keine“ verdeutlicht, dass die jüngste Gruppe ohne Sehbehinderung die niedrigsten Skalierungsfaktoren während der Antwortpassage eingestellt hatte. Die Ergebnisse der jüngsten Teilnehmer mit Sehbehinderung unterschieden sich höchst signifikant von denen der nichtsehbehinderten Gruppe (U-Test: keine <-> angeboren, $p = 0$; keine <-> nicht angeboren, $p = 0{,}006$).

Somit ist die Altersgruppe nicht relevant für die gewählten Sprechraten. Für die anderen sehbehinderten Altersgruppen wurden gleich große oder höhere Mittelwerte der Sprechraten errechnet. Auf Grund der teilweise geringen Teilnehmeranzahl in den gewählten Kategorien, insbesondere bei den ältesten Teilnehmern, sind diese Ergebnisunterschiede nicht signifikant.

5.2.4 ZUSAMMENFASSUNG

Ein Nachweis der besseren segmentalen Verstehbarkeit von skalierter Sprache auf der Wortebene mit Ausschluss des Kontexthörens von sehbehinderten Probanden gegenüber sehenden Probanden konnte in den ersten beiden SuS-Versuchen nicht erbracht werden. Das Versuchsdesign animierte die Probanden eher dazu, auf das Kontextwissen aufzubauen und einzelne Wörter zu erraten. Sehende besitzen nach [Nej10] eine signifikant bessere semantische und verbale Gewandtheit als Sehbehinderte. Die Ursache könnte bei jedem Sehenden die parallele optische Speicherung des Objektes und die Verschriftung eines Begriffes sein. Somit ist es für den Sehenden bei der sprachlichen Erkennung möglich, neben den akustischen Repräsentanten auch auf die optischen Lexika des bisher erworbenen Wissens zuzugreifen.

Weiterhin konzentrierten sich die Probanden während einer Präsentation nur auf ein Wort, abhängig vom Satzglied, dem das Wort entsprach, oder der Wortstellung im Satz. Die Identifikation von Wörtern in einem Satz hängt stark vom grammatikalischen Wissen der Probanden ab.

> Ein SuS-Test impliziert weitere Einflussparameter auf die Wortverständlichkeit, wie Wortposition oder Satzglied. Für auditive Tests mit hoher Sprechrate ist dieser Test ungeeignet.

Schlussfolgernd kann jedoch ein hoher Trainingseffekt während des Umgangs mit skalierter Sprache verzeichnet werden.

> Skalierte Sprache ist leicht trainierbar, was bereits innerhalb eines Hörtests mit einer Länge von bis zu 30 min feststellbar ist.

Wird der Versuchsaufbau jedoch dahingehend geändert, dass der Ablauf eher einer Anwendung und individuellen Nutzbarkeit von skalierter Sprache entspricht, verschieben sich die Verstehensleistungen erhöhter Sprechraten zu Gunsten der Sehbehinderten. Unter Nutzung ihres Kontextwissens und in Begleitung mit einer schnelleren seriellen Signalverarbeitung [Raz07],[For07] gelingt es den Sehbehinderten und hier insbesondere den angeboren Sehbehinderten besser, die inhaltlichen Schlüsselpassagen aus einer längeren sprachlichen Äußerung mit höherer Sprechrate zu verstehen. Die angeboren Sehbehinderten waren sogar in der Lage, die mit höherer - als der am Ende bevorzugten - Geschwindigkeit eingestellten Phrasen semantisch zu verstehen.

In den drei Hörtests mit sehbehinderten Probanden, war die Anzahl der blinden Probanden, die sich bereits intensiv der beschleunigten Sprachausgabe bedienten, gering. Deshalb konnten keine signifikanten Unterschiede dieser Probandengruppe zu den anderen Teilnehmern festgestellt werden. Ein Nachweis der sehr guten Trainierbarkeit von skalierter Sprache bezüglich dieser Probandengruppe konnte somit ergänzend zum Einzelversuch in [Moo08] nicht erbracht werden.

Die anfangs aufgestellte Hypothese muss daher teilweise revidiert werden:

> Einzeln und zusammenhanglos präsentierte Wörter können sehende Menschen segmental besser identifizieren als Sehbehinderte.
>
> Längere beschleunigte Sprachpassagen können von angeboren Sehbehinderten mit einer höheren SR von ca. 2 Silb/s verstanden werden als von Sehenden.

Weiterhin wurde der Test gleichzeitig dazu genutzt, Unzulänglichkeiten in der linearen zeitlichen Skalierung von Sprache anhand niedriger Erkennungsraten der Wörter durch Laut- oder Silbenfehler und anhand beschreibender Eindrücke von Probanden zu identifizieren. Einige der wenigen Blinden, die bereits jahrelange Erfahrung mit der beschleunigten Sprachsynthese hatten, wiesen auf fehlerhafte oder fehlende Laute während der Präsentation hin.

Wie bereits in Abschnitt 3.6.4 erörtert, können durch die lineare Skalierung und mit einem hohen Skalierungsfaktor Lautlängen unter die Wahrnehmungsgrenze skaliert werden. In Abbildung 5.18 sind zwei selten erkannte Wörter aus den Satzverständlichkeitstests mit ihren Spektrogrammen dargestellt. Im ersten Fall a) wurde das Wort „fertigen" mit dem Faktor $\alpha = 2{,}5$ beschleunigt. Der Laut /t/ ist in der skalierten Version im Spektrogramm nicht mehr sichtbar. Bei Abbildung 5.18 b) wurden die Wörter „alte Woche" mit dem Faktor $\alpha = 4{,}0$ skaliert. Hier ist eindeutig zu erkennen, dass die skalierte Sprachausgabe fast nur noch aus stimmhaften Lauten besteht, während die stimmlosen Laute wie /t/, /v/ optisch kaum noch erkennbar sind. Die aufeinanderfolgenden Laute /l/ und /t/ besitzen zusammen nur noch eine Dauer von 17 ms und sind somit nicht mehr als getrennte Laute wahrnehmbar, zumal der Verschluss vor dem Plosiv /t/ im Signal fehlt. Das Wort „Woche", dessen Initiallaut /v/ praktisch nicht mehr vorhanden war und dessen Finallaut /ə/ nur 8 ms dauerte, wurde im SuS Test ohne Wiederholungen von den 138 Probanden nur fünfmal erkannt.

> Die Testergebnisse und Aussagen der Probanden führten zur Erkenntnis, dass eine nichtlineare Skalierung für den Erhalt stimmloser und kurzer Laute notwendig ist.

Die aus diesen Aussagen resultierende nichtlineare Skalierungsstrategie, wie bereits in Abschnitt 3.6.4 erörtert, wird in den folgenden Abschnitten optimiert und evaluiert.

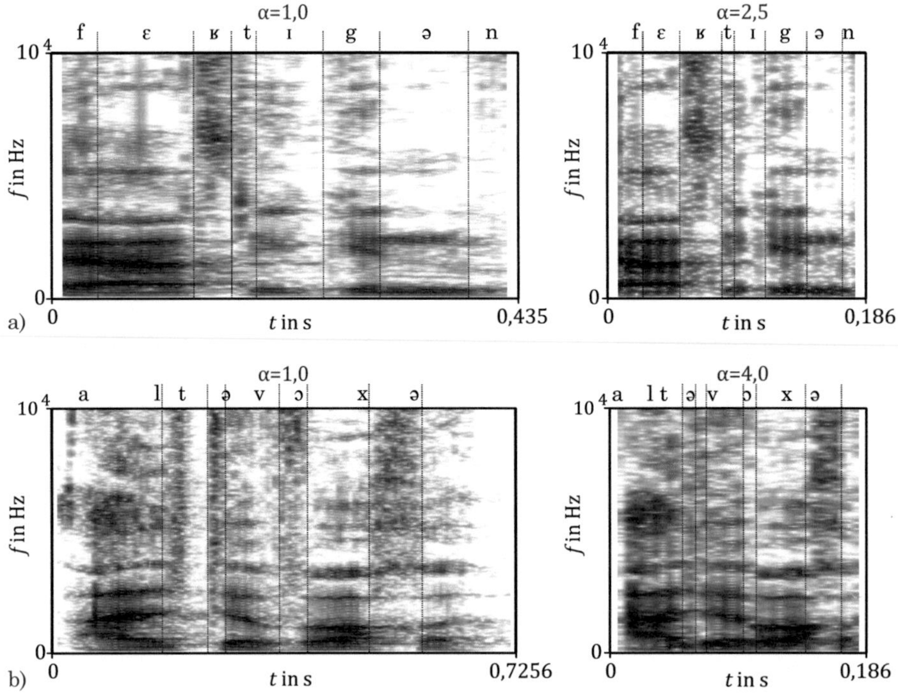

Abbildung 5.18: *Spektrogramme zweier im Satzverständlichkeitstest selten erkannter Wörter a) "fertigen" mit* $\alpha = 1{,}0$ *und* $\alpha = 2{,}5$ *und b) "alte Woche" mit* $\alpha = 1{,}0$ *und* $\alpha = 4{,}0$

5.3 Parameterevaluierung des FVII-Algorithmus

Mit Unterstützung eines Absolut Category Rating (ACR)-Beurteilungstests wurden die Parameter des FVII-Algorithmus auf ihre Analyseperformance und daraus folgende Sprachqualitätsmerkmale evaluiert (s. a. Abschnitt 3.6.2). Die Variabilität der Analyseparameter, wie z. B. unterschiedliche Fensterfunktionen, bewirken unterschiedliche Berechnungszeiten, aber auch abweichende Qualitätsstufen der Wiedergabe gegenüber den im Abschnitt 4.2.4 apparativ gemessenen, präzisen Parametern. Die Sprachqualität wurde nicht umfassend mit all ihren mehrdimensionalen Parametern bewertet, sondern es sollten von den Probanden einige, die Skalierung von Sprache betreffende Qualitätsmerkmale beurteilt werden.

5.3.1 Zeitmessungen bei variabler Parameterwahl des FVII-Algorithmus

Der Algorithmus wurde zunächst nur so programmiert, dass die Analyse einer Sprachdatei komplett abgeschlossen sein musste, bevor die skalierte Wiedergabe starten konnte. Grund war die im Vorfeld noch nicht bekannte Analysezeit. Der Algorithmus sollte nach der Speicherung der Analysedaten die komplette Audiodatei unterbrechungsfrei und beschleunigt wiedergeben - und das bei fortwährender Regelung des Skalierungsfaktors durch den Nutzer. Die vorangestellte Speicherung der gesamten Sprachdatei erzeugte für den Nutzer zunächst in Abhängigkeit der Dateigröße eine gewisse Wartezeit. Diese ist für die Schnittstelle der Mensch-Maschine-Kommunikation nicht akzeptabel und widerspricht dem Ziel der skalierten Sprachausgabe, die Übertragungszeit einer Informationsmenge von der Maschine zum Menschen zu reduzieren. Ziel des Algorithmus war daher, die Echtzeitfähigkeit von Analyse und Synthese der skalierten Sprachausgabe zu erreichen.

Bei der Echtzeitfähigkeit spielt neben dem postulierten qualitativen Ergebnis des Algorithmus der Zeitfaktor eine große Rolle. *Buttazzo* weist in seiner Echtzeitdefinition auch auf das Wirken eines Systems in seiner Umgebung hin sowie auf die damit erforderliche Synchronität der Zeitmessungen von System und Umgebung [But04].

Der Zeitfaktor ist das Unterscheidungsmerkmal zwischen Echtzeit- und Nicht-Echtzeitsystemen. *Tanenbaum* unterscheidet bei Echtzeitsystemen zwischen „harten" und „weichen" Systemen [Tan03]. In harten Echtzeitsystemen müssen die geforderten Deadlines strikt eingehalten werden (Systeme in Flugzeugen, KFZ, Medizintechnik). Digitale Audio- und Multimediasysteme können nach [Tan03] durchaus den weichen Echtzeitsystemen zugeordnet werden. Dieses kann auch für die Skalierung der Sprachwiedergabe gelten, indem z. B. bei nicht abgeschlossener Analyse der Skalierungsfaktor der Vorgängerloops verringert wird. Die Analysezeiten sollen sich demnach unterhalb der Wiedergabezeit des für die Sprachdatei global eingestellten Skalierungsfaktors bewegen.

Für die Zeitmessung wurden 12 unterschiedliche Konfigurationen untersucht. Sie unterschieden sich in den Parametereinstellungen der Signalanalyse und Phonsegmentierung. Weiterhin dienten fünf verschiedene Computersysteme für den Zeitvergleich der Analyse- und Computerkonfigurationen sowie der Überprüfung auf Echtzeitfähigkeit (Tabelle A.9).

Die in Abbildung 4.13 aufgeführten Analyseparameter wurden zunächst variabel gestaltet. Deren Veränderungen (Tabelle A.10, S. 283) sollen bezüglich der Berechnungszeit der Analyse durch die fünf PC-Systeme mit einem Prozessor vom Pentium M mit einer Taktfrequenz von 1,6 GHz bis zum Pentium 4 mit einer Taktfrequenz von 3,2 GHz (Tabelle A.9, S. 196) untersucht werden.

Ausgehend von der höchsten Segmentierungsgenauigkeit der 20 ms - 20 ms - 15 ms-Fensterung (Kombination 3 in Abbildung 4.31, S. 147) und der Hamming-Funktion für die Analysefenster wird diese Kombination als Referenzkonfiguration (Konfiguration 1 in Tabelle A.11 (Anhang S. 284) für die Zeitmessung verwendet. Im Vergleich dazu, wurde Abhängigkeit der Parametervariationen:

- Fensterfunktion: Rechteck-, Hamming- oder Hanningfunktion
- Analysefunktion: Betrags-, Energie- oder/und NDR-Berechnung vom Sprachsignal,
- Ableitungsberechnung: keine, 1. oder 2. Ableitung,

(s. Tabelle A.11) gemessen. Die Zeit wird vom Beginn bis zum Analyseende der kompletten Audiodatei gemessen. Allein die Wahl der Rechteckfunktion bei der Analyse (Tabelle A.12, S. 284), verkürzt die Analysezeit der fünf PC's auf maximal 65 % gegenüber der Referenzkonfiguration. Beim Rechteckfenster werden die Sprachsignalwerte nur innerhalb der Fensterbreite entnommen und eine einfache Mittelwertbildung durchgeführt, während bei den beiden anderen Fensterfunktionen jedes Sample einer zusätzlichen Multiplikation mit dem Fensterkoeffizienten unterzogen wird.

Auch die Verkürzung des Fensters um 5 ms bewirkt eine Zeiteinsparung von 10 %. Eine Erhöhung um 5 ms ergibt eine entsprechende Verlängerung um 10 %. Wird statt der einfachen Betragsbildung die Energiefunktion und das damit verbundene Quadrieren jedes Samples genutzt, verdoppelt sich die Analysezeit teilweise, oder sie liegt sogar noch weit darüber. Wird die Berechnung der Energie, bzw. des Betrages oder der NDR ausgeklammert, lassen sich noch einmal 18 bis 35 % der Ressourcen sparen. Da beide Analysefunktionen jedoch erheblichen Anteil an der Umsetzung der phonsegmentierten Skalierung haben, wird sich deren Ausklammerung durch eine verminderte Wiedergabequalität äußern.

Insgesamt sind die Analysezeiten bei den Variationen der Berechnungsparameter recht starken Schwankungen unterworfen, so dass hier auf jeden Fall ebenfalls eine Optimierung erfolgen kann, verglichen mit einer begleitenden Sprachqualitätsmessung.

Bezogen auf die Echtzeitfähigkeit sollen zunächst die Analysezeiten der fünf PC-Systeme mit der genauesten Konfiguration 1 in Tabelle A.11 (Anhang S. 284) betrachtet werden.

Hierfür wurden drei Audiodateien mit einer Länge von 13 s und zweimal 7 s skaliert und deren Analysezeit gemessen. Für die Konfiguration 1 sind in Abbildung 5.19 die Analysezeiten der fünf PC-Systeme dargestellt.

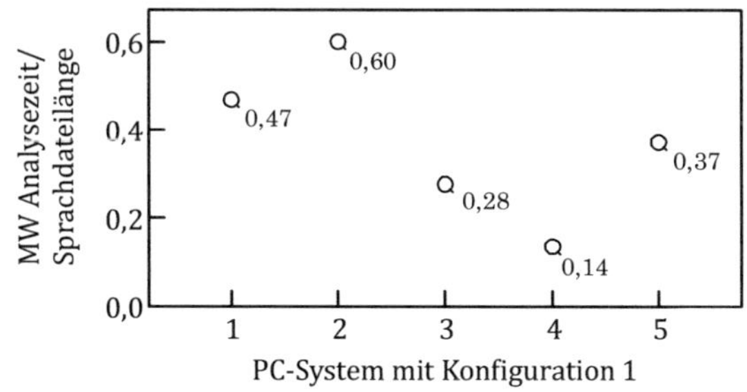

Abbildung 5.19: Relative Analysezeiten der fünf PC-Systeme in Tabelle A.9 bezogen auf die zu skalierende Original-Sprachdateilänge

Die Zeiten sind relativ zur Original-Sprachdateilänge berechnet. Die Analysezeit muss kürzer sein als die gewünschte Länge des skalierten Sprachdateien. Es ist erkennbar, dass nicht alle Systeme mit der Konfiguration 1 die Skalierung der Sprachdateien in Echtzeit und gleichzeitig mit einem hohen Skalierungsfaktor durchführen können. Das System 4 schafft es, die Datei bei einem eingestellten Faktor $\alpha = 1/0{,}14 = 7{,}1$ rechtzeitig vor der Wiedergabe zu analysieren. Diese Annahme gilt nur, wenn die Sprache in entsprechenden Blöcken analysiert wird und ein bereits analysierter Block parallel während einer weiteren Blockanalyse wiedergegeben werden kann. Auch für die Wiedergabe werden Ressourcen benötigt, die in die Analysemessung jedoch noch nicht einfließen. Die beiden mobilen Systeme 1 und 2 dagegen haben bereits Probleme, die Sprache in doppelter Geschwindigkeit wiederzugeben. Die Messungen des schnellsten PC-Systems 4 werden nachfolgend mit den unterschiedlichen Analysekonfigurationen verglichen. Wie in Tabelle A.12 (Anhang S. 284) ersichtlich, sind die Verhältnisse zu einer Bezugskonfiguration und bei einer Parameteränderung zwischen den Systemen sehr ähnlich.

Veränderung der Analysekonfigurationen und Messung der Analysezeit

Bei den Konfigurationen 2 und 3 (Tabelle A.11, Anhang S. 284) werden zunächst die Analysefenster verändert, da hier die meisten Ressourcen freigesetzt werden könnten, wenn die Fensteränderung sowohl in der Kurzzeitanalyse als auch in der Ableitungsberechnung angewendet wird. Konfiguration 2 (s.a. Kombination 9 in Abschnitt 4.2.3) mit der Mindestsegmentlänge von 25 ms unterscheidet sich zwar nicht signifikant in der Genauigkeit der detektierten Segmentgrenzen (Abbildung 4.31), erzeugt aber signifikant weniger zusätzliche Segmente (Abbildung 4.32). Der Verzicht auf die NDR-Berechnung, wie in den Konfigurationen 4 bis 8 und 10, führte in der ersten Analyse (Tabelle A.11, Anhang S. 284) zu einer Einsparung von 12 bis 18 %. Die NDR wird jedoch zur Ermittlung der Phonübergänge benötigt. Wird die NDR nicht berechnet, werden die Subsegmente automatisch auf 1/3 der minimal vorgegebenen Segmentbreite eingestellt. Inwieweit sich die

Einsparung der genauen Subsegmentierung in der Ausgabequalität äußert, wurde in dem anschließenden Hörtest ermittelt. Die Verwendung der Energie des Sprachsignals in den Konfigurationen 9 und 10 (Tabelle A.11) hebt die Dynamik des zu analysierenden Sprachsignals an, so dass störende leise Geräusche - aber auch leise Sprechlaute - gegenüber den lauten Sprachanteilen abgesenkt werden. Gleichzeitig folgt daraus eine massive Erhöhung der Analysezeit. Die Konfigurationen 4, 5 und 10 (Tabelle A.11) verwenden die erste statt der bisher angestrebten zweiten Ableitung der Kurzzeitanalyse, da bereits die erste Ableitung (Abbildung 4.18) übereinstimmende Maxima mit den Phongrenzen zeigte. In Konfiguration 11 wird die bereits in Abbildung 4.17 dargestellte NDR und deren Ableitungen untersucht, da hier die Analyse der Kurzzeitenergie oder des -betrages wegfallen. Konfiguration 12 verzichtet vollständig auf eine Analyse des Sprachsignals, so dass automatisch Lautgrenzen bei der gewählten Größe des Loopintervalls gesetzt werden. Somit erfolgt keine segmentierte, lautabhängige Skalierung mehr und die Sprachausgabe wird vermutlich qualitativ am unteren Ende der Skala liegen. Diese Konfiguration sollte in einem späteren Hörtest auch als Stimulus verwendet werden, um die MOS-Skala bei der Bewertung möglichst komplett auszunutzen.

Abbildung 5.20 zeigt die Verhältnisse von Sprachdateilänge zu dessen benötigter Analysezeit des PC-Systems 4 mit den eingestellten Konfigurationsbedingungen 1 bis 12 nach Tabelle A.11. Der Vergleich der Konfigurationen 1,2 mit den Konfigurationen 3,4,5,7,8 im Anhang Tabelle A.11 zeigt, dass die Verwendung des Rechteckfensters einen Geschwindigkeitsvorteil mit einem Faktor von 4,6 bringt, wobei hier die Ungenauigkeit der Segmentierung in Abschnitt 4.2.4 beachtet werden muss.

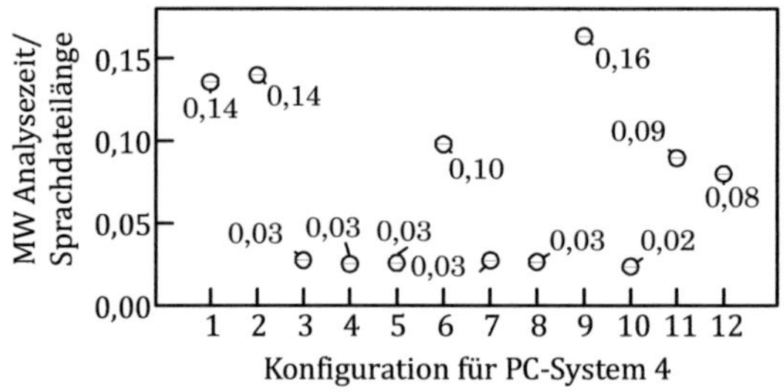

Abbildung 5.20: Analysezeiten des PC-Systems 4 relativ zur Sprachdateilänge für alle Parameterkonfigurationen 1 bis 12 in Tabelle A.11

Das Ausschalten der NDR-Analyse in Konfiguration 6 verkürzt die Analyse nur um 4 % gegenüber den genaueren Analysekonfigurationen 1 und 2. Die Berechnung der Energie, statt des Betrages, beansprucht wie erwartet die höchste Analysezeit. Inwieweit sich nun die eingesparten Berechnungsoperationen auf die auditiv wahrnehmbare Sprachqualität auswirken, wurde in dem folgendem MOS-Hörtest ermittelt.

5.3.2 MOS-Hörtest zur Evaluierung unterschiedlicher Analyseparameter in FVII

Für die auditive Bewertung der erreichten Sprachqualität skalierter Sprache mit unterschiedlichen Analysebedingungen wurde der Absolut Category Rating (ACR) Test genutzt. Orientierung für den Test war wiederum die Empfehlung [ITU800] für Sprachgütemessungen.

Messziel:	Kategorisieren von Sprachqualitätskriterien skalierter Sprache in Abhängigkeit der Analyseparameter
Messverfahren:	ACR-Hörtest mit 99 sehenden Probanden ohne Erfahrungen mit skalierter Sprache
Messobjekt:	Nichtlinear, zeitlich skalierte Sprache mit FVII
Messgröße:	Skalenwerte der Sprachqualitätskriterien
Träger der Messgröße:	zeitlich skalierte Sprache, manipuliert mit parametrisierbarem Skalierungsalgorithmus; Geschwindigkeit konstant mit SR=8 Silb/s
Messmittel:	Kopfhörer Hörtest mit automatischer Wiedergabe computergespeicherter Sprachdateien; Urteilseingabe über Touchdisplay

Tabelle 5.4: ACR-Qualitätsmessung zur Bestimmung der Analyseparameter mit der höchsten Ausgabequalität

Auf Grund der 12 Konfigurationen und der nachfolgend aufgeführten Beurteilungskriterien, konnte ein detaillierterer Comparision Category Rating (CCR) –Test keine Anwendung finden. 99 Probanden mussten für die verschieden analysierten und skalierten Sätze in sechs Kriterien einen Skalenwert von „1" (schlecht) bis „5" (ausgezeichnet) vergeben. Die Versuchsbedingungen entsprachen denen, die unter 5.1 beschrieben wurden. Das Alter der Probanden verteilte sich auf den Bereich 18 bis 64 Jahre.

Folgende sechs Kriterien, entnommen aus [ITU800], wurden bezüglich der Sprachskalierung modifiziert, um die Analysefehler der Skalierung präziser zu messen:

1. Sind alle Wörter voneinander unterscheidbar?
2. Sind alle Laute wahrnehmbar?
3. Sind alle Wörter gut zu verstehen?
4. Sind die Sprachausgaben störungsfrei?
5. Entspricht die Betonung der natürlichen Betonung?
6. Würden Sie die Sprachausgabe über einen längeren Zeitraum hören wollen?

Die Kriterien „Gesamtqualität", „Annehmlichkeit der Sprache" und „Höranstrengung" aus [ITU800] korrespondieren mit dem sechsten im Hörtest verwendeten Kriterium. „Deutlichkeit der Aussprache" wird mit den Kriterien zwei und drei gemessen und die „Betonung" aus [ITU800] entspricht dem Kriterium fünf des auditiven Messversuches.

Die Probanden mussten auch hier eine Lernphase durchführen, um die Bewertungsskala zu referenzieren. Das heißt, es wurden acht Sätze wiedergegeben, die die beste und schlechteste Qualität repräsentierten. Die Probanden mussten nach jeder Sprachdatei in der Trainingsphase innerhalb der fünfstufigen Skala die Gesamtqualität (Kriterium 0 in Tabelle A.14) bewerten. Dabei wurde ein Sprachbeispiel zweimal nacheinander präsentiert. Probanden mit unsicheren Urteilen wurden nach einem wiederholtem Trainingsdurchlauf und abermaliger differierender Bewertung der identischen Präsentation vom Versuch ausgeschlossen. Die Probanden wurden in drei unterschiedliche Testgruppen eingeteilt. Zwischen den Gruppen wurde die Satzreihenfolge vertauscht. Die entsprechende Satzverteilung und zugehörige Analysekonfigurationen sind der Tabelle A.14 auf S. 284 zu entnehmen. Jeder der drei Sätze wurde mit 12 Konfigurationen und sechs Kriterien bewertet. Die Probanden gaben während des 30-minütigen Versuches jeweils 72 Urteile ab.

Wahl der Skalierungsverhältnisse für Pause, stimmhafte oder stimmlose Anregung

Für die Einstellung der Skalierungsfaktoren wurde ein kleiner Vortest mit 5 Probanden durchgeführt. Ziel war es, das jeweilige Skalierungsverhältnis g nach Gl. (4.46) für die Klassen Sprache/Pause sowie stimmhaft/stimmlos mit der auditiv, besten Verständlichkeit der skalierten Sprachausgabe zu ermitteln. Den Probanden wurde dafür ein 12-minütiges Sprachbeispiel mit fest eingestelltem Skalierungsfaktor von $\alpha = 2{,}5$ vorgespielt. Der Kopfhörer-Hörtest entsprach wiederum den Bedingungen in 5.1. Während der Wiedergabe konnten die Probanden auf einem Touchdisplay zwei Schieberegler für die Skalierungsverhältnisse so lange verändern, bis sie auditiv die beste Verständlichkeit empfanden. Bei allen Probanden erreichte die Einstellung innerhalb von 10 min einen konstanten Wert. Die Einstellungen können der Tabelle 5.5 entnommen werden.

Klasse	Verhältnis \ Proband	1	2	3	4	5	MW
Pause	g_{ps}	0,61	0,75	0,69	0,74	0,67	0,69
Sprache	$1 - g_{ps}$	0,39	0,25	0,31	0,26	0,33	0,31
stimmhaft	$g_{sh,sl}$	0,60	0,60	0,70	0,75	0,68	0,67
stimmlos	$1 - g_{sh,sl}$	0,40	0,40	0,30	0,25	0,32	0,33

Tabelle 5.5: Ergebnisse des Vortests zur Ermittlung der Skalierungsverhältnisse g nach Gl. (4.46) S. 159 zwischen den Lautklassen Sprache (S) und Pause (P) sowie stimmhaft (sh) und stimmlos (sl)

Für alle weiteren Hörversuche wurden die Mittelwerte dieses Vortests verwendet. Das Skalierungsverhältnis g für die Klasse Pause/Sprache erreichte einen Wert von $g_{PS} = 0{,}69$. Somit sind bei Sprachbeschleunigung 69 % der zu eliminierenden Signalanteile aus den Pausensegmenten und nur 31% der Anteile aus den Sprachsegmenten zu entnehmen. Von den 31 % der zu kürzenden Sprachanteilen sind wiederum mit $g_{sh,sl} = 0{,}67$ 67% der stimmhaften Signalanteile gegen über den 33% stimmlosen Anteilen zu entfernen.

Ergebnisse des ACR-Tests für die Analyseparameter:

Für die sechs Kriterien hoben sich drei Konfigurationen von den restlichen Analysekonfigurationen ab. Wie in *Abbildung 5.21* zu sehen, erreichten die Konfigurationen 2, 6, 7 und 8 gegenüber den anderen Konfigurationen signifikant höhere MOS (Mean Opinion Score).

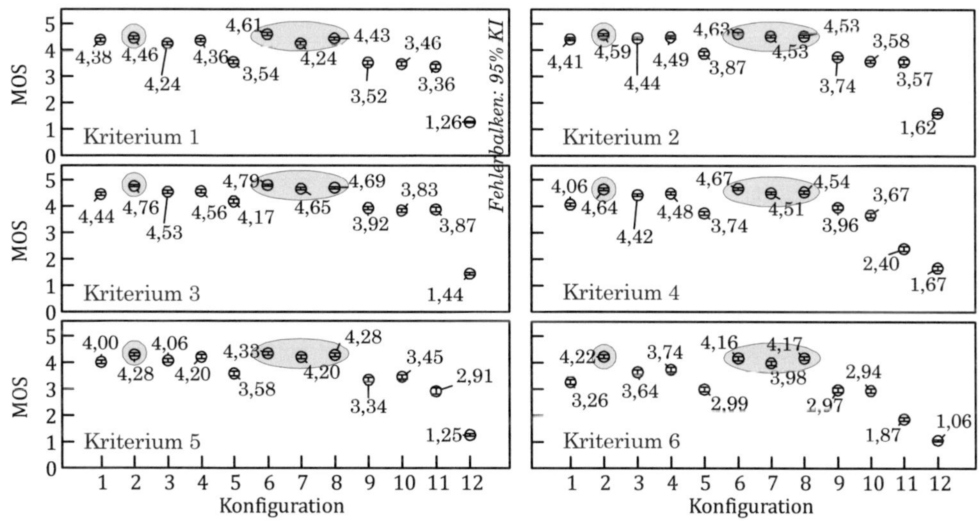

Abbildung 5.21: *MOS der bewerteten Analysekonfigurationen und einzelner Kriterien*

Die Signifikanzen der einzelnen MOS-Ergebnisse zwischen den Konfigurationen können Tabelle A.15 bis Tabelle A.17 entnommen werden. Bei den o.a. vier Konfigurationen konnten sowohl die Wörter als auch die Laute unterschieden werden. Somit waren diese auch gut verstehbar. Die ursprünglich apparativ genaueste Segmentierung (Konfiguration 1) mit einer Mindestsegmentlänge von 15 ms wurde signifikant schlechter bewertet als die Segmentierungen mit 25 ms Mindestlautlänge. Bei diesen Konfigurationen werden nicht so viele zusätzliche Segmente generiert wie in der Konfiguration 1, was wahrscheinlich eine bessere Ausgabequalität bewirkt. Offenbar genügte bei der hier bewerteten besten Qualität auch eine Rechteckfensterung, wie die MOS-Werte in Konfiguration 8 verdeutlichen. Die Ergebnisse lagen zwar nur etwas unterhalb der Konfigurationen 2 und 6, unterschieden sich aber nicht signifikant mit (U-Test: $p > 0{,}05$).

Der Verzicht auf die NDR-Berechnung (z. B.: Konfiguration 6) äußerte sich in der Nichtbestimmung der Subsegmente, die automatisch auf 1/3 der Mindestsegmentlänge gesetzt wurden. Bei dem hier verwendeten geringen Skalierungsfaktor von $\alpha \approx 2{,}0$ wurden kaum Maximummarker im Segmentgrenzbereich eliminiert, da der Skalierungsfaktor bereits durch eine ausreichende Menge von Signaleliminierungen innerhalb des Lautmittensegmentes erreicht wurde. Somit hat diese Konfiguration bei geringer zeitlicher Kompression wenig negativen Einfluss auf die MOS-Ergebnisse.

Die Analyse der Energiefunktion (Konfiguration 9 und 10) erzielte trotz der höheren Berechnungszeit keine besseren Qualitätsergebnisse. Auch die Verwendung der NDR (Konfiguration 11) mit ihrer Differentiation für die Lautgrenzendetektion oder die Berechnung der ersten Ableitung der Betragsfunktion (Konfiguration 4 und 5) führte zu häufigeren, fehlerhaften Segmentierungen, so dass auch hier die Qualität signifikant nachließ. Bei der Konfiguration 4 äußerte sich dieses besonders im Kriterium 6, bei der Frage, ob sich die Probanden die beschleunigte Sprache länger anhören würden.

Wie bereits im Vorfeld vermutet, funktioniert der FVII-Algorithmus nicht ohne Analyse (Konfiguration 12), sodass willkürlich im Abstand des eingestellten Loopintervalls zusammengesetzte und ausgelassene Segmente zu einer nicht akzeptablen Ausgabequalität führten. Damit wurde aber im Versuch erreicht, die Probanden auch auf die Verwendung des schlechtesten Skalenwertes „5“ zu stimulieren.

Stellt man schließlich die Analysezeiten (rechte Ordinate in Abbildung 5.22) den erzielten Beurteilungsmittelwerten (MOS) (linke Ordinate in Abbildung 5.22) gegenüber, lassen sich Strategien für die Kombination der Analyseparameter ableiten. Die beiden besten Qualitätsergebnisse mit den Konfigurationen 2 und 6 wurden mit dem schnellsten PC-System 4 mit einem Zehntel bzw. einem Siebtel der Originaldateilänge berechnet. Der reziproke Wert, der dem maximal möglichen Skalierungsfaktor von $\alpha = 10{,}0$ bzw. $\alpha = 7{,}0$ entspricht, dürfte für eine echtzeitverarbeitende, softwarebasierte Sprachskalierung genügen. Präferierte Skalierungsfaktoren bewegten sich nach 5.2.4 im Bereich von $\alpha = 3{,}0$. Es können also mit diesem Algorithmus die genaueren Analysefunktionen verwendet werden.

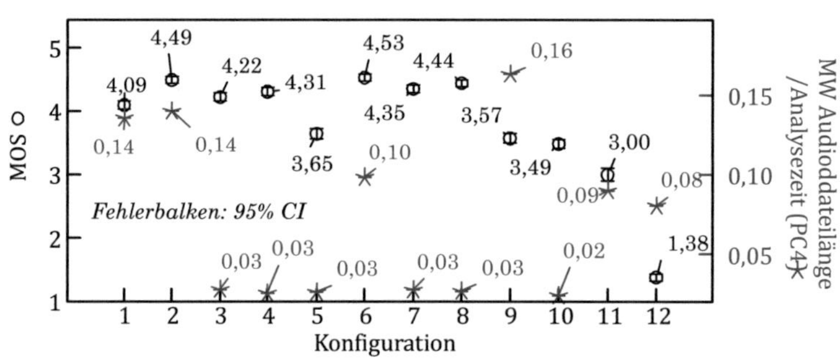

Abbildung 5.22: Vergleich des MOS aller Kriterien und relative Analysezeit des PC-Systems 4

Sollte die Rechenperformance bei älteren Rechnermodelle oder mobilen Anwendungen kritische Werte erreichen, könnte auch die Rechteckfensterung Verwendung finden, die in Konfiguration 8 ebenfalls qualitativ sehr gut bewertet wurde.

Für die weiteren Hörversuche, insbesondere im Vergleich mit bereits existierenden Verfahren und höheren Skalierungsfaktoren diente die Konfiguration 2 als Referenzeinstellung. Sie erreichte neben der Konfiguration 6 die besten MOS-Werte dieses Validierungstests und die genaueste Segmentierung mit wenigen zusätzlichen Segmenten im apparativ gemessenen Parametervergleich der Konfiguration 6 die Subsegmentierung mit Hilfe der NDR berücksichtigt.

Die bevorzugte Konfiguration 2 verwendete die Hamming-Fensterung für die Berechnung der Betragsfunktion und der Differentiation mit einer Fensterlänge von jeweils 20 ms. Die minimale Phonlänge wurde auf 25 ms festgesetzt.

5.4 Vergleich der Verfahren FVI, WSOLA, FVII

Im folgenden Abschnitt wird der entwickelte phonembasierte und nichtlineare Skalierungsalgorithmus mit den beiden Skalierungsalgorithmen FVI (s. Abschnitt 4.1.) und WSOLA [Ver93] (Abschnitt 3.4.4) verglichen. FVI kann bis auf die Transientenerhaltung eher den linearen Skalierungsverfahren zugeordnet werden. Alle drei zu vergleichenden Verfahren analysieren und skalieren die Sprachsignale ausschließlich im Zeitbereich. Die Evaluation sollte die Leistungsfähigkeit der Verfahren bezüglich segmentaler Wort- und Satzverständlichkeit messen. Die Messung der Wortverständlichkeit hatte auch zum Ziel, fehlerhaft skalierte Wörter zu identifizieren. Diese Wörter sollten nach der Evaluation mit ihren Sprachsignalen zeitlich und spektral analysiert werden.

Ein dritter Hörtest verglich zwischen drei Verfahren auf die zeitliche Skalierung bezogene Qualitätsparameter mit Hilfe eines Präferenztests (*Comparision Category Rating - CCR*). Das Ergebnis dieses Tests stellt eine Rangfolge entlang der Bewertungsskala auf.

Für die Analyseeinstellungen des FVII-Algorithmus wurde die Konfiguration 2 aus den Abschnitten 0 und 5.3.2 gewählt, um die besten Werte in der Segmentierung und Klassifizierung wie in Abschnitt 4.2.4 zu erreichen. Die Verhältnisse der Skalierungsfaktoren g_{PS} und $g_{sh,sl}$ aus Gleichung (4.46) wurden ebenfalls aus dem Vortest in Abschnitt 5.3.2 übernommen.

Die nichtlineare zeitliche Skalierung FVII sollte eine bessere segmentale Verstehbarkeit der zu erhaltenen Phone erreichen. Der Ansatz dafür war, quasistationäre energetische Zustände gegenüber den energetischen Variationen stärker zu skalieren. Als energetische Variation wurden hier die Lautübergänge mit ihren koartikulativen Eigenschaften angenommen. Die damit verbundene Erhaltung aller Phone im skalierten Sprachsignal müsste zu einer wachsenden Verständlichkeit führen.

Hypothese:

Nichtlinear beschleunigte Sprache, in der die Lautübergänge erhalten bleiben und stimmhafte Laute stärker komprimiert werden als stimmlose, bzw. Pausen stärker komprimiert werden als Sprache, wird besser verstanden als eine linear skalierter Sprache.

Diese Hypothese soll nun mit den nachfolgenden auditiven Tests validiert werden.

5.4.1 SuS-Test ohne Wiederholungen mit einer SR von 8 bis 12 Silb/s

Wie in 5.2.2 sollte zunächst untersucht werden, ob sich die beiden linearen Skalierungsalgorithmen FVI und WSOLA vom nichtlinearen Algorithmus FVII in der Wortverständlichkeit während eines SuS-Hörtests unterscheiden. Im Gegensatz zu 5.2.2 nahmen nur sehende Probanden an dem Test teil (Tabelle 5.6). Die Sätze wurden für jeden Algorithmus auf die Sprechraten von 8, 10, 11 und 12 Silb/s skaliert. Für die drei Algorithmen mussten gleiche Sätze und Wörter bei identischer SR miteinander verglichen werden. Die Sätze wurden für alle Probanden in der gleichen Reihenfolge, nur mit unterschiedlichem Skalierungsalgorithmus, präsentiert, so dass hier der Einfluss des Trainingseffektes bei den übereinstimmenden Sätzen für alle gleich war. Allerdings differierte die Wirkung des Trainingseffektes zwischen den Probanden.

Messziel:	Einfluss des Skalierungsverfahrens auf die Verständlichkeit von Wörtern in sinnleeren Sätzen
Messverfahren:	Protokollierter Verständlichkeits-Hörtest mit segmental nicht vorhersagbaren SuS-Sätzen mit 78 Probanden (sehend) ohne Erfahrung mit skalierter Sprache
Messobjekt:	Skalierungsverfahren FVI, FII, WSOLA
Messgröße:	Wortverständlichkeit
Träger der Messgröße:	12 grammatikalisch richtige, sinnleere Sätze mit 4-7 Wörtern, zeitskaliert mit einer SR = [8; 10; 11; 12] Silb/s, ohne Wiederholungen
Messmittel:	Kopfhörer-Hörtest mit automatischer Wiedergabe computergespeicherter Sprachdateien; schriftliche Protokollierung des Gehörten durch Probanden selbst

Tabelle 5.6: SUS-Verständlichkeitstest ohne Wiederholung für sehende Probanden zur Evaluation von Skalierungsalgorithmen

Wegen der Merkfähigkeit des Inhalts musste außerdem eine Wiederholung der Sätze bei jedem Hörer vermieden werden. In die Messergebnisse, die nur die Algorithmen vergleichen sollten, floss außerdem auch die unterschiedliche Wahrnehmungsfähigkeit der einzelnen, jedoch sehenden und mit skalierter Sprache nicht vertrauten, Probanden mit ein. Dieses unterschiedliche Wahrnehmungsvermögen der Probanden konnte nur durch eine ausreichend große Probandenanzahl minimiert werden.

Drei Gruppen mit je 26 Probanden hörten jeweils 12 Satzpräsentationen mit einem der drei Algorithmen FVI, FVII oder WSOLA und einer Sprechrate von je 8, 10, 11 oder 12 Silb/s. Die akustische Präsentation für die drei Gruppen ist der Matrix in Tabelle 5.7. zu entnehmen. Die Sätze wurden innerhalb einer Gruppe nicht wiederholt. 12 Sätze aus dem ersten SuS-Test mit Wiederholungen (s. Abschnitt 5.2.1 und Anhang A13, A14) wurden hier verwendet. Die Algorithmen konnten somit untereinander mit drei Sätzen und je einer der vier SR verglichen werden.

	Satz Nr.	1	2	3	4	5	6	7	8	9	10	11	12
Testgruppe	*SR in Silb/s*	*8*	*10*	*10*	*10*	*11*	*11*	*12*	*12*	*12*	*11*	*8*	*8*
1	Algorithmus	1	2	3	1	2	3	1	2	3	1	2	3
2	Algorithmus	3	1	2	3	1	2	3	1	2	3	1	2
3	Algorithmus	2	3	1	2	3	1	2	3	1	2	3	1

Tabelle 5.7: *Präsentationsmatrix für SuS-Testgruppen 1 bis 3 ohne Wiederholungen (Algorithmen: 1-FVI; 2-FVII, 3-WSOLA)*

Ergebnisse:

Zur globalen Bewertung der Algorithmen, bezogen auf ihre segmentale Wortverständlichkeit, wurden die Mittelwerte der SR aller Wörter berechnet. Die Sprechrate der nichterkannten Wörter wurde auf Null gesetzt, so dass der Mittelwert bei Nichterkennung sank.

Die Abbildung 5.23 zeigt die Mittelwerte der verstandenen Sprechraten, abhängig von den Skalierungsalgorithmen. Die Algorithmen FVI und FVII wiesen keine signifikanten Mittelwertdifferenzen auf (U-Test: $p = 0{,}561$). Der WSOLA Algorithmus wich jedoch signifikant von den anderen beiden Algorithmen ab (U- Test: $p < 0{,}05$).

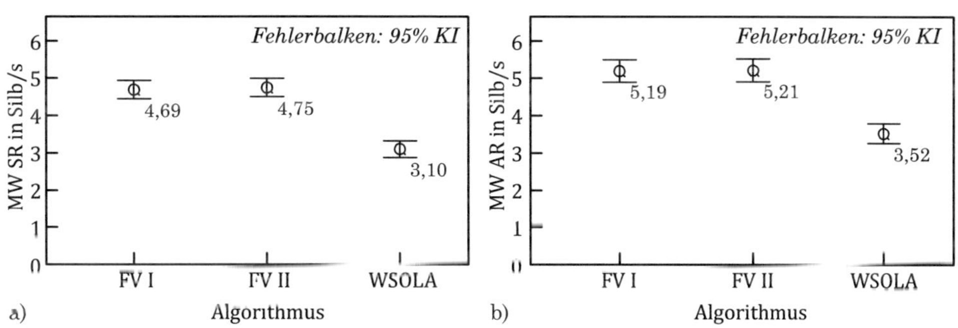

Abbildung 5.23: *Vergleich der Wortverständlichkeit anhand der mittleren a) Sprech- und b) Artikulationsraten zwischen FVI, FVII und WSOLA Algorithmus*

Eine differenzierte Betrachtung der summierten Worterkennungen in jedem einzelnen Satz offenbarte die Zufälligkeit der erzielten Ergebnisse, insbesondere zwischen den beiden Algorithmen FVI und FVII in Abbildung 5.24.

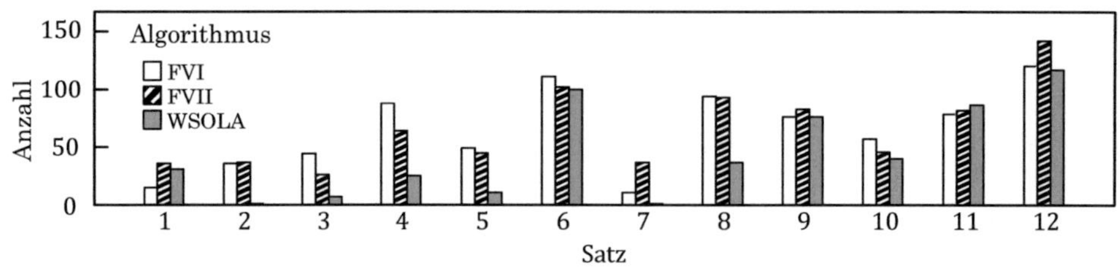

Abbildung 5.24: Summierte Anzahl der erkannten Wörter in den einzelnen Sätzen kategorisiert nach Skalierungsalgorithmus

Obwohl die Sprechrate mit der Satznummer zunächst bis zum Satz sechs anwuchs, stieg auch die Erkennungsanzahl, zurückzuführen auf die Trainierbarkeit der Sprachbeschleunigung. Die Korrelation zwischen der Satzreihenfolge und der Erkennungshäufigkeit betrug r=0,22, während die Korrelation zwischen der Geschwindigkeit und der Erkennungshäufigkeit nur r=-0,10 erreichte. Die Sätze 4 und 7 wiesen sehr geringe Wortidentifizierungen auf, wobei die Wörter in Satz 7 mit FVII gegenüber den anderen beiden Verfahren recht gut erkannt wurden.

Demgegenüber stand dann wieder die bessere Verstehbarkeit der Wörter im Satz 4 bei FVI. Für alle Wörter ergaben sich somit die nicht unterscheidbaren Mittelwerte beider Verfahren FVI und FVII sowohl für die Sprechrate über den kompletten Satz als auch für die Artikulationsrate der einzelnen Wörter (Abbildung 5.23 b). Eine weitere Betrachtung der beiden Sätze 4 und 7 dokumentiert in der Auswertung die problematischsten Wörter im Test in Abbildung 5.25. Im Satz 4 bleiben die ersten beiden Wörter in FVI und FVII noch gut erkennbar. In beiden Sätzen 4 und 7 wird deutlich, dass das Subjekt mit zugehörigem Artikel Vorrang bei der Erkennung hat (s. Abschnitt 5.2.4). Der WSOLA-Algorithmus versagt auf Grund der Verwischung der Laute bei einer SR von 10 Silb/s fast komplett. Bei noch höherer Geschwindigkeit im Satz 7 bleibt der erste kurze Artikel nach der Skalierung mit FVII noch gut erhalten und wird mit dem Subjekt /valt/ durch den Erhalt des Konsonanten /v/ besser erkannt als mit FVI.

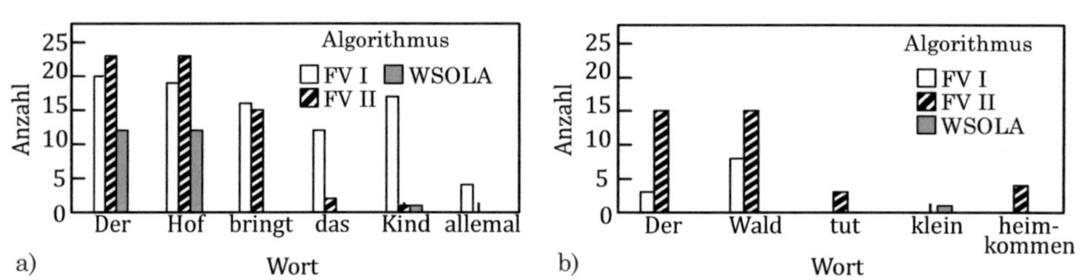

Abbildung 5.25: Anzahl der Worterkennungen in a) Satz 4 mit SR von 10 Silb/s und b) Satz 7 mit SR von 12 Silb/s

Im Satz 4 werden mit FVII die Vokale /a/ des vierten Wortes und /ɪ/ des fünften Wortes so stark gekürzt, dass die Probanden so gut wie keine Erkennung erreichten. Zur Differenzierung der Algorithmen- insbesondere der beiden Algorithmen FVI und FVII - scheint die segmentale Erkennung auf Wortebene in unvorhersagbaren Sätzen nicht geeignet. Gerade die Kontextinformationen sind in der skalierten Sprache zwingend notwendig, um zumindest inhaltliche Anteile der sprachlichen Äußerung zu erkennen, was auch eher der Anwendung von skalierter Sprache entsprechen würde. Beobachtet wurde, dass die gleichen Wörter wie bereits in 5.2.1 auch in diesem Hörtest Schwierigkeiten bereiteten.

Somit lässt sich die bereits aufgestellte Hypothese über die bessere Verständlichkeit einer nichtlinearen Skalierung zunächst nicht belegen, da in diesem Versuch keine Unterschiede zwischen der linearen und der nichtlinearen Skalierung nachgewiesen werden konnten.

Ein SuS-Test ist für solche auditiven Bewertungen ungeeignet.

5.4.2 Verständlichkeitstest mit MC-Antworten

In einem zweiten Test wurde die Verständlichkeit längerer Textpassagen zwischen den drei zeitbasierten Skalierungsverfahren FVI, FVII und WSOLA untersucht. Der Test ist eher als ein Anwendungsszenario skalierter Sprache geeignet als der Wortverständlichkeitstest mit unvorhersagbaren, bzw. sinnleeren Sätzen (Tabelle 5.8). Um die Ergebnisse durch zusätzliche Probandenparameter nicht zu beeinflussen, nahmen 36 ausschließlich *sehende* Probanden *ohne* Erfahrung mit zeitskalierter Sprache und im jugendlichen Alter von 17 bis 32 Jahren am Test teil.

Messziel:	Einfluss von Skalierungsstrategien bezüglich inhaltlicher Verständlichkeit längerer Sprachabschnitte
Messverfahren:	Multiple-Choice-Hörtest mit sehenden, jungen Probanden ohne Erfahrung mit skalierter Sprache
Messobjekt:	zeitlich mit FVI, FVII oder WSOLA skalierter Sprache
Messgröße:	Satzverständlichkeit
Träger der Messgröße:	12 Sprachabschnitte mit einer Länge von 15 bis 26 s, zeitskaliert mit einer SR von 8; 10; 11 und 12 Silb/s, ohne Wiederholungen mit Beispielen aus Nachrichten, Geschichten, Spielanleitungen
Messmittel:	Kopfhörer-Hörtest mit automatischer Wiedergabe computergespeicherter Sprachdateien; schriftliche Fragenbeantwortung durch Probanden im MC-Fragebogen

Tabelle 5.8. Verständlichkeitstest mit MC-Antworten

Einführend wurden den Probanden zunächst 10 min Sprache mit normaler Geschwindigkeit und in den vier zu testenden Sprechraten vorgespielt. Es wurden Texte aus Geschichten, Spielanleitungen und Nachrichten mit zum Teil fachlichem Inhalt ausgewählt (s. Anhang A16). Nach der Wiedergabe der 15 bis 26 s langen Test-Sprachdateien mussten die Probanden für den gerade gehörten Abschnitt vier Multiple-Choice Fragen beantworten. Vier Antwortmöglichkeiten waren jeweils vorgegeben, und die Probanden mussten ihre Entscheidung schriftlich festhalten. Erschwert wurde die Antwortmöglichkeit durch ähnlich klingende oder sinngemäß verwandte Antwortvorgaben.

Gegenüber dem Verständlichkeitstest mit den sehbehinderten Probanden in 5.2.3 bestand jedoch nicht das Problem, dass eine eventuell fehlerhafte Antwortübermittlung über den Versuchsleiter stattfand. Weiterhin wurde die Möglichkeit einer unsicheren manuellen Geschwindigkeitsregelung wie in 5.2.3 dadurch vermieden, dass die Sprachproben für jeden Algorithmus mit einer über der gesamten Datei gemittelten Sprechrate skaliert und vor dem Versuch gespeichert wurden.

Für diesen Test wurden die Sprechraten 8, 10, 11 und 12 Silb/s ausgewählt. Die Reihenfolge der Präsentation unterschiedlicher Algorithmen, Sprechraten und Texte wurde entsprechend Tabelle 5.9 gewählt.

Reihenfolge	**1**	**2**	**3**	**4**	**5**	**6**	**7**	**8**	**9**	**10**	**11**	**12**
Algorithmus	1	2	3	2	1	3	3	1	2	1	3	2
Testgruppe 1 Text	1	2	3	5	4	6	9	7	8	10	12	11
Testgruppe 2 Text	2	3	1	6	5	4	7	8	9	11	10	12
Testgruppe 3 Text	3	1	2	4	6	5	8	9	7	12	11	10
SR in Silb/s	8	10	11	12								

Tabelle 5.9: Präsentationsreihenfolge der Texte mit unterschiedlichen SR (Färbung, s. letzte Zeile) und Skalierungsalgorithmen im MC-Verständlichkeitstest

Jeder Algorithmus wurde mit dem gleichen Textinhalt getestet. Kein Text wurde den Probanden wiederholt präsentiert. Die Reihenfolge der vier Fragen nach jedem Absatz entsprach nicht der inhaltlichen Abfolge im gerade gehörten Abschnitt, sondern war verwürfelt. Die Geschwindigkeit wurde stetig erhöht. Das heißt, die Trainings- und Lernbedingungen, einschließlich der Gewöhnungsphase, waren für alle Probanden gleich. Einzige Ausnahme stellte Text Nr. 9 dar, der statt der vorgesehenen 11 Silb/s nachträglich mit 12 Silb/s gemessen wurde und mit dieser SR in die Auswertung einging.

Ergebnisse

Betrachtet werden nun zunächst die Mittelwerte der Sprechraten aller Sprachdateien, abhängig von den drei Skalierungsalgorithmen. Abbildung 5.26 a) zeigt die erreichten, gemittelten Sprechraten über alle Sprachdateien und Sprechraten, wobei die Sprechrate Null gesetzt wurde, wenn die entsprechende Antwort falsch war.

Die phonembasierte nichtlineare Skalierung hebt sich von den anderen beiden Verfahren signifikant ab (U-Test: $p < 0{,}05$). Da die Sprechrate jedoch nur ein Mittelwert über die komplette Sprachdatei einer Testsequenz war, wurde auch noch einmal die Passage, in der sich die richtige Antwort auf die Frage befand, untersucht. Für diesen Bereich ist nach der Skalierung mit den drei Algorithmen die SR noch einmal gesondert gemessen und ebenfalls (mit $SR = 0$ bei falscher Antwort) gemittelt worden (Abbildung 5.26 b). Hier weisen FVI und FVII keine signifikant unterschiedlichen Mittelwerte auf (U-Test: $p = 0{,}361$).

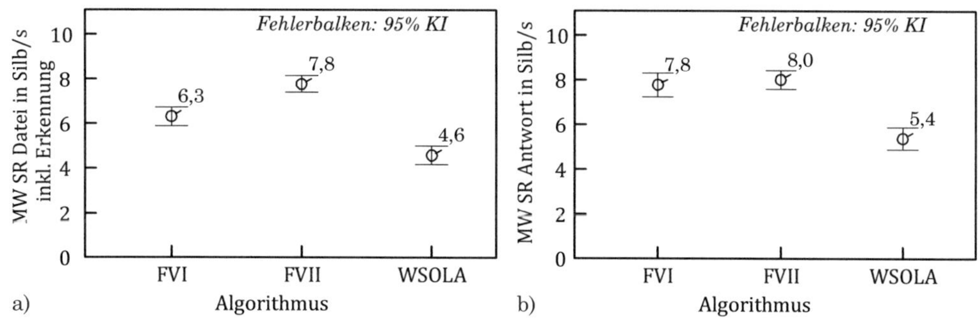

Abbildung 5.26: In Abhängigkeit vom Algorithmus richtig beantwortete Fragen bei gemittelter Sprechrate a) über die Gesamtlänge der Audiodateien und b) nur über den Bereich der Antwortpassage (bei falscher Antwort wurde SR=0 gesetzt)

Die Antwortpassagen müssten sich demnach in der Sprechrate zwischen der linearen und der nichtlinearen Skalierung unterscheiden. Ziel der nichtlinearen Skalierung war die unterschiedliche Skalierung von Sprache und Pausen im Audiosignal. Dieses wirkte sich nun partiell auch auf die skalierten Testdateien aus. Abbildung 5.27 a) weist die geringeren Sprechraten der relevanten Antwortpassagen im Algorithmus FVII gegenüber den anderen beiden Algorithmen aus, da vor oder nach der Antwortpassage die Pausen stärker gekürzt wurden.

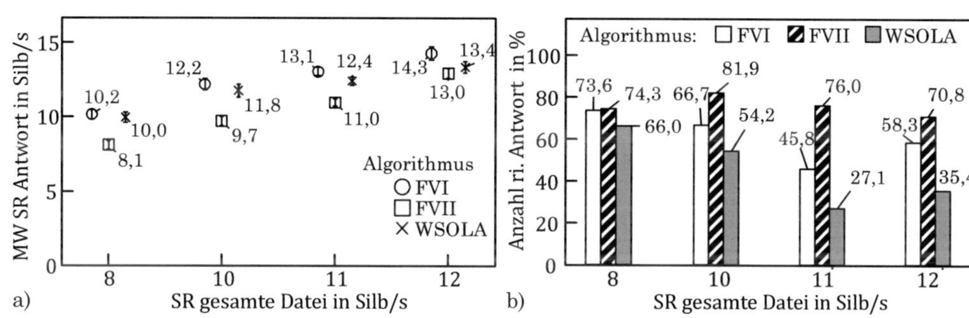

Abbildung 5.27: a) Erreichte Sprechrate der Antwortpassage im Vergleich zur gewünschten SR der gesamten Sprachdatei, klassifiziert nach Skalierungsalgorithmus, b) relative Anzahl der richtigen Antworten, klassifiziert auf die SR der skalierten Datei und der drei Algorithmen

Erst bei der hohen globalen Sprechrate von 12 Silb/s - bezogen auf die komplette Sprachdatei - glichen sich die lokalen Sprechraten der drei Algorithmen wieder an und überstiegen sogar die globale SR.

Da die Pausen in FVII stärker gekürzt wurden, verringerte sich auch die Artikulationsrate (AR) nicht in dem Maße wie bei den linearen Verfahren. Es lässt sich daraus schließen, dass die mit FVII skalierten Dateien besser verständlich waren, da die SR als auch die

AR bei den entscheidenden Inhalten, bezogen auf die anschließenden Fragen, gegenüber den linearen Verfahren geringer war.

Betrachtet man jedoch die gewünschten SR separat für jeden Algorithmus, liegen die Vorteile scheinbar nicht nur in der ungleichmäßigen Behandlung des Sprach- und Pausenmaterials. Die relative Anzahl der richtigen Antworten für jeden Algorithmus offenbarte zwar bei der geringeren Sprechrate von $SR = 8$ Silb/s keine Signifikanz in der Anzahldifferenz (U-Test: $p_{FVI;FVII} = 0{,}89$), aber ab $SR = 10$ Silb/s werden alle Differenzen zwischen den drei Algorithmen signifikant (U-Test: $p < 0{,}05$). Die mit FVII nichtlinear skalierten Sprachbeispiele wurden selbst bei einer SR von 12 Silb/s und einer auch hier hohen mittleren SR der Antwortpassage von 13 Silb/s (Abbildung 5.27 b) immer noch besser verstanden.

Bei einer Sprechrate von $SR = 11$ Silb/s in Abbildung 5.27 b) weisen FVI und WSOLA gegenüber FVII einen Abfall bei den richtigen Antworten auf, entgegen der Tendenz anderer SR. Deshalb sollten auch die Texte und die Präsentationsreihenfolge analysiert werden. Die Reihenfolge der Präsentationen führte in den vorangegangenen Versuchen z. B. zu gleichbleibenden Erkennungsraten, obwohl die SR inkrementiert wurde. Dieser Einfluss kann in Abbildung 5.28 b) nicht bestätigt werden. Tendenziell nimmt die Sprechrate mit der Versuchsdauer ab. Die siebte Präsentation weist hier einen Einbruch auf. Hauptursache ist der lineare Algorithmus WSOLA, der bei sehr hohen Sprechraten auf Grund seiner Ähnlichkeitssuche im Sprachsignal erhebliche Lautanteile bzw. ganze Laute eliminiert (s.a. Präsentation 11 Abbildung 5.28 b) und Tabelle 5.9).

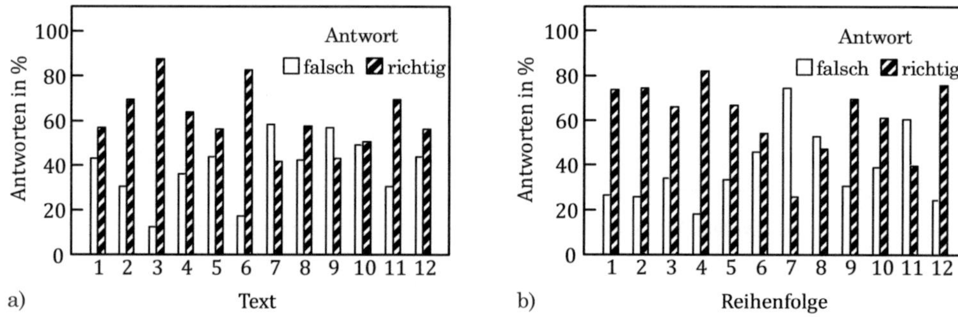

Abbildung 5.28: Relative Anzahl der Antworten in Abhängigkeit vom a) Text oder b) der Präsentationsreihenfolge

Weiterhin erfolgte in der Testgruppe 1 bei der siebten Präsentation sofort der Sprung auf 12 Silb/s. Es wurde außerdem ein Fachtext aus der Computertechnik präsentiert. Dieser Text mit der Nummer 9 (Abbildung 5.28 a) hat insgesamt geringe Verständlichkeitswerte. Text 7, ebenfalls bei allen Algorithmen mit einer Verständlichkeit von weniger als 50 %, überforderte die meisten Probanden bei der Wiederholung der genauen Zahlenangaben. Die akustische Sprachwiedergabe und die möglichen Zahlenwerte in den Fragen ähnelten sich in ihrer Aussprache und führten zu Verwechselungen. Teilweise mussten die Probanden aus dem Gehörten auch logisch kombiniert auf die Fragen antworten.

Die Ermittlung der Verfahrensdifferenzen wurde jedoch nicht beeinflusst, da die Bedingungen bezüglich der Textinhalte und Fragen für alle Algorithmen gleich waren.

Mit Hilfe des vorgestellten Verständlichkeitstests und der erreichten signifikanten Unterschiede lässt sich nun die aufgestellte Hypothese bestätigen: Bezüglich unterschiedlicher Pausen/Sprache, stimmhaft/stimmlos und phonbezogener Skalierungsfaktoren sowie unter Einhaltung eines konstanten globalen Skalierungsfaktors gegenüber den linearen Verfahren ist das hier entwickelte nichtlineare Verfahren FVII, insbesondere ab einer SR von 10 Silb/s, besser verständlich.

5.4.3 PRÄFERENZTEST

Ein weiterer auditiver Präferenztest diente dazu, mit Hilfe von Paarvergleichen qualitative Parameter der drei Algorithmen FVI, FVII und WSOLA vergleichbar darzustellen. Grundlage für die Aufstellung des Tests mit seinen Hörbeispielen, Beurteilungsparametern und einer Bewertungsskala war der *Comparision Category Rating (CCR) Test* nach [ITU800], mit dessen Ergebnissen sich die Systeme in einer Rangfolge aufstellen lassen (Tabelle 5.10). Nach dem ersten Präferenztest mit dem direkten Vergleich der Systeme wurden weiterhin auch die Skalierungseinflüsse unterschiedlicher Sprechraten, bzw. der Skalierungsfaktoren auf die Qualitätsparameter innerhalb eines Systems untersucht. Es sollte somit die Frage geklärt werden, welche Rangfolgenabstände die steigenden Sprechraten innerhalb eines Systems erzielen. Bei der Einrichtung eines Präferenztests mit Paarvergleichen muss der schnell steigende Testumfang bei Erhöhung der zu bewertenden Parameteranzahl sowie der Erhöhung der Objektmenge (Bsp.: 3 Systeme bei je einer SR) beachtet werden.

Messziel:	Qualitätsrangfolge der Skalierungsstrategien
Messverfahren:	CCR-Test mit Konstanzmethode mit 51 sehenden, jungen Probanden ohne Erfahrung mit skalierter Sprache
Messobjekt:	zeitlich mit FVI, FVII oder WSOLA skalierte Sprache
Messgröße:	Skalenwerte für die Qualitätsparameter: Gesamtqualität, Verständlichkeit der Wörter, Unterscheidbarkeit der Wörter
Träger der Messgröße:	18 Sätze oder Satzpaare mit einer Länge von insgesamt 6 bis 8 s, zeitskaliert mit einer SR von 8; 10; 11 und 12 Silb/s mit und ohne Wiederholungen
Messmittel:	Kopfhörer-Hörtest mit automatischer Wiedergabe computergespeicherter Sprachdateien; Urteilsabgabe über Touchdisplay mit dargestellten Buttons

Tabelle 5.10: CCR-Test zur Rangfolgenbestimmung der Skalierungssysteme

Sollen in einem Versuch beispielsweise alle n-Objekte paarweise ($k = 2$) miteinander verglichen werden, berechnet sich die maximale Anzahl N der Paarvergleiche aus den Kombinationen ohne Wiederholungen für einen Parameter nach [Bro89]:

$$N_n^{(k)} = \binom{n}{k} = \frac{n!}{k!\,(n-k)!}. \tag{5.3}$$

Bei 3 Systemen ($n = 3$) müssen zwar nur 3 Paarvergleiche erfolgen, jedoch für vier unterschiedliche Sprechraten und drei Bewertungsparameter summiert sich die Anzahl der Paarvergleiche bereits auf 36 und mit Wiederholung und Vertauschung der Paare auf 72 Vergleiche. Im zweiten Präferenztest der Geschwindigkeitsevaluierung *innerhalb* eines Systems sind bereits bei einem Vergleich von vier Geschwindigkeitsstufen eines Algorithmus mit einem bewerteten Parameter sechs Paarvergleiche notwendig.

Die nach [ITU800] verwendeten Qualitätsparameter wie z. B. Artikulation, Natürlichkeit, Sprechrate usw., wie sie vornehmlich bei der Messung von Sprachsynthesesystemen verwendet werden, sollten hier aus Gründen des Aufwandes und des Testziels angepasst werden. Für die Hörversuchsteilnehmer galt es, drei Kriterien zu evaluieren:

- Gesamtqualität,
- Verständlichkeit der Wörter,
- Unterscheidbarkeit der Wörter.

Das erste Kriterium diente dazu, ein allgemeines Qualitätsurteil über die paarweise präsentierten Messobjekte abzugeben. Die Gefahr bei diesem Kriterium besteht in der Mehrdimensionalität der Gesamtqualität, je nachdem welche Parameter der Urteilende für diese Bewertung heranzieht.

Eine gewisse Zielführung erfolgte mit einer hinweisenden Beschreibung der Gesamtqualität. Die Probanden mussten insbesondere folgende Fragen in ihrer Einschätzung berücksichtigen:

- Wo wird mehr verstanden?
- Wo ist die Stimme natürlicher?
- Wo ist die Stimme angenehmer?
- Wo wurden die Wörter besser betont?

Durch die Mehrdimensionalität des Begriffes „Gesamtqualität“ konnte nur ein Kompromiss zu Gunsten der Aufwandsreduzierung der Testdurchführung getroffen werden. Mit der Verständlichkeit und Unterscheidbarkeit der Wörter sollten dagegen zwei präzisere Messwerte bezüglich des Skalierungsalgorithmus geliefert werden.

3	2	1	0	-1	-2	-3
Probe 1 sehr viel besser als Probe 2	Probe 1 viel besser als Probe 2	Probe 1 besser als Probe 2	Probe 1 gleich Probe 2	Probe 2 besser als Probe 1	Probe 2 viel besser als Probe 1	Probe 2 sehr viel besser als Probe 1

Abbildung 5.29: Bewertungsskala für den CCR-Test

Die Bewertung der Probenpaare erfolgte mit den Beschreibungen für die einzelnen Stufen und einer zuzuordnenden siebenstufigen Skala nach [ITU800] (vgl. Abbildung 5.29). In Abbildung 5.29 sind die äquidistanten Abstufungen zunächst mit „sehr viel besser", „viel besser", „besser" oder „gleich" klassifiziert. Im Hörtest selbst wurden für die Skalenstufen 3 bis -3 zusätzliche Beschreibungen verwendet, um dadurch auch nach der Präsentation auf das zu beurteilende Kriterium hinzuweisen (Auszug, s. Anhang A17):

- Gesamtqualität: „..klingt besser."
- Verständlichkeit der Wörter: „..klingt verständlicher."
- Unterscheidbarkeit der Wörter: „..sind mehr Wörter unterscheidbar."

Die Probanden entschieden zunächst, ob eines der beiden Systeme bezüglich seiner Eigenschaften besser ist oder ob beide gleichwertig sind. Anschließend waren bei einem präferierten Rang für eines der beiden Systeme nur noch drei Stufen für den Bewertungsabstand auf der Skala auszuwählen. Für die Ausnutzung dieser drei Stufen und zur Verhinderung des *Ceiling und Floor-Effektes* [Bor06] wurde dem Test wiederum eine Einführungsphase vorangestellt. Dadurch wurde verhindert, dass die Probanden ihre Urteile größtenteils am oberen oder unteren Ende der Skala abgaben.

In der Lernphase hörten die Testteilnehmer Sprachproben, skaliert mit den drei Algorithmen und mit den jeweils vier zu bewertenden Geschwindigkeiten. Die Probanden sollten dabei feststellen, in welchem Skalenbereich sich die Qualitätsurteile während des Tests bewegen. Allein das Abspielen der beiden besten und schlechtesten Beispiele jedes Systems genügte in einem Probeversuch mit fünf Probanden nicht, um die Skala komplett auszunutzen.

Die Dauer der Einführungsphase wurde mit mehreren Beispielen, die nicht im eigentlichen Test auftraten, auf fünf Minuten erhöht. Die Auswertung ergab, dass die Probanden erst nach dieser Zeit die Skala von -3 bis 3 ausnutzten.

Neben einer schwer vorausbestimmbaren Ausnutzung der Bewertungsskala durch die Probanden tritt als weiterer Fehlereffekt bei subjektiven Testverfahren der sogenannte *Haloeffekt* [Bor06] auf. Demzufolge hängt das Urteil über ein einzelnes Merkmal stark von einem bereits gebildeten Pauschalurteil ab. Eine Minderung dieses Effektes wurde durch die genauere Beschreibung der Qualitätskomponenten und den beiden spezielleren Messwerten *Unterscheidbarkeit der Wörter* und *Verständlichkeit der Wörter* erreicht. Weiterhin wird der Haloeffekt aber auch durch sich wiederholende Testabläufe unterstützt, wie z. B. die Wiedergabe einer gleichen Geschwindigkeits- oder Systemreihenfolge sowie von Textwiederholungen. Diese Textwiederholungen unterstützen außerdem den Trainingseffekt erheblich, wenn Parameter der Verständlichkeit evaluiert werden sollen.

Der Versuch für die Systemevaluation wurde aus den oben genannten Gründen wie in Tabelle A.21. aufgestellt. In einer Gruppe wurde für eine Paarpräsentation eine Geschwindigkeit und ein Bewertungsparameter nur ein Text präsentiert. Die Probanden hatten die Möglichkeit, sich das Paar wiederholend anzuhören. Zur Ermittlung der Urteilssicherheit der Probanden wurden die Systempaare während des Tests ein zweites Mal in vertauschter Reihenfolge präsentiert. Eine Urteilsunsicherheit wurde festgelegt, wenn das Produkt beider Rankingwerte negativ wurde. Die Zuordnung der Werte nach der vertauschten Präsentation wurde dabei berücksichtigt und z. B. bei einer paritätischen Bewertung (Note=0) und einer negativen Note noch keine Unsicherheit ermittelt. Jeder Proband hatte zunächst bei der Systemevaluation im ersten Testsegment 36 Bewertungen inklusive der Wiederholung aller Paare vorzunehmen. Neun der 51 Probanden nahmen in zeitlichen Abständen von mehreren Tagen an beiden Tests der System- und SR-Präferenztests teil.

Die Aufwandsminimierung und Sicherstellung der zeitlichen Durchführbarkeit des Versuches hatte jedoch einen weiteren Nachteil, der im Sinne der Probandenentlastung in Kauf genommen werden musste. Die Ermittlung der zirkulären Triaden [Bor00], ebenfalls zur Unsicherheitsfeststellung von Urteilen (Bsp.: A > B und C > A, dann folgt C > B), kann hier nicht angewendet werden. Unsicherheiten können hier nur auf Grund gegensätzlicher Bewertungen eines identischen Paares detektiert werden.

Neben dem direkten Paarvergleich der Systeme im ersten Testsegment wurde im zweiten Testabschnitt ein Ranking der vier Sprechgeschwindigkeiten $SR = [8; 10; 11; 12]\ \mathrm{Silb/s}$ innerhalb eines Systems erzeugt. Die Verteilung der präsentierten Texte für den A-B-Vergleich der Sprechraten innerhalb eines Systems und innerhalb der beiden Testblöcke ist Tabelle A.23 zu entnehmen. In diesem Testsegment, ebenfalls mit Wiederholung der Paare in vertauschter Reihenfolge, hatten die Testpersonen in einer Gruppe 54 Bewertungen vorzunehmen. Insgesamt waren hier pro Versuch 90 Bewertungen abzugeben.

Beide Versuchssegmente nahmen für die Probanden im Durchschnitt 12 bis 18 Minuten in Anspruch. Eine Gesamtdauer von 30 min exklusive der Eingewöhnungsphase von 5 Minuten war das Limit für die Versuchsdauer, die eine nichtermüdende Bewertung gewährleistete.

Ergebnisse des Systemrankings

Zunächst mussten die Ergebnisverteilungen der Teilversuche auf ihre Abweichung zueinander überprüft werden. Gruppe 1 absolvierte den Teiltest 1, Gruppe 2 den Teiltest 2 und die dritte Gruppe beide Teilversuche im zeitlichen Abstand von mehreren Tagen. Die Histogramme der Gruppen wiesen bei gleicher Wertung der wiederholten Präsentationspaare symmetrisch zum Nullwert die gleiche Häufigkeit negativer und positiver Werte auf.

Die Bewertungen waren normalverteilt und wiesen zwischen den Gruppen keine signifikanten Unterschiede auf (s. Anhang A18).

Eine Abnahme der Urteilsunsicherheit mit dem zeitlichen Verlauf des Präferenztests konnte bei keiner der Gruppen nachgewiesen werden (s. Anhang A18: Abbildung A.12 und Tabelle A.22). Der bereits festgestellte Trainingseffekt bei skalierter Sprache wirkte sich hier nicht aus. Vorzeichenwechsel, also gegensätzliche Beurteilung gleicher Paarpräsentationen, können auch durch Verwechslungen bei der Urteilsabgabe verursacht worden sein.

Wichtiger bei der Zusammenfassung der Bewertungsergebnisse sind die Unsicherheiten der einzelnen Probanden und die Frage, welche Ergebnisse in der Berechnung nicht verwendet werden dürfen. Bei *einem* Vorzeichenwechsel kann ein Proband noch nicht durch die Zufälligkeit einer falschen Urteilsabgabe als unsicher eingestuft und dessen Urteile verworfen werden. Anhand der siebenstufigen Skala wurde festgelegt, dass ein Urteil bei einem Vorzeichenwechsel und bei einer Differenz beider Noten, die größer als vier Skalenwerte ist, als unsicher gilt. Das bedeutet, der Proband hatte z. B. ein System mit mindestens 2 Skalenpunkten besser bewertet und bei der wiederholten Bewertung das andere System mit 2 Skalenpunkten favorisiert.

Acht Probanden gaben mehr als $MW + \sigma = 16{,}8\,\%$ der Bewertungen (s. Anhang A18, Abbildung A.13) als unsicheres Urteil (w.o. definiert) ab und wurden in den Ranking-Mittelwerten nicht berücksichtigt.

Für die verbleibenden Probandenurteile wurde eine Dominanzmatrix seiner Bewertungen (Tabelle 5.11) pro Kriterium und Sprechrate aufgestellt. Die Bewertung ist positiv, wenn System A als besser empfunden wurde. Die Dominanzmatrix enthält somit beide Bewertungen des jeweiligen Paarvergleichs. Für jede Zeile und damit für jedes System A ist in der letzten Spalte der Mittelwert berechnet. Somit lassen sich die Systeme anhand der Mittelwerte auf der Skala von -3 bis 3 in einer Rangfolge einordnen.

		System B			
		WSOLA	**FVI**	**FVII**	**MW**
System A	**WSOLA**	-	0.0	-1.0	-0.5
	FVI	-1.0	-	0.0	-0.5
	FVII	0.0	1.0	-	0.5

Tabelle 5.11: Dominanzmatrix eines Probanden für ein Kriterium und eine SR

Die Mittelwertbildung für jedes Bewertungskriterium und für jede Sprechrate ergibt die finale Rangfolge der Skalierungssysteme, dargestellt in Abbildung 5.30.

In fast allen Bewertungskategorien und bei allen Sprechraten wurde das nichtlineare Skalierungsverfahren FVII von den Evaluatoren durchschnittlich als am besten eingestuft. Bereits bei einer geringen Sprechrate von acht Silb/s, dem Zweifachen einer normalen Sprechrate, ist die *Verständlichkeit der Wörter* des Algorithmus FVII signifikant höher als bei den anderen beiden Skalierern.

Bei 10 Silb/s wurde jedoch das FVI-Verfahren signifikant schlechter eingeschätzt als bei den Verfahren WSOLA und FVII. WSOLA und FVII wiesen bei den hier gehörten Beispielen keine signifikanten Unterschiede (t-Test: $p = 0{,}13$) der Skalenmittelwerte auf. Der Grund hierfür war das verwendete Sprachbeispiel (Satz 8 Anhang A.12) und die Eigenschaft von FVI, Plosivlaute möglichst nicht zu eliminieren.

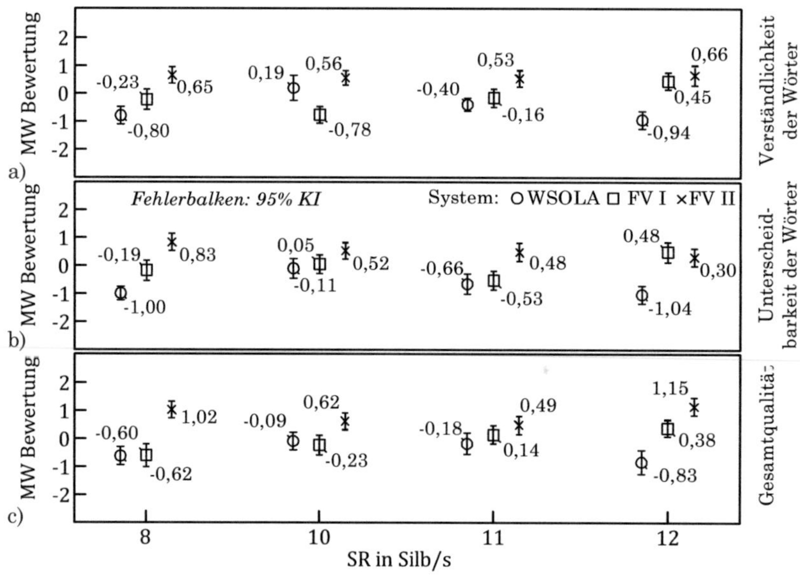

Abbildung 5.30: Ergebnisse des Systemrankings in Abhängigkeit von der SR für a) die Verständlichkeit der Wörter b) die Unterscheidbarkeit der Wörter und c) die empfundene Gesamtqualität

Bereits geringste Störungen, wie sie in diesem Beispiel durch einen plosiven Laut an der Mikrofonmembran entstanden sind, wurden vom Algorithmus als zu erhaltender Plosiv detektiert. Die Störung blieb weiter erhalten, bzw. wurde auch durch Überblendung mit dem nachfolgenden Lautsignal als Störung verstärkt. Beim Wort „optimal" im Satz 8 führte dies zu einer erheblichen Abwertung von FVI in dem Paarvergleich zwischen FVI und WSOLA. Durch die Signalähnlichkeitssuche für die Konkatenationsstellen wurde im WSOLA-Algorithmus fast eine Beseitigung der plosiven Druckstörung - als nicht korrelierendes Signal - erreicht, so dass diese nicht mehr so dominant wahrnehmbar war. Weiterhin führte die höhere Varianz der Bewertungen des Satzes 8 dazu, dass sich FVII und WSOLA hier nicht signifikant voneinander abhoben.

Bei der sehr hohen Sprechrate von 12 Silb/s wurde - wie im Verständlichkeitstest unter Abschnitt 5.4.2 - WSOLA signifikant als am schlechtesten benotet. Der Algorithmus führte bei hohen Skalierungsfaktoren ab $\alpha > 3$ zu Auslassungen von ganzen Lauten, was die Verständlichkeit erheblich verringerte. Die anderen beiden Skalierungsalgorithmen unterschieden sich bei dieser Geschwindigkeit nicht mehr signifikant, da die Probanden hier trotz Wiederholungsmöglichkeit schon große Schwierigkeiten hatten, in beiden Sprachbeispielen einzelne Wörter zu verstehen.

Bei der *Unterscheidbarkeit der Wörter* hob sich FVII wieder signifikant bis zur Sprechrate von 11 Silb/s ab. Bei 12 Silb/s erreichte FVI zwar einen leicht besseren Rangfolgenmittelwert als FVII, jedoch nicht signifikant. Durch die höhere Pausenskalierung gegenüber dem Sprachsignal wurden in FVII die Laute bzw. die Wörter fast direkt miteinander verkettet. Eine Unterscheidung der Wörter ist somit erschwert, was sich zumindest im tendenziellen Urteil ausdrückte.

Die *Gesamtqualität* konnte mit den oben eingeführten Kriterien nur teilweise beurteilt werden. Mit den spezifischen Kriterien schnitt der phonsegmentierende, nichtlineare Algorithmus bei niedrigen als auch bei hohen Sprechraten signifikant am besten ab. Da hier die Sprache gegenüber den Pausen etwas geringer dezimiert wurde, blieben mehr natürliche Signalanteile des Sprechers erhalten, so dass die Stimme angenehmer und betonungsvoller wahrgenommen wurde. Beim WSOLA Algorithmus traten bei hohen Skalierungsfaktoren bereits hallartige und phasige Artefakte auf, die die Qualität sinken ließen. Überdies ist ein „Verschachteln“ von Lauten wahrnehmbar.

Ergebnisse des Geschwindigkeitsranking innerhalb eines Systems

Eine weitere Verständlichkeits- und Qualitätsevaluation hatte das Ziel, die Differenzen zwischen den Sprechraten *innerhalb* eines Systems zu ermitteln. Aus den Ergebnissen in Abbildung 5.30 lässt sich nicht ablesen, inwieweit sich die Geschwindigkeitsstufen eines Systems voneinander unterscheiden. Die Werte für das FVII System liegen beispielweise beim Kriterium Verständlichkeit der Wörter in einem ähnlichen Skalenbereich von 0,53 bis 0,66, was jedoch nicht den Schluss zulässt, dass die Wörter in den beiden Sprechraten in FVII gleich verständlich sind.

Interessant wäre allerdings auch zu messen, wie die SR von 10 Silb/s des FVII Algorithmus zur SR von 8 Silb/s von FVI mit den Qualitätsparametern wahrgenommen wird. Dazu wären 12 Parameter pro Qualitätskriterium zu evaluieren gewesen. Nach Gl. (5.3) sind pro Qualitätskriterium 66 Paarvergleiche durchzuführen. Insgesamt wären somit 396 Paarvergleiche für drei Qualitätskriterien und Paarwiederholung notwendig, eine Anzahl, die im Rahmen dieses Versuches nicht zu bewältigen war. In den hier vorgestellten beiden Teilversuchen für das System- und Sprechgeschwindigkeitsranking wurden mit den insgesamt 80 Paarvergleichen, inklusive der Wiederholungen, die Belastungsgrenzen der Probanden erreicht.

Zunächst wurde wieder die Häufigkeit der abgegebenen Urteile im Bereich von -3 bis 3 auf ihre Verteilung analysiert (s. Anhang A19: Abbildung A.14). Alle drei Gruppenergebnisse erreichten eine Normalverteilung (KS-Test: $p \ll 0{,}01$). Die Skala wurde hier offensichtlich breiter ausgenutzt (s. Anhang A19: Abbildung A.15) und die Urteilssicherheit war größer (s. Anhang A19: Abbildung A.16). Von den unsicheren Probanden wurden in diesem Versuch nur die Probanden 23 und 28 von der weiteren Analyse ausgeschlossen, da sie mehr als $MW + \sigma = 1{,}1\,\%$ unsichere Bewertungen aufwiesen.

Die erreichte Rangfolge der Sprechraten innerhalb eines Systems ist in Abbildung 5.31 dargestellt. Der größte Verlust in der Verständlichkeit von Wörtern und Inhalten sowie in der Unterscheidbarkeit der Wörter zwischen den Sprechgeschwindigkeiten wurde in allen Systemen bei einer Erhöhung der Sprechrate von 8 auf 10 Silb/s empfunden.

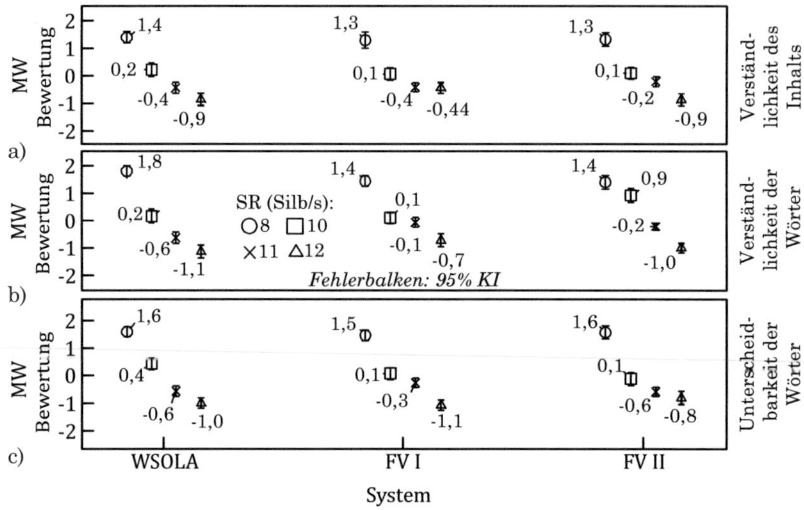

Abbildung 5.31: Ergebnisse der mittleren Rangfolgen der Sprechraten innerhalb eines Systems

Im Mittel wurde hier eine Bewertungsdifferenz von 1,25 Skalenpunkten notiert. Lediglich beim FVII Algorithmus betrug der Verlust der Wortverständlichkeit nur 0,4 Skalenpunkte, und beide Benotungen unterschieden sich nicht signifikant. Allerdings wurde die Differenz dann zwischen 10 und 11 Silb/s im FVII entsprechend größer (ΔMW = 1,1), während die Verständlichkeitsabnahme bei den anderen beiden Algorithmen nicht so stark wahrgenommen wurde. Die höheren Sprechraten von 11 und 12 Silb/s folgten über alle Systeme und Kriterien im Mittel in einem Abstand von 0,6 und 0,5. Die Differenzen wurden kleiner bzw. waren auf Grund der hohen Sprechraten und Signaleliminierungen kaum noch einzuschätzen. Die Bewertungsskala wurde beim maximalen Differenzmittelwert von 2,9 für das WSOLA System bei der Verständlichkeit der Wörter auch fast vollständig ausgenutzt (vgl. auch Anhang A19: Abbildung A.14). Somit kann die Wahl der Bewertungsskala als richtig eingeschätzt werden.

Die etwas bessere Verständlichkeit der Wörter bei der Erhöhung der Sprechrate von 8 auf 10 Silb/s, wie in Abbildung 5.30 a) für das WSOLA-System gegenüber FVI, konnte im direkten Geschwindigkeitsvergleich innerhalb des Systems nicht bestätigt werden. Somit musste man dort eher von einer Verringerung der Wortverständlichkeit des anderen Systems ausgehen.

Wie auch bereits beim Systemvergleich festgestellt, wurde die Unterscheidbarkeit der Wörter beim FVII-Verfahren mit höheren Sprechraten erschwert. In Abbildung 5.31 c) wird ebenfalls kein signifikanter Unterschied (t-Test: $p = 0,23$) mehr zwischen 10, 11 und 12 Silb/s ausgewiesen.

Im Gegensatz dazu sind bei der Verständlichkeit der Wörter aber noch signifikante Unterschiede zwischen allen SR bei FVII messbar und darstellbar, obwohl die Wörter nach der Skalierung im Vergleich zu den linearen Verfahren stärker aneinander gereiht werden. Eine gewisse Verständlichkeit scheint noch bei 11 Silb/s gegeben.

5.4.4 ZUSAMMENFASSUNG

Die Strategie einer phonsegmentierten, nichtlinearen Skalierung erwies sich qualitativ und bezüglich der Verständlichkeit als gewinnbringend. Die Verständlichkeit von FVII lag bei den hohen Sprechraten von 11 Silb/s um fast 30 % und bei 12 Silb/s um 11 % höher als bei den Verfahren FVI und WSOLA (s. Abbildung 5.27 b).

Der zunächst angewendete SuS-Test zeigte keine signifikanten Wortverständlichkeitsdifferenzen zwischen FVI und FVII an, da neben der Skalierungsmethode das Testdesign die Ergebnisse bestimmte. Wie in 5.2.2 beeinflussten Wortposition, Satzglied aber auch der Lerneffekt im Laufe der Versuchsdauer die gleichwertigen Erkennungsraten.

Beim Verständlichkeitstest mit MC-Fragen unterschieden sich die linearen Verfahren vom FVII-Algorithmus. Gemessen an der globalen SR eines gehörten Abschnittes waren die um 1,5 Silb/s schnelleren Ausführungen von FVII besser verständlich. Einerseits wurde dieses durch eine geringere Artikulationsrate auf Grund der nichtlinearen Skalierung von „Sprache“ und „Pause“ erreicht. Anderseits glichen sich die AR bei der hohen SR von 12 Silb/s in allen drei Algorithmen fast an, so dass hier die zu erhaltenen Lautübergänge zur besseren Verständlichkeit führen müssen.

FVII war mit einer um 1,5 Silb/s höheren SR verständlicher als eine lineare Skalierung.

Bei dem folgenden Präferenztest wurde der phonsegmentierende, nichtlineare Skalierungsalgorithmus FVII in der Verständlichkeit der einzelnen Wörter und in der Wiedergabequalität gegenüber den anderen beiden Verfahren eindeutig präferiert. Einzig in der Unterscheidbarkeit der Wörter schnitt FVII auf Grund der stärkeren Pausenkürzung gegenüber FVI schlechter ab, was aber nicht unbedingt als Nachteil gelten muss. Die Verständlichkeit wurde nicht beeinträchtigt. Obwohl im zweiten Präferenztest (Geschwindigkeitsvergleich innerhalb eines Systems) die Wörter nicht mehr signifikant unterscheidbar waren, ließen sich die Wortverständlichkeiten noch signifikant differenzieren.

Die phonsegmentierende, nichtlineare Skalierung FVII mit zwei- bis dreifacher Beschleunigung von normal gesprochener, natürlicher Sprache wird beim Präferenztest in den wichtigsten Qualitätsparametern bezüglich der Sprachverständlichkeit in der Rangfolge auditiv am besten beurteilt.

5.5 Hörversuch mit skalierter Sprache und verringerter Grundfrequenz-Dynamik

5.5.1 Einführung

Obwohl auf dem Gebiet der Sprachskalierung - ob manuell oder instrumentell - zahlreiche Veröffentlichungen existieren, konnte nach intensiver Recherche nur eine Ausführung in [Win84] zur kombinierten Veränderung von Geschwindigkeit und Intonation gefunden werden. Die ermittelten Ergebnisse können nur bedingt Auskunft darüber geben, ob eine Veränderung der Grundfrequenz in dem skalierten Sprachmaterial die Verständlichkeit beeinflusst.

Die Tests dieser Arbeit mit den blinden und sehbehinderten Teilnehmern schlossen jedes Mal mit einem kleinen Gespräch ab. Dabei konnten einige blinde Probanden mit reichlicher Erfahrung in der Nutzung von Sprachwiedergabesystemen, insbesondere Sprachskalierern, gezielt auf einige Probleme des Tests hinweisen, bzw. Verbesserungsmöglichkeiten beschreiben.

Ein Punkt wurde von diesen blinden Probanden häufig erwähnt, nämlich dass die Verstehbarkeit und damit die Verständlichkeit erhöht werden kann, wenn man die Schwankungen der Intonation reduziert. Die blinden Probanden hatten überwiegend mit der auditiven Wahrnehmung skalierter synthetischer Sprache Erfahrung gemacht. Die synthetische Sprachausgabe, deren Grundlage sehr häufig noch die Formantsynthese mit realisierbarer Geschwindigkeitsregelung ist, erreicht mit ihrer Prosodiesteuerung allerdings eine eher unnatürliche Intonation.

Aus der Trainingserfahrung der Probanden wurde darauf hingewiesen, dass das Sprachmaterial mit hoher Sprechrate wahrscheinlich besser verständlich wird, wenn sich die Grundfrequenz des Sprechers nur in einem begrenzten Intervall bewegt. Demgegenüber steht allerdings die Aussage, dass die Intonation als Teil der Prosodie ein wichtiger Informationsbaustein in der Sprachverständlichkeit ist. Die Intonation unterstützt z. B. die Erfassung von Kontextinformationen. Eine Manipulation der Grundfrequenz könnte jedoch möglicherweise diese Informationsanteile beeinträchtigen.

Betrachtet man den zeitlichen Verlauf der GF vor und nach der Skalierung von Sprache, so könnte die zeitliche Änderung nach der Skalierung zu einem Problem für die Verständlichkeit werden. Aus diesem Grund und ausgehend von den Annahmen der blinden Probanden, soll folgende Hypothese aufgestellt werden:

> Die Verständlichkeit einer skalierten Sprachausgabe lässt sich erhöhen, wenn mit der Skalierung gleichzeitig die Grundfrequenzdynamik verringert wird.

Zur Annahme der Hypothese wurden für den folgend beschriebenen Versuch die Abstände der minimalen und maximalen Grundfrequenz der skalierten Sprachbeispiele verringert und die Verständlichkeit der Sprache vor und nach der Grundfrequenzmanipulation von Probanden in einem Hörtest beurteilt.

5.5.2 Verlauf der Grundfrequenz und bisherige Versuche mit veränderter Grundfrequenz

Wie oben erwähnt, könnte nach der zeitlichen Sprachsignalskalierung der Grundfrequenzverlauf in seinem unveränderten Wertebereich zu einer Verständlichkeitsabnahme führen. Die Geschwindigkeitserhöhung wirkt auch auf die Geschwindigkeit der GF-Änderungen, die wiederum Wahrnehmungsbeeinträchtigungen hervorrufen können [Fur79] (s.a. Abschnitt 2.2.2). Die Beschleunigung der GF-Änderungen durch die zeitliche Skalierung ist in Abbildung 5.32 dargestellt.

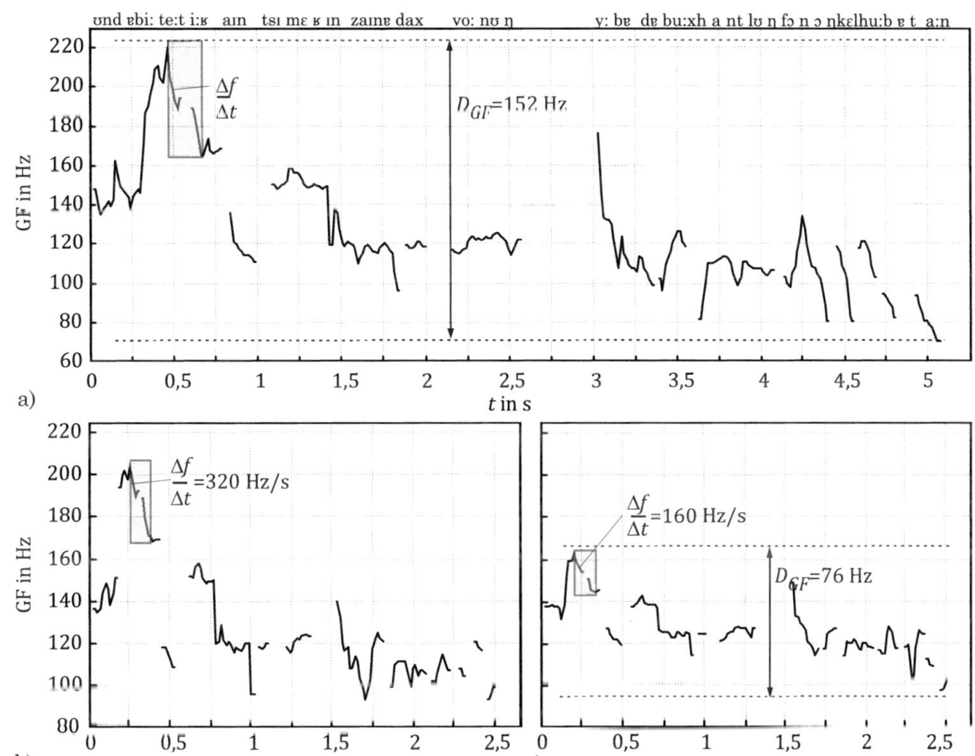

Abbildung 5.32: zeitliche Änderung des GF-Verlaufs nach Skalierung mit $\alpha = 2$ a) GF-Verlauf mit normaler SR, b) GF-Verlauf nach der Skalierung, c) GF-Verlauf nach der Skalierung und Reduzierung der D_{GF} um den Faktor $\varepsilon = 0{,}5$ gegenüber b)

Der GF-Verlauf in Abbildung 5.32 a) zeigt zu Beginn eine starke Änderung, deren Abfall mit $(\Delta GF)/\Delta t = 250$ Hz/s angegeben werden kann. Wird die Sprache nun mit dem Faktor $\alpha = 2$ skaliert, wird der Abfall steiler (Abbildung 5.32 b). Die Schwankungen werden zeitlich gesehen stärker und überlagern die zusätzlich verkürzten Laute. Dieses könnte die Identifikation oder Verstehbarkeit der Laute beeinträchtigen. Mit der Verringerung der Grundfrequenzdynamik in Abbildung 5.32 c) werden diese zeitlich steileren Anstiege oder Abfälle der GF abgeschwächt. Die Grundfrequenz wird in Abbildung 5.32 c) symmetrisch zu mittleren Grundfrequenz $\overline{GF}$ im Sprachsignal mit dem Faktor $\varepsilon = 0{,}5$ nach Gl. (4.54) halbiert. Das Verfahren wurde in Abschnitt 0 eingeführt und durch Abbildung 4.43, S. 162 veranschaulicht.

Wingfield veröffentlichte einen Versuch, der die Abhängigkeit der Verstehensleistung von der Sprechrate und der Intonation aufzeigen sollte [Win84]. Das Problem der damaligen Sprachsignalverarbeitung bestand in der erreichbaren Qualität, sowohl durch die Beschleunigung der Sprache, als auch durch die Manipulation der Grundfrequenz.

Zunächst verwendete *Wingfield* einen Magnetband-Recorder wie in Abbildung 3.3, der periodisch 20 ms Segmente aus dem Signal entfernte, so dass Skalierungsfaktoren bis ungefähr $\alpha = 2$ erzielt wurden [Win84]. Die GF-Veränderungen wurden über einen Phasevocoder mit 19 Koeffizienten bis zu einer oberen Grenzfrequenz von 4 kHz erreicht. Drei Varianten der Intonationsdynamik wurden somit erzeugt:

- natürliche Version (N),
- maschinell geglättete Version (0),
- natürliche, monoton vorgetragene Version (L), ähnlich dem Vorlesen einer Wörterliste.

Da der Phasenvocoder starke Artefakte hervorrief, wurden alle Versionen mit dem Phasenvocoder bearbeitet - mit oder ohne GF-Beeinflussung.

36 Testpersonen hörten sich nun 18 Zeitungspassagen mit durchschnittlich 61 Wörtern für die jeweilige Sprechrate und Intonationsversion an. Während einer Unterbrechung nach vollständigen Sätzen (syntaktische Unterbrechung) oder nach acht Wörtern (periodische Unterbrechung) waren die gehörten und identifizierten Wörter zu wiederholen. Abbildung 5.33 zeigt das Ergebnis des Versuchs.

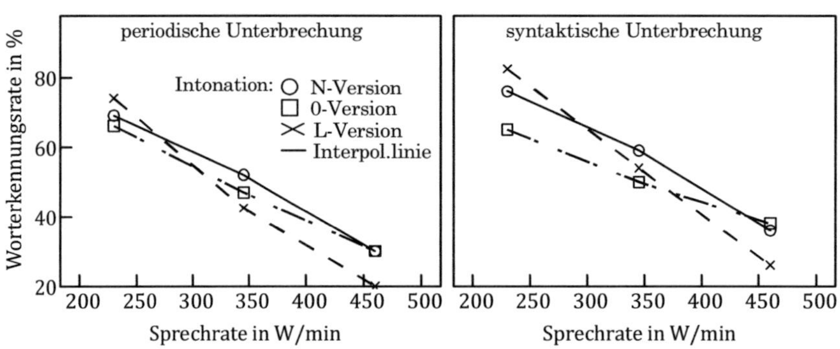

Abbildung 5.33: Wortverstehensrate nach Prosodieveränderung und Skalierung mit $\alpha = [1; 1{,}5; 2]$ *nach [Win84]*

Bei der maximalen SR mit 460 Wörtern/min nimmt die Erkennungsrate der Wörter auch bei der natürlichen Intonation (Version N) bereits rapide ab.

Die monotone, listenweise Lesart erreichte in [Win84] bei normaler Sprechrate eine etwas bessere Verständlichkeit der Wörter. Der Sprecher artikuliert hier sauberer als beim normalen Diskurs. Wurde die Sprechrate jedoch erhöht, waren die Wörter durch die fehlende Wortintonation und den wahrnehmbaren Rhythmus innerhalb eines Satzes kaum noch zu differenzieren. Die Verständlichkeit sank schneller als bei der natürlichen Betonung. Der instrumentell geglättete GF-Verlauf wurde nur in den unteren Sprechraten etwas schlechter erkannt, vermutlich durch die Qualität der Vocoders. Der Unterschied verschwand jedoch bei doppelter SR. Das heißt, dass sich hier Vocoder und Skalierer in der Qualität anglichen.

Auch in [Jan01],[Jan03] beschäftigte man sich mit der Prosodie in der skalierten Sprache, insbesondere mit dem Unterschied und den Auswirkungen der Prosodie zwischen manuell und instrumentell skalierter Sprache auf die Perzeption. Ausgangspunkt war der Sprecher, der bei schneller Artikulation unbetonte Silben stärker verkürzte als betonte. Somit wird die Prominenz prosodischer Kontextinformation auf Kosten der segmentalen Verstehbarkeit der unbetonten Silben erhöht.

Weiterhin ist bei schneller Sprechweise auch eine Einengung des Grundfrequenzbereiches zu beobachten. Daraus wurden die betonungsabhängigen Bedingungen für die instrumentelle Skalierung abgeleitet, wie sie in [Cov98] praktisch umgesetzt wurden. Die Ergebnisse bestätigten eine Verbesserung der segmentalen Verstehbarkeit jedoch nicht (s.a. Abschnitt 3.6.3). Dass ein Sprecher mit steigender Sprechrate unbetonte Silben verkürzt und den Grundfrequenzbereich einengt, liegt in erster Linie an den motorischen Fähigkeiten (Tabelle 2.2) des Artikulationstraktes und ist nicht der strategisch-kommunikativen Absicht des Sprechers geschuldet. Die Perzeption skalierter Sprache folgt also offenbar nicht den gleichen Gesetzmäßigkeiten wie die Produktion [Jan03] (Abschnitt 2.2).

Der nachfolgend durchgeführte Versuch lehnte sich jedoch nicht an die natürliche Intonation an, sondern manipulierte die Grundfrequenz gezielt, wie es in [Win84] mit der damaligen Hardware und den zur Verfügung stehenden qualitativ noch unzureichenden Algorithmen beabsichtigt wurde. In den eigenen auditiven Tests (s. SuS-Test, Abschnitt 5.2.2) wurden bei der linearen Skalierung bereits oberhalb des Skalierungsfaktors von $\alpha = 2{,}0$ 75 % aller Wörter in einem sinnleeren Satz erkannt. Im Vergleich dazu erreichte *Winfield* laut Abbildung 5.33 bei der doppelten Sprechrate unter 40% Erkennungsrate. Hier wird der qualitative Unterschied der Skalierung aktueller Verfahren gegenüber der Skalierungsmethode in [Win84] deutlich.

Die in [Win84],[Jan03] vorgestellten Ergebnisse deuten schon auf eine Tendenz der Ergebnisse des folgenden Versuchs hin, da bisher keine Erhohung der Wortverständlichkeit bei einer Verringerung der Grundfrequenzdynamik (D_{GF}) nachgewiesen werden konnte.

5.5.3 Aufbereitung des Sprachmaterials mit verringerter Grundfrequenzdynamik

Für den letzten Hörtest dieser Arbeit wurden ebenfalls die unter 5.1 eingeführten Bedingungen eingehalten und Sprachaufnahmen in CD-Qualität eines professionellen Sprechers verwendet. Die Texte für die eigentliche Testphase wurden bereits im Multiple-Choice (MC)-Hörtest - beschrieben in Abschnitt 5.4.2 und Anhang A16 - verwendet. Der Testphase wurde erneut eine Lernphase vorangestellt, die der SuS-Test in Abschnitt 5.2.1 und Anhang A14 wiederholte. Dabei wurden 12 Sätze und 12 Textpassagen für den GF-Test zeitlich und frequenzmäßig skaliert.

Die Verarbeitungsreihenfolge des Sprachmaterials erfolgte wie in Abbildung 5.34. Zunächst wurde das Sprachmaterial der Frequenzskalierung, wie in Abschnitt 4.3. beschrieben, unterzogen. Ziel war es, die Grundfrequenzdynamik D_{GF} von 100 % auf 50 % mit $\varepsilon = 0{,}5$ und auf 0 % mit $\varepsilon = 0$ nach Gl. (4.54) herunter zu skalieren, so dass in der dritten Stufe nur noch eine rein monotone Intonation zu vernehmen war. Nach der Frequenzskalierung wurde die Zeitskalierung mit FVII durchgeführt. Da die Genauigkeit der Segmentierung bei natürlicher Intonation höher ist als bei dem frequenzveränderten Sprachsignal, wurden die Analysedaten der Segmentierung und Klassifizierung von den natürlichen Daten übernommen und hiermit die zeitskalierte Synthese durchgeführt.

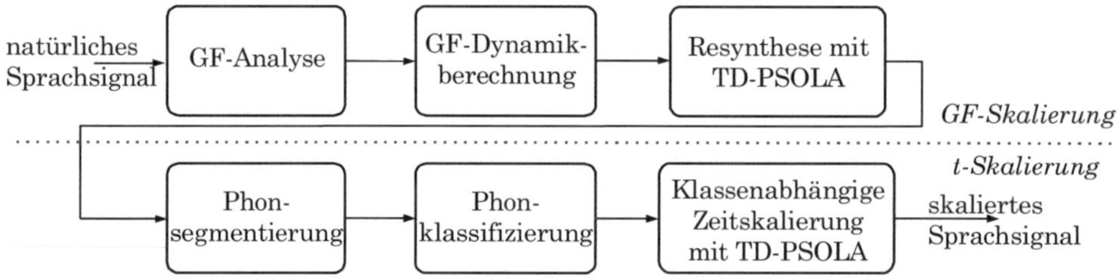

Abbildung 5.34: Reihenfolge der Skalierungsverarbeitung des Sprachmaterials für den GF-Hörtest

Bei den ersten Testergebnissen der GF-beschränkten Varianten, insbesondere bei den rein monotonen Sprachsignalen, wiesen die natürlich intonierten Sprachsignale eine wesentlich höhere Qualität auf als die durch das TD-PSOLA-Verfahren mit Artefakten belasteten, frequenzskalierten monotonen Varianten. Aus diesem Grund wurde der Sprecher noch einmal mit einer möglichst monotonen Aussprachevariante zur Hilfe genommen. Die bereits eingesprochenen Texte wurden in der Sprechgeschwindigkeit mit einem Teleprompter synchronisiert. Der Teleprompter gab dem Sprecher bei der Aufnahme die Sprechgeschwindigkeit vor. Anschließend wurden die Pausen in der Aufnahme mit Hilfe eines Audiobearbeitungsprogramms nachbearbeitet. Somit konnte eine zweite Variante mit synchronen Sprech- und Pausenzeiten, aber subjektiv wahrgenommener monotoner Intonation, produziert werden. Durch die monotone Sprechweise wurde jedoch in den Silben keine identische Artikulation erreicht.

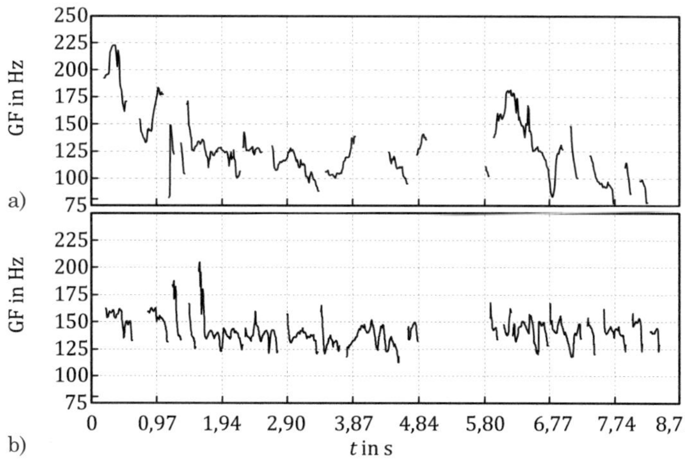

Abbildung 5.35: GF Verlauf der Äußerung: „Ziel des Spieles ist das Einsammeln von Edelsteinen mit einem Kanu, in einem Fluss, dessen Ende durch einen Wasserfall markiert wird." Die Intonation ist a) normal und b) vom Sprecher um 50% reduziert, allerdings mit der Absicht monoton zu sprechen.

Der Sprecher erzielte - trotz selbst wahrgenommener Monotonie - gegenüber den bereits vorhandenen, natürlich intonierten Sprachaufnahmen immer noch eine D_{GF} von 50 %. Die vom Sprecher aufgenommene D_{GF} beider Intonationsvarianten sind in Abbildung 5.35 veranschaulicht. Die natürlichen Aufnahmen wurden anschließend mit dem GF-Skalierungsalgorithmus auf die Stufen 50 % und 0 % angepasst und entsprachen in der Qualität eher den natürlich intonierten Sprachaufnahmen mit einer D_{GF} von 100 %, als dieses bei komplett instrumenteller Skalierung auf $D_{GF} = 50\%$ und $D_{GF} = 0\%$ der Fall war. Die bessere Qualität des natürlich reduzierten Grundfrequenzbereiches wurde wiederum in einem kleinen ACR-Vortest mit 10 Probanden verifiziert.

5.5.4 Verständlichkeit zeitlich skalierter Sprache mit verringerter Grundfrequenzdynamik

Mit dem folgenden Hörversuch sollten, wie bereits in [Win84] ermittelt, die Einflüsse der Grundfrequenzbegrenzung und der Beschleunigung von Sprache auf die Verständlichkeit längerer Textpassagen gemessen werden. Am Versuch nahmen 54 sehende Probanden teil, davon 30 männliche und 15 weibliche. 80 % der Teilnehmer waren Studierende. Alle Probanden sprachen deutsch als Muttersprache, nahmen an keinem der bisher aufgeführten Hörtests teil und hatten keine Erfahrung mit beschleunigter Sprache. Die Altersverteilung aller Probanden kann der Abbildung A.17 entnommen werden.

Der Hörversuch gliederte sich wieder in eine Lernphase und in eine Testphase und dauerte insgesamt 20 bis 25 min. Die Lernphase wurde als SuS-Test mit 12 Sätzen wie in Abschnitt 5.2.2 mit den Texten aus Anhang A14 durchgeführt. Mit den sinnleeren Sätzen sollte die Aufmerksamkeit der Probanden eher auf die Zeit- und Frequenzskalierung gelenkt werden, als auf die inhaltlichen Aussagen der Sätze. Die Skalierung der sinnleeren Sätze erfolgte ausschließlich instrumentell.

Messziel:	Verständlichkeitsmessung in Abhängigkeit der Grundfrequenzdynamik und der Sprechrate
Messverfahren:	MC-Test mit 54 jungen, sehenden Probanden ohne Erfahrung mit skalierter Sprache
Messobjekt:	Frequenz- und zeitskalierte Sprache
Messgröße:	Anzahl richtiger Antworten
Träger der Messgröße:	12 Sprachabschnitte mit einer Länge von 31 bis 49 s, zeitskaliert mit einer SR von 8; 10; 12 und14 Silb/s sowie jeweils frequenzskaliert mit einem ε von 1; 0,5 und 0, ohne Wiederholungen
Messmittel:	Kopfhörer-Hörtest mit automatischer Wiedergabe computergespeicherter Sprachdatei; schriftliche Fragenbeantwortung durch Probanden im MC-Fragebogen

Tabelle 5.12: MC-Test zur Messung der Einflüsse von Zeit- und Frequenzskalierung auf die Verständlichkeit von Sprache

Der Ablauf (s. Abbildung 5.36) war für die Trainingsphase mit dem SuS-Test und die eigentliche Testphase des MC-Verständlichkeitstests gleich. Lediglich die zu erfüllenden Aufgaben unterschieden sich. Alle Ansagen für die Probanden wurden aufgezeichnet. Zur Gewöhnung an die Sprecherstimme wurde zu Beginn ein Satz mit normaler Sprechrate wiedergegeben. Vor jedem neuen Block wurde dieser Einführungssatz mit entsprechend erhöhter Sprechrate, aber unverändertem GF-Verlauf wiederholt präsentiert. Die Hörbeispiele und die zu bewertenden Sprachpräsentationen wurden mit einem kurzen Hinweiston eingeführt, so dass der Proband gezielt seine Aufmerksamkeit auf die unmittelbar folgende Sprachpassage lenken konnte.

Im Trainingstest hatten die Probanden die Aufgabe, die wahrgenommenen Wörter niederzuschreiben. Da der Test mit sehenden Probanden durchgeführt wurde, entfiel die Protokollierung durch den Versuchsleiter und damit eine mögliche Fehlerquelle bei der akustischen Übermittlung der Antworten. Mit dem Vortest sollten Personen, die mit der Testaufgabe oder mit den skalierten Sprachbeispielen Probleme hatten, aus der eigentlichen Testauswertung ausgeschlossen werden. Aus den Ergebnissen des Verständlichkeitstests als Vortest zeichneten sich jedoch bei keinem der Probanden Probleme ab. Durchschnittlich wurden 55 % aller Wörter der sinnleeren Sätze erkannt. Selbst bei der schlechtesten Wortidentifizierung von insgesamt 29 % konnte bei einem der Probanden eine leichte Erkennungszunahme während der Trainingsphase verzeichnet werden. Damit wurde auch hier noch von einem deutlichen Trainingseffekt ausgegangen, obwohl die SR bis zum Ende des Lernabschnittes anstieg. Nach der Trainingsphase wurden noch einmal Fragen der Probanden zugelassen, bevor der MC-Test mit ununterbrochenem Ablauf wie in Abbildung 5.36 startete. In der eigentlichen Versuchsphase mussten nach dem Hören des Testabschnittes vier Fragen wie in Anhang A16 in einem zuvor verdeckten

Fragebogen beantwortet werden. Der Proband kreuzte die für richtig gehaltenen Antworten an.

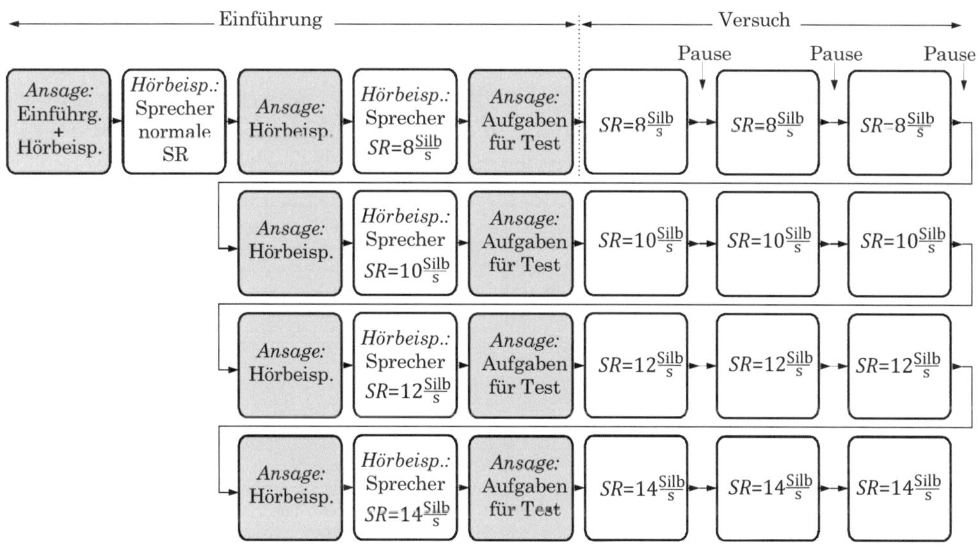

Abbildung 5.36: Ablauf der Trainings- und Testphase mit vorangestellten Hörbeispielen

In den vorangegangenen Vergleichstests zur Evaluation von zeitlichen Skalierungsverfahren wurden Sprechraten bis zu 12 Silb/s untersucht. Es wurde zunächst vermutet, dass sich durch eine Intonationsmanipulation die Verständlichkeit erhöhen lässt. Deshalb wurden Sprachbeispiele mit einer Sprechrate von 8 Silb/s bis 14 Silb/s untersucht. Für die GF werden die Dynamiken von normaler Intonation bis zu monotoner Intonation in drei Stufen und für jede der vier Sprechraten gewählt. Somit hatte jeder Proband 12 Sprachbeispiele zu hören und dazu jeweils vier MC-Fragen zu beantworten.

Zur Verhinderung des Haloeffektes (s. Abschnitt 5.4.3), z. B. die Erwartung einer schlechteren Sprachqualität mit jeder Präsentation, wurden die GF-Skalierungen und Textinhalte innerhalb der einzelnen Sprechraten und der Testblöcke wie in Tabelle A.24 permutiert. Leider gelang es nicht, auf Grund der dafür notwendigen hohen Probandenanzahl, jeden Text in Anhang A16 mit jeder SR und jedem ε zu testen, um die Abhängigkeit der Textinhalte aus den Ergebnissen zu eliminieren. Die drei verschiedenen Textverteilungen, waren für die Trainings- und die Testphase gleich (Tabelle A.24). Jeder Testblock A bis C wurde von 18 Probanden der insgesamt 54 Probanden absolviert.

Ergebnisse

In dem Test wurde die Abhängigkeit der Verständlichkeit von der skalierten Sprechrate im Zusammenspiel mit der skalierten Grundfrequenzdynamik untersucht. Die Verständlichkeit wurde dafür mit Hilfe der Häufigkeit richtiger Antworten auf die vier Fragen gemessen. Wie erwartet, sank die Verständlichkeit nach jedem Sprachabschnitt. Das Ergebnis lässt sich in Abbildung 5.37 a) ablesen. Die Anzahl der richtigen Antworten wurde über alle ε zusammengefasst. Die Summe der richtigen Antworten aller SR in Abbildung 5.37 b) lässt den Einfluss der GF-Skalierung gering erscheinen. Nur um 4 % geht die Verständlichkeit bei monotoner Intonation gegenüber dem Maximum bei 50 % der normalen Grundfrequenzdynamik zurück. Auch die differenziertere Betrachtung von ε für jede Sprechrate in Abbildung 5.37 c) lässt keinen eindeutigen Schluss auf eine Abhängigkeit der Verständlichkeit von der GF-Skalierung zu.

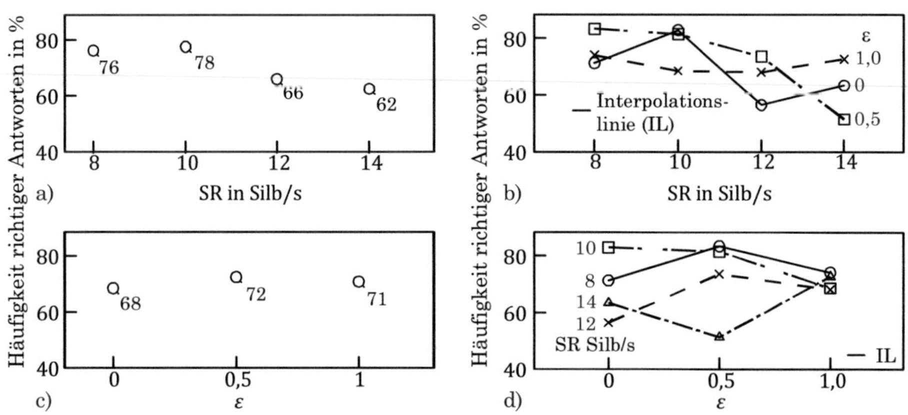

Abbildung 5.37: Häufigkeiten der richtigen Antworten in Abhängigkeit a) der SR, b) der SR gruppiert in die GF-Skalierungsfaktoren ε, c) von ε und d) von ε gruppiert in die vier SR

Bei 50 % der normalen GF-Dynamik sank die Verständlichkeit kontinuierlich mit der Sprechrate. Für die monotone Sprechweise galt das wiederum nicht, da die Verständlichkeit teilweise (bei $SR = [10; 14]$ Silb/s) wieder anstiegt. Die normale GF-Dynamik ließ die Anzahl der richtigen Antworten über alle SR sogar nur gering schwanken.

Abbildung 5.37 c) kann mit den Ergebnissen aus [Win84] in Abbildung 5.33 verglichen werden, bei denen die maschinelle GF-Glättung bei normaler SR zunächst schlechtere Ergebnisse erzielte als die natürliche Intonation und dann bei hohen Sprechraten das gleiche, jedoch insgesamt stark abgefallene Niveau erreichte. Der Unterschied zwischen der normalen SR und der zweifachen Beschleunigung betrug in [Win84] 40 %. Die jetzigen Verständlichkeitsergebnisse der zweifachen Sprechrate von 8 bis 10 Silb/s liegen mit 68 % bis 83 % der richtigen Antworten immer noch im Bereich der normalen Sprechrate aus [Win84], sowohl bei normaler als auch bei geglätteter Intonation.

Der χ^2-Test (s. Anhang A18 Zeile 1 und 2), auf SR und ε (Abbildung 5.37 a, b) angewendet, unterstreicht die höchst signifikante Abhängigkeit der Verständlichkeit von der Sprechrate ($\chi^2 = 52{,}26$) und die eher geringe Abhängigkeit vom GF-Skalierungsfaktor ε ($\chi^2 = 3{,}26$). Bei der SR (Abbildung 5.37 b) erreichte das Korrelationsmaß r nach Pearson bei der Frequenzskalierung von $\varepsilon = 0$ und $\varepsilon = 0{,}5$ höchst signifikante und leicht abfallende Werte. Gegenüber der gleichbleibenden Verständlichkeit bei normaler Intonation und Erhöhung der Sprechrate, sank die Verständlichkeit bei geglätteter Intonation leicht ab. Die erreichte Häufigkeit von 68,1 % bei $SR = 12$ Silb/s und normaler Intonation ($\varepsilon = 1$) bestätigte auch das Ergebnis aus dem ersten MC-Test (Abbildung 5.27 b). Der auf ε angewendete χ^2-Test, sowohl über alle SR (Abbildung 5.37 c) als auch über jede einzeln vermessene SR (Abbildung 5.37 d), konnte für die einzelnen SR zwar eine höchst signifikante, aber nur sehr leichte Abhängigkeit ($\chi^2 = 9{,}5..21{,}0$ s. Anhang A18) ausweisen. Dies bestätigte sich in den signifikanten, aber nur geringen Werten der Korrelationsmaße nach Pearson für die SR von 10 bis 14 Silb/s.

Mit der monotonen Sprache wird die Verständlichkeit bei einer SR von 10 Silb/s sogar besser. Insgesamt scheint die Skalierung der GF aber kaum Einfluss auf die Verständlichkeit zu haben. Die unterschiedlichen Ergebnisse müssen andere Parameter als Ursache besitzen, wie z. B. den Lern- und Anpassungseffekt bei der SR von 10 Silb/s.

Wie bereits in den vorangegangenen Testabläufen aufgezeigt, ließ sich während des Versuches ein starker Trainingseffekt beim Wahrnehmen von skalierter Sprache beobachten. Demzufolge müsste die Verständlichkeit mit der Präsentationsreihenfolge steigen – zumindest innerhalb eines Blockes mit konstanter Sprechrate. Die Häufigkeit der richtigen Antworten soll nun in Abhängigkeit der präsentierten Textreihenfolge innerhalb eines SR-Blockes betrachtet werden. Dazu wurden die Häufigkeiten der richtigen Antworten für jede Position des Textes über alle Blöcke summiert (Abbildung 5.38 a) und unterschieden nach SR oder ε (Abbildung 5.38 b) oder c).

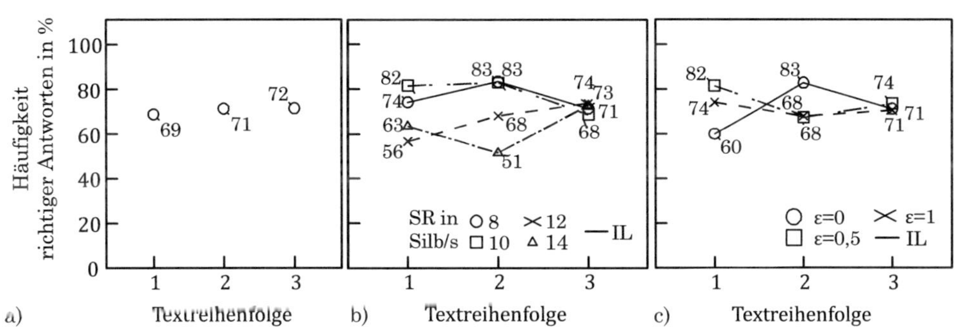

Abbildung 5.38: Häufigkeiten der richtigen Antworten in Abhängigkeit der a) Textreihenfolge in jedem Block, b) Textreihenfolge und der zugehörigen SR, c) Textreihenfolge und des zugehörigen ε

Bei allen Tests hat die Position des gehörten Sprachabschnittes keine signifikante Auswirkung auf die Verständlichkeit ($\chi^2 = 1{,}9; p = 0{,}39$). Bezogen auf die Sprechrate hat die Position ähnliche Konsequenzen wie die GF-Skalierung ε (vgl. Abbildung 5.38 b) und Abbildung 5.37 c) sowie Anhang A20), da die Positionen, wie auch ε, in gleichen Blöcken einer Sprechrate vereint wurden (s. Abbildung 5.36). Gegenüber der Präsentationsposition hat also die SR mit ihren höheren χ^2-Werten demnach ebenfalls einen höheren Einfluss. Die unterschiedlichen und gering mit den zeitlichen und GF-Skalierungsfaktoren korrelierenden Verständlichkeitsraten müssen daher durch weitere Parameter signifikant beeinflusst worden sein.

Die Antwortpassagen waren über den gesamten Textabschnitt verteilt. Die Lage der Antworten wurde zur Auswertung dem zughörigen Viertel der Sprachäußerungsdauer zugeordnet. Vergleicht man die Häufigkeit der richtigen Antworten innerhalb dieser Viertel (Abbildung 5.39 a), so liegen die häufigsten Inhaltserkennungen am Anfang und am Ende einer Textpassage. Verursacht wird diese Verteilung durch die Informationsverarbeitung vor und nach Pausen (Abschnitt 2.2.2). Nach einer Pause konnte die folgende Information ungehindert im Kurzzeitspeicher abgelegt und verarbeitet werden. Innerhalb des gesprochenen Absatzes kam es dann nach der Zwei-Prozess-Hypothese von *Foulke* [Fou74] zum Informationsüberfluss und damit zum Informationsverlust. Nach der sprachlichen Audition erfolgte keine weitere auditive Wahrnehmung, so dass die Informationsverarbeitung hier wieder unbeeinträchtigt abgeschlossen werden konnte (s.a. Abbildung 5.6 b) sowie Abbildung 5.10 b) und die Verständlichkeitsleistung wieder anstieg.

Der Verlust der Verständlichkeit zeigte sich auch in allen Sprechraten, die hierfür einzeln in Abbildung 5.39 b) betrachtet wurden und erreichten bis auf die $SR = 12$ Silb/s eine minimale Häufigkeit richtiger Antworten im dritten Viertel des Textabschnittes. Der Einfluss der Textviertel erreichte mit seinen 3 Freiheitsgraden ähnliche χ^2-Werte (Anhang A18) wie die Sprechrate. Betrachtet man jedoch das Ergebnis des χ^2-Tests für die Sprechrate von 12 Silb/s ($\chi^2 = 2{,}346 \rightarrow df = 3; p = 0{,}5$), dann existierte bei dieser Sprechrate noch ein weiterer Einflussfaktor.

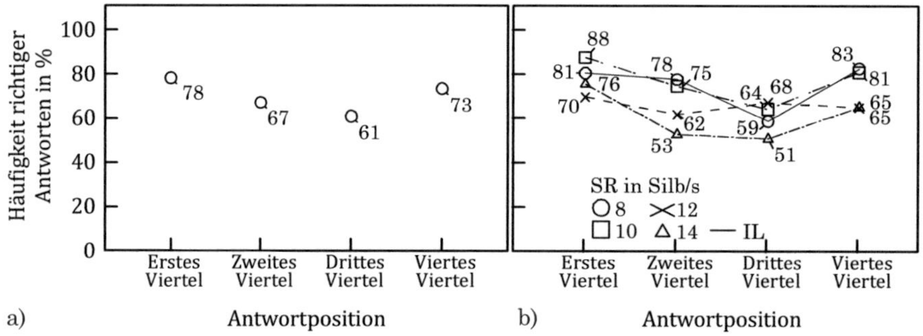

Abbildung 5.39: Häufigkeiten der richtigen Antworten in Abhängigkeit der a) Antwortposition und b) der Antwortposition und der SR

Aus Anhang A20 lässt sich ablesen, dass bei der $SR = 12$ Silb/s die Textnummer einen hohen χ^2-Wert erzielte (χ^2=79,9 bei $df = 8; p = 0$). Die verwendeten Texte hatten auch maßgeblichen Anteil an der Verständlichkeitsleistung der Probanden. Aus diesem Grund ist in Abbildung 5.40 a) die Häufigkeit korrekter Antworten noch einmal in Abhängigkeit der Textnummer, gruppiert in die Sprechraten und Abbildung 5.40 b) in Abhängigkeit der

Textnummer, gruppiert in die Faktoren von ε dargestellt. Deutlich zu erkennen ist, dass bei den Texten stark schwankende Ergebnisse erreicht wurden und mit Zunahme der Sprechraten in jedem einzelnen Text die Verständlichkeit abnahm. Der signifikante Einfluss der Sprechrate lässt sich hier ablesen. Werden für jeden Text die GF-Skalierungen wie in Abbildung 5.40 b) dargestellt, kann keine regelmäßige Zu- oder Abnahme der Häufigkeiten in Abhängigkeit von ε erkannt werden. Sowohl die monotone als auch die natürliche Intonation erreichten in den einzelnen Texten Maximalwerte.

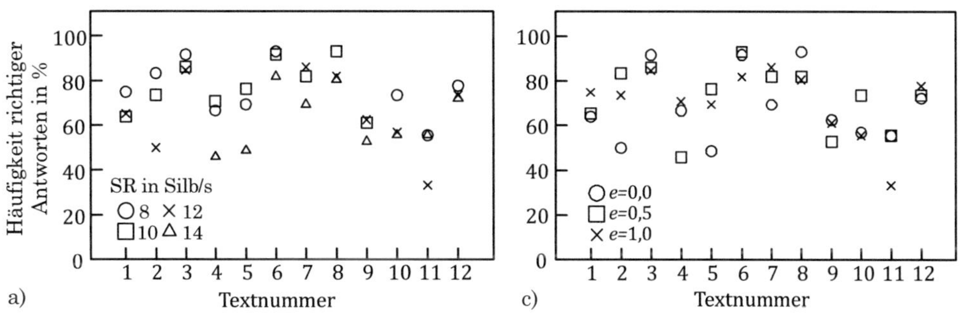

Abbildung 5.40: Häufigkeiten der richtigen Antworten in Abhängigkeit a) der Textnummer und der zugehörigen SR und b) der Textnummer und des zugehörigen ε

Die Texte Nr. 4, 9, 11 wurden seltener verstanden. Der inhaltliche Vergleich im Anhang A16 zeigt, dass es sich hier um Fachtexte handelte. Damit hatten viele Probanden offensichtlich Schwierigkeiten.

5.5.5 Zusammenfassung

Die festgestellte geringfügige Abnahme der Verständlichkeit (Abbildung 5.37 c) und d), insbesondere bei höheren Sprechraten, bestätigt auch die Theorie, dass die Intonation einen Beitrag zur Informationsübermittlung liefert. Dieser Beitrag wird in der monotonen Intonation eliminiert. Daher muss der anfangs aufgestellten Hypothese nun widersprochen werden.

> Die Verringerung der Grundfrequenzdynamik bis hin zur monotonen Aussprache *erhöht* die Verständlichkeit beschleunigter Sprache *nicht*.

Der Einfluss auf die Verständlichkeit skalierter Sprache wird durch andere Parameter wie Sprechrate, Länge der Präsentation oder Inhalte der sprachlichen Äußerung in höherem Umfang bestimmt als durch die Verringerung der GF-Dynamik. Der für diesen Hörversuch verwendete TD-PSOLA-Algorithmus erreichte für die GF-Skalierung eine fast synthetische Sprachqualität und somit nur noch einen geringen natürlichen Charakter. Trotzdem erzielte der monotone Grundfrequenzverlauf fast gleiche Verständlichkeitswerte wie die natürliche Intonation.

Die Annahme einiger sehbehinderter Probanden, die Verständlichkeit würde sich mit der GF-Skalierung verbessern, kann nicht bestätigt werden. Die Vermutung resultiert eher aus dem Umgang und den bisherigen Erfahrungen mit zeitskalierten Sprachausgaben, die vorwiegend mit Sprachsynthesesystemen realisiert werden. Deren zeitliche Skalierung besitzt derzeit für viele sehbehinderte Nutzer eine noch unbefriedigende Prosodiesteuerung, die nur eine flache Intonation erzeugt. Jedoch tritt bei den Nutzern ein starker Gewöhnungseffekt ein, der zur o.a. Annahme führte.

6 Zusammenfassung und Ausblick

6.1 Skalierungsalgorithmus, Weiterentwicklung und Verbesserung

In dieser Arbeit wurde ein nichtlinearer Algorithmus zur zeitlichen Skalierung entwickelt, der die Laute und deren Übergänge in einem Sprachsignal detektiert und klassifiziert. Der Algorithmus arbeitet zur softwarebasierten Anwendung weitgehend im Zeitbereich, um auch bei einem hohen Skalierungsfaktor α noch eine Echtzeitverarbeitung zu gewährleisten. Für die Detektion der Lautgrenzen im Sprachsignal lassen sich die Maxima der zweiten Ableitung des 25 ms-gefensterten und tiefpassgefilterten Betragssignals effektiv nutzen.

Zur Klassifizierung der Segmente in Sprache oder Pause waren die Auswertung der Nulldurchgangsrate und die Beachtung der Schwellwerte des Energiesignals notwendig. Die stimmhaft/stimmlos Klassifizierung wurde mit Hilfe der CC-AKF berechnet, deren erstes Maximum die Periodendauer der Grundfrequenz ergibt. Hier entschied die Überschreitung eines gesetzten Schwellwertes über die Stimmhaftigkeit des Lautes. Die Parameter wurden mit unterschiedlichen Sprechern und deren unterschiedlichen Sprechgeschwindigkeiten und Dialekten auf minimale Abweichungen bei der Segmentierung und Klassifizierung optimiert und auditiv in ihrer Auswirkung getestet.

Die detektierte Lage der Segmentgrenzen erreichte, verglichen mit der manuellen Segmentierung, hohe Genauigkeiten. Die zusätzlichen Segmentgrenzen müssten jedoch weiter reduziert werden, um die Skalierung noch effektiver auf die genaue Lautlänge abzustimmen. Hier traten die meisten Fehler in den Pausensegmenten auf. Die Falschklassifizierung vorhandener Pausensegmente als Sprachsegmente erreichte eine geringe Fehlergröße von rund einem Prozent. Zukünftig können nach erneuter Analyse der Segmentierung und Klassifizierung z. B. benachbarte Pausensegmente problemlos zu einem Segment zusammengefasst werden. Somit entfallen in der Synthese die zu erhaltende Übergänge eines mehrfach unterteilten Segmentes.

Eine Beschänkung der Analyse auf die Zeitbereichsebene erfolgte aus Gründen der Echtzeitverarbeitung. Eine Erweiterung der Sprachsignalanalyse auf den Frequenzbereich ließe die Genauigkeit der Segmentierung und Klassifizierung sicherlich ansteigen. Zu beachten wäre allerdings die ansteigende Ungenauigkeit der zeitlichen Auflösung, je präziser die Frequenzanalyse arbeiten soll. Die bisher verwendete Verschiebung des Analysefensters um eine halbe Fensterlänge müsste verringert werden, wodurch der Berechnungsaufwand erheblich ansteigt. Mit einer Frequenzanalyse könnte eine Grundfrequenz- und Formantenanalyse in die Lautklassifizierung eingebunden werden, um hier den derzeit erreichten Klassifizierungsfehler zwischen stimmhaften und stimmlosen Lauten von 5 % weiter zu reduzieren.

Bisher wurden die Segmente in der Skalierung nur zwischen *Sprache* und *Pause* bzw. *stimmhaft* oder *stimmlos* unterschieden. Mit einer genaueren Frequenzanalyse könnten weitere Lauteigenschaften diagnostiziert werden. Eine wesentliche Verständlichkeitserhöhung wird dadurch jedoch vermutlich nicht erreicht. Eine Präzisionserhöhung der GF-Bestimmung könnte weiterhin mit Hilfe der Algorithmen in [Nay07],[Kot09] erreicht werden, indem der Glottisverschluss im Sprachsignal genauer detektiert wird. Interessant wäre hier die erreichbare Qualität einer präzisen Überblendung an den Glottisverschlussmarken. Für die Erhaltung der Pitch-Reset-Wahrnehmung [Aro97] wäre die Berücksichtigung der Pausenlänge vor einem stimmhaften Laut notwendig. In dem Fall sollte die Mindestlänge einer Pause definiert werden und erhalten bleiben.

Die Strategie der Skalierung erfolgte im vorliegenden Algorithmus durch Eliminierung der GF-Marker außerhalb der Subsegmente, die in ihrem Kern die Lautgrenze enthielten. Die Marker wurden abwechselnd von den Subsegmentgrenzen links und rechts auf das zu erhaltene Maximum im Phonnukleus abgetastet und je nach eingestelltem Skalierungsfaktor gelöscht oder erhalten. Bei einem großen Skalierungsfaktor könnten die linken und rechten Marker an den Subsegmenten (Abbildung 4.40) direkt mit dem Maximummarker ineinander geblendet werden. Die entsprechenden Bereiche korrelieren auf Grund des Abstandes vermutlich nicht mehr so stark wie unmittelbare Nachbarperioden, so dass Störungen erzwungen werden. Eine weitere Strategie wäre hier, wie in WSOLA, die ähnlichsten Grundfrequenzperioden innerhalb eines Segments miteinander zu verketten. Die Überblendungsstörungen ließen sich auf diese Weise reduzieren.

Pausen sind nach [Rei80] in Pausen innerhalb oder außerhalb eines Satzes zu unterscheiden. Demnach könnten die Pausen zwischen den Sätzen noch stärker gekürzt werden, als das in dieser Arbeit verwendete Verhältnis zwischen Sprache und Pause. Dafür müssten allerdings die Pausen zwischen den Sätzen korrekt klassifiziert werden, was sich nur in einem sprecheradaptiven und rückgekoppelten System realisieren ließe. Das setzt jedoch einen längeren Analysebereich voraus und erlaubt auch erst eine spätere Wiedergabe des skalierten Sprachsignals.

6.2 ZUSAMMENFASSUNG DER HÖRTESTERGEBNISSE

Für segmentale und semantische Verständlichkeitsmessungen skalierter Sprache wurde zunächst der einfache lineare Skalierungsalgorithmus verwendet. Sehende, sehbehinderte und blinde Probanden wurden auf ihre Leistungsfähigkeit bei der Wahrnehmung beschleunigter Sprache getestet. Hintergrund sind zahlreiche veröffentlichte Versuche, die mit z.T. qualitativ schlechteren Skalierungsalgorithmen oder mechanischen Verfahren operierten. Es fand sich auch kein Versuch in der Literatur, der eine frei wählbare, subjektiv noch angenehm präferierte Sprechrate der Sprachausgabe erlaubte und anschließend das Gehörte bezüglich der Verständlichkeit objektiv bewertete. Bisherige Versuchsergebnisse von Hörtests und Untersuchungsergebnisse bildgebender Verfahren während der Informationsverarbeitung bescheinigen insbesondere kongenital blinden Probanden eine effizientere Verarbeitung akustischer Informationen. Es galt auch für diese Untersuchungen die Vermutung, dass die Verständlichkeit beschleunigter Sprache bei sehbehinderten und in stärkerem Maße bei Geburtsblinden gegenüber den sehenden Personen höher ist.

Das segmentale Verstehen blinder Probanden gegenüber sehenden Probanden ist beim Hören sinnleerer Sätze geringer.

Die Ergebnisse der Versuche führten zu einer Differenzierung der Verstehensleistung von Probandengruppen mit unterschiedlichem Sehvermögen. Bei der Messung der segmentalen Verstehbarkeit von Wörtern in sinnleeren Sätzen wurden die sehbehinderten Probanden durch ihre fehlende Seherfahrung und Informationsspeicherung gehemmt, so dass sie gegenüber den Sehenden hier nur bei geringeren Sprechraten die Wörter richtig erkannten. Eine Theorie dafür wäre die parallele Langzeitspeicherung der Wörter bei den Sehenden in ihrer akustischen und ihren visuellen Repräsentationen, als Gegenstand und in Schriftform. Somit hat eine sehende Person drei Repräsentationen, die mit der auditiven Wahrnehmung abgeglichen werden können. Die sehbehinderten, insbesondere die blinden Probanden konzentrieren sich demgegenüber mehr auf ihr besser ausgebildetes Kontextverstehen.

Das inhaltliche Verstehen angeboren blinder gegenüber sehenden Probanden ist beim Hören sinnvoller Absätze um bis zu 2 Silb/s höher.

Das Kontextverstehen und die möglicherweise besser trainierte Verarbeitung akustischer Signale verhalfen den sehbehinderten Probanden zu besseren Verständlichkeitsergebnissen von längeren Sprachpassagen bei erhöhter Sprechrate. Die nicht angeboren sehbehinderten Probanden wählten gegenüber den Sehenden eine um ca. 1 Silb/s höhere SR und die kongenital sehbehinderten Probanden eine um ca. 2 Silb/s höhere SR, sowohl während der zu erkennenden Sprachpassage als auch bei der subjektiv präferierten Sprechrate am Ende jeder Präsentation. Die erreichten Sprechraten bei den sehenden Probanden bewegten sich im Bereich der 2,5-fachen normalen Sprechrate. Die Sprechraten während einer abgefragten Antwortpassage lagen bei allen Gruppen um ca. 1,5 Silb/s höher als die am Ende des Sprachabschnittes individuell eingestellte und wünschenswerte Sprechrate. Es sind demnach durchaus Sprechraten von 9 bis 10 Silb/s als skalierte Sprachausgabe in der Mensch-Maschine-Kommunikation anwendbar. Allerdings sind diese stark anwendungs-, umgebungs- und situationsabhängig.

Die nichtlineare phonemerhaltende Zeitskalierung erreicht eine bessere Verständlichkeit und eine bessere Qualität als die lineare Zeitskalierung.

In dieser Arbeit wurde ein nichtlinearer Skalierungsalgorithmus FVII entwickelt, bei dem die Lautübergänge erhalten wurden. Die Sprache und die Pausen sowie die stimmhaften und die stimmlosen Laute wurden mit unterschiedlichen Faktoren zueinander skaliert. Weiterhin arbeitet das Verfahren mit seiner Analyse und Synthese der skalierten Sprachsignalausgabe komplett im Zeitbereich, um möglichst eine softwarebasierte Echtzeitverarbeitung zu gewährleisten. Der umgesetzte Algorithmus wurde nach der Parameterevaluation zur Präzisionserhöhung mit zwei linearen Verfahren, die ebenfalls ausschließlich zeitliche Berechnungen verwenden, verglichen. Ausgehend von der nichtlinearen Skalierung, die sich an der natürlichen Betonung orientierte, wies *Janse* nach, dass diese nichtlineare Skalierung gegenüber der linearen Skalierung in der Verständlichkeit keinen Gewinn erzielte und in der Wortverständlichkeit sogar abnahm [Jan03]. Mit FVII wurde gezeigt, dass sich bei Beachtung der Lautstruktur die segmentale Verstehbarkeit nicht verschlechterte und dass sich die Verständlichkeit und die Ausgabequalität gegenüber der linearen Skalierung steigern ließen.

Die nichtlineare Skalierung erzeugt durch die Pausenbeachtung eine höhere Artikulationsrate als die lineare Skalierung.

Wurde die Sprache in längeren Abschnitten präsentiert und zu dem Gehörten Inhaltsfragen gestellt, war der nichtlineare Algorithmus bei hohen Sprechraten besser verständlich. Hier manifestierte sich neben dem Lauterhalt auch die stärkere Pausenkürzung gegenüber den linearen Verfahren. Obwohl alle Sprachdateien eine gleiche, global eingestellte Sprechrate hatten, besaßen die abgefragten Sätze bei FVII durch die nichtlineare Skalierung eine geringere Artikulationsrate.

Auch die Qualität von FVII hob sich von den beiden linearen Verfahren ab. Der Präferenztest bewies in einem direkten AB-Vergleich aller Satzpaare, dass die nichtlineare Skalierung auch in ihrer Qualitätsbewertung bezüglich der Beschleunigung von Sprache besser abschnitt. Erst wenn die Sprechrate hohe Geschwindigkeiten erreicht - in dem getesteten Fall die 2,5- bis 3-fache der normalen Sprechgeschwindigkeit von 12 Silb/s - hatten die Probanden Mühe, die Wörter zu verstehen. Die Bewertung der gemessenen Qualitätsparameter differierte bei der Unterscheidung und dem Verstehen der Wörter zwischen FVI und FVII bei der höchsten SR nicht mehr signifikant. WSOLA war in den oberen Sprechraten ab 11 Silb/s nicht mehr akzeptabel.

SuS-Texte sind für Verstehbarkeitsmessungen mit hohen Sprechraten auf Grund der zusätzlichen Einflussparameter eher ungeeignet.

Für die Messung der Wortverständlichkeit wurde ein SuS-Test verwendet, der auf Grund seiner sinnleeren Sätze das Kontexthören zwischen den Wörtern verhinderte und somit schnell die Grenzen der Wortidentifizierung erreichte. Neben der Sprechrate als wichtigste beeinflussende Größe für die Wortverständlichkeit traten weitere Einflussparameter, wie Worthäufigkeit in der Sprache, Wortposition im Satz oder grammatikalisches Satzglied auf. In der Summe geben diese Einflussparameter eine Obergrenze in der Worterkennung vor, so dass in der Wortverständlichkeit im SuS-Test nicht direkt zwischen den beiden Verfahren FVI und FVII unterschieden werden konnte. Lediglich das WSOLA-Verfahren, das eine Verkettung sehr ähnlicher Signalanteile realisiert, führte bei höheren Sprechraten zu einer raschen Abnahme der Wortverstehens, da hier teilweise ganze Laute eliminiert wurden. Zukünftig ist die Verwendung von SuS-Texten für Hörversuche auf Grund der vielen perzeptiven Einflüsse auf die Probanden und die Qualifikationseinflüsse der Probanden bedenklich.

Die Verringerung der Grundfrequenzdynamik eines zeitskalierten Sprachsignals erhöht die Verständlichkeit der Sprache nicht.

Die hypothetische Annahme einer Verbesserung der segmentalen Verstehbarkeit und der semantischen Wahrnehmung des Gehörten durch eine Verringerung der Grundfrequenzdynamik entstand aus den Forderungen vorwiegend blinder Testteilnehmer. Diese hatten umfangreiche Erfahrungen mit synthetischen Sprachausgaben und deren Skalierungsmöglichkeiten bei ihren Hilfsmitteln, wie Menüsteuerung in Handys und am PC, Hörbuchplayer, Emailreader usw.

Die Betrachtung der zeitlichen Änderungen des Grundfrequenzverlaufes ließ eine Verstehbarkeitsverbesserung vermuten, wenn die GF-Dynamik verringert wird. Daraus resultiert eine Geschwindigkeitsreduzierung der GF-Änderungen, insbesondere in den für die Verstehbarkeit relevanten Lautübergängen.

Für diese Untersuchung wurde der Grundfrequenzbereich auf die Hälfte einer mittleren Grundfrequenz einer Satzäußerung verringert, oder es wurde das Sprachsignal monoton, also nur noch mit der mittleren Grundfrequenz, wiedergegeben. Anschließend wurde die Wiedergabe der Sprachdaten wiederum mit dem nichtlinearen FVII-Algorithmus beschleunigt und einem Verständlichkeitstest mit den unterschiedlichen Sprechraten und D_{GF}-Werten unterzogen.

Bei den Ergebnissen konnte zunächst keine signifikante Verbesserung der Verständlichkeit mit einer Verringerung der D_{GF} bzw. des Skalierungsfaktors ε nachgewiesen werden. Die normale Intonation erreichte in der schnellsten Sprachausgabe bei dem Dreifachen der normalen Sprechgeschwindigkeit die höchste Verständlichkeitshäufigkeit. Somit muss bei hohen zeitlichen Skalierungsfaktoren auch die Intonation als Informationsträger und als Rhythmusgenerator (s. Abschnitt 2.1.2) erhalten bleiben. Eine zusätzliche Bearbeitung der Intonation, die gleichzeitig auch die Natürlichkeit der Sprache beeinflusst, sollte vermieden werden. In diesem Hörtest war der Einfluss anderer Faktoren auf die Verständlichkeit höher als der Einfluss der Skalierung der Grundfrequenz. Neben der Sprechrate hatten die Wahl der Textinhalte und die Position der zu beantwortenden Textpassagen in dem gehörten Sprachbeispiel einen wesentlich höheren Einfluss auf die Häufigkeit richtiger Antworten.

6.3 Zukünftige Untersuchungs- und Anwendungsmöglichkeiten

Um die Untersuchungsgenauigkeit der gleichzeitigen Zeit- und der Frequenzskalierung zu erhöhen, sollten - wie in Abschnitt 5.2 - sowohl für den Faktor α als auch für den Faktor ε dem Probanden zwei Schieberegler zur Verfügung gestellt werden, mit denen er sich die jeweiligen Skalierungsfaktoren individuell beim Hören längerer Sprachabschnitte einstellen kann. Die vom Probanden zunächst subjektiv erzeugte Regelungskurve sollte aufgezeichnet werden. Ein eventueller Verständlichkeitsgewinn könnte dann nach einer analysierbaren mittleren Einregelzeit für alle Probanden mit den mittleren Skalierungsfaktoren α und ε in einem zweiten Test objektiv überprüft werden.

Scott und *Gerber* experimentierten mit der dichotomischen binauralen Präsentation skalierter Sprache [Sco67],[Ger77]. Sie präsentierten die verbliebenen Audiosegmente von Sprachaufnahmen einem Ohr und die eliminierten Sprachsegmente dem anderen Ohr der Probanden. Die Verständlichkeit der beschleunigten Wiedergabe wurde bei gleichbleibender Sprechrate erhöht. Die Integrationsfähigkeit des Gehirns bei der Wahrnehmung zweier getrennter akustischer Reize führte zu dieser Verständlichkeitsverbesserung. Dieser Aspekt könnte auch bei der nichtlinearen Skalierung noch einmal und mit qualitativ wesentlich besseren Skalierungstechnologien gegenüber dem damaligen einfachen Entfernen äquidistanter Segmente untersucht werden.

Ebenfalls interessant erwies sich der Versuch in [Cra68]. Dort untersuchte man die Verständlichkeit zeitskalierter Sprache mit zwei bis vierfacher Sprechgeschwindigkeit. Bei den Hörtests erfolgte die Wiedergabe mittels interauralem Delay von 0 bis 30 ms. Erstaunlicherweise verbesserte sich in einer Pilotstudie die Verständlichkeit bei der Kopfhörerwiedergabe mit einem Delay von 7,5 ms zwischen dem linken und rechten Ohr. Dieser „binaurale Redundanzeffekt“ [Cra68] ließ sich jedoch im Hauptversuch mit 150 Teilnehmern nicht signifikant validieren. Hier könnte die Ursache unter anderem wieder in der ungenügenden Qualität der mechanischen Skalierungsmethoden liegen.

Ein Problem stellt der Vergleich von Wahrnehmungsfähigkeiten sehbehinderter und blinder Probanden, wie in dieser Arbeit behandelt, dar. Die Varianzen der Probandeneigenschaften, insbesondere bezüglich der Erfahrungen mit zeitskalierter Sprache und damit auch der Eintritt und der Grad der Sehbehinderung, sind sehr breit gefächert. Spezielle Abhängigkeiten bezüglich dieser Parameter erfordern eine repräsentative Probandenanzahl. Um mit steigender Probandenanzahl ein repräsentatives und konvergierendes Ergebnis zu erhalten, wären mindestens dreißig Personen pro Parameterwert notwendig [Höp01],[Höp07]. Die Abdeckung dieser hohen Probandenanzahl ist jedoch regional nicht zu realisieren. Hier würde sich ein Onlinetest eignen, bei dem auch die Versuchsbedingungen wie Kopfhörerwiedergabe, ruhiges Umfeld usw. vorgegeben werden müssten. Anspruchsvoll wäre dabei allerdings das Versuchsdesign, da der von den sehbehinderten Probanden bevorzugte Kommunikationskanal die akustische Mensch-Maschine Schnittstelle ist. Die Gestaltung der Ergebnisprotokollierung hat hier einen besonderen Stellenwert. Weiterhin muss automatisch der Ablauf auf Unsicherheiten überprüft werden. Zwischenfragen sind in der Regel nicht möglich, es sei denn, der Versuch läuft moderiert über das Internet ab. Ein großer Vorteil dieser Testumgebung wäre die Überprüfung der skalierten Sprachausgabe am Gerät, das vom Probanden auch genutzt wird. Der Versuch würde nicht unter Laborbedingungen ablaufen, sondern in der gewohnten Anwendungsumgebung, wodurch wiederum Einflussparameter wie z. B. durch unterschiedliche Umgebungsgeräusche, Wiedergabe- und Eingabegeräte entstehen [Ric13]. Allerdings bestünde auch die Möglichkeit eines anwendungsbezogenen Versuches, da gleichfalls entsprechend der Anwendung unterschiedliche Beurteilungen vorgenommen werden [Möl10].

Bisherige Anwendungen skalierter Sprache für sehbehinderte Menschen werden vorwiegen im Bereich der Sprachsynthese realisiert. Die hier vorgestellte Skalierungsstrategie kann insbesondere für die konkatenative Sprachsynthese verwendet werden. Dabei entfällt die Analyse der zu verkettenden Elemente, da diese Eigenschaften bereits bekannt sind. Die Qualität und Verständlichkeit gegenüber den meist bei beschleunigter Sprachwiedergabe verwendeten Formantsynthesen wird auf jeden Fall höher sein.

Die Anwendung skalierter Sprachausgaben wird ohnehin noch sehr spärlich - auch für die Mensch-Maschine-Kommunikation sehender Menschen - berücksichtigt. Meistens werden die Sprachwiedergaben so gestaltet, dass sie von allen Nutzern (z. B. jeden Alters) verstanden werden. Ein einfaches Beispiel ist die Sprachausgabe durch ein Automobil-Navigationssystem. Ein junger dynamischer Fahrer fährt mit einer Geschwindigkeit von 200 km/h, das entspricht 55 m/s. Während eine Ansage sechs Sekunden dauert, legt der Fahrer 330 Meter zurück. Mit doppelter Wiedergabegeschwindigkeit halbiert sich der zurückgelegte Weg auf 165 Meter. Die Verdopplung der Sprechgeschwindigkeit hatte in den gezeigten Untersuchungen keine Auswirkungen auf Verständlichkeit. Einschränkend muss allerdings festgestellt werden, dass die hier vorgenommenen Versuche unter idealen akustischen Bedingungen stattfanden.

Sogenannte *Menüansagen*, z. B. in Telefonhotlines besitzen ebenfalls großes Potential, mit nutzeradaptiver Geschwindigkeitsregelung verwendet zu werden. Die skalierte Sprachausgabe sollte also in der Mensch-Maschine Schnittstelle mehr Berücksichtigung finden.

Eine weitere, eventuell sehr hilfreiche Anwendungsmöglichkeit beschleunigter Sprache wäre der *Hörfilm*. Deskriptive Hinweise auf einer speziell für blinde Nutzer eingerichteten Audiospur des Hörfilms haben nur zwischen den Schauspielerdialogen oder anderen signifikanten Geräuschen Platz. Hier wären Untersuchungen der Akzeptanz und der Verständlichkeit skalierter Sprache auf der Deskriptionsspur des Hörfilms sinnvoll, um somit die Informationsrate der Bildbeschreibung zu erhöhen.

Für ein sehr schnelles akustisches Reaktionsfeedback eines Systems bieten sich sogenannte Earcons [Jeo06] an, die entsprechend vom Nutzer erlernt werden müssen. Auch hier könnten Untersuchungen mit skalierter natürlicher Sprache vorgenommen werden. Befehle, die das System z. B. ausführt, werden nicht mit einem Ton oder einer Tonfolge quittiert. Möglich wäre die Ausgabe mit der akustischen Beschreibung (synthetisch oder in abgespeicherter natürlicher Aussprache) der ausgeführten Handlung, allerdings mit sehr hoher Geschwindigkeit. Die Erlernbarkeit dieser Earcons dürfte schneller erfolgen, als das bei Geräuschen oder Tönen der Fall ist.

Speziell in der Mensch-Maschine-Schnittstelle für blinde Nutzer wäre ein interessanter Untersuchungsgegenstand die parallele oder serielle Ausgabe von *beschleunigter Sprache* und haptischen Informationen über die *Braillezeile*. Denkbar wäre die Ausgabe von Stichwörtern, die - wie bei den Skimmingverfahren - z.B. auf der Braillezeile über einen längeren Zeitraum gespeichert und ertastet werden könnten. Die parallele Präsentation zeitskalierter akustischer und visueller Informationen erhöhte bereits in [Bru71] (Tabelle 2.5) die Verstehbarkeit gegenüber der akustischen Einzelpräsentation. Ein weiterer interessanter Untersuchungsaspekt ergäbe sich aus der Darbietung einer dynamischen Menüstruktur mit der Braillezeile oder *Braillematrix*, um beispielsweise in der akustischen Ausgabe zu navigieren.

LITERATUR

[Ahl01] Ahlers, A.: *The Distribution of Word Length in Different Types of Low German Texts.* In: Best, K.-H. (Hrsg.): *Häufigkeitsverteilungen in Texten.* Göttinger Linguistische Abhandlungen 4, Peust & Gutschmidt Verlag, Göttingen, 2001, S. 43-58

[Ain72] Ainsworth, W.A.: *Duration as a Cue in the Recognition of Synthetic Vowels.* The Journal of Acoustical Society of America 51, Melville, 1972, S. 648-651

[Alh93] Alho, K.; Kujala, T.; Paavilainen, P.; Summala, H.; Naatanen, R. *Auditory Processing in Visual Brain Areas of the Early Blind: Evidence from Event-Related Potentials* Electroencephalography and Clinical Neurophysiology, Vol. 86, Iss. 6, Elsevier B.V., 1993, S. 418-427

[Alt64] Althuser, M. W.: *Responses to Expanded Speech By Hard-of hearing Aged Subjects.* Boston University, Diss., 1964

[Ama05] N.N.: *Die Geistertreppe. Kundenrezension,* URL: http://www.amazon.de/exec/obidos/ASIN/B0001FFMFW/ref=br_lf_toy_14/028-4946391-2515735, [Stand: 14.09.2005], 2005

[Amb67] Aberchrombie, D.: *Elements of General Phonetics.* University Press, Edinburgh, 1967

[Amm01] Ammermann, S.: *Zur Wortlängenverteilung in deutschen Briefen über einen Zeitraum von 500 Jahren.* In: Best, K.-H. (Hrsg.): *Häufigkeitsverteilungen in Texten.* Göttinger Linguistische Abhandlungen 4, Peust & Gutschmidt Verlag, Göttingen, 2001, S. 59-91

[And01] Anderson, J. R.: *Kognitive Psychologie.* Spektrum Akademischer Verlag, Heidelberg, Berlin, 2001

[Are04] Arens, G.: *Audio-Test 2.0.Version 2004/06,* URL: http://garens.homepage.t-online.de/audiotst.htm, [Stand: 20.03.2013], Aachen, 2004

[Aro92] Arons, B.: *Techniques, Perception, and Applications of Time-Compressed Speech.* Proceedings of 1992 Conference, Applied Voice Input/Output Society, Massachusetts, 1992, S. 169-177

[Aro97] Arons, B.: *Speech Skimmer: A System for Interactively Skimming Recorded Speech.* ACM Trans. on Computer-Human Interaction, Vol. 4, No. 1, New York, 1997, S. 3-38

[Aul86] McAulay, R. J.; Quatieri, T. F.: *Speech Analysis/Synthesis Based on a Sinusodial Representation.* IEEE Transaction on Acoustics, Speech, and Signal Processing, Vol. 34, No. 4, Seattle, 1986, S. 744-754

[Awa86] Awad, G.: *Ein Beitrag zur Mensch-Maschine-Kommunikation für Blinde und hochgradig Behinderte.* Dissertation, TU Berlin, Fachbereich Elektrotechnik, Berlin, 1986

[Bak75] Baker, J. M.: *A New Time Domain Analysis of Human Speech and other Complex Waveforms.* Ph. D. Thes., Carnegie-Mellon University, Pittsburgh, 1975

[Bar00] Bard, E.; Anderson, A. H.; Sotillo, C., Aylett, M. P.; Doherty-Senddon, G.; Newsland, A.: *Controlling the Intellegibility of Referring Expressions in Dialogue.* Journal Memory Language, Vol. 42, Elsevier, Amsterdam, 2000

[Bar08] Barry, D.; Dorran, D.; Eugene, C.: *Time and Pitch Scale Modification: A Real-Time Framework and Tutorial.* Proc. 11th Int. Conference on Digital Audio Effects (DaFx-08), Espoo, Finland, 2008 S. 103-110

[Bar68] Barabasz, A. F.: *A Study of Recall and Retention of Accelerated Lecture Presentation.* Journal of Communication 18, John Wiley & Sons, Hoboken 1968, S. 283-287

[Bar70] Barnard, D. P.: *A Study of the Effect of Differentiated Auditory Presentation on Listening Comprehension an Rate of Reading Comprehension at the Sixth Grade Level.* Boston University, Diss., 1970

[BAS95] BAS Phondat 1, 2nd Edition, Bayerisches Archiv für Sprachsignale München, 1995.

[Bel66] Bellamy, M.: *An Experimental Study to Compare the Comprehension of Speeded Speech by Blind and Sighted People.* Austin University Texas, Ms.thes., 1966

[Ben72] Benz, C.R.: *Effects of Time-Compressed Speech upon the Compression of a Visually Oriented Televised Lecture.* Wayne State University, Detroit, Diss., 1972

[Ben89] Benoit, C.; Van Erp, A, Grice, M., Hazan, V, Jekosch, U.: *Multilingual Synthesizer Assessment Using Semantically Unpredictable Sentences.* Proc. Eurospeech 1989, Paris, 1989, S. 2633-2636

[Ber85] Bertelson, P.; Mousty, P.; D'Alimonte, G.: *A Study of Braille Reading: 2. Patterns of Hand Activity in One-Handed and Two-Handed Reading.* Quaterly Journal of Experimental Psychology, No. 37A, Hove, 1985, S. 235-256

[Ber99] Bernsee, S.: *Time Stretching And Pitch Shifting of Audio Signals – An Overview.* URL: http://www.dspdimension.com/admin/time-pitch-overview/ [11.08.2010], Mainz, 1999

[Bes01] Best, K.-H.: *Silbenlängen in Meldungen der Tagespresse.* Linguistische Abhandlungen 4, Peust und Gutschmidt Verlag, Göttingen, 2001

[Bes05] Best, K.-H.: *Wortlängen.* In: Quantitative Linguistik. Ein Internationales Handbuch. Köhler, R.; Altmann, G.; Piotrowski, R. G. (Hrsg.), Berlin, New York. 2005, S. 260-273

[Bes06] Best, K.-H.: *Quantitative Linguistik: Eine Annäherung.* In: Best, K.-H. (Hrsg.): Häufigkeitsverteilungen in Texten. Göttinger Linguistische Abhandlungen 3, Peust & Gutschmidt Verlag, Göttingen, 2006

[Bia89] Bialick, L.: *Method for Performing Time-Scale Modification of Speech Information or Speech Signals.* US-Patent, No. 4.864.620, Washington, 1989,

[Bir07] Birbaumer, N.; Schmidt, R. F.: *Allgemeine Physiologie der Großhirnrinde.* In: Schmidt, R.; Lang, F. (Hrsg.): Physiologie des Menschen. Springer Medizin Verlag, Heidelberg, 2007, S. 184-201

[Boe06] Boersma, P.; Weenink, D.: *Praat - Speech Analysis and Synthesis Software*, Version 4.4.2, URL: http://www.fon.hum.uva.nl/praat/ [20.03.2013], Amsterdam, 2006

[Boe93] Boersma, P.: *Accurate Short-Term Analysis of the Fundamental Frequency and the Harmonics-to-Noise Ratio of a Sampled Sound.* Proceedings of the Institute of Phonetic Sciences 17, Amsterdam, 1993, S. 97-110

[Bor00] Bortz, J.; Lienert, G. A., Boehnke, K.: *Verteilungsfreie Methoden in der Biostatistik.* Springer Verlag, Berlin, Heidelberg, New York, 2000

[Bor06] Bortz, J.; Döring, M.: *Forschungsmethoden und Evaluation für Human- und Sozialwissenschaftler.* Springer Verlag, Heidelberg, 2006

[Bos80] Bostrom, R. N.; Waldhart, E. S.: *Components in Listening Behaviour: The Role of Short Therm Memory.* Human Communication Research, Vol. 6, International Communication Association, Blackwell Publishing, 1980, S. 221-227

[Bos92] Bosman, A.: *Review of Speech Audiometric Tests.* Kollmeier, B. (Hrsg.): Moderne Verfahren der Sprachaudiometrie. median verlag von Killisch-Horn GmbH, Heidelberg, 1992, S. 11-34

[Bou11] Boulange, R.; Lazzarini, V.: *The Audio Programming Book.* MIT Press, London, 2011

[Boy69] Boyle, V. A.: *Visual Stimulation and Comprehension of Compressed Speech.* George Peybody College, Nashville, Diss., 1969

[Bra68] Bray, R. S.: *Aural Reading by Blind Persons.* Blindness 1968, The American Association of Workers for the Blind, Annual, Washington DC, 1968, S. 31-39

[Bre67] Brewer, C. L.: *Presentation Time, Trails to Criterion, and Total Time in Verbal Learning.* Journal of Experimental Psychology, Vol. 73, Washington, 1967, S. 159-162

[Bre71] Breuel, J. W.; Keven, L. M.: *The Harmonic Compressor, a System for Doubling Information Rates of Speech.* Audio Engineering Society, Reprint, No. 658, New York, 1969

[Bre90] Bregman, A. S.: *Auditory Scene Analysis: The Perceptual Organization of Sound.* MIT Press, Cambridge, 1990

[Bri26] Brignace, W. N.: *How Fast Do We Talk?* Quaterly Journal of Speech Education No. 12, Washington, 1926, S. 337-342

[Bro89] Bronstein, I. N.; Semendjajew, K.A.: *Taschenbuch der Mathematik.* Verlag Harri, Frankfurt am Main, 1989

[Bru71] Bruland, R. A.: *Listening and Listening-Reading at Two Rates of Presentation by Fifth Grade Pupils.* Syracuse University, Syracuse, Diss., 1970

[BSV09] Blinden und Sehbehindertenverband Südbaden: *Definition von Blindheit, Sehbehinderung und hochgradiger Sehbehinderung.* URL: http://www.bsv-suedbaden.org/sehbehindert.asp, [Stand: 01.07.2010], Freiburg, 2010

[Buß90] Bußmann, H.: *Lexikon der Sprachwissenschaft.* Alfred Kröner Verlag, Stuttgart, 1990

[But04] Buttazzo, C. C.: *Hard Real-Time Computing Systems: Predictable Sheduling Algorithms and Applications (Real-Time Systems Series).* Springer Verlag TELOS, Santa Clara, 2004

[Cai72] Cain, C J.: *A Normative Study of Listening Rate Preferences of Adults* University West Virginia, West Virginia, Ms.thes., 1972

[Cal57] Caleako, C.; Lazzaroni, A.: *Speech Intelligibility in Relation to the Speed of the Message.* The Laryngoscope No. 67 Issue 5, Omaha, 1957

[Car66] Carrol, J. B.: *Problems of Measuring Speech Rate.* Proc. Conference on Time Compressed Speech, Louisville, 1966, S. 88-94

[Car68] Carrol, J. B.; Cramer H. L.: *The Intelligibility of Time-Compressed Speech. Final Report.* Office of Education Contract OEC 7-31-0370-271, Havard University, Havard, 1968

[Car83] Card, S.; Moran, T. P.; Newell, A.: *The Psychology of Human Computer Interaction.* Lawrence Erlbaum Associates, Publishers, 1983

[Cha56] Chang, S.-H.: *Two Schemes of Speech Compression System.* Journal of the Acoustical Society of America, Vol. 28, Melville, 1956, S. 565-572

[Cha66] Chapman, W. D.: *Speech Compression by Tape Loop and By Computer.* In: Foulke, E. (Ed.): Proceedings of the Second Lousiville Conference on Rate and/or Frequency Controlled Speech, Louiseville, 1967, S. 196-206

[Che92] Chen, F.R.; Withgott, M.: *The use of Emphasis to Automatically Summarize Spoken Discourse.* Proc. IEEE Int. Conf. On Acoustics, Speech and Signal Processing (ICASSP 92), Vol. 1, New York, 1992, S. 229-233

[Chi05] Chillaz: *Unscheinbar.* Kurzgeschichten,URL: http://www.kurzgeschichten.de/vb/archive/index.php?t-25913.html, [Stand 28.10.2012], 2005

[Cla01] Claypool, M.: *An Algorithm for Determing the Endpoints for Isolated Utterances.* Script "Mulitmedia Computing", Worcester Polytechnic Institute, URL: http://web.cs.wpi.edu/~cs529/f04/slides/RS75.pdf, [Stand 20.03.2013], Worcester, 2001

[Col06] Collignon, O.; Renier, L.; Bruyer, R.; Tranduy, D.; Veraart, C.: *Improved selective and divided spatial attention in early blind subjects.* Brain Research, Vol. 1075, Iss. 1, Elsevier B.V., Amsterdam, 2006, S. 175-182

[Col09] Collignon, O.; De Volder, A. G.: *Further Evidence That Congenitally Blind Participants React Faster to Auditory and Tactile Spatial Targets.* Canadian Journal of Experimental Psychology, Vol. 63, Iss. 4, American Psychological Association (APA), Washington, 2009, S. 287-293

[Cot36] Cotton, J. C.: *Syllabic Rate: A New Concept in the Study of Speech Rate Variation.* Speech Monographs, Vol. 3, Falls Church, Virginia, 1936, S. 112-117

[Cov98] Covell, M.; Withgott, M.; Slaney M.: *MACH1: Nonuniform Time-Scale Modification of Speech.* Proc. IEEE Int. Conf. On Acoustics, Speech and Signal Processing (ICASSP 98), Vol. 1, Seattle, 1998, S. 349-352

[Cov98b] Covell, M.; Withgott, M. M.: *Non-Uniform Time Scale Modification of Recorded Audio.* US Patent, 5.828.994, Washington, 1998

[Cra68] Cramer, H. L.: *The Intelligibility of Time-Compression Speech.* Harvard University, Cambrigde, Diss., 1968

[Dai05] Daisy Consortium: *ANSI/NISO Z39.86 Specifications for the Digital Talking Book.* URL: http://www.daisy.org/daisy-technology, [Stand 20.03.2013], Zürich, 2009

[Dan68] Danieloff, R. G.; Shriner, T. H.; Zemlin, W. R.: *Intelligibility of Vowels altered in Duration and Frequency.* Journal of the Acoustical Society of America, Vol. 44, Melville, 1968, S. 700-707

[Dav80] Davidson, P. W.; Wiles-Kettenmann, M.; Haber, R. N.; Appelle, S.: *Relationship between Hand Movements, Reading Competence and Passage Difficulty in Braille Reading.* Neuropsychologia, Nr. 18, Elsevier, Amsterdam, 1980, S. 629-635

[DBS07] Deutscher Blinden und Sehschwachenverband: *Vorlesesysteme, Informationen zur Arbeitsplatzausstattung.* URL: http://www.incobs.de/downloads/broschueren/pdf_vorlesesysteme.pdf,[Stand 20.07.2013], Berlin, 2007

[DBS10] Deutscher Blinden und Sehschwachenverband: *Zahlen und Fakten.* URL: http://www.dbsv.org/infothek/zahlen-und-fakten/, [Stand 20.03.2013], Berlin, 2010

[Del96] Delogu, C.; Paoloni, A.; Somentina, C.: *Spectral Analysis of Synthetic Speech and Natural Speech with Noise Over the Telefone Line.* In: Proceedings Int. Conference on Spoken Language Processing (ICSLP), Band 3, Philadelphia, 1996, S. 1409-1412

[Dia66] Diamond, R. and R. K.: *The Place of Speech Comprehension in Academic Study.* Proc. Conference on Time Compressed Speech, Louisville, 1966, S. 36-54

[Die59] Diehl, C; White, R. C.; Burk, K. W.: *Rate and Communication.* Speech Monographs, No. 26, Washington, 1959, S. 229-232

[Die93] Diehl, R.L.; Walsh, M. A.: *On the Interpretability of Speech/Nonspeech Comparision.* Journal of the Acoustical Society of America, No. 89, Melville,1993, S. 2905-2909

[DIN07] DIN 32976: *Blindenschrift - Anforderungen und Maße.* Beuth Verlag, Berlin, 2007

[Don03] Olivia Donnellan, O.; Jung, E.; Coyle, E.: *Speech-Adaptive Time-Scale Modification for Computer Assisted Language-Learning.* IEEE International Conference on Advanced Learning Technologies, ICALT'03, Athen, 2003, S. 165-169

[Dor03c] Dorran, D.; Lawlor, R.; Coyle, E.: *High Quality Time-Scale Modification of Speech Using a Peak Alignment Overlap-Add Algorithm (PAOLA).* Proceedings of the 2003 International Conference on Acoustics, Speech, and Signal Processing (ICASSP 03), Hong Kong, 2003, S. 700-703

[Dor03d] Dorran, D.; Lawlor, R.; Coyle, E.: *Time-Scale Modification of Speech using a Synchronised and Adaptive Overlap-Add (SAOLA) Algorithm.* Convention Paper of the Audio Engineering Society 114th Convention, Amsterdam, 2003

[Dor04] Dorran, D.; Lawlor, R.: *An Efficient Phasiness Reduction Technique for More Moderate Audio Time-Scale Modification.* Proceedings of the 7th International Conference on Digital Audio Effects, DAFx-04, Naple, 2004, S. 83-88

[Dor05] Dorran, D.; Lawlor, R.; Coyle, E.: *Audio Time-Scale Modification Using a Hybrid Time-Frequency Domain Approach.* IEEE Workshop on Applications of Signal Processing to Audio and Acoustics, New York, 2005, S. 279-282

[Dud07] Dudenredaktion: *Duden. Deutsches Universalwörterbuch.* CD-ROM, Dudenverlag im Verlag Bibliographisches Institut & F. A. Brockhaus AG, Mannheim, 2007

[Duf05] Dufour, A.; Després, O.; Candas, V.: *Enhanced Sensitivity to Echo Cues in Blind Subjects.* Experimental Brain Research, Vol. 165, No. 4, Springer Medizin Verlag, Heidelberg, Berlin, 2005, S. 515-519

[Dup65] Dupress J. K.: *Research and Development and Evaluation of Sensory Aids for the Blind.* New Outlook for the Blind, No. 61, American Foundation for the Blind, New York, 1965, S. 79-84

[DVB06] DVBS, Deutscher Verein der Blinden und Sehbehinderten in Studium und Beruf e.V.: *Spezial5: DVBS-Wegweiser Sozialpolitik.* Horus - Marburger Beiträge zur Integration Blinder und Sehbehinderter, Marburg, 2006

[Enc59] Enc M. A.: *The Effect of two Different WPM Listening Rates on Learning and Retention of Blind School Children.* Urbana University Ilinoise, Diss., 1959

[Epp93] Eppinger, B.; Herter, E.: *Sprachverarbeitung.* Carl Hanser Verlag, München, 1993

[Ero99] Erogul, O.; Ilk, H. G.: *A Novel Approach to Vocoders: Scaled Speech Coder (SSC).* Proceedings of the IEEE-EURASIP Workshop on Nonlinear Signal and Image Processing (NSIP'99), Antalya, 1999, S. 296-300

[Ess49] von Essen, O.: *Sprechtempo als Ausdruck psychischen Geschehens.* Zeitschrift für Phonetik, Sprachwissenschaft und Kommunikationsforschung, Mannheim, 1949, S. 317-325

[Ess79] von Essen, O.: *Allgemeine und angewandte Phonetik.* Akademie-Verlag Berlin, 1979

[Ess98] Essa, O.: *Using Prosody in Automatic Segmentation of Speech.* ACM Southeast Regional Conference, Proc. 36th annual Southeast Regional Conference of Association for Computing Machinery, Marietta, 1998, S. 44-49

[Fai51] Fairbanks, G.; Kodman, F.: *Word Intellegibility as a Function of Time Compression.* Journal of the Acoustical Society of America, Vol. 29, Melville, 1951, S. 636-641

[Fai52] Fairbank, G; et.al.: *Recording Device.* US Patent 2888650, In: Sam Duker (Ed.): *Time Compressed Speech.* Scarecrow Press, 1974.

[Fel13] Fellbaum, K.: *Sprachverarbeitung und Sprachübertragung.* 2. Auflage, Springer Verlag, Heidelberg, Berlin, 2013

[Fel14] Fellbaum, K.: *Anmerkungen zu den Begriffen „Verständlichkeit“ und „Verstehbarkeit“ bei der Sprachqualitätsmessung.* Hoffmann, R. (Hrsg.): Elektronische Sprachsignalverarbeitung. Dresden, 2014, S. 240-247

[Fel84] Fellbaum, K.: *Sprachverarbeitung und Sprachübertragung.* 1. Auflage, Springer Verlag, Berlin, 1994

[Fer55] Fergen, G. K.: *Listening Comprehension at Controlled Rates for Children, in Grades IV, V and VI.* Columbia University, Diss. 1955, In: Duker, S.: *Doctoral Dissertation on Listening.* Journal of Communication Volume 13, Issue 2, Columbia, 1963, S. 106-117

[Fin07] Finger, R. P.: *Blindheit in Deutschland: Dimensionen und Perspektiven.* Der Ophtamologe, 10, Springer Medizin Verlag, Heidelberg, Berlin, 2007, S. 839-844

[Fla66] Flanagan, J. L.: *Phase Vocoder.* The Bell System Technical Journal, Massachusetts, 1966, S. 1493-1509

[Fle29] Fletcher, H.: *Speech and Hearing.* Macmillan, London, 1929

[For07] Forster, B.; Eardley, A. F.; Eimer, M.: *Altered Tactile Spatial Attention in the Early Blind.* Brain Research, Vol. 1131, Elsevier B.V., Amsterdam, 2007, S. 149-154

[Fou63] Foulke, E.; Bixler, R. H.: *Speech Compression.* New Beacon No. 47, Royal National Institute of Blind People, London, 1963, S. 241-242

[Fou65] Foulke, E.: *Comprehension of Rapid Speech By the Blind.* Part II. Final Progress Report on Cooperative Research Project No. 1370, Louisville, 1964

[Fou67] Foulke, E.; Sticht, T. G.: *The Intelligibility and Compression of Time Compressed Speech.* Proc. Conference on Time Compressed Speech, Louisville, 1966, S. 21-28

[Fou68] Foulke, E.: *Listening Comprehension as a Function of Word Rate.* Journal of Communication 18, John Wiley & Sons, Hoboken 1968, S. 198-206

[Fou69] Foulke, E.: *Comprehension of Rapid Speech By the Blind.* Part III. Final Progress Report on Cooperative Research Project No. 2430, Louisville, 1969

[Fou74] Foulke, E., Sticht, T. G.: *Review of Research on Time Compressed Speech.* Time-Compressed Speech. Vol. 1, The Scarecrow Press, Inc., Metuchen, 1974, S. 478-501

[Fra05] N.N.: *Wasser per Lochkarte.* URL: http://www.fraktuell.de/ressorts/computer_und_internet/e_leben/?cnt=711047&sid=6d9760e545e134140bcbac7021691e90, [Stand: 14.09.2005], 2005

[Fra58] Fraser, D. C.: *Decay of Immediate Memory with Age.* Nature No. 182, London, 1958, S. 1163

[Fre10] Freedom Scientific GmbH: *JAWS (Job Access with Speech), Sreenreadersoftware.* URL: http://www.freedomsci.de/index.htm, [Stand: 22.03.2010], Tägerwilen (Ch), 2010

[Fre28] French, N. R.; Zinn, M. K.: *Method of and Apparatus for Reducing Width of Transmission Bands.* US-Patent, No. 1.671.151, Washington, 1928

[Fre35] Freund, B.: *Method of and Apparatus for Varying the Length of the Sound Records.* US-Patent, No. 1.996.958, Washington, 1935

[Fri67] Friedman, H. L.: *Further Research on Speeded Speech as an Educational Medium* Report No. 5-0801 U.S. Office of Education, AIR, Silver Spring, 1967

[Fur79] Furui, S.: *On the Role of Spectral Transition for Speech Perception.* Journal of the Acoustical Society of America, Vol. 80, Melville, 1979, S. 1016-1025

[Gar53] Garvey, William D.: *The Intelligibility of Abbreviated Speeded Speech.* Journal of Experimental Psychology, Vol. 45, Iss. 2, Washington, 1953, S. 102-108

[Geo70] George, R. G.: *Difficulty of Material and Retention of Compressed Speech.* Bloomington University, Bloomington Diss., 1970

[Ger77] Gerber, S. E.; Wulfeck, B. H.: *The Limiting Effect of Discard Interval on Time Compressed Speech.* Language and Speech, No. 20, SAGE Publications, Thousand Oaks, 1977, S. 108-115

[Gib75] Gibson, E. J.; Levin, H.: *The Psychology of Reading.* Cambridge University, M.I.T. Press, Cambrigde, Ms.thes., 1975

[Gil65] Gilbert J. H.: *Rate Alteration in Oral Reading.* Purdue University, West Lafayette, Ms.thes., 1965

[Gle74] Gleason, G.; Calloway, R.; Lakota, R.: *Effects of Audio Rate Compression on Student Comprehension and Attitudes.* In: Duker, S. (Ed.): Time Compressed Speech: An Anthology and Bibliography. Vol II The Scarecrow Press, Inc., Metuchen 1974

[Gol02] Goldstein, E. B.: *Wahrnehmungspsychologie.* Spektrum Akademischer Verlag, Heidelberg, Berlin, 2002

[Gol40] Goldstein, H.: *Reading and Listening Comprehension at Various Controlles Rates.* Columbia University, Diss., In: Duker, S. (Ed.): *Time Compressed Speech: An Anthology and Bibliography.* Vol I, New York, 1940, S. 46-75

[Gol61] Goldman-Eisler, F.: *The Distribution of Pause Durations in Speech.* Language and Speech No. 4, SAGE Publications, Thousand Oaks, 1961, S. 232-237

[Gol68a] Goldhaber, G. M.; Weaver, C. H.: *Listener Comprehension of Compressed Speech when the Difficulty, Rate of Presentation, and Sex of the Listener are Varied.* Speech Monographs, Vol. 35, Falls Church, Virginia, 1968, S. 20-25

[Gol70] Goldhaber, G. M.: *Listeners Comprehension of Compressed Speech as a Function of the Academic Grade Level of the Subjects.* Journal of Communication No. 20, John Wiley & Sons, Hoboken 1970, S. 167-173

[Gol74] Goldhaber, G. M.: *Effects of Speech Compression Training on Comprehension of Native Speaker of English, Spanish, and Navajo.* In: Duker, S. (Ed.): Time Compressed Speech: An Anthology and Bibliography. Vol. II, The Scarecrow Press, Inc., Metuchen 1974

[Goo57] Goodman-Malamuth, L.: *An Experimental Study of the Effects of Rate of Speaking upon Listenability.* Speech Monographs, 24, Washington, 1957, S. 89-90

[Gos82] Goss, B.: *Listening as Information Processing.* Communication Quaterly, Vol. 30, Taylor & Francis Journals, London, 1982, S. 304-307

[Gre99] Greenberg, S.: *Speaking in a Short Hand - A Syllable-Centric Perspektive for Understanding Pronunciation Variation.* Speech Communication, Vol. 29, Netherland, 1999, S. 159-176

[Gri83] Griffin, D. W.; Lim, J.: *Signal Estimation from Modified Short-Time-Fourier Transform.* IEEE Trans. on Acoustics, Speech and Signal Processing, Vol. 32, Iss. 2, New York, 1983, S. 236-243

[Gru68] Grumpelt, H. R.; Rubin, E.: *Speed Listening Skill By the Blind a Function of Training.* Report on a U.S. Office of Education Grand No. OEG-3-8-080025-0221(010), Washing ton College, Chesterson, 1968

[Gue06] Guenther, F. H.; Satrajit, S. G.; Alfonso N. C.; Tourville, J. A.: *A Neural Model of Speech Production.* In: Harrington, J.; Tabain, M. (Ed.): *Speech Production.* Psychology Press, New York, 2006, S. 27-40

[Gus00] Guski, R.: *Wahrnehmung. Eine Einführung in die Psychologie der menschlichen Wahrnehmung.* Urban Taschenbücher, W. Kohlhammer GmbH, Stuttgart, 2000

[Gus01] Gustafson Čapkova, S.; Megyesi, B.: *A Comparative Study of Pauses in Dialogues and Read Speech.* Proceedings Eurospeech 2001, Aalborg, 2001, S. 931-934

[Har01] Hartsuiker, R. J.; Kolk, H. H. J.: *Error Monitoring in Speech Production: A Computional Test of the Perceptual LoopTheory*. Cognitive Psychology, No. 42, Amsterdam, 2001, S. 113-157

[Har28] Hartley, R. V. L.: *Transmission of Information.* Bell Systems Technology Journal, Vol. 7, 1928, S. 535-563

[Har90] Hardam, E.: *High Quality Time-Scale Modification of Speech Signals Using Fast Synchronized Overlap-Add Algorithm.* Proceedings of the 1990 International Conference on Acoustics, Speech, and Signal Processing (ICASSP 90), Albuquerque, 1990, S. 409-412

[Har94] Hargrave, S.; et. al.: *Effect of Frequency Altered Feedback on Stuttering Frequency at Normal and Fast Speech Rate.* Journal of Speech and Hearing Research 37, Rockville, 1994, S. 1313-1319

[He01] He, L.; Gupta, A.: *Exploring Benefits of Non-Linear Time Compression.* Proc. Conference on Multimedia, Ottawa, 2001, S. 382-391

[Hec07] Heckmann, M.; Dudel, J.: *Erregungsleitung und synaptische Übertragung.* In: Schmidt, R.; Lang, F. (Hrsg.): Physiologie des Menschen. Springer Medizin Verlag, Heidelberg, 2007, S. 80-110

[Hei05a] N.N.: *W3C macht mobil.* News, Heise-Online, URL: http://www.heise.de/news ticker/meldung/W3C-macht-mobil-130133.html, [Stand 28.10.2012], Hamburg, 2005

[Hei05b] N.N.: *Dedizierte Miet-Server von T-Online [Update].* News, Heise-Online, URL: http://www.heise.de/newsticker/meldung/Dedizierte-Miet-Server-von-T-Online-Update-130061.html, [Stand 28.10.2012], Hamburg, 2005

[Hei71] Heise, R.: *The Intelligibility of Compressed Words.* Proc. Second Louisville Conference on the Rate and/or Frequency-Controlled Speech, Louisville, 1971, S. 70-79

[Hej91] Hejna, D. and Musicus, B.R.: *The SOLAFS Time-Scale Modification Algorithm.* BBN Technical Report, Cambridge, 1991, S. 1-11

[Hej92] Hejna, J.: *Method for Time-Scale Modification of Signals.* US-Patent, No. 5.175.769, Washington, 1992

[Hel04] Heller, T.: *Studien zur Blindenpsychologie.* Verlag Wilhelm von Engelmann, Leipzig, 1904

[Hen67] Henry, W. G. Jr.: *Recognition of Time Compressed Speech as a Function of Word Length and Frequency Usage.* University, Bloomington, Diss., 1967

[Her03] Herrmann, T.: *Theorien und Modelle der Sprachproduktion..* In: Rickheit, G.; Hermann, T. (Hrsg.): *Psycholinguistik.* Walter de Gruyter, Berlin, New York. 2003, S. 228-244

[Her88] Hermes, D. J.: *Measurement of Pitch by Subharmonic Summation.* Journal of the Acoustical Society of America, Vol. 83, No. 1, Melville, 1978, S. 257-264

[Her94] Herrmann, T.; Grabowski, J.: *Sprechen. Psychologie der Sprachproduktion.* Spektrum Akademischer Verlag, Heidelberg, Berlin, 1994

[Hes02] Hess, W. J.: *Grundlagen der Phonetik.* Vorlesung, Rheinische Friedrich-Wilhelms-Universität Bonn, Institut für Kommunikationsforschung und Phonetik, URL.: www.ikp.uni-bonn.de/lehre/informationen-materialien/informa-tionen-und-materialien-kopho/materialien-1/hess/grundlagen-der-phonetik, [Stand 2.11.2008], Bonn, 2002

[Hes83] Hess, W. J.: *Pitch Determination of Speech Signals.* Springer Verlag, Berlin, Heidelberg, 1983

[Hew06] Hewlett, N.; Beck, J.: *An Introduction to the Science of Phonetics.* Lawrcence Erlbaum Associates, Inc., New Jersey, 2006

[Hil01] Hillenbrand, J. M.; Clark, M. J.; Neary, T. M.: *Effects of Consonant Environment on Vowel Formant Patterns.* Journal of the Acoustical Society of America, Vol. 109, Iss. 2, Melville, 2001, S. 748-763

[Hil63] Hildebrandt, B.: *Effektives Sprechtempo, reflexives Sprechtempo und Lautzahlminderung.* Zeitschrift für Phonetik, Sprachwissenschaft und Kommunikationsforschung, 16 (1-3), Mannheim, 1963, S. 63-76

[Hir59] Hirsh, I. J.: *Auditory Perception or Temporal Order.* Journal of the Acoustical Society of America, Vol. 31, Melville, 1959, S. 759-767

[Hof98] Hoffmann, R.: *Signalanalyse und -erkennung.* Springer Verlag, Berlin, Heidelberg, 1998

[Hög06] Höge, H.; et al.: *Evaluation of Pitch Marking Algorithms.* Proc. ITG-Fachta-gung Sprachkommunikation, Kiel, 2006, CD

[Hog69] Hogben, M. D.: *An Investigation of Comprehension in Compressed Speech.* University, Salt Lake City, Ms.thes., 1967

[Höp01] Höpfner, D.: *Evaluation der Qualität deutscher Sprachsynthesesysteme mit Hilfe auditiver Hörtests.* In: Hess, W; Stöber, K. (Hrsg.): Studientexte zur Sprachkommunikation 22, Bonn, 2001, S. 112-122

[Höp07] Höpfner, D.: *Untersuchungen zeitskalierter Sprachwiedergabe mit normalsehenden, sehbehinderten und blinden Probanden.* Fellbaum, K. (Hrsg.): Elektronische Sprachsignalverarbeitung. Cottbus, 2007, S. 235-242

[Hor07] Lehmann-Horn, F.: *Motorische Systeme.* In: Schmidt, R.; Lang, F. (Hrsg.): *Physiologie des Menschen.* Springer Medizin Verlag, Heidelberg, 2007, S. 147-183

[Hor96] Horsch, J., Ohler, J., Schwiesau, D. (Hrsg.) (1996): *Radio-Nachrichten. Ein Handbuch für Ausbildung und Praxis.* List Verlag, Leipzig, München, 1996

[Hos00] Hosom, J. P.: *Automatic Time Alignment of Phonemes Using Acoustic-Phonetic Information.* Dissertation, University of Massachusetts, Massachusetts, 2000

[Hub04] Huber, N.: *Ohne Bilder im Bilde. Eine quantitative Studie zur Mediennutzung und Medienbewertung von blinden Menschen in Deutschland.* Magisterarbeit, Universität München, LIT Verlag, Münster, 2004

[Hum96] Humphreys, J.: *Find Your Optimum Rate of Speech.* URL: http://www.telemarketingsuccess.com/predictive_dialer/optimum_speach_rate.htm, [Stand 14.09.2010], Arizona, 1996

[Hus08] Hussein, H, et. al.: *A Hybrid Speech Signal Based Algorithm for Pitch Marking Using Finite State Machines.* Proceedings of Interspeech 2008 International Conference, Brisbane, 2008, S. 135-138

[IPA05] IPA: *The International Phonetic Alphabet.* The International Phonetic Association, URL: http://www.langsci.ucl.ac.uk/ipa/ipachart.html, [Stand 01.03.2013], London, 2005

[ITU800] ITU-T P.800: *Methods for Subjective determination of Transmission Quality.* International Telecommunication Union, Genf, 1996

[ITU830] ITU-T P.830: *Telephone Transmission Quality; Methods for Objectiv and Subjectiv Assessement of Quality.* International Telecommunication Union, Genf, 1996

[Ive99] Iverson, J.M.: *How to Get to the Cafeteria: Gesture and Speech in Blind and Sighted Children's Spatial Descriptions.* Developmental Psychology, No. 35, American Psychological Association, Washington, 1999, S. 1132–1142

[Jan01] Janse, E.: *Comparing Word-Level Intelligibility after Linear vs. Non-Linear Time Compression.* Proc. Eurospeech 2001, Scandinvia, 2001, S. 1407-1410

[Jan03] Janse, E.; Nooteboom, S.; Quené, H.: *Word-Level Intelligibility of time-Compressed Speech: Prosodic and Segmental Factors.* Speech Communication, Vol. 41, Netherland, 2003, S. 287-301

[Jan04] Janse, E.: *Word Perception in Fast Speech: Artifically Time-Compressed vs. Natural Produced Speech.* Speech Communication, Vol. 42, Netherland, 2004, S. 155-173

[Jek00] Jekosch, U.: *Sprache hören und beurteilen: Ein Ansatz zur Grundlegung der Sprachqualitätsbeurteilung.* Habilitationsschrift, Essen, 2000

[Jek92] Jekosch, U.: *Verfahren zur Bestimmung der Verständlichkeit akustisch realisierter Sprache.* Kollmeier, B. (Hrsg.): Moderne Verfahren der Sprachaudiometrie. median verlag von Killisch-Horn GmbH, Heidelberg, 1992, S. 196-215

[Jeo06] Jeon, M.; Walker, B. N.: *"Spindex": Accelerated Initial Speech Sounds Improve Navigation Performance in Auditory Menus.* Proceedings of the 12th International Conference on Auditory Display, London, 2006, S. 63-68

[Jes66] Jester, R. E.: *Comprehension of Connected Meaningful Discourse as a Function of Individual Differences and Rate and Modality of Presentation.* Salt Lake City University, Salt Lake City, Diss., 1966

[Joh71] Johnson, R. L.; Friedman, H. L.: *Effects of Temporal Spacing in Listening Comprehension: A Source of Individual Differences.* Proc. Second Louisville Conference on the Rate and/or Frequency-Controlled Speech, Louisville, 1971, S. 143-152

[Kad91] Kadambe, S.; Boudraux-Bartels, G. F.: *Application of the Wavelet Transform for Pitch Detection of Speech Signals.* IEEE Trans. on Information Theorie, Vol. 38, Iss. 2, New York, 1992, S. 917-924

[Kam04] Kamakshi Prasad, V; Nagarajan, T.; Murthy, H. A.: *Automatic Segmentation of Continous Speech Using Minimum Phase Group Delay Functions.* Speech Communication, Vol. 42, Netherland, 2004, S. 429-446

[Kap99] Kapilow, D.; Stylianou, Y.; Schroter, J.: *Detection of Nonstationary in Speech Signals and its Application to Time Scaling.* Proc. Eurospeech 1999, Budapest, 1999, S. 2307-2310

[Kew84] Kewley-Port, D.; Luce, P. A..: *Time-varying features of initial stop consonants in auditory running spectra: A first report.* Perception and Psychophysics, No. 35, Austin, 1984, S. 353-360

[Kie97] Kießling, A.: *Extraktion und Klassifikation prosodischer Merkmale in der automatischen Sprachverarbeitung.* Shaker Verlag, Aachen, 1997

[Kie98] Kiencke, U.: *Signale und Systeme.* Oldenbourg Verlag, München, 1998

[Kin89] King, P.; Behnke, R.: *The Effect of Time-Compressed Speech on Comprehensive, Interpretive, and Short-Term Listening.* Human Communication Research, Vol.15 (3), International Communication Association, Blackwell Publishing 1989, S. 428-443

[Kip96] Kipp A., Wesenick M. B., Schiel F.: *Automatic Detection and Segmentation of Pronunciation Variants in German Speech Corpora.* Proceedings of the ICSLP 1996, Philadelphia, 1996, S. 109-109

[Kle08] Klessa, K.; Bachan, J.: *An Investigation into the Intra and Interlabeller Agreement in the JURISDIC Database.* Proceedings of the SASR Conference 2008, Piechowice, 2008, S. 47-54

[Kli63] Klineman, J.: *The Effect s of the Training Session on the Ability to Comprehend Compression Speech.* Pittsburgh University, Pittsburgh, Ms.thes., 1963

[Koh95] Kohler, K.: *Einführung in die Phonetik des Deutschen.* Erich Schmidt Verlag, Berlin, 1995

[Kös02] Köster, S.: *Modellierung von Sprechweisen für widrige Kommunikationssituationen mit Anwendung auf die Sprachsynthese.* Diss., Institut für Kommunikationsakustik, Ruhr–Universität Bochum, Shaker Verlag, Aachen, 2002

[Kot09] Kotnik, B.; Höge, H.; Kacic, Z.: *Noise robust F0 Determination and Epoche-Marking Algorithm.* Signal Processing, Volume 89, Issue 1, Amsterdam, 2009, S. 2555-2569

[Koz65] Kozhenikov, V. A.; Chistovich, L. A.: *Speech Artikulation and Perception.* Joint Publication Research Service, Washington, 1965

[Kue76] Kuehn, D. P.; Moll, K. L.: *A Cineradiographic study of VC and CV Articulatory Velocities. Journal of Phonetics. 4,* Elsevier, Amsterdam, 1976, S. 303-320

[Küc33] Küchenmeister, N. V.: *Improvement Relating to the Reproduction of Sounds from Records.* US-Patent, No. 386.983, Washington, 1933

[Kuj92] Kujala, T.; Alho, K.; Paavilainen, P.; Summala, H.; Naatanen, R.: *Neural Plasticity in Processing of Sound Location by the Early Blind: an Event-Related Potential Study.* Electroencephalography and Clinical Neurophysiology/Evoked Potentials Section, Vol. 84, Iss. 5, Elsevier B.V., Amsterdam, 1992, S. 469-472

[Kur57] Kurtzrock, G. H.: *The Effects of Time and Frequency Distortion upon Word Intelligibility.* Diss.,Urbana University Ilinoise, 1957

[Kuw97] Kuwabara, H.: *Acoustic and Perceptual Properties of Phonemes in Continuous Speech as a Function of Speaking Rate.* Proc. Eurospeech 1997, Athen, 1997, S. 1003-1006

[Lam81] Lamel, L.F.; et.al.: *An Improved Endpoint Detector for Isolated Word Recognition.* IEEE Trans. on Acoustics, Speech and Signal Processing, Vol. 29, Iss. 4, New York, 1981, S. 777-785

[Lan07] Lang, F.; Lang, P.: *Basiswissen Physiologie.* Springer Verlag, Heidelberg, Berlin, 2007

[Lan81] Lang, J.: *Neuroanatomie der Nervus opticus, trigeminus, facialis, glossopharyngeus, vagus, accessorius und hypoglossu.* Archives of Oto-Rhino-Laryngology, Springer Verlag, Berlin, Heidelberg, 1981

[Lan91] Lane, H.; Wozniak, J.: *Speech Deterioration in Postlingually Deafened Adults.* Journal of the Acoustical Society 89, Melville, 1991, S. 859-866

[Lar01] Laroche, J.: *Time and Pitch Scale Modification of Audio Signals.* In: Kahrs, M.; Brandenburg, K. H. (Eds.): *Application of digital Signal Processing to Audio and Acoustics.* Kluwer Academic Publishers, Dordrecht, 2001, S. 297-309

[Lar93] Laroche, J.: *Autocorrelation Method for High-Quality Time/Pitch-Scaling.* Final Program and Paper Summaries of IEEE Workshop on Applications of Signal Processing to Audio and Acoustics, New Paltz, 1993, S. 131-134

[Lar97] Laroche, J.; Dolson, M.: *Phase-Vocoder: About this Phasiness Business.* Workshop on Applications of Signal Processing to Audio and Acoustics, ASSP, New Paltz, 1997

[Lar99] Laroche, J.; Dolson, M.: *Improved Phase Vocoder Time-Scale Modification of Audio.* IEEE Transaction on Acoustics, Speech, and Signal Processing, Vol. 7, No. 3, Seattle, 1999, S. 323-332

[Lau66] Laughery, K. R.; Pikus A. L.: *Short Therm Memory: Effects of Acoustics Similarity, Presentation Rate and Presentation Mode.* Psychonomic Science No. 6, The Psychonomic Society, Austin 1966, S. 285-286

[Law99] Lawlor, B.; Fagan, A. D.: *A Novel High Quality Efficient Algorithm for Time Scale Modification of Speech.* Proc. Eurospeech 1999, Budapest, 1999, S. 2785-2788

[Laz07] Lazarus, H.; Sust, C. A.; Steckel, R.; Kulka, M.; Kurtz, P.: *Akustische Grundlagen sprachlicher Kommunikation.* Springer Verlag, Berlin, 2007

[Lee97] Lee, S.; Kim, H. D.; Kim, H. S.: *Variable Time-Scale Modification of Speech Using Transient Information.* Conference Proc. IEEE International Conference on Acoustics, Speech, and Signal Processing, ICASSP-97, München, 1997, S. 1319-1322

[Lch70] Lehiste, I.: *Suprasegmentals.* MIT Press, Massachusetts, 1970

[Lei62] Leitner, M. A.: *A Study of the Effect of Intraphrase Rate and Pause Time on Information Gain and Speaker Image.* Madison University, Madison, Diss., 1962

[Lep10] Lepore, N.; Voss, P.; Lepore, F.; Chou, Y.; Fortin, M.; Gougoux, F.; D. Lee, A.; Brun, C.; Lassonde, M. ; Madsen, S. K.; Toga, A. W.; Thompson, P. M.: *Brain Structure Changes Visualized in Early- and Late-onset Blind Subjects.* NeuroImage, Vol. 49, Iss. 1, Elsevier B.V., Amsterdam, 2010, S. 134-140

[Lib67] Liberman, A. M.; Cooper, F. S.; Shankweiler, D. P.; Studdert,-Kennedy, M.: *Perception of Speech Code.* Psychological Review, 74, American Psychological Association, Washington, 1967, S. 431-461

[Lim92] Lim, T. S.; Scordilis, M. S.: *New and Improved Pitch Determination for the IMBE Vocoder.* Proc. 4th Australians International Conference Speech Science & Technologies, Brisbane, 1992, S. 375-380

[Lin90] Lindblom, B.: *Explaining Phonetic Variation: A Sketch of the H&H Theorie.* Speech Production and Speech Modelling. Hardcastle, W. J.; Marchal, A. (Eds.), Kluwer Academic Publishers, Dortrecht, 1990, S. 403-139

[Lov66] Lovitt, T. C.: *Narrative Rate Preferences in Normal and Retarded Males As Assessed by Conjugate Reinforcement.* Lawrence University, Lawrence, Diss., 1966

[Lov68] Lovitt, T. C.: *Diagnostics Implication of Conjugate Contingencies.* Final Report. Office of Education Grant OEC 1-7-070017-4269, Seattle, 1968

[Mak86] Makhoul, J.; El-Jaroudi, A.: Time-Scale Modification in Medium to Low Rate Speech Coding. Proceedings of the 1986 International Conference on Acoustics, Speech, and Signal Processing (ICASSP 86), Tokyo, 1986, S. 1705-1708

[Mal79] Malah, D.: *Time-Domain Algorithm für Harmonic Bandwidth Reduction and Time Scaling of Speech Signals.* IEEE Trans. on Acoustics, Speech and Signal Processing, Vol. 27, New York, 1979, S. 121-133

[Mar05] Marquart, E. M.: *Handys mit Gehirn.* News, Elektrotechnik, Bild der Wissenschaft, Online, URL: http://www.wissenschaft.de/wissenschaft/ news/257440, [Stand 28.10.2012], Leinfelden-Echterdingen, 2005

[Mar72] Markel, J. D.: *The SIFT Algorithm for Fundamental Frequency Estimation.* IEEE Trans. on Audio and Electroacoustics, Vol. 20, Iss. 5, New York, 1972, S. 367-377

[Mar81] Marcus, S. M.: *Acoustic Determinants of Perceptual Center (P-Center) Location.* Perception and Psychophysics, Vol. 30 (3), Austin, 1981, S. 247-256

[Mar89] Marsen-Wilson, W.: Lexical Representation and Process. MIT Press, Cambridge, 1989

[Mau04] Mauk. M. D.; Buonomano, D. V.: *The Neural Basis of Temporal Processing.* Annual Review of Neuroscience, 27, Palo Alto, 2004, S. 307-340

[Med91] Medan, Y.; Yair, E.; Chazan, D.: *Super Resolution Pitch Determination of Speech Signals.* IEEE Trans. on Acoustics, Speech and Signal Processing, Vol. 39, New York, 1991, S. 40-48

[Men04] Menne, P.; Ritter, M.; Kuhr, T.: *Cascading Style Sheets - Formatierungssprache, Sprechgeschwindigkeit: speech-rate.* URL: http://www.css4you.de/speech-rate.html, [Stand: 20.03.2013], 2004

[Men28] Menzerath, P.; de Lacerda, A.: *Spanische Lautdauer: Eine experimentelle Untersuchung.* Walter de Gruyter, Berlin, Leipzig, 1928

[Men33] Menzerath,P.; de Lacerda, A.: *Koartikulation, Steuerung und Lautabgrenzung.* Eine experimentalphonetische Studie. Dümmler Verlag, Berlin, Bonn, 1933

[Men54] Menzerath, P.: *Die Architektonik des deutschen Wortschatzes.* Dümmler Verlag, Bonn, 1954

[Mic11] Microsoft: *Multiple Channel Audio Data and WAVE Files.* URL: http://msdn.microsoft.com/en-us/windows/hardware/gg463006.aspx, [Stand: 18.07.2011], Redmond, 2007

[Mic70] Michel, L. A.: *Levels of Comprehension and Activation under Conditions of Time Compressed Speech.* Florida State University, Tallahassee, Ms.thes., 1970

[Mil50] Miller, G.A.; Licklider J. C.: *The Intelligibility of Interrupted Speech.* The Journal of Acoustical Society of America 22, Melville, 1950, S. 167-173

[Mil95] Miller, J.L.; Eimas. P. D.: *Speech Perception: From Signal to Word.* Annual Review of Psychology, 47, Palo Alto, 1995, S. 467-492

[Möb93] Möbius, B.: *Ein quantitatives Modell der deutschen Intonation.* Max Niemeyer Verlag GmbH, Tübingen, 1993

[Moe08] Moers, D.; Wagner, P.: *Evaluation eines Sprechers für schnell gesprochene Sprache in der Unit-Selection basierten Sprachsynthese.* Proceedings ITG-Fachtagung Sprachkommunikation 2008, VDE-Verlag, CD, Aachen, 2008

[Möl10] Möller, S.: *Quality Engineering. Qualität kommunikationstechnischer Systeme.* Springer Verlag, Heidelberg, 2010

[Moo07] Moos, A.; Trouvain, J.: *Comprehension of Ultra-Fast Speech - Blind vs. "Normally Hearing" Persons.* Proceedings of 16th International Congress of Phonetic Sciences, Saarbrücken, 2007, S. 681-684

[Moo08] Moos, A.; Trouvain, J.: *Einzelfallstudie zu Grenzen der Verständlichkeit ultraschneller Sprachsynthese.* Lacroix, A. (Hrsg.): *Elektronische Sprachsignalverarbeitung.* Frankfurt/Main, 2008, S. 207-214

[Mot03] Motlicek, P.; Cernocký, J.: *Time-based Temporal Procesing with Application of Orthogonal Transformation.* Proceedings Eurospeech 2003, Genf, 2003, S. 821-824

[Mou90] Moulines, E.; Charpentier, F.: *Pitch Synchronous Waveform Processing Techniques for Text-to-Speech Synthesis Using Diphones.* Speech Communication No. 9, Amsterdam, 1990, S. 453-467

[Mou95] Moulines, E.; Laroche, J.: *Non-Parametric Techniques for Pitch-Scale and Time-Scale Modification of Speech.* Speech Communication No. 16, Amsterdam, 1995, S. 175-205

[Mül03] Müller, A. F.: *Generierung prosodischer Marker für ein multilinguales System.* In: Studientexte zur Sprachkommunikation, Bd. 27, w.e.b. Universitätsverlag, Dresden, 2003

[Mur62] Murdock, B. B. jr.: *The Serial Position Effect of Free Recall.* Journal of Experimental Psychology, Vol. 64, Iss. 5, Washington, 1962, S. 482-488

[Nak94] Nakamura, A.; Seiyama, N.; Takagi, T.; Miyasaka, E.: *Real Time Speech Rate Converting System for Elderly People.* Conference Proc. IEEE International Conference on Acoustics, Speech, and Signal Processing, ICASSP-94, Vol. 3, New York, 1994, S. 225-228

[Nay07] Naylor, P. A.; Kounoudes, A.; Gudnason, J.; Brookes, M.: *Estimation of Glottal Closure Instants in Voiced Speech using the DYPSA Algorithm.* IEEE Trans. on Acoustics, Speech and Signal Processing, Vol. 15, Iss. 1, New York, 2007, S. 34-43

[Nej10] Nejati, V.; Asadi, A.: *Semantic and Phonemic Verbal Fluency in Blinds.* Journal of Psycholinguist Research, Springer Science +Business Media, Berlin, 2010, S. 235-242

[Nel48] Nelson, H. E.: *The Effect of Variations of Rate on the Recall by Radio Listeners of Straight Newscasts.* Speech Monographs, No. 15, Washington, 1948, 173-180

[Ney81] Ney, H.: *An Optimization Algorithm für Determing the Endpoints of Isolated Utterances.* Proc. IEEE Int. Conf. On Acoustics, Speech and Signal Processing (ICASSP 81), Vol. 6, Atlanta, 1981, S. 720-723

[Nie81] Niemeyer, W.; Starlinger, I.: *Do the Blind Hear Better? Investigations on Auditory Processing in Congenital or Early Acquired Blindness II. Central Functions.* International Journal of Audiology, Vol. 20, No. 6, London, 1981, S. 510-515

[Neu78] Neuburg, E.P.: *Simple Pitch Dependent Algorithm for High Quality Speech Rate Changing.* Journal of Acoustical Society of America, Vol. 63, Iss. 2 Melville, 1987, S. 624-625

[Nor00] Norris, D.; Mc Queen, J. M.; Cutler, A.: *Merging Information in Speech Recognition: Feedback is Never Necessary.* Behavioral Brain Science, Vol. 23 (3), Cambridge, 2000, S. 299-370

[Oet76] Oetken, G.; Parks, T. W.; Scheussler, H. W.: *New Results in the Design of Digital Interpolator.* IEEE Transaction on Acoustics, Speech, and Signal Processing, Vol. 23, Seattle, 1976, S. 301-309

[Ohm10] Ohm, J.-R.; Lüke, H. D.: *Signalübertragung. Grundlagen der digitalen und analogen Nachrichtenübertragungssysteme.* Springer Verlag, Berlin, Heidelberg, 2010

[Omo99] Omoigui, N.; Gupta, A.; Grudin, J.; Sanocki, E.: *Time-Compression: System Concerns, Usage, and Benefits.* Proc. SIGCHI Conference on Human Factors in Computing Systems, ACM Press, New York, ACM Press, New York 1999, S. 136-143

[Orr65a] Orr, D. B.: *A Note on Rapid Listening.* Phi Delta Kappa, No. 46, Phi Delta Kappa International, Bloomington 1965

[Orr65b] Orr, D. B.; Friedman, H. L.; Williams, J. C.: *Trainability of Listening of Speeded Discourse.* Journal of Educational Psychology, Vol. 56, Washington, 1965, S. 148-156

[Orr66] Orr, D. B.: *Recent Research on Reading and the Comprehension of Time Compressed Speech.* In: Ketcham, C. A. (Ed.): Proc. College Reading Association, Vol. 7, Easton, 1966. S. 79-84

[Orr68] Orr, D. B.; Friedman, H. L.: *Massed Practice on the Comprehension of Time Compressed Speech.* Journal of Educational Psychology, Vol. 59, Washington, 1968, S. 6-11

[Orr71] Orr, D. B.: *The Measurement of Listening Comprehension.* Proc. Second Louisville Conference on the Rate and/or Frequency-Controlled Speech, Louisville, 1971, S. 219-223

[Ove71] Overmann, R. A.: *Processing Time As a Variable in the Comprehension of Time Compressed Speech.* Proc. Second Louisville Conference on the Rate and/or Frequency-Controlled Speech, Louisville, 1969, S. 103-118

[Par71] Parker, C.: *Effect of Rate of Comprehension and Mode of Presentation on the Comprehension of a Recorded Communication to Junior College Students of Varying Aptitude.* University of North Texas, Denton, Diss., 1971

[Par74] Parkhurst, B G.: *The Effect of Time Altered Speech Stimuli on the Auditory Comprehension of Adult Aphasics.* In: Duker, S. (Ed.): Time Compressed Speech: An Anthology and Bibliography. Vol II The Scarecrow Press, Inc., Metuchen 1974, S. 960-963

[Pau98] Paulus, E.: *Sprachsignalverarbeitung.* Spektrum Akademischer Verlag, Berlin, Heidelberg, 1998

[Per00] Perez, C. A.; Holzmann, C. A.; Jaeschke, H. E.: *Two-Point Vibrotactile Discrimination Related to Parameters of Pulse Burst Stimulus.* Medical & Biological Engineering & Computing, Vol. 38, Springer Verlag, 2000, S. 74-79

[Per97] Perkell, J. S.; et. al.: *Speech Motor Control: Acoustics Goals, Saturation Effects, Auditory Feedback and Internal Model.* Speech Commmunication 22, Elsevier, Amsterdam, 1997, S. 227-250

[Pet03] Petrillo, M.; Cutugno, F.: *A Syllable Segmentation Algorithm for English and Italian.* Proceedings Eurospeech 2003, Genf, 2003, S. 2913-2916

[Pfi01] Pfitzinger, H.R.: *Phonetische Analyse der Sprechgeschwindigkeit.* Forschungsberichte des Insitituts für Phonetik und Sprachliche Kommunikation der Universität München, München, Diss., 2001

[Pfi96] Pfitzinger, H. R.: *Two Approaches to Speech Rate Estimation.* Proc. Sixth Australian Int. Conference on Speech Science and Technology (SST '96), Adeleide, 1996, S. 421-426

[Poe03] Poeppel, D.: *Brain Imaging Correlates of Temporal Quantization on Spoken Language.* Proc. Eurospeech 2003, Genf, 2003, S. 2561-2564

[Pol96] Pollard, M. P.; Cheetham, B. M. G.; Goodyear, C. C.; Edgington, Mike D.; Lowry, A.: *Enhanced Shape-Invariant Pitch and Time-Scale Modification for Concatenative Speech Synthesis.* Proceedings of 4th International Conference on Spoken Language Processing, ICSLP, Philadelphia, 1996, S.1433-1436

[Pol97] Pollard, M. P.; Cheetham, B. M. G.; Goodyear, C. C.; Edgington, M. D.: *Shape-Invariant Pitch and Time-Scale Modification of Speech by Variable Order Phase Interpolation.* Proceedings of the 1997 International Conference on Acoustics, Speech and Signal Processing (ICASSP 97), Phoenix, 1997, S. 919-922

[Pom03] Pompino-Marshall, B.: *Einführung in die Phonetik.* Walter de Gruyter, Berlin, 2003

[Por81] Portnoff, M. R.: *Time Scale Modification of Speech Based on Short Time Fourier Analysis.* IEEE Transaction on Acoustics, Speech and Signal Processing, Vol. 29, No. 3, Seattle, 1981, S. 374-390

[Puc95] Puckette, M.: *Phase Locked Vocoder.* Proceedings of Conference on Applications of Signal Processing to Audio and Acoustics, ASSP, Mohonk, 1995

[Qua92] Quaitieri, T. F.; McAulay, R. J.: *Shape Invariant Time-Scale and Pitch Modification of Speech.* Transaction on Signal Processing, Vol. 40., No. 3, Seattle, 1992, S. 497-510

[Qur69] Qureshi, S. U.; Kingma, Y. J.: *Time Compression of Speech on a Small Computer.* In: Foulke, E. (Ed.): Proceedings of the Second Louisville Conference on Rate and/or Frequency Controlled Speech, Louiseville, 1969, S. 196-206

[Rab75] Rabiner, L. R.; Sambur, M. R.; Schmidt, C. E.: *Application of Nonlinear smoothing Algorithm to Speech Processing.* IEEE Transaction on Acoustics, Speech, and Signal Processing, Vol. 23, Seattle, 1975, S. 552-557

[Rab77] Rabiner, L. R.: *On the Use of Autocorrelation Analysis for Pitch Detection.* IEEE Transaction on Acoustics, Speech, and Signal Processing, Vol. 25, Seattle, 1977, S. 24-33

[Rab78] Rabiner, L.R.; Schafer, W. R.: *Digital Processing of Speech Signals.* Prentice Hall Inc., New Jersey, 1978

[Rai93] Raithel, V.; Brede, B.: *Warum haben es Schnellsprecher schwerer? Untersuchungen zur automatischen Spracherkennung und zum aphasischen Sprachverständnis.* Forschung an der Universität Bielefeld, URL: http://www.uni-bielefeld.de/lili/personen/vraithel/raithel_wrede.pdf, [Stand: 20.02.2013], TU Bielefeld, 2003

[Rak06] Raake, A.: *Speech quality of VoIP.* John Wiley & Sons, Chichester, 2006

[Rap70] Raphael, L. J.: *Effect of Vowel Duration upon the Perception of the Voicing Charakteristics of Word-Final Consonants.* Journal of the Acoustical Society of America, Vol. 47, Melville, 1970, S. 58

[Raz07] Raz, N.; et.al.: *Superior Serial Memory in the Blind: A Case of Cognitive Compensatory Adjustment.* Current Biology No. 17, Elsevier, Amsterdam, 2007, S. 1129–1133

[Red68] Reddy, D. R.; Vicens, P. J.: *A Procedure for the Segmentation of Connected Speech.* Journal of the Audio Engeneering Society, No. 16, New York, 1968, S. 404-411

[Rei80] Reich, S. S.: *Significance of Pauses for Speech Perception.* Journal of Psycholinguistic Research, Vol. 9, Iss. 4, Springer-Verlag, Berlin, Heidelberg, New York, 1979, S. 379-389

[Res04] Resnikoff, S.; Pascolini, D.; Etya'ale, D.; Kocur, I.; Pararajasegaram, R.; Pokharel, G. P.; Mariotti, S. P.: *Global data on visual impairment in the year 2002.* Bulletin of the World Health Organization, 82 (11), Geneva, 2004, S. 844-851

[Res68] Resta, P. E.: *The Effect of Training on the Intelligibilty und Comprehension of Frequency Shifted Time Compressed Speech by the Blind.* In: Duker, S. (Ed.): Time Compressed Speech: An Anthology and Bibliography. Vol II, The Scarecrow Press, Inc., Metuchen 1974, S. 648-654

[Ric13] Richter, C.; Hohlfeld, T.: *Gestörte akustische Umgebungen und ihr Einfluss auf netzbasierte Testverfahren.* In: Wolff, M. (Hrsg.): *Elektronische Sprachverarbeitung.* Tagungsband der 23. Konferenz, Cottbus, 2013, S. 275-282

[Röb03] Röbel, A.: *A New Approach to Transient Processing in the Phase Vocoder.* Proceedings of the 6th International Conference on Digital Audio Effects, DAFx-03, London, 2003, S. 344-349

[Roc69] Rocco, F.: *The Effect of Added Pause Time upon Comprehensibility of Compressed Speech.* Michigan State University, East Lansing, Diss., 1969

[Röd00] Röder, B.; Rösler, F.; Neville, H. J.: *Event-Related Potentials During Auditory Language Processing in Congenitally Blind and Sighted People.* Neuropsychologia, Vol. 38, Iss. 11, Elsevier B.V., Amsterdam, 2000, S. 1482-1502

[Röd04] Röder, B.; Rösler, F.: *Early Vision Impairs Tactile Perception in the Blind.* Current Biology, Vol.14, Elsevier B.V. Amsterdam, 2004, S. 121-124

[Röd91] Röder, B.; Rösler, F.; Neville, H. J.: *Auditory Memory in Congenitally Blind Adults: a Behavioral-Electrophysiological Investigation.* Cognitive Brain Research, Vol. 11, Iss. 2, Elsevier B.V., Amsterdam, 2001, S. 289-303

[Röd93] Röder, B.; Rösler, F.: *Memory for Environmental Sounds in Sighted, Congenitally Blind and Late Blind Adults: Evidence for Cross-Modal Compensation.* International Journal of Psychophysiology, Vol. 50, Elsevier B.V., Amsterdam, 2003, S. 27-39

[Rou85] Roucos, S.; Wilgus, A.M.: *High Quality Time-Scale Modification for Speech.* Proc. IEEE Int. Conf. On Acoustics, Speech and Signal Processing (ICASSP 85), Vol. 1, Piscataway, 1985, S. 493-496

[Rou90] Rouff; A.: *Häufigkeitswörterbuch gesprochener deutscher Sprache.* Bd. 8, 2. Auflage, Max Niemeyer Verlag, Tübingen, 1990

[SBA09] Statistisches Bundesamt: Schwerbehinderte Menschen in Deutschland. URL: http://www.destatis.de/jetspeed/portal/cms/Sites/destatis/Internet/DE/Content/Publikatinen/Fachveroeffentlichungen/Sozialleistungen/SozialSchwerbehinderte2007xls.psml, [Stand: 10.09.2009], Wiesbaden, 2009

[Sche04] Scherz-Schade, S.: *Deutsche Radionachrichten: Der Wandel ihres Sprachgebrauchs von 1932-2001.* URL: http://opus.kobv.de/tuberlin/volltexte/2004/933/pdf/scherzschade_sven.pdf, [Stand: 20.03.2013], TU Berlin, 2004

[Sche07] Schelten-Cornisch, S.: *Die Bedeutung der Sprachgeschwindigkeit für die Sprachtherapie.* Die Sprachheilarbeit, 52 (4), Berlin, 2007, S. 136-145

[Schi49] Schiesser, H.: *Einrichtungen zur zeitlichen Dehnung von Schallaufzeichnungen.* Funk u. Ton 3, Heft 5, Verlag für Radio-Foto-Kinotechnik, Berlin 1949, S. 256

[Schie00] Schiel, F.: *Technische Grundlagen für eine empirisch fundierte Phonetik des Deutschen.* Schiel Verlag München, 2000

[Schl10] Schlick, C.; Bruder, R.: *Arbeitswissenschaft.* Springer Verlag, Heidelberg, 2010

[Schl83] Schlinger, M. J.: *Effects of Time Compression on Attitudes and Information Processing.* Journal of Marketing, Vol. 47, Birmingham, 1983, S. 79-85

[Schm05] Schmidt, Ch.: *Edelsteine sammeln und auf den tosenden Wasserfall achten.* Kundenrezension: Niagara, URL: http://www.amazon.de/gp/aw/cr/rR20YTSWDE5CP90/ref=aw_cr_i_8, [Stand: 28.10.2012], 2005

[Schö05] Schöbi, K.: *Mit Gemüse gegen Bauchspeicheldrüsenkrebs.* News Elektrotechnik, Bild der Wissenschaft Online, URL: http://www.wissenschaft.de/wissenschaft/news/257650, [Stand 28.10.2012], Leinfelden-Echterdingen, 2005

[Schr62] Schroeder, M. R.; Logan, B. F.; Prestigiacomo, A. J.: *"Harmonic Compression" - A New Method for Speech Bandwidth Compression.* Journal of Acoustical Society of America, Vol. 34, Iss. 12, Melville, 1962, S. 2003

[Schr68] Schroeder, M. R.: *Period Histogram and Product Spectrum: New Methods for Fundamental Frequency Measurement.* Journal of the Acoustical Society of America, Vol. 43, Melville, 1968, S. 829-834

[Schu42] Schueller, E.: *Hörkopf zum Abtasten von Magnetogrammen mit gegenüber der Aufnahmegeschwindigkeit veränderter Wiedergabegeschwindigkeit.* Deutsches Patent Nr. 721198, Berlin, 1942

[Sco67] Scott, R. J.: *Time Adjustment in Speech Synthesis.* Journal of Acoustical Society of America, No. 41, Melville, 1967, S. 60-65

[Sea18] Seashor, C. E., Ling, T. L.: *The Comparative Sensitiveness of Blind and Seeing Persons.* University of Iowa Studies in Psychology, No. 7, Phychological Monographs, 25 (2), Iowa 1918, S. 148-158

[Seo67] Seo, H.: *New Approach to Speech Compression.* Journal of Acoustical Society of America, Vol. 41, Iss. 6, Melville, 1967, S. 1595

[SGB09] Walhala Fachredaktion: *Zwölftes Buch Sozialgesetzbuch - Sozialhilfe - (Artikel 1 des Gesetzes vom 27. Dezember 2003, BGBl. I S. 3022), das zuletzt durch Artikel 4 des Gesetzes vom 30. Juli 2009 (BGBl. I S. 2495) geändert worden ist.* Walhala Fachverlag Regensburg, 2009

[Sha87] O'Shaughnessy, D.: *Speech Communication - Human and Machine.* Addison-Wesley, Massachusetts, 1987

[Sic04] Sick, U.: *Poltern. Theoretische Grundlagen, Diagnostik, Therapie.* Forum Logopädie, Georg Thieme Verlag, Stuttgart, 2004

[Son05] Song, B.; Gu, C.-Q.; Zhang, J.-J.: *A New Pitch Detection Algorithm Based an Wavelet Transform.* Journal of Shanghai University, No. 9(4), Shanghai, 2005, S. 309-313

[Son99] Sonntag, G. P.: *Evaluation von Prosodie.* Shaker Verlag, Aachen, 1999

[Sot92] Sotschek, J.: *Sprachqualitätstests aus der Nachrichtentechnik.* In: Kollmeier, B. (Hrsg.), *Moderne Verfahren der Sprachaudiometrie.* Bd 1, median verlag von Killisch-Horn-GmbH, Heidelberg, 1992, S. 35-50

[Spi05] N.N.: *Hundeknochen tun, was Herrchen will.* Spiegel-Online, Wissenschaft, URL: http://www.spiegel.de/wissenschaft/natur/spezialisierte-skelette-hundeknochen-tun-was-herrchen-will-a-374507.html, [Stand 28.10.2012], Hamburg, 2005

[Sta81] Starlinger, I.; Niemeyer, W.: *Do the Blind Hear Better? Investigations on Auditory Processing in Congenital or Early Acquired Blindness I. Peripheral Functions.* International Journal of Audiology, Vol. 20, No. 6, London, 1981, S. 503-509

[Ste03] Sterr, A.; Green, L.; Elbert, T.: *Blind Braille readers mislocate tactile stimuli.* Biological Psychology, Vol. 63, Iss. 2, Elsevier B.V., Amsterdam, 2003, S. 117-127

[Ste09] Stevens, A. A.; Weaver, K. E.: *Functional Characteristics of Auditory Kortex in the Blind.* Behavioural Brain Research, Vol. 196, Iss. 1, Elsevier B.V., Amsterdam, 2009, S. 134-138

[Ste36] Steinberg, E. D.: *Effects of Distortion on Speech and Music.* In: Pender, H.; McIlwain, K. (Ed.): *Electrical Engineer's Handbook.* New York, 1936, S.

[Ste89] Stevens, K. N.: *Acoustic Correlates of some Phonetic Categories.* Journal of the Acoustical Society of America, Vol. 68, Melville, 1989, S. 836-842

[Stö02] Stöber, K.: *Bestimmung und Auswahl von Zeitbereichseinheiten für die konkatenative Sprachsynthese.* Dissertation, Universität Bonn, P. Lang Verlag, Frankfurt, 2002

[Sum82] Summerfield, Q.: *Differences between Spectral Dependencies in Auditory and Phonetic Temporal Processing: Relevance to the Perception of Voicing in Initial Stops.* Journal of the Acoustical Society of America, 89, Melville, 1982 S. 51-61

[Sun02] Sun, X.: *Pitch Determination and Voice Quality Analysis using Subharmoic-to Harmonic Ratio.* Proc. IEEE Int. Conf. On Acoustics, Speech and Signal Processing (ICASSP 02), Vol. 1, Orlando, 2002, S. 333-336

[Sus93] Sussman, H. M.; Homeke, K. A.; Ahmed, F. S.: *A Cross-Linguistic Investigation of Locus Equation as a Phonetic descriptor for Place of Articulation.* Journal of the Acoustical Society of America, 94, Melville, 1993, S.1256-1268

[Suz01] Suzuki, N.; et. al.: *Social Effects on Vocal Rate with Echoic Mimicry Using Prosody-only Voice.* Proc. Eurospeech 2001, Aalborg, S. 2413-2416

[Tan03] Tanenbaum, A. S.: *Moderne Betriebssysteme.* Pearson Studium, München, 2003

[Tel06] N.N.: *Sieben Tage, sieben Nächte.* URL: http://www.telvis.fi/tvohjelmat/?vw=channel&sh=all&ch=imvox&dy=31.08.2006&pg=1, [Stand 28.10.2012], 2006

[Ter98] Terhardt, E.: *Akustische Kommunikation.* Springer Verlag, München, 1998

[Til80] Tillmann, H. G.; Mansell, P.: *Phonetik. Lautsprachliche Zeichen, Sprachsignale und lautsprachlicher Kommunikationsprozess.* Klett-Cotta, Stuttgart, 1980

[TKG04] Bundesministerium der Justiz: *Telekommunikationsgesetz.* § 3: Begriffsbestimmung, Abs. 22, URL: http://www.gesetze-im-internet.de/tkg_2004/__3.html, 2004

[Tro02] Trouvain, J.: *Tempo Control in Speech Synthesis by Prosodic Phrasing.* Proc. 6. Konferenz zur Verarbeitung natürlicher Sprache (Konvens), DFKI Document D-02-01, Saarbrücken, 2002, S. 227-230

[Tru67] Trubetzkoy, N. S.: *Grundzüge der Phonologie.* Vandenhoeck & Ruprecht, Göttingen, 2003

[Tsa97] Tsao, Y. C.; Weismer, G.: *Interspeaker Variation in Habitual Speaking Rate: Evidence for a Neuromuscular Component.* Journal of Speech, Language, and Hearing Research 40 (4), Rockville, 1997

[Tuc05] Tucker, S. and Whittaker, S. *Novel Techniques for Time-Compressing Speech: An Exploratory Study.* Proc. IEEE Int. Conf. On Acoustics, Speech and Signal Processing (ICASSP 05), Vol. 1, Pennsylvania, 2005, S. 477 - 480

[Uhl93] Uhl, F.; Franzen, P.; Podreka, I.; Steiner, M.; Deecke, L.: *Increased Regional Cerebral Blood Flow in Inferior Occipital Kortex and Cerebellum of Early Blind Humans.* Neuroscience Letters, Vol. 150, Iss. 2, Elsevier B.V., Amsterdam, 1993, S. 162-164

[Var98] Vary, P.; Heute, U.; Hess. W.: *Digitale Sprachsignalverarbeitung.* Teubner Verlag, Stuttgart, 1998

[Vei88] Veit, I.: Technische Akustik. Vogel Fachbuch, Würzburg, 1988

[Vel06] Van Velzen, J.; Eardley, A. F.; Forster, B.; Eimer, M.: *Shifts of Attention in the Early Blind: An ERP Study of Attentional Control Processes in the Absence of Visual Spatial Information.* Neuropsychologia, Vol. 44, Iss. 12, Elsevier B.V., Amsterdam, 2006, S. 2533-2546

[Vep02] Veprek, P.; Scordilis, M. S.: Analysis. *Enhancement and Evaluation of Five Pitch Determination Techniques.* Speech Communication, No. 37, Amsterdam, 2002, S. 249-270

[Ver00] Verhelst, W.: *Overlap-Add Methods for Time-Scaling of Speech.* Speech Communication, No. 30, Amsterdam, 2000, S. 207-221

[Ver93] Verhelst, W.; Roelands, M.: *An Overlap-Add Technique Based on Waveform Similarity (WSOLA) for High Quality Time-Scale Modification of Speech.* Proceedings of the 1993 International Conference on Acoustics, Speech, and Signal Processing (ICASSP 93), Minneapolis, 1993, S. 554-557

[Vog95] Vogten, L. M.; Ma, C. X., Verhelst, W.; Eggen. J. H.: *Method and Apparatus for Manipulating Pitch and/or Duration of a Signal.* US-Patent, No. 5.479.564, Washington, 1995

[Wal81] Walsten, T. S.; Lambert, R. M.: *Visual Braille and Print Reading, as a Function of Display Field Size.* Bulletin of Psychonomic Society, No 17, Los Angeles, 1981, S. 15-18

[Web00] Weber, G.: *Temporale Modellierung multimedialer interaktive Systeme.* Berichte aus der Informatik, Shaker Verlag, Aachen, 2000

[Wei08] Weinzierl, S.: *Handbuch der Audiotechnik.* Springer Verlag, Berlin, Heidelberg, 2008

[Wes96] Wesenick, M. B.; Kipp, A.: *Estimating the Quality of Phonetic Transcriptions and Segmentations of Speech Signals.* Proceedings of the ICSLP 1996, Philadelphia, 1996, S. 129-132

[WHO10a] World Health Organization: *Visual impairment and blindness.* Fact Sheet N°282, URL: http://www.who.int/mediacentre/factsheets/fs282/en/index.html, [Stand: 13.02.2010], Geneva, 2010

[WHO10b] World Health Organization: *Change the Definition of Blindness.* URL: http://www.who.int/blindness/Change %20the %20Definition %20of %20Blindness.pdf, [Stand: 20.03.2013], Geneva, 2010

[Wil87] Wilpon, J.G.; Juang, B. H.; Rabiner L. R.: *An Investigation on the Use of Acoustic Sub-Word Units for automatic Speech Recognition.* Proceedings of IEEE International Conference on Acoustics, Speech and Signal Processing, Dallas, 1987, S. 821-824

[Wim94] Wimmer, G.; Kohler, R.; Grotjahn, R.; Altmann, G.: *Towards a Theory of Word Length Distribution.* Journal of Quantitative Linguistics, No. 1, Routledge Taylor & Francis Group, London, 1994, S. 98-106

[Win84] Wingfield, A.; Lombardi, L.; Sokol, S.: *Prosodic Features and the Intelligibility of Accelerated Speech: Syntactic versus Periodic Segmentation.* Journal of Speech and Hearing Research, Vol. 27, Rockville, 1984, S. 128-134

[Won02] Wong, P. H. W.; Au, O.C.: *Fast SOLA-Based Time Scale Modification Using Envelope Matching.* Journal of VLSI Signal Processing No. 35, Kluwer Academic Publishers, Netherland, 2003, S. 75–90

[Woo73] Wood, S.: *What Happens to Vowels and Consonants when We Speak Faster?* Working Paper 9, Phonetics Laboratory Lund University, Lund, 1973, S. 8-39

[Wri99] Wrigley, S. N.: Isolated Word Endpoint Detection. Matlab Auditory Demonstration (MAD), University of Sheffield, URL: http://staffwww.dcs.shef.ac.uk/peo-ple/M.Cooke/MAD/docs/mad.pdf, [Stand: 28.10.2012], Sheffield, 1999

[ZDF01] N.N.: *Ein unmöglicher Mann. ZDF-Online, Spielfilminformation,* URL: http://www.fernsehserien.de/ein-unmoeglicher-mann, [Stand: 20.03.2013], 2001

[Zen07] Zenner, H.-P.: *Die Kommunikation des Menschen: Hören und Sprechen.* In: Schmidt, R.; Lang, F. (Hrsg.): *Physiologie des Menschen.* Springer Medizin Verlag, Heidelberg, 2007, S. 344-366

[Zwi99] Zwicker, E.; Fastl, H.: *Psychoacoustics: Facts and Models.* Springer Verlag, Berlin, Heidelberg, New York, 1999

ANHANG

A1 Berechnung der Schreib- und Löschverhältnisse für HM

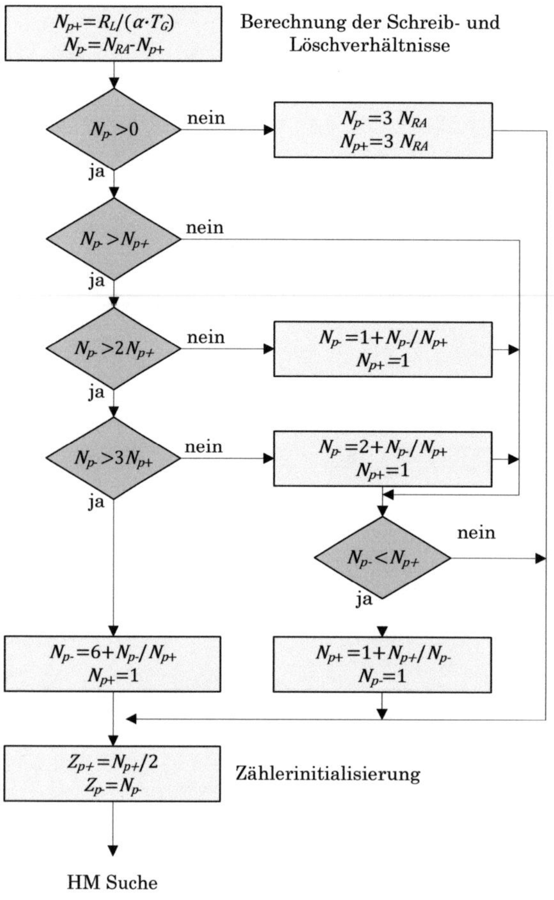

Abbildung A.1: Ablauf der Berechnung des Schreib- und Löschverhältnisses der Hauptmaxima der Analyseintervalle

A2 Bestimmung der HM-Positionen in FV-I

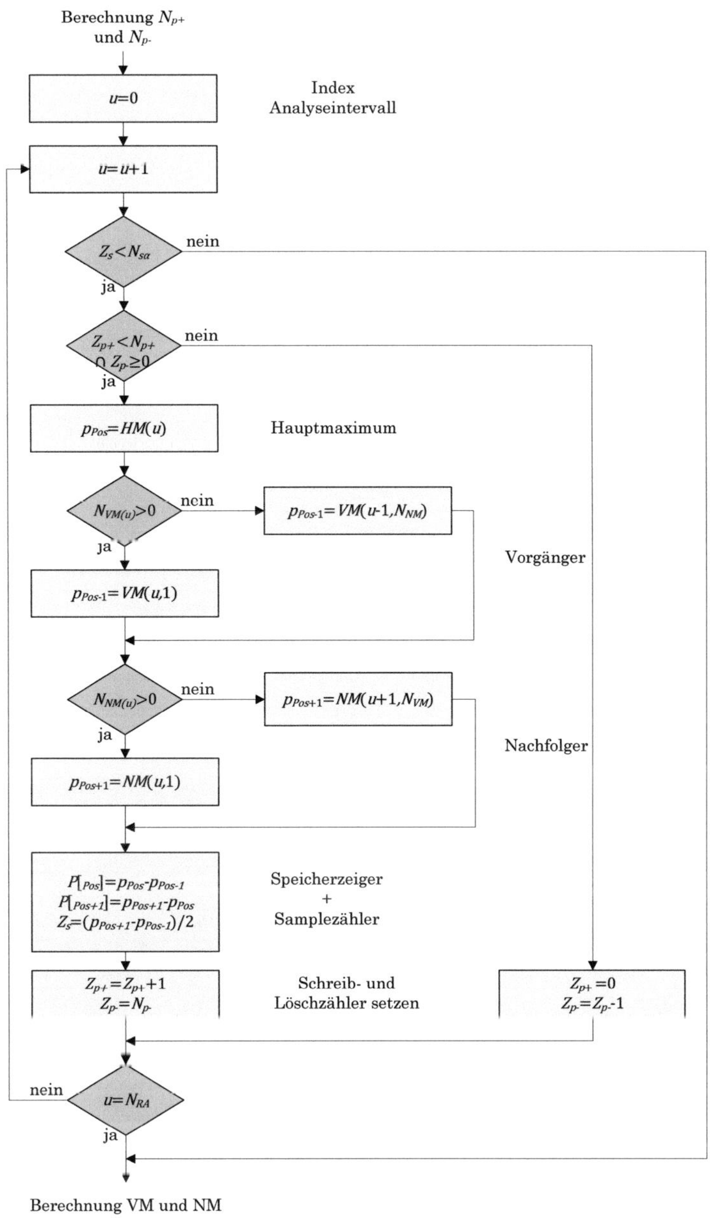

Abbildung A.2: Übernahme der Pitchmarker für Hauptmaxima

A3 Schreib- und Löschverhältnis VM und NM FVI

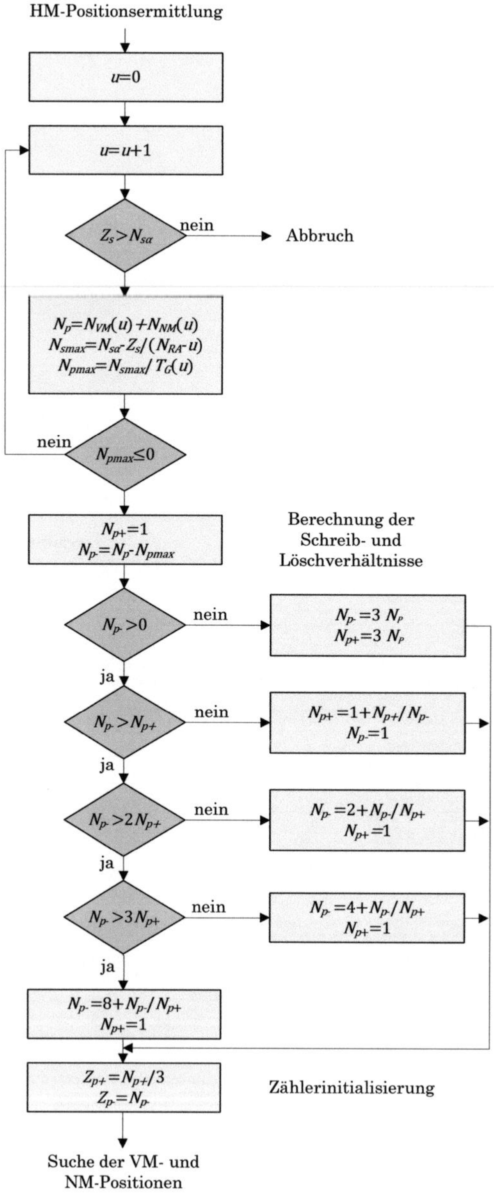

Abbildung A.3: Berechnung der Schreib- und Löschverhältnisse der verbleibenden Vor- und Nachmaxima

A4 Wavedatenstruktur für den zusätzlichen Analysekanal

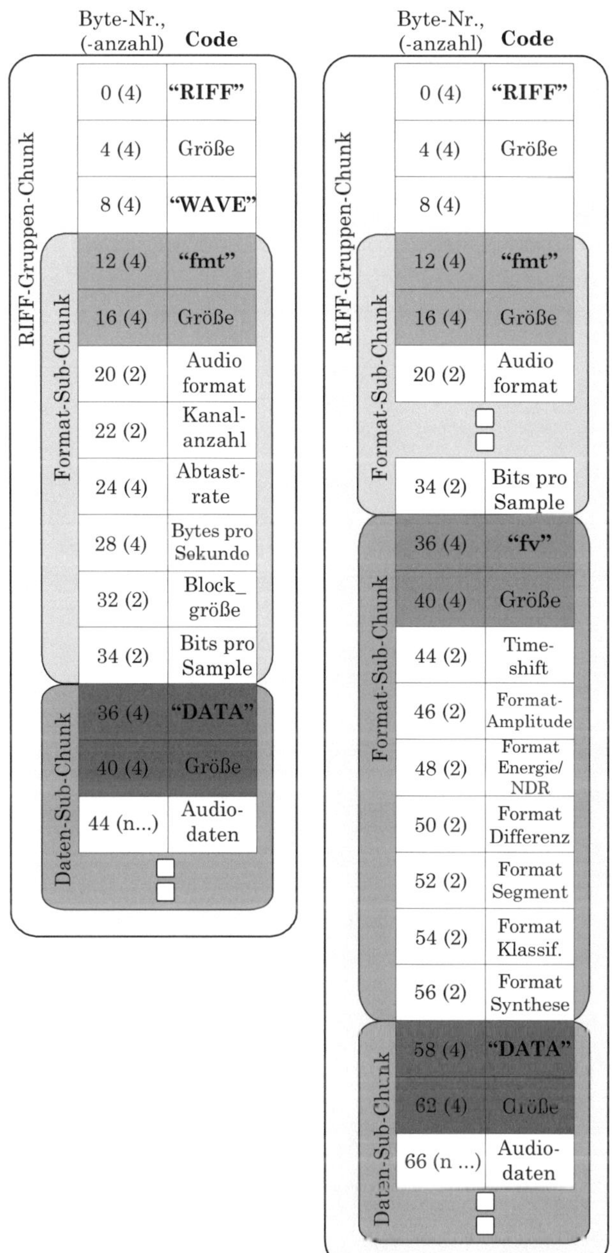

Abbildung A.4: Wave-Datenstruktur nach [Wei08] a) Standard-Datenblöcke b) Erweiterte Datenblöcke des „FVII"-Chunks („fv") für Analyse- und Synthesedaten

A5 Segmentierung FVII

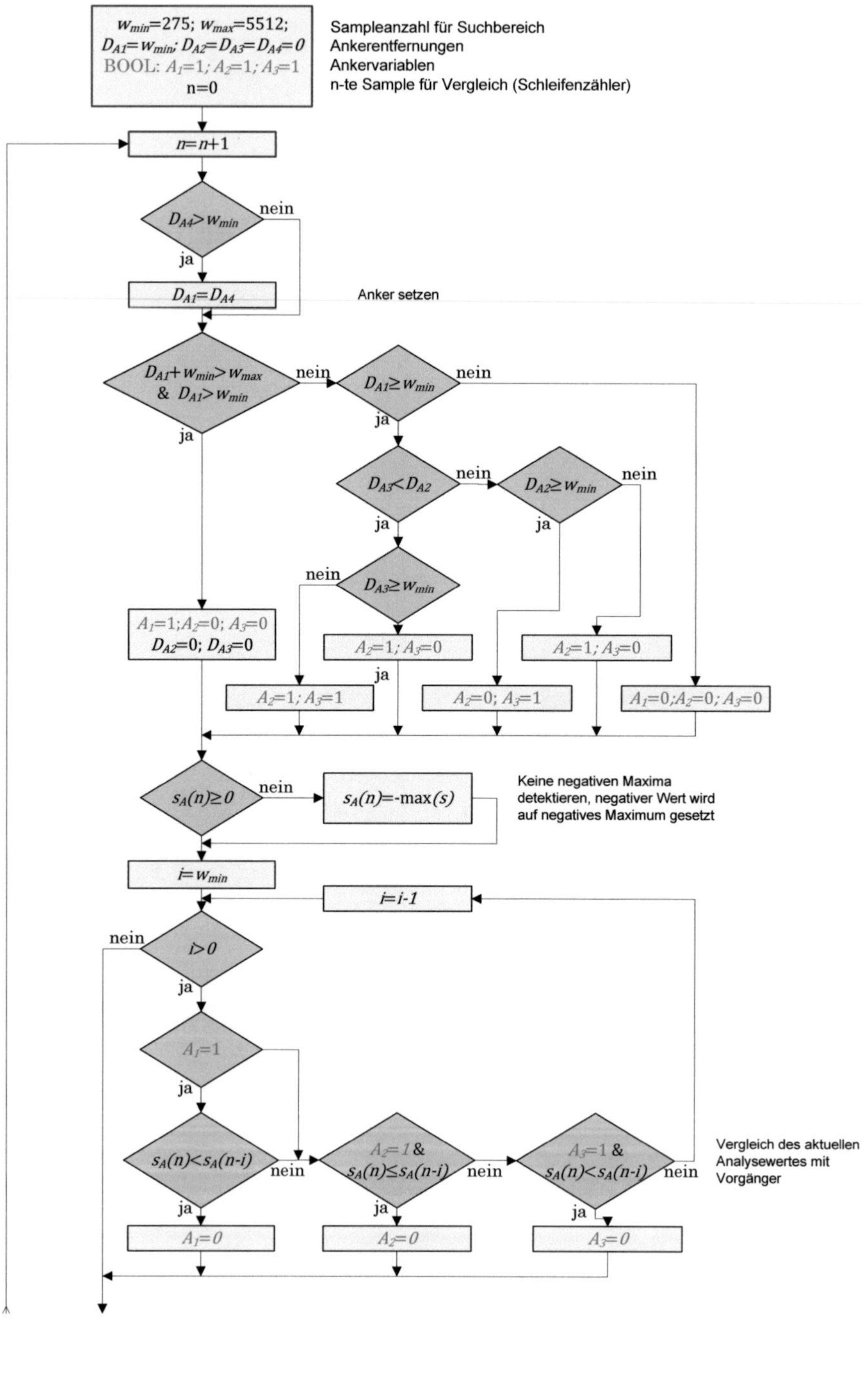

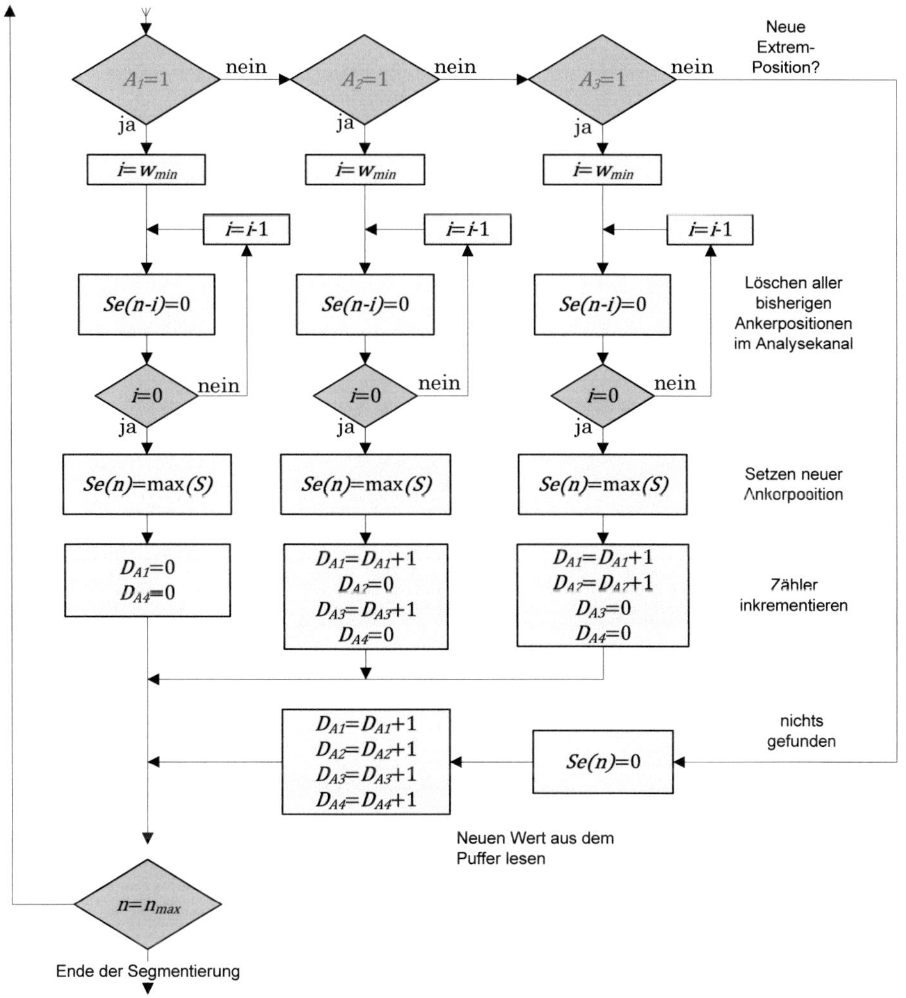

Abbildung A.5: Ablauf der Ankersuche zur Bestimmung der Segmentgrenzen in FVII

A6 Subsegmentsuche in FVII

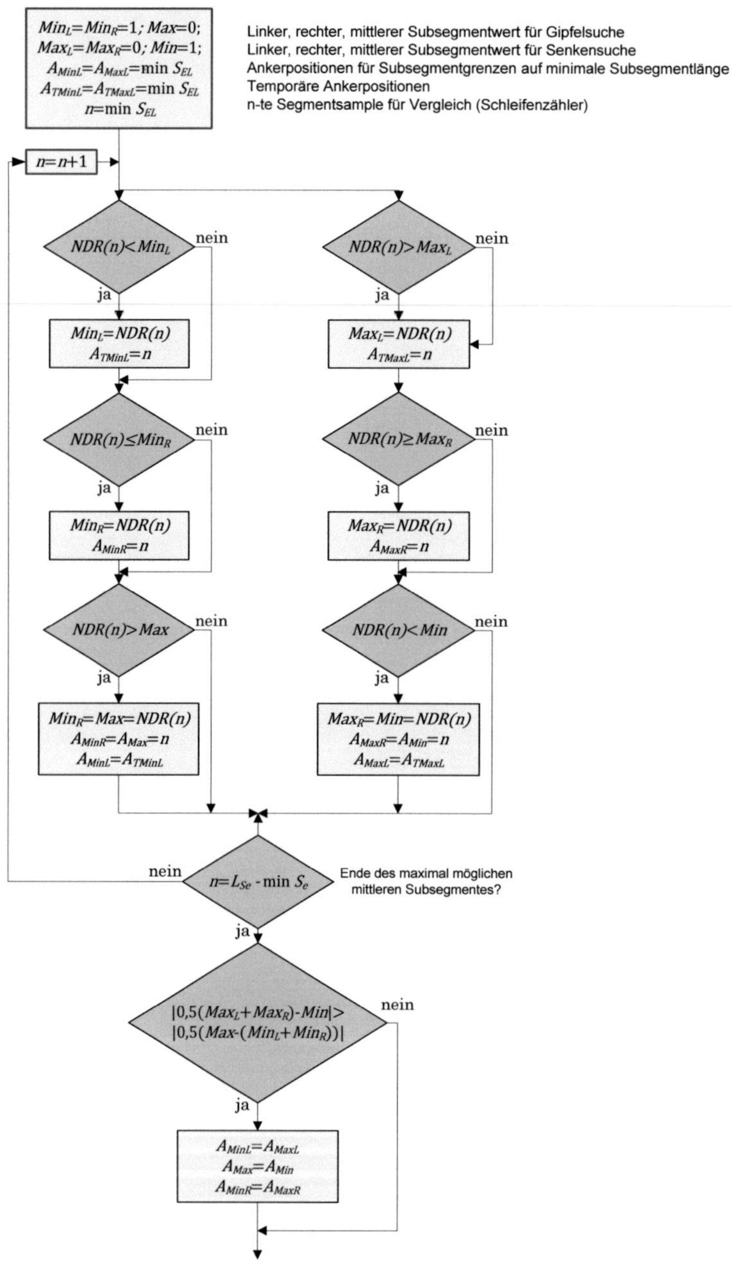

Abbildung A.6: Ablauf der Subsegmentierung in FVII

A7 Sprach- Pausenentscheidung FVII

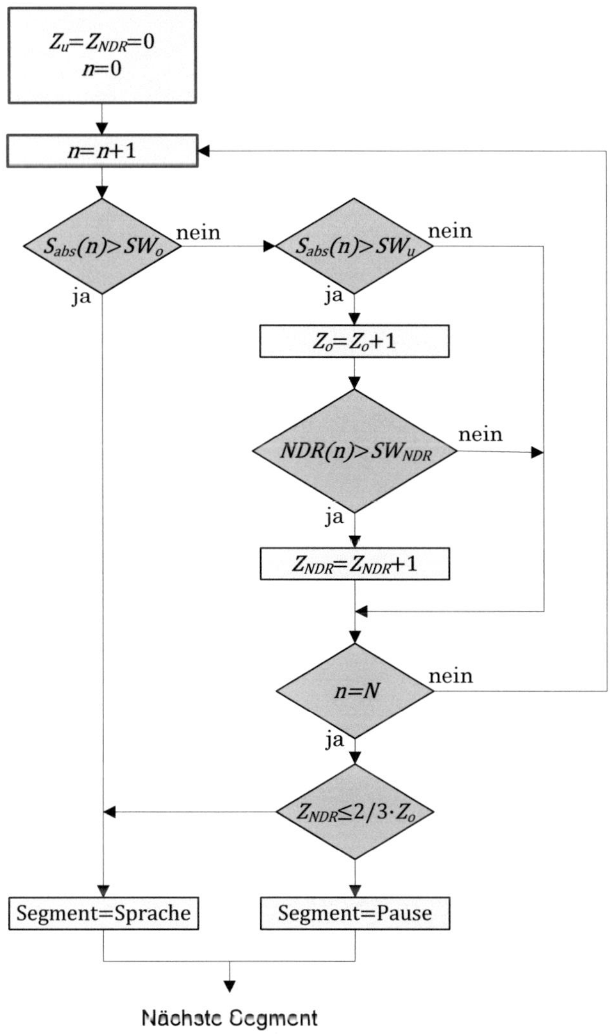

Abbildung A.7: Ablauf der Klassifizierung in Sprach- oder Pausensegment in FVII

A8 Suche Pitchvektor für Synthese in FVII

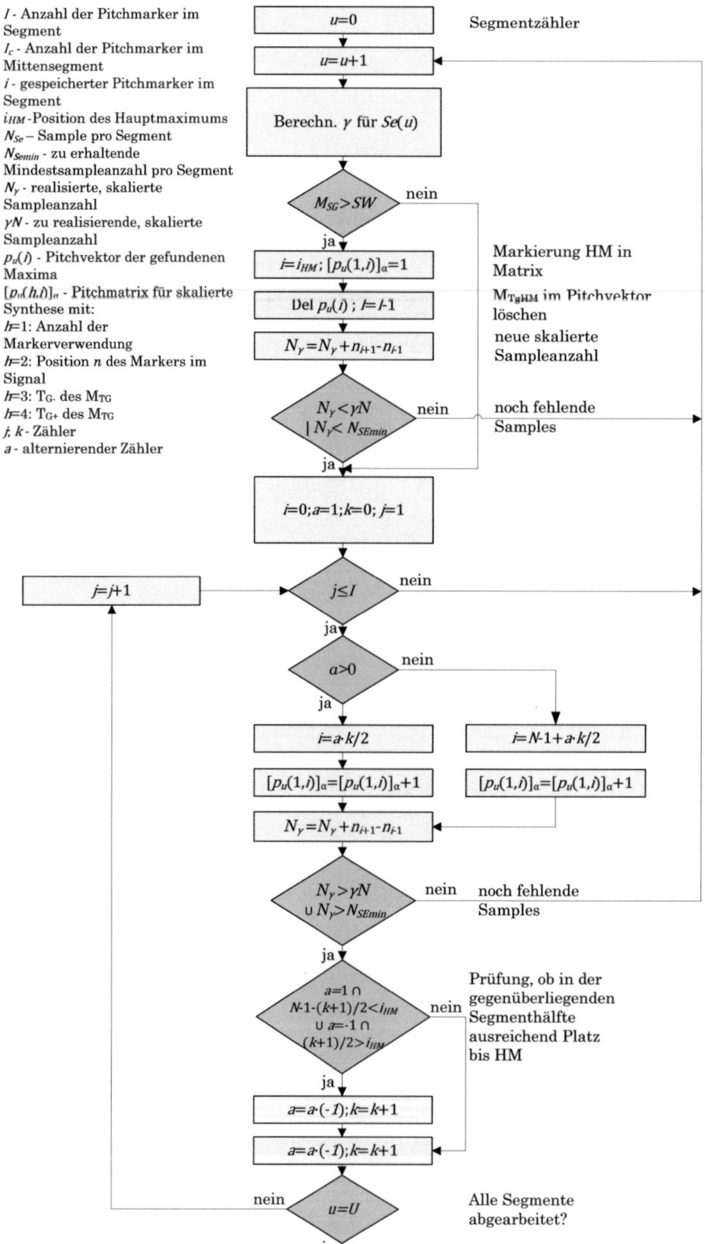

Abbildung A.8: Ablauf der Pitchvektorbestimmung für skalierte Synthese in FVII

A9 Fehleranalyse der Segmentierung zur Optimierung der Analysefenster

Satzkodierung Phondat (Sprecher: bpmd, gvnn, scdd, w72a)			
30	Heute ist schönes Frühlingswetter.		
40	Die Sonne lacht.		
50	Am blauen Himmel ziehen die Wolken.		
60	Über die Felder weht ein Wind.		
70	Gestern stürmte es noch.		
Sätze Profisprecher (mann)			
1	Auch Frauen dort führen Sommer.		
2	Dann Geld denkt einmal gut.		
3	Sein Vater stirbt großes Holz.		
4	Der Hof bringt das Kind allemal.		
5	Das junge Stück kann erst schaffen.		
6	Die Maschine wird jetzt nimmer müssen.		
Sprecher	**Geschlecht**	**SR Silb/s**	**Eigenschaften**
1-bpmd	männlich	3,4	nasal
2-gvnn	weiblich	2,7	deutlich
3- scdd	männlich	4,6	bayerisch
4-w72a	weiblich	4,2	zart, monoton
5-mann	männlich	3,6	deutlich

Tabelle A.1: Analysetexte und Sprecherauswahl

Nr.	Analyse	Differen-tiation	Minimale Segment-länge	Nr.	Analyse	Differen-tiation	Minimale Segment-länge	Nr.	Analyse	Differen-tiation	Minimale Segment-länge
1	15	15	25	**8**	20	15	25	**15**	25	20	25
2	15	20	25	**9**	20	20	25	**16**	25	25	25
3	20	20	15	**10**	20	25	25	**17**	25	30	25
4	15	25	15	**11**	20	30	25	**18**	30	15	25
5	15	25	20	**12**	25	15	25	**19**	30	20	25
6	15	25	25	**13**	25	20	15	**20**	30	25	25
7	15	30	25	**14**	25	20	20	**21**	30	30	25

Tabelle A.2: Kombinationsnummer der Fensterlängen in ms für die Betragsfunktion, die Differentiation und die minimale Segmentlänge

Abweichung < 10 ms			zusätzl. Segmente			Ausgelass. Segmente		
Komb.	MW	MW normiert, sortiert	Komb.	MW	MW normiert, sortiert	Komb.	MW	MW normiert, sortiert
3	0,75	0,00	*21*	0,41	0,00	*3*	0,023	0,00
4	0,74	0,01	*17*	0,44	0,06	*4*	0,023	0,00
13	0,74	0,06	*20*	0,47	0,11	*13*	0,025	0,04
5	0,71	0,21	*11*	0,49	0,13	*14*	0,040	0,29
14	0,71	0,23	*7*	0,50	0,15	*5*	0,056	0,57
6	0,67	0,43	*19*	0,54	0,22	*19*	0,057	0,59
18	0,67	0,45	*16*	0,54	0,23	*18*	0,058	0,60
9	0,67	0,45	*10*	0,56	0,25	*15*	0,060	0,64
10	0,66	0,49	*6*	0,59	0,30	*12*	0,060	0,65
15	0,66	0,52	*2*	0,59	0,31	*10*	0,062	0,66
7	0,66	0,52	*15*	0,59	0,31	*9*	0,062	0,67
16	0,66	0,53	*8*	0,60	0,31	*6*	0,064	0,72
12	0,66	0,55	*1*	0,60	0,32	*16*	0,066	0,74
2	0,65	0,55	*12*	0,60	0,32	*8*	0,067	0,77
8	0,65	0,55	*9*	0,61	0,33	*20*	0,068	0,79
19	0,65	0,57	*18*	0,62	0,35	*2*	0,077	0,93
11	0,64	0,62	*5*	0,76	0,57	*1*	0,077	0,94
1	0,63	0,70	*14*	0,80	0,65	*11*	0,079	0,96
20	0,63	0,73	*4*	0,95	0,88	*7*	0,080	0,99
17	0,62	0,75	*3*	0,99	0,95	*17*	0,080	0,99
21	0,58	1,00	*13*	1,02	1,00	*21*	0,081	1,00

Tabelle A.3: Segmentierungsfehler verschiedener Fensterkombinationen und Mindestlautlängen (grau: präferierte Einstellungen)

Kombi	Anzahl in %	Fensterkombination																				
		21	17	20	11	7	19	15	10	6	2	15	8	1	12	9	18	5	14	4	3	13
3	**75**																					
4	**74**	0,90																				
13	**74**	0,56	0,68																			
5	**71**	0,00	0,02	0,10																		
14	**71**	0,03	0,06	0,23	0,91																	
6	**67**	0,00	0,00	0,00	0,00	0,00																
18	**67**	0,00	0,00	0,00	0,00	0,00	0,00															
9	**67**	0,00	0,00	0,00	0,00	0,00	0,00	0,24														
10	**66**	0,00	0,00	0,00	0,00	0,00	0,01	0,00	0,00													
15	**66**	0,00	0,00	0,00	0,00	0,00	0,00	0,00	0,08	0,00												
7	**66**	0,00	0,00	0,00	0,00	0,00	0,47	0,00	0,00	0,00	0,00											
16	**66**	0,00	0,00	0,00	0,00	0,00	0,00	0,01	0,29	0,00	0,18	0,00										
12	**66**	0,00	0,00	0,00	0,00	0,00	0,00	0,26	0,94	0,00	0,04	0,00	0,21									
2	**65**	0,00	0,00	0,00	0,00	0,00	0,00	0,04	0,59	0,00	0,29	0,00	0,77	0,37								
8	**65**	0,00	0,00	0,00	0,00	0,00	0,00	0,67	0,27	0,00	0,01	0,00	0,01	0,41	0,11							
19	**65**	0,00	0,00	0,00	0,00	0,00	0,00	0,00	0,01	0,00	0,42	0,03	0,02	0,00	0,06	0,00						
11	**64**	0,00	0,00	0,00	0,00	0,00	0,68	0,00	0,00	0,05	0,00	0,16	0,00	0,00	0,00	0,00	0,00					
1	**63**	0,00	0,00	0,00	0,00	0,00	0,00	0,03	0,42	0,00	0,40	0,00	0,89	0,27	0,71	0,06	0,09	0,00				
20	**63**	0,00	0,00	0,00	0,00	0,00	0,00	0,00	0,00	0,00	0,00	0,00	0,00	0,00	0,00	0,00	0,00	0,00	0,00			
17	**62**	0,00	0,00	0,00	0,00	0,00	0,05	0,00	0,00	0,84	0,00	0,01	0,00	0,00	0,00	0,00	0,00	0,21	0,00	0,00		
21	**58**	0,00	0,00	0,00	0,00	0,00	0,00	0,00	0,00	0,00	0,00	0,00	0,00	0,00	0,00	0,00	0,00	0,00	0,00	0,80	0,00	

Tabelle A.4: Vergleich der Signifikanzen p nach U-Test der Fensterkombinationen und die jeweils detektierte richtige Segmentgrenzenanzahl mit einer Genauigkeit bis zu 10 ms (grau: p > 0,05 → nicht signifikant)

Kombi	Anzahl in %	Fensterkombination																				
		21	17	20	11	7	19	15	10	6	2	15	8	1	12	9	18	5	14	4	3	13
21	41																					
17	44	0,80																				
20	47	0,43	0,62																			
11	49	0,66	0,86	0,77																		
7	50	0,53	0,71	0,95	0,84																	
19	54	0,08	0,14	0,25	0,19	0,28																
16	54	0,04	0,10	0,18	0,15	0,25	0,79															
10	56	0,23	0,37	0,62	0,47	0,63	0,47	0,45														
6	59	0,08	0,15	0,25	0,20	0,30	0,86	0,95	0,52													
2	59	0,11	0,18	0,31	0,24	0,34	0,92	0,87	0,54	0,94												
15	59	0,07	0,12	0,21	0,16	0,24	0,91	0,67	0,40	0,77	0,84											
8	60	0,13	0,20	0,36	0,27	0,39	0,83	0,96	0,62	0,95	0,92	0,75										
1	60	0,15	0,23	0,39	0,30	0,41	0,80	0,97	0,65	0,92	0,93	0,72	1,00									
12	60	0,06	0,09	0,17	0,13	0,20	0,85	0,54	0,34	0,68	0,74	0,92	0,67	0,66								
9	61	0,04	0,07	0,12	0,10	0,15	0,71	0,45	0,25	0,55	0,65	0,79	0,57	0,57	0,88							
18	62	0,02	0,05	0,08	0,07	0,11	0,59	0,33	0,18	0,43	0,54	0,67	0,47	0,46	0,76	0,88						
5	76	0,01	0,02	0,04	0,03	0,05	0,28	0,13	0,08	0,19	0,25	0,32	0,20	0,20	0,36	0,45	0,53					
14	80	0,00	0,01	0,01	0,01	0,02	0,08	0,04	0,03	0,06	0,07	0,10	0,06	0,05	0,10	0,13	0,17	0,40				
4	95	0,00	0,00	0,00	0,00	0,00	0,00	0,00	0,00	0,00	0,00	0,00	0,00	0,00	0,00	0,00	0,00	0,01	0,13			
3	99	0,00	0,00	0,00	0,00	0,00	0,00	0,00	0,00	0,00	0,00	0,00	0,00	0,00	0,00	0,00	0,00	0,00	0,06	0,97		
13	102	0,00	0,00	0,00	0,00	0,00	0,00	0,00	0,00	0,00	0,00	0,00	0,00	0,00	0,00	0,00	0,00	0,02	0,20	0,81	0,75	

Tabelle A.5: *Vergleich der Signifikanzen p nach U-Test der Fensterkombinationen und die jeweils* <u>*zusätzlich*</u> *detektierte Segmentgrenzenanzahl (grau: $p > 0{,}05 \rightarrow$ nicht signifikant)*

Kombi	Anzahl in %	Fensterkombination																				
		21	**17**	**20**	**11**	**7**	**19**	**15**	**10**	**6**	**2**	**15**	**8**	**1**	**12**	**9**	**18**	**5**	**14**	**4**	**3**	**13**
3	**2,3**																					
4	**2,3**	0,32																				
13	**2,5**	0,66	0,66																			
14	**4,0**	0,01	0,18	0,07																		
5	**5,6**	0,00	0,09	0,03	0,90																	
19	**5,7**	0,00	0,00	0,00	0,00	0,00																
18	**5,8**	0,00	0,00	0,00	0,00	0,00	0,15															
15	**6,0**	0,00	0,00	0,00	0,00	0,00	0,00	0,40														
12	**6,0**	0,00	0,00	0,00	0,01	0,00	0,13	0,93	0,53													
10	**6,2**	0,00	0,00	0,00	0,00	0,00	0,13	0,00	0,02	0,00												
9	**6,2**	0,00	0,00	0,00	0,00	0,00	0,37	0,59	0,99	0,52	0,02											
6	**6,4**	0,00	0,00	0,00	0,00	0,00	0,87	0,07	0,24	0,06	0,10	0,25										
16	**6,6**	0,00	0,00	0,00	0,00	0,00	0,80	0,03	0,17	0,03	0,05	0,15	0,91									
8	**6,7**	0,00	0,00	0,00	0,01	0,00	0,21	0,88	0,69	0,79	0,01	0,73	0,12	0,06								
20	**6,8**	0,00	0,00	0,00	0,00	0,00	0,00	0,00	0,00	0,00	0,04	0,00	0,00	0,00	0,00							
2	**7,7**	0,00	0,00	0,00	0,01	0,00	0,16	0,93	0,63	0,85	0,00	0,61	0,07	0,04	0,92	0,00						
1	**7,7**	0,00	0,00	0,00	0,02	0,01	0,04	0,56	0,25	0,61	0,00	0,25	0,01	0,00	0,45	0,00	0,48					
11	**7,9**	0,00	0,00	0,00	0,00	0,00	0,03	0,00	0,00	0,00	0,36	0,00	0,02	0,01	0,00	0,41	0,00	0,00				
7	**8,0**	0,00	0,00	0,00	0,00	0,00	0,10	0,00	0,01	0,00	0,77	0,01	0,08	0,06	0,01	0,14	0,00	0,00	0,55			
17	**8,0**	0,00	0,00	0,00	0,00	0,00	0,00	0,00	0,56	0,00	0,08	0,00	0,00	0,00	0,00	0,95	0,00	0,00	0,45	0,18		
21	**8,1**	0,00	0,00	0,00	0,00	0,00	0,00	0,00	0,00	0,00	0,00	0,00	0,00	0,00	0,00	0,18	0,00	0,00	0,07	0,01	0,28	

Tabelle A.6: *Vergleich der Signifikanzen p nach U-Test der Fensterkombinationen und die jeweils nicht detektierte Segmentgrenzenanzahl (grau: $p > 0{,}05 \rightarrow$ nicht signifikant)*

Abweichung innerhalb von 10 ms

Spr.	**2**	**3**	**4**	**5**
1	0	0,7	0,2	0,2
2		0,1	0,2	0
3			0,1	0,3
4				0

zusätzliche Segmente

Spr.	**2**	**3**	**4**	**5**
1	0,00	0,00	0,43	0,08
2		0,00	0,00	0,02
3			0,00	0,00
4				0,09

weniger Segmente

Spr.	**2**	**3**	**4**	**5**
1	0,08	0,01	0,90	0,10
2		0,00	0,07	0,00
3			0,02	0,14
4				0,16

Tabelle A.7: *Signifikanzen p nach U-Test für sprecherabhängige Segmentierungsungenauigkeiten (s. Abbildung 4.34, grau nicht signifikant)*

Lautklassen-übergang	Satz + Sprecher	Laut-Nr.	Vorlaut	Laut	Fenster: 20; 20;15 ms	Fenster: 20; 20; 25 ms
Pause / stimmlos	30bpm	25	P	t	0	1
	30scd	4	P	t	1	0
	30w72	24	P	t	0	1
	Summe				1	2
	von				20	20
	proz.				5%	10%
Pause / stimmhaft	50bpm	1	P	a	1	0
	2man	1	P	d	1	1
	40bpm	1	P	d	1	0
	4man	1	P	d	1	0
	5man	1	P	d	0	1
	70bpm	1	P	g	1	1
	30scd	1	P	h	0	1
	60bpm	1	P	y	1	1
	3man	1	P	z	0	1
	Summe				6	6
	von				33	33
	proz.				18%	18%
stimmlos / stimmhaft	2man	13	k	t	1	1
	30scd	21	s	v	0	1
	50gvn	19	d	i	1	0
	Summe				2	2
	von				75	75
	proz.				3%	3%

Lautklassen-übergang	Satz + Sprecher	Laut-Nr.	Vorlaut	Laut	Fenster: 20; 20;15 ms	Fenster: 20; 20; 25 ms
stimmhaft / stimmlos	70scd	12	m	t	0	1
	Summe				0	1
	von				72	72
	proz.				0%	1%
stimmhaft / stimmhaft	50bpm	3	m	b	0	1
	50scd	4	b	l	1	0
	60w72	9	l	d	0	1
	4man	20	l	ə	0	1
	1man	17	r	ə	0	1
	30w72	18	l	ɪ	0	1
	50scd	18	d	i	1	1
	50bpm	4	b	l	1	0
	50gvn	4	b	l	1	1
	50w72	4	b	l	1	1
	70w72	8	ʃ	t	0	1
	60w72	16	n	v	1	0
	Summe				6	9
	von				277	277
	proz.				2%	3%
stimmlos / stimmlos	30scd	8	s	t	0	1
	Summe				0	1
	von				25	25
	proz.				0%	4%

Tabelle A.8: *Anzahl der nicht detektierten Lautübergänge von insgesamt 531 Lautgrenzen in Abhängigkeit der betrachteten Fensterung und untergliedert nach Lautübergängen (dunkelgrau: übersprungene Maxima der Ableitungsfunktion)*

A10 Hörtest Messparameter

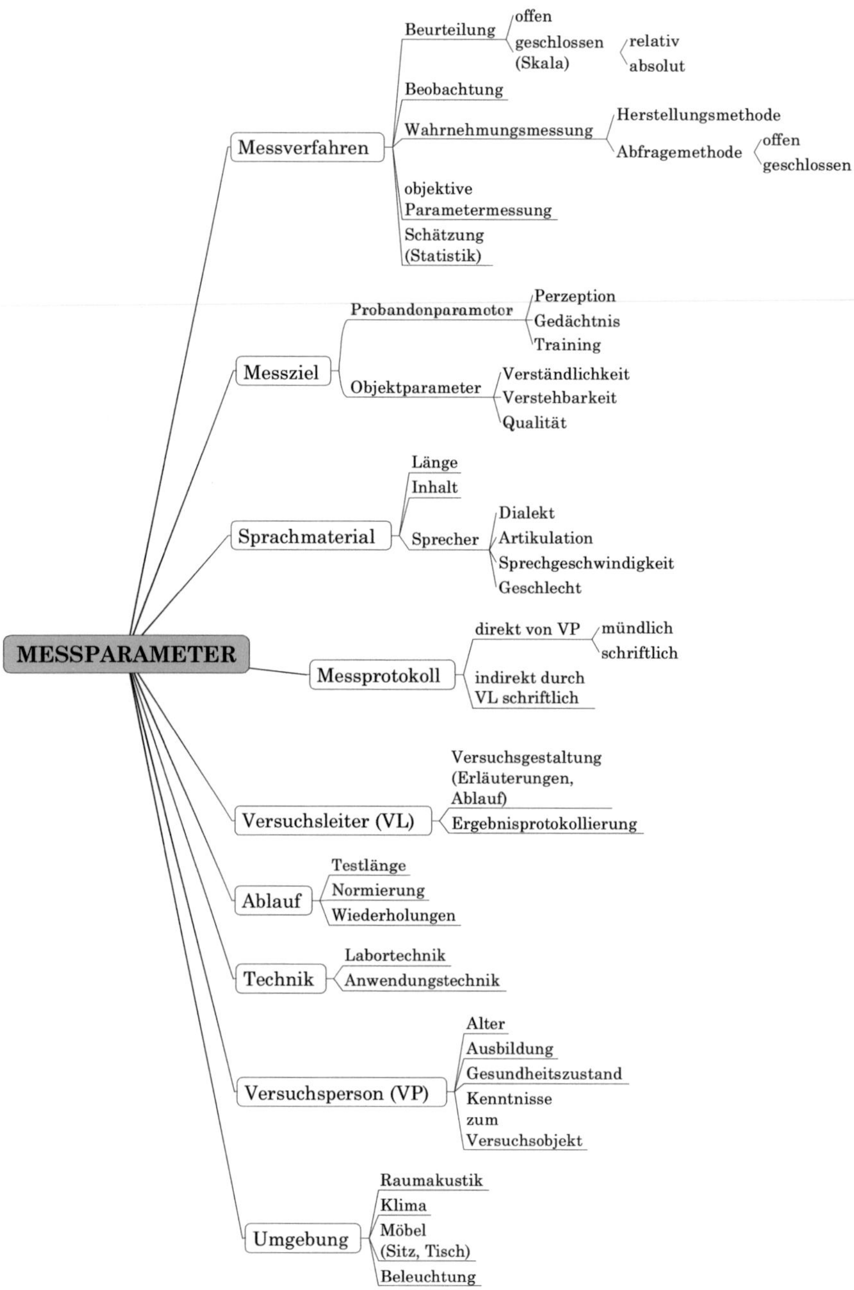

Abbildung A.9: Mögliche Einflussparameter eines Hörtests

A11 Konfigurationen für Parameterevaluation mit MOS-Test

PC System	Prozessor (Intel)	Anzahl Kerne	Takt in GHz	RAM in GB	OS (MS Windows)
PC 1	Pentium M	1	1,6	0,5	XP 2002 SP3
PC 2	Pentium 4M	1	1,8	0,46	XP 2000 SP4
PC 3	Xeon	4	1,9	3,25	XP 2002 SP3
PC 4	Core ™ 2 Extreme	4	3	3,25	XP 2002 SP3
PC 5	Pentium 4	2	3,2	1	XP 2002 SP3

Tabelle A.9: *Rechnerkonfigurationen für Zeitmessungen der Sprachsignalanalyse*

Analyseberechnungen	variable Parameter		
Kurzzeitanalyse (4.16) (4.17)	keine	Energie	Betrag
Fensterfunktion bei Berechnung der Energie (4.17) bzw. des absoluten Betrages (4.16)	Hamming	Hanning	Rechteck
Länge der Fensterung in ms	15	20	25
Berechnung NDR (4.18)	ja	nein	
Ableitungsfunktion von (4.23)	Energie	NDR	
Berechnung der Ableitungsfunktion (4.22) (4.23)	erste	zweite	
Fensterfunktion bei Berechnung der ersten oder zweiten Ableitung (4.22),(4.23)	Hamming	Hanning	Rechteck
Länge der Fensterung in ms (4.22) (4.23)	15	20	25
Minimal Lautlänge in ms, (Abbildung 4.18)	15	25	

Tabelle A.10: *Parametervariationen der Analysefunktionen*

Konfiguration	Kurzzeitanalyse				Differentiation				PS-Suche
	Kurzzeit-analyse	Fenster-funktion	Fensterlänge in (ms	NDR-Analyse	Ableitung von	Ableitungs-funktion	Fenster-funktion	Fensterlänge in ms	min. Seg-mentlänge in ms
1 (Ref.)	$\|(s)\|$	ham	20	ja	$\|(s)\|$	2.	ham	20	15
2	$\|(s)\|$	ham	20	ja	$\|(s)\|$	2.	ham	20	25
3	$\|(s)\|$	rec	20	ja	$\|(s)\|$	2.	rec	20	25
4	$\|(s)\|$	rec	15	nein	$\|(s)\|$	1.	rec	15	25
5	$\|(s)\|$	rec	20	nein	$\|(s)\|$	1.	rec	20	25
6	$\|(s)\|$	ham	20	nein	$\|(s)\|$	2.	ham	20	25
7	$\|(s)\|$	rec	15	nein	$\|(s)\|$	2.	rec	15	25
8	$\|(s)\|$	rec	20	nein	$\|(s)\|$	2.	rec	20	25
9	s^2	ham	20	ja	s^2	2.	ham	20	25
10	s^2	rec	15	nein	s^2	1.	rec	15	25
11	-	ham	20	ja	NDR	2.	ham	20	25
12	-	ham	20	ja	-	2.	ham	20	25

Tabelle A.11: *Konfigurationen für die Evaluation der Berechnungszeit und Qualität bezüglich der Analyseparameter*

Analysefunktion	t_{PC1} in %	t_{PC2} in %	t_{PC3} in %	t_{PC4} in %	t_{PC5} in %
Referenzkonfiguration 1 (Tabelle A.11)	*100*	*100*	*100*	*100*	*100*
Fensterfunktion Hanning	99	99	100	100	100
Fensterfunktion Rechteck	65	54	52	51	51
Fensterlänge 15 ms	91	89	89	90	89
Fensterlänge 25 ms	108	110	112	112	112
Analysefunktion s^2	228	196	214	234	196
keine Energie/Betrag	62	65	62	61	63
keine NDR	82	85	88	88	85

Tabelle A.12: *Relative Berechnungszeiten in Prozent zur Referenzkonfiguration 1 aus Tabelle A.11 mit Änderung eines Analyseparameters und dessen Auswirkung auf die Berechnungszeit der Analyse für die fünf PC-Konfigurationen in Tabelle A.9*

Original-dauer (s)	skalierte Dauer (s)	Silben	SR (Silb/s)	Text
13,1	7,1	56	7,9	Die Forscher entdeckten, dass sie bei der Anwendung der Nanotechnik die elektrischen Eigenschaften von Mikrochips mit dem auf Magnetismus beruhenden Funktionsprinzip von Festplatten kombinieren können.
7,1	4,5	36	8,0	Erst gestern hatte mich Martin wieder einmal von der ganzen Klasse gedemütigt, indem er den Mülleimer auf meinem Tisch entleerte.
6,7	3,2	26	8,0	Kampf- und Windhunden stecken die Folgen ihrer unterschiedlichen Züchtung buchstäblich in den Knochen.

Tabelle A.13: *Texte für ACR-Test zur Parameterevaluation der Analyse*

Lernphase für alle drei Gruppen												
Konfiguration	***2***	***1***	***12***	***9***	***5***	***11***	***11***	***9***				
Kriterium 0	*3*	*2*	*1*	*1*	*3*	*3*	*3*	*3*				
Testgruppe 1												
Konfiguration	**1**	**4**	**6**	**7**	**2**	**9**	**3**	**12**	**5**	**11**	**8**	**10**
Kriterium 1	2	1	1	2	1	2	2	1	1	2	1	2
Kriterium 2	1	3	3	1	3	1	1	3	3	1	3	1
Kriterium 3	3	2	2	3	2	3	3	2	2	3	2	3
Kriterium 4	2	1	1	2	1	2	2	1	1	2	1	2
Kriterium 5	1	3	3	1	3	1	1	3	3	1	3	1
Kriterium 6	3	2	2	3	2	3	3	2	2	3	2	3
Testgruppe 2												
Kriterium 1	3	2	2	3	2	3	3	2	2	3	2	3
Kriterium 2	2	1	1	2	1	2	2	1	1	2	1	2
Kriterium 3	1	3	3	1	3	1	1	3	3	1	3	1
Kriterium 4	3	2	2	3	2	3	3	2	2	3	2	3
Kriterium 5	2	1	1	2	1	2	2	1	1	2	1	2
Kriterium 6	1	3	3	1	3	1	1	3	3	1	3	1
Testgruppe 3												
Kriterium 1	1	3	3	1	3	1	1	3	3	1	3	1
Kriterium 2	3	2	2	3	2	3	3	2	2	3	2	3
Kriterium 3	2	1	1	2	1	2	2	1	1	2	1	2
Kriterium 4	1	3	3	1	3	1	1	3	3	1	3	1
Kriterium 5	3	2	2	3	2	3	3	2	2	3	2	3
Kriterium 6	2	1	1	2	1	2	2	1	1	2	1	2

Tabelle A.14: *Verteilung der Sätze 1,2,3 beim ACR-Hörtest auf drei Probandengruppen*

MOS	*Konfiguration*												
Kriterium	*1*	*2*	*3*	*4*	*5*	*6*	*7*	*8*	*9*	*10*	*11*	*12*	Gesamt
1	4,38	4,46	4,24	4,36	3,54	4,61	4,24	4,43	3,52	3,46	3,36	1,26	3,82
2	4,41	4,59	4,44	4,49	3,87	4,63	4,53	4,53	3,74	3,58	3,57	1,62	4,00
3	4,44	4,76	4,53	4,56	4,17	4,79	4,65	4,69	3,92	3,83	3,87	1,44	4,14
4	4,06	4,64	4,42	4,48	3,74	4,67	4,51	4,54	3,96	3,67	2,40	1,67	3,90
5	4,00	4,28	4,06	4,20	3,58	4,33	4,20	4,28	3,34	3,45	2,91	1,25	3,66
6	3,26	4,22	3,64	3,74	2,99	4,16	3,98	4,17	2,97	2,94	1,87	1,06	3,25
Gesamt	4,09	4,49	4,22	4,31	3,65	4,53	4,35	4,44	3,57	3,49	3,00	1,38	3,79

Tabelle A.15: *Ergebnisse ACR-Test: MOS aller Konfigurationen und Kriterien*

		Kriterium 2											
	Konfig.	*1*	*2*	*3*	*4*	*5*	*6*	*7*	*8*	*9*	*10*	*11*	*12*
Kriterium 1	*1*		0,02	0,65	0,25	0,00	0,01	0,13	0,13	0,00	0,00	0,00	0,00
	2	0,49		0,05	0,18	0,00	0,84	0,37	0,37	0,00	0,00	0,00	0,00
	3	0,20	0,05		0,51	0,00	0,03	0,29	0,29	0,00	0,00	0,00	0,00
	4	0,65	0,23	0,38		0,00	0,11	0,67	0,67	0,00	0,00	0,00	0,00
	5	0,00	0,00	0,00	0,00		0,00	0,00	0,00	0,18	0,01	0,36	0,00
	6	0,01	0,06	0,00	0,00	0,00		0,25	0,25	0,00	0,00	0,00	0,00
	7	0,19	0,04	0,96	0,34	0,00	0,00		1,00	0,00	0,00	0,00	0,00
	8	0,83	0,61	0,12	0,48	0,00	0,02	0,11		0,00	0,00	0,00	0,00
	9	0,00	0,00	0,00	0,00	0,76	0,00	0,00	0,00		0,17	0,23	0,00
	10	0,00	0,00	0,00	0,00	0,46	0,00	0,00	0,00	0,71		0,90	0,00
	11	0,00	0,00	0,00	0,00	0,19	0,00	0,00	0,00	0,32	0,50		0,00
	12	0,00	0,00	0,00	0,00	0,00	0,00	0,00	0,00	0,00	0,00	0,00	

		Kriterium 4											
	Konfig.	*1*	*2*	*3*	*4*	*5*	*6*	*7*	*8*	*9*	*10*	*11*	*12*
Kriterium 3	*1*		0,00	0,00	0,00	0,00	0,00	0,00	0,00	0,39	0,00	0,00	0,00
	2	0,00		0,01	0,07	0,00	0,66	0,15	0,32	0,00	0,00	0,00	0,00
	3	0,21	0,00		0,44	0,00	0,00	0,31	0,14	0,00	0,00	0,00	0,00
	4	0,04	0,04	0,40		0,00	0,03	0,77	0,45	0,00	0,00	0,00	0,00
	5	0,05	0,00	0,00	0,00		0,00	0,00	0,00	0,07	0,58	0,00	0,00
	6	0,00	0,92	0,00	0,03	0,00		0,06	0,16	0,00	0,00	0,00	0,00
	7	0,10	0,07	0,22	0,76	0,00	0,05		0,66	0,00	0,00	0,00	0,00
	8	0,01	0,27	0,06	0,34	0,00	0,21	0,49		0,00	0,00	0,00	0,00
	9	0,00	0,00	0,00	0,00	0,01	0,00	0,00	0,00		0,01	0,00	0,00
	10	0,00	0,00	0,00	0,00	0,00	0,00	0,00	0,00	0,50		0,00	0,00
	11	0,00	0,00	0,00	0,00	0,03	0,00	0,00	0,00	0,98	0,55		0,00
	12	0,00	0,00	0,00	0,00	0,00	0,00	0,00	0,00	0,00	0,00	0,00	

Tabelle A.16: *Signifikanz p nach U-Test zwischen den MOS aller Konfigurationen für die Kriterien 1 bis 4*

	Konfig.	Kriterium 6											
		1	2	3	4	5	6	7	8	9	10	11	12
Kriterium 5	1		0,00	0,01	0,00	0,51	0,00	0,00	0,00	0,03	0,02	0,00	0,00
	2	0,01		0,00	0,00	0,00	0,70	0,05	0,55	0,00	0,00	0,00	0,00
	3	0,63	0,06		0,40	0,00	0,00	0,01	0,00	0,00	0,00	0,00	0,00
	4	0,05	0,92	0,14		0,00	0,00	0,06	0,00	0,00	0,00	0,00	0,00
	5	0,00	0,00	0,00	0,00		0,00	0,00	0,00	0,84	0,75	0,00	0,00
	6	0,00	0,37	0,01	0,37	0,00		0,14	0,86	0,00	0,00	0,00	0,00
	7	0,08	0,57	0,21	0,72	0,00	0,18		0,19	0,00	0,00	0,00	0,00
	8	0,02	0,83	0,05	0,75	0,00	0,54	0,47		0,00	0,00	0,00	0,00
	9	0,00	0,00	0,00	0,00	0,10	0,00	0,00	0,00		0,91	0,00	0,00
	10	0,00	0,00	0,00	0,00	0,45	0,00	0,00	0,00	0,30		0,00	0,00
	11	0,00	0,00	0,00	0,00	0,00	0,00	0,00	0,00	0,01	0,00		0,00
	12	0,00	0,00	0,00	0,00	0,00	0,00	0,00	0,00	0,00	0,00	0,00	

Konfig.	Gesamt											
	1	2	3	4	5	6	7	8	9	10	11	12
1		0,000	0,007	0,000	0,000	0,000	0,000	0,000	0,000	0,000	0,000	0,000
2			0,000	0,000	0,000	0,159	0,001	0,176	0,000	0,000	0,000	0,000
3				0,040	0,000	0,000	0,006	0,000	0,000	0,000	0,000	0,000
4					0,000	0,000	0,479	0,010	0,000	0,000	0,000	0,000
5						0,000	0,000	0,000	0,148	0,003	0,000	0,000
6							0,000	0,007	0,000	0,000	0,000	0,000
7								0,061	0,000	0,000	0,000	0,000
8									0,000	0,000	0,000	0,000
9										0,118	0,000	0,000
10											0,000	0,000
11												0,000
12												

Tabelle A.17: *Signifikanz p nach U-Test zwischen den MOS aller Konfigurationen für die Kriterien 5,6 und Gesamt MOS*

A12 Wörter für Reimtest

Test Nr.	Wort 1	Wort 2	**Wort 3**	Wort 4	Wort 5
1	Zinn	Kinn	**S**inn	hin	bin
2	Zaum	Saum	Schaum	Raum	**k**aum
3	**Z**eil	Teil	weil	peil	Seil
4	sch**u**f	Schaf	Schiff	schaff	schief
5	Müll	Mull	M**o**ll	Mehl	Mahl
6	Rauch	Raum	rauf	raus	Rau**b**
7	Lohn	Los	Lot	lo**g**	Lob

Tabelle A.18: Reimtest mit den zu nennenden Wortpositionen (grau), die den gesuchten Laut (fett) enthalten

A13 Ablauf SuS-Test mit Wiederholungen

Ankündigung (gespeichert)
„Sie hören jetzt mehrere Sätze in verschiedenen Geschwindigkeiten, und haben die Aufgabe, verstandene Wörter laut zu wiederholen. --- Es folgt ein Beispiel --- „
Beispiel: „Beim Gras wird lecker geschlafen."

Ankündigung (gespeichert)
„Sie hören jetzt mehrere Sätze in verschiedenen Geschwindigkeiten, und haben die Aufgabe, verstandene Wörter laut zu wiederholen. „

Test
Satz 1: *(400 Hz-Ton 2 s, 2 s Stille)...* „Auch Frauen dort führen Sommer:"
Antwort VP, Protokoll VL, Wiederholung bei nicht korrekten Wörtern, weiter durch VL,

Satz 2: *(400 Hz-Ton 2 s, 2 s Stille)...* „Dann Geld denkt einmal gut."
Antwort VP, Protokoll VL, Wiederholung bei nicht korrekten Wörtern, weiter durch VL,

Satz 3: *(400 Hz-Ton 2 s, 2 s Stille)...* „Sein Vater stirbt großes Holz."
Antwort VP, Wiederholung bei nicht korrekten Wörtern, Protokoll VL, weiter durch VL,

Satz 4: *(400 Hz-Ton 2 s, 2 s Stille)...* „Der Hof bringt das Kind allemal."
Antwort VP, Wiederholung bei nicht korrekten Wörtern, Protokoll VL, weiter durch VL,

Satz 5: *(400 Hz-Ton 2 s, 2 s Stille)...* „Das junge Stück kann erst schaffen."
Antwort VP, Wiederholung bei nicht korrekten Wörtern, Protokoll VL, weiter durch VL,

Satz 6: *(400 Hz-Ton 2 s, 2 s Stille)...* „Die Maschine wird jetzt nimmer müssen."
Antwort VP, Wiederholung bei nicht korrekten Wörtern, Protokoll VL, weiter durch VL,

Satz 7: *(400 Hz-Ton 2 s, 2 s Stille)...* „Der Wald tut klein heimkommen."
Antwort VP, Wiederholung bei nicht korrekten Wörtern, Protokoll VL, weiter durch VL,

Satz 8: *(400 Hz-Ton 2 s, 2 s Stille)...* „Leute lassen früher hier die Mutter."
Antwort VP, Wiederholung bei nicht korrekten Wörtern, Protokoll VL, weiter durch VL,

Satz 9: *(400 Hz-Ton 2 s, 2 s Stille)...* „Männer nehmen oben gerade Haufen."
Antwort VP, Wiederholung bei nicht korrekten Wörtern, Protokoll VL, weiter durch VL,

Satz 10: *(400 Hz-Ton 2 s, 2 s Stille)...* „Anno Jugend wissen bloß Nacht."
Antwort VP, Wiederholung bei nicht korrekten Wortern, Protokoll VL, weiter durch VL,

Satz 11: *(400 Hz-Ton 2 s, 2 s Stille)...* „Da Autos manchmal Kühe sagen."
Antwort VP, Wiederholung bei nicht korrekten Wörtern, Protokoll VL, weiter durch VL,

Satz 12: *(400 Hz-Ton 2 s, 2 s Stille)...* „Heute gibt das Bett hinten Essen."
Antwort VP, Wiederholung bei nicht korrekten Wörtern, Protokoll VL, weiter durch VL,

A14 Ablauf SuS-Test ohne Wiederholungen

Ankündigung:
„Sie hören jetzt wiederholt einen Satz und nennen laut in jeder Pause die Wörter die sie verstanden haben."

Test:
Satz 1 (α = 1,25): *(400 Hz-Ton 2 s, 2 s Stille)...* „Immer ist der Tag vielleicht arg."
Antwort VP, Protokoll VL, weiter durch VL,

Satz 2 (α = 1,5): *(400 Hz-Ton 2 s, 2 s Stille)...* „Beim Gras wird lecker geschlafen."
Antwort VP, Protokoll VL, weiter durch VL,

Satz 3 (α = 1,75): *(400 Hz-Ton 2 s, 2 s Stille)...* „Ihr Krieg fällt zuerst ins Geschäft."
Antwort VP, Protokoll VL, weiter durch VL,

Satz 4 (α = 2,0): *(400 Hz-Ton 2 s, 2 s Stille)...* „Ein Vieh lädt Zeit gleich und gar."
Antwort VP, Protokoll VL, weiter durch VL,

Satz 5 (α = 2,0): *(400 Hz-Ton 2 s, 2 s Stille)...* „Eine Hand glaubt abends."
Antwort VP, Protokoll VL, weiter durch VL,

Satz 6 (α = 2,25): *(400 Hz-Ton 2 s, 2 s Stille)...* „Das Ding kriegt herum wieder Bauern." *Antwort VP, Protokoll VL, weiter durch VL,*

Satz 7 (α = 2,25): *(400 Hz-Ton 2 s, 2 s Stille)...* „Nicht der Euro guckt lang."
Antwort VP, Protokoll VL, weiter durch VL,

Satz 8 (α = 2,5): *(400 Hz-Ton 2 s, 2 s Stille)...* „Das Jahr holt fertigen Wald."
Antwort VP, Protokoll VL, weiter durch VL,

Satz 9 (α = 2,75): *(400 Hz-Ton 2 s, 2 s Stille)...* „Das Haus ging morgens schön."
Antwort VP, Protokoll VL, weiter durch VL,

Satz 10 (α = 3,0): *(400 Hz-Ton 2 s, 2 s Stille)...* „Der Winter läuft daheim."
Antwort VP, Protokoll VL, weiter durch VL,

Satz 11 (α = 3,25): *(400 Hz-Ton 2 s, 2 s Stille)...* „Die Tür verlässt abends die Hand."
Antwort VP, Protokoll VL, weiter durch VL,

Satz 12 (α = 3,5): *(400 Hz-Ton 2 s, 2 s Stille)...* „Ein bisschen Sache heißt Stunde."
Antwort VP, Protokoll VL, weiter durch VL,

Satz 13 (α = 4,0): *(400 Hz-Ton 2 s, 2 s Stille)...* „Die Schule spielt alte Woche."
Antwort VP, Protokoll VL, weiter durch VL,

A15 Ablauf Satz-Verständlichkeitstest

Ankündigung: „Sie haben die Aufgabe, die Geschwindigkeit der folgenden Textabschnitte so einzustellen, dass es Ihnen gerade noch möglich ist, den Inhalt zu verstehen. Direkt im Anschluss an jeden Abschnitt wird Ihnen eine Frage gestellt, die sie beantworten müssen. Um Sie mit der Geschwindigkeitsregelung vertraut zu machen, wird zunächst ein Beispieltext abgespielt. Die Geschwindigkeit des Textes wird langsamer, wenn Sie das Mausrad zum Körper drehen.“ .... „Nun folgt der Beispieltext.“

Beispiel:

Ansage: „Beispieltext“ ; *Pause: 3 s*

Text: „Wasser per Lochkarte“

Wasser ist eine kostbare Ressource. Auf der Bundesgartenschau in München spielt die ökologisch sinnvolle Bewässerung der Blumenpracht eine wichtige Rolle. Vor allem im Sommer reicht der natürliche Niederschlag sehr oft nicht aus, um die Pflanzen am Leben zu erhalten. Das Wasser muss den Boden gut durchdringen. Dann genügt es, etwa alle vier Tage zu beregnen. Eine Studie der Universität Hohenheim hat ergeben, dass der beste Zeitpunkt zum Bewässern sehr früh morgens gegen 4 Uhr ist, da das Wasser dann nicht so schnell verdunstet. *(40 s; 93 Wörter, entnommen aus [Fra05])*

***Frage:* „Wann ist der beste Zeitpunkt zum Bewässern?“**
Antwort: ... 4 Uhr morgens.

Testabschnitt 1:

Ansage: „Testabschnitt 1 ----- Stellen Sie die Geschwindigkeit so ein, dass Sie den Inhalt des Textes gerade noch verstehen können.“; *Pause: 3 s*

Text: “Sechs Tage, sieben Nächte“

„Die ehrgeizige Journalistin Robin Monroe flüchtet mit ihrem frisch gebackenen Verlobten Frank aus dem winterlichen New York zum einwöchigen Traumurlaub in die Südsee. Auf der Insel angekommen, geraten Robin und Quinn, der Pilot, bereits am ersten Abend aneinander, weil der leicht angetrunkene Quinn die toughe Journalistin an der Bar äußerst plump anbaggert.“ *(31 s; 52 Wörter, entnommen aus [Tel06])*

***Frage:* „Von Wo reist Robin mit Ihrem Verlobten in die Südsee?“**
Antwort: ... aus dem winterlichen New York.

Testabschnitt 2:

Ansage: „Testabschnitt 2 ----- Stellen Sie die Geschwindigkeit so ein, dass Sie den Inhalt des Textes gerade noch verstehen können.“; *Pause: 3 s*

Text: „Am nächsten Morgen kommt es noch schlimmer: Ein dringender Auftrag für ein Fotoshooting ruft Robin zurück nach Tahiti. Die einzige Möglichkeit dorthin zu gelangen, ist jedoch Quinn und sein fliegendes Museumsstück.“ *(16 s; 31 Wörter, entnommen aus [Tel06])*

Frage: Warum muss Robin nach Tahiti? (Fotoshooting)
Antwort: ... Fotoshooting.

Testabschnitt 3:

Ansage: „Testabschnitt 3 ----- Stellen Sie die Geschwindigkeit so ein, dass Sie den Inhalt des Textes gerade noch verstehen können.“; *Pause: 3 s*

Text: „Während Pilot und Passagierin sich in der Luft nonstop zanken, zieht mitten über dem Pazifik ein Gewitter auf. Die streitlustige Spannung kippt erst, als das Flugzeug von einem Blitz getroffen wird und daraufhin auf einer Insel notlanden muss.“ *(19 s; 38 Wörter, entnommen aus [Tel06])*

Frage: „Warum muss das Flugzeug notlanden?“
Antwort: ... Gewitter, vom Blitz getroffen.

Testabschnitt 4:

Ansage: „Testabschnitt 4 ----- Stellen Sie die Geschwindigkeit so ein, dass Sie den Inhalt des Textes gerade noch verstehen können.“; *Pause: 3 s*

Text: „Der Flieger ist Schrott, die Funkverbindung tot, und die Insel scheinbar unbewohnt. Als ein Boot vor der Küste auftaucht, scheint die sehnsüchtig erwartete Rettung nahe. (*15 s; 25 Wörter, entnommen aus [Tel06])*

Frage: Ist die Insel bewohnt?

Antwort: ... scheinbar unbewohnt.

Testabschnitt 5:

Ansage: „Testabschnitt 5 ----- Stellen Sie die Geschwindigkeit so ein, dass Sie den Inhalt des Textes gerade noch verstehen können.“; *Pause: 3 s*

Text: „Doch leider ist die Besatzung den Gestrandeten nicht gerade freundlich gesonnen und eröffnet das Feuer. Robin und Harris wird schnell klar, dass sie ausgerechnet im Schlupfwinkel einer brutalen Schmugglerbande gelandet sind. Auf der Flucht müssen die beiden ihre Differenzen beilegen und als Team den skrupellosen Piraten die Stirn zeigen.“ *(23 s; 49 Wörter, entnommen aus [Tel06])*

***Frage:* „Wie verhielt sich die Besatzung des Bootes als die Gestrandeten gesichtet wurden?“**
Antwort: ... eröffnet das Feuer.

A16 Satz-Verständlichkeitstest mit MC-Fragen

Abschnitt 1

Ziel des Spieles ist das Einsammeln von Edelsteinen mit einem Kanu in einem Fluss, dessen Ende durch einen Wasserfall markiert wird. Mit dem Ausspielen der Wolkenkarte darf man den Wetterstein um eine Position versetzen(2) und damit die Fließgeschwindigkeit des Flusses beeinflussen. Die niedrigste Paddelkarte(1) legt fest, wie weit sich die Wasserchips bewegen. Dieser Wert wird allerdings noch durch die Wettersteinanzeige(1) verändert. Wasserchips die über die Flusskante sturzen, reißen natürlich darauf befindliche Kanus mit sich in die Tiefe. Die Edelsteine gibt es in fünf verschiedenen Farben(3) und sobald ein Spieler von jeder Farbe einen Edelstein in Sicherheit bringen konnte(4) ist das Spiel beendet. *(194 Silben, entnommen aus [Schm05])*

Frage 1 (zu 13 Silben): Kann die Bewegung der Wasserchips beeinflusst werden?
Antwort 1.1: Ja, durch die niedrigste Paddelkarte und die Wettersteinanzeige.
Antwort 1.2: Ja, durch die niedrigste Paddelkarte OHNE die Wettersteinanzeige.
Antwort 1.3: Ja, durch die Wolkenkarte und die niedrigste Paddelkarte.
Antwort 1.4: Nein, sie kann gar nicht beeinflusst werden.

Frage 2 (zu 15 Silben): Was passiert beim Ausspielen der Wolkenkarte?
Antwort 2.1: Man darf den Wetterstein um eine Position versetzen.
Antwort 2.2: Man darf seinen Chip auf den Wetterstein setzen.
Antwort 2.3: Man darf den Wetterstein entfernen.
Antwort 2.4: Man darf den Wetterstein um zwei Positionen versetzen.

Frage 3 (zu 10 Silben): In wie vielen Farben gibt es die Edelsteine?
Antwort 3.1: In fünf verschiedenen Farben.
Antwort 3.2: In sechs verschiedenen Farben.
Antwort 3.3: In vier verschiedenen Farben.
Antwort 3.4: In drei verschiedenen Farben.

Frage 4 (zu 18 Silben): Wie kann ein Spieler das Spiel beenden?
Antwort 4.1: Indem er die Kanus der einzelnen Spieler versenkt
Antwort 4.2: Indem er von jeder Farbe einen Edelstein in Sicherheit bringt
Antwort 4.3: Indem er von jedem Spieler einen Stein stiehlt und in Sicherheit bringt
Antwort 4.4: Indem er von jedem Spieler einen Wasserchip versenkt

Abschnitt 2

Statt Pharmazie, studiert Axel lieber das Leben und die Frauen. Sehr zum Kummer seines Ziehvaters, Onkel Hubert, der seinem Neffen großzügig diesen Lebenswandel finanziert(2). Doch dann läuft ihm Anneli über den Weg. Obwohl das erste Zusammentreffen mit der angehenden Apothekerin(4) für Anneli mit einem Gipsbein endet, funkt es zwischen den beiden sofort(1). Axel kommt Annelies Wohnungssuche wie gerufen, und er bietet ihr ein Zimmer in seiner Dachwohnung über der Buchhandlung von Onkel Hubert an. Doch nach Annelis Einzug steht bald ihr Freund(3) Bodo vor der Tür, der nicht bereit ist, Anneli kampflos aufzugeben. Anneli entscheidet sich schließlich für Axel. *(184 Silben, entnommen aus [ZDF01])*

Frage 1 (zu 9 Silben): Warum kommt Annelies Wohnungssuche Axel wie gerufen ?
Antwort 1.1: Weil er ihr Gipsbein pflegen will.
Antwort 1.2: Weil er einen Nachmieter für seine Wohnung sucht.
Antwort 1.3: Weil es zwischen den beiden gefunkt hat.
Antwort 1.4: Weil Annelie in der Buchhandlung eine Arbeit gefunden hat.

Frage 2 (zu 12 Silben): Warum ist Onkel Hubert unzufrieden?
Antwort 2.1: Weil Axel nie in der Buchhandlung arbeitet.
Antwort 2.2: Weil er Axel einen Lebenswandel finanzieren muss, den er nicht gutheißt.
Antwort 2.3: Weil Annelie bei Axel einzieht
Antwort 2.4: Weil Annelie Streit mit ihrem Exfreund hat

Frage 3 (zu 2 Silben): Wer ist Bodo ?
Antwort 3.1: Ein Verkäufer aus Onkel Huberts Buchhandlung
Antwort 3.2: Der Sohn von Onkel Hubert
Antwort 3.3: Der Exfreund von Annelie
Antwort 3.4: Axels alter Schulfreund

Frage 4 (zu 9 Silben): Was ist Annelie von Beruf
Antwort 4.1: Sie ist Verkäuferin in der Buchhandlung von Onkel Hubert
Antwort 4.2: Sie ist eine angehende Apothekerin
Antwort 4.3: Sie arbeitet nicht
Antwort 4.4: Sie ist die Putzfrau von Onkel Hubert

Abschnitt 3

Eine Studie der Universität Hohenheim hat ergeben, dass der beste Zeitpunkt zum Bewässern sehr früh morgens gegen vier Uhr ist(2), da das Wasser dann nicht so schnell verdunstet. Da niemand gerne um vier Uhr aufsteht,(3) um den Wasserhahn im Garten aufzudrehen, bietet es sich an, die Bewässerung automatisch über einen Bewässerungscomputer zu steuern. Mit solchen Systemen kann jeder Gartenbesitzer zu einer beliebig gewählten Uhrzeit(4) das Wasser einschalten, ohne selbst vor Ort zu sein. Der Computer verfügt über eine Karte, auf der die Bewässerungsdaten durch einen Schiebemechanismus eingestellt werden können. Sind diese festgelegt, wird die Karte einfach in die Bewässerungsuhr gesteckt und damit die Daten eingelesen(1) - fertig ist die Programmierung. *(212 Silben, entnommen aus [Fra05])*

Frage 1 (zu 25 Silben): Wie kann die Bewässerungsuhr programmiert werden?
Antwort 1.1: Indem eine mit Daten versehene Karte in die Uhr gesteckt wird.
Antwort 1.2: Indem die Daten per Datenkabel transferiert werden.
Antwort 1.3. :Die Bewässerungsuhr übernimmt die Daten des Computers automatisch.
Antwort 1.4: Indem der Computer in regelmäßigen Abständen Daten an die Uhr sendet.

Frage 2 (zu 8 Silben): Wann ist der beste Zeitpunkt zum Bewässern?
Antwort 2.1: Kurz vor Sonnenaufgang.
Antwort 2.2: Vormittags.
Antwort 2.3: Mittags.
Antwort 2.4: Abends.

Frage 3 (zu 10 Silben): Welchen Vorteil bietet ein Bewässerungscomputer?
Antwort 3.1: Bewässert zur Schlafenszeit.
Antwort 3.2: Bewässert zur Arbeitszeit.
Antwort 3.3: Gartenbesitzer kann die Bewässerung über Handy aktivieren.
Antwort 3.4: Undosierte Wassergebung.

Frage 4 (zu 8 Silben): Wann kann das Wasser mit diesem System eingeschaltet werden?
Antwort 4.1: Zu einer beliebigen Uhrzeit.
Antwort 4.2: Nur nachts.
Antwort 4.3: Nur mittags.
Antwort 4.4: Nur abends.

Abschnitt 4

Auch die Form der Knochen(1) passt zu dem vom Menschen vorgegebenen Lebenszweck: Pitbulls haben Beinknochen mit einem nahezu kreisrunden Querschnitt(3), die von allen Seiten gleich stabil und damit für Angriffe von verschiedenen Seiten gerüstet sind. Außerdem können sie fast doppelt so viel Energie absorbieren wie die Windhundknochen, ohne zu brechen, so die Forscher. Die Knochen der Windhunde verformen sich dagegen unter Belastung sehr viel weniger(2) und sind optimal, um die Muskelkraft beim Laufen zu übertragen. Die unterschiedlichen Anforderungen während der Züchtung hätten demnach zur Entwicklung völlig unterschiedlicher Knochenstrukturen geführt(4). *(179 Silben, entnommen aus [Spi05])*

Frage 1 (zu 4 Silben): Was ist ausschlaggebend für die Stabilität der Hundeknochen?
Antwort 1.1: Die Form der Knochen.
Antwort 1.2: Das Hundefutter.
Antwort 1.3: Das Training.
Antwort 1.4: Die Muskulatur.

Frage 2 (zu 22 Silben): Wie verhalten sich die Knochen der Windhunde unter Belastung?
Antwort 2.1: Sie verformen sich sehr viel mehr als die der Pitbulls.

Antwort 2.2: Sie verformen sich sehr viel weniger als die der Pitbulls.
Antwort 2.3: Sie verformen sich gar nicht im Gegensatz zu denen der Pitbulls.
Antwort 2.4: Sie brechen sehr schnell.

Frage 3 (zu 8 Silben): Warum sind Pitbulls für Angriffe besser gerüstet als Windhunde?
Antwort 3.1: Weil ihre Knochen kreisrund sind.
Antwort 3.2: Weil ihre Schnellkraft wesentlich höher ist als die der Windhunde.
Antwort 3.3: Weil sich ihre Knochen wesentlich weniger verformen als die der Windhunde.
Antwort 3.4: Weil ihre Knochen die Muskelkraft beim Laufen optimal übertragen.

Frage 4 (zu 17 Silben)**: Welchen Einfluss haben die unterschiedlichen Anforderungen in der Züchtung auf die Tiere?**
Antwort 4.1: Sie beeinflussen deren Verhalten.
Antwort 4.2: Sie führen zur Bildung unterschiedlichster Knochenstrukturen.
Antwort 4.3: Sie beeinflussen deren Fressverhalten.
Antwort 4.4: Sie beeinflussen deren neuromuskuläres System.

Abschnitt 5

Die ehrgeizige Journalistin(1) Robin Monroe flüchtet mit ihrem frisch gebackenen Verlobten Frank aus dem winterlichen New York(2) zum einwöchigen Traumurlaub in die Südsee. Auf der Insel angekommen, geraten Robin und Quinn, der Pilot(3), bereits am ersten Abend aneinander, weil der leicht angetrunkene Quinn die toughe Journalistin an der Bar äußerst plump anbaggert. Am nächsten Morgen kommt es noch schlimmer: Ein dringender Auftrag für ein Fotoshooting(4) ruft Robin zurück nach Tahiti. Die einzige Möglichkeit dorthin zu gelangen, ist jedoch Quinn und sein fliegendes Museumsstück. *(158 Silben, entnommen aus [Tel06])*

Frage 1 (zu 4 Silben)**: Welchen Beruf hat Robin?**
Antwort 1.1: Sie ist eine Reiseführerin.
Antwort 1.2: Sie hat keinen Beruf.
Antwort 1.3: Sie ist Pilot.
Antwort 1.4: Sie ist Journalistin.

Frage 2 (zu 6 Silben)**: Welche Jahreszeit herrscht in der Stadt von der sie ihre Reise starten?**
Antwort 2.1: Winter.
Antwort 2.2: Sommer.
Antwort 2.3: Herbst.
Antwort 2.4: Frühling.

Frage 3 (zu 4 Silben)**: Wer ist Quinn?**
Antwort 3.1: Robins Verlobter.
Antwort 3.2: Der Pilot der die beiden zu ihrem Reiseziel fliegt.
Antwort 3.3: Ein alter Schulfreund von Robin.
Antwort 3.4: Robins Exfreund.

Frage 4 (zu 8 Silben)**: Warum muss Robin zurück nach Tahiti?**
Antwort 4.1: Wegen eines Fotoshootings
Antwort 4.2: Wegen journalistischer Arbeit
Antwort 4.3: Wegen ihres Verlobten
Antwort 4.4: Wegen einer Reise

Abschnitt 6

Während Pilot und Passagierin sich in der Luft nonstop zanken, zieht mitten über dem Pazifik ein Gewitter auf. Die streitlustige Spannung kippt erst, als das Flugzeug von einem Blitz getroffen wird und daraufhin auf einer Insel notlanden muss. Der Flieger ist Schrott, die Funkverbindung tot, und die Insel scheinbar unbewohnt. Als ein Boot vor der Küste auftaucht, scheint die sehnsüchtig erwartete Rettung nahe. Doch leider ist die Besatzung den Gestrandeten nicht gerade freundlich gesonnen und eröffnet das Feuer. Robin wird schnell klar, dass sie ausgerechnet im Schlupfwinkel einer brutalen Schmugglerbande gelandet sind. Auf der Flucht müssen die beiden ihre Differenzen beilegen und als Team den skrupellosen Piraten die Stirn zeigen. *(197 Silben, entnommen aus [Tel06])*

Frage 1 (zu 14 Silben)**: Wie ist das Wetter auf dem Flug ?**
Antwort 1.1: Es zieht ein Gewitter auf.
Antwort 1.2: Es ist sonnig.
Antwort 1.3: Es schneit.
Antwort 1.4: Es regnet.

Frage 2 (zu 9 Silben)**: Warum muss das Flugzeug notlanden?**
Antwort 2: Es wird von einem Blitz getroffen.
Antwort 2.2: Die Motoren sind defekt.
Antwort 2.3: Wegen des Streits zwischen Piloten und Passagierin.
Antwort 2.4: Der Treibstoff ist aufgebraucht.

Frage 3 (zu 12 Silben)**: Warum schließen sich die beiden Streithähne zu einem Team zusammen?**
Antwort 3.1: Weil sie Frieden geschlossen haben.
Antwort 3.2: Weil sie das Flugzeug reparieren müssen.
Antwort 3.3: Weil sie den Angreifern die Stirn bieten wollen.
Antwort 3.4: Weil sie beide füreinander sorgen müssen.

Frage 4 (zu 23 Silben)**: Warum müssen sie schleunigst wieder von der Insel weg?**
Antwort 4.1: Weil der Proviant zu Ende geht.
Antwort 4.2: Weil dort ein Lager einer Piratenbande ist.
Antwort 4.3: Weil ein schlimmes Gewitter aufzieht.
Antwort 4.4: Weil ihr Flugzeug wieder repariert ist.

Abschnitt 7

Ein altes Gespenst haust in dem unheimlichen Turm der verfallenen Burgruine. Nur wer wirklich mutig ist, traut sich die vielen ausgetretenen Steinstufen der verrufenen Geistertreppe zu erklimmen und das alte Gespenst mit einem lauten Buuh zu erschrecken. Die Figuren rücken, entsprechend der gewürfelten Zahl, auf der Geistertreppe nach oben vor. Der Würfel zeigt neben den Zahlen von eins bis vier jedoch auch zwei Mal das Schlossgespenst(1). Würfelt einer der Spieler ein Gespenst, wird ein weißer Holzgeist über die Figur des jeweiligen Spielers gestülpt(3). Erst wenn ein Spieler siegreich die Geistertreppe erklommen hat, darf er das Geheimnis lüften(2) und nachschauen, ob er tatsächlich das eigene Gespenst oder den Geist eines Mitspielers ins Ziel befördert hat(4). *(207 Silben, entnommen aus [Ama05])*

Frage 1 (zu 15 Silben)**: Wie viele Gespenster zeigt der Würfel?**
Antwort 1.1: 4 Zahlen und 2 Gespenster.
Antwort 1.2: 3 Zahlen und 3 Gespenster.
Antwort 1.3: 2 Zahlen und 4 Gespenster.
Antwort 1.4: 5 Zahlen und 1 Gespenst.

Frage 2 (zu 25 Silben)**: Wann darf ein Spieler das Geheimnis lüften und schauen ob er seine Figur ins Ziel befördert hat?**
Antwort 2.1: Zu jedem beliebigen Zeitpunkt.
Antwort 2.2: Wenn er die Geistertreppe erklommen hat.
Antwort 2.3: Jedes Mal wenn er einen Geist würfelt.
Antwort 2.4: Jedes Mal wenn ein anderer Spieler einen Geist würfelt.

Frage 3 (zu 21 Silben)**: Was wird mit der Figur des Spielers getan, der einen Geist würfelt?**
Antwort 3.1: Es wird ein Holzgespenst über die Figur gestülpt.
Antwort 3.2: Sie muss nochmals an der Start gesetzt werden.
Antwort 3.3: Die Figur wird durch ein Holzgespenst ausgetauscht.
Antwort 3.4: Die Figur wird aus dem Spiel genommen.

Frage 4 (zu 26 Silben)**: Was passiert, wenn man den Überblick verliert?**
Antwort 4.1: Man könnte eine andere Spielfigur ins Ziel befördern.
Antwort 4.2: Man könnte mehrere Spielfiguren ins Ziel befördern.
Antwort 4.3: Man könnte das Ziel verfehlen.
Antwort 4.4: Man könnte nochmals an den Anfang befördert werden.

Abschnitt 8

Das Quietschen der Reifen noch immer in den Ohren, stehe ich wie versteinert mit erhobenen Händen da(1). Einer der Polizisten drängt mich schnell an die Wand und durchsucht mich(2). Das Blut. Sein schmerzverzehrtes Gesicht. Die entsetzten Schreie meiner Mitschüler. Einige fingen sogar an zu heulen. Nein, ich hatte ihn nicht erschossen. Ich wollte nur, dass er für all die Sachen bezahlt(4), die er mir über Jahre angetan hatte. Deshalb schoss ich ihm nur ins Bein(3). Die Wut und die Verzweiflung, endlich konnte ich sie denen zeigen, die dafür verantwortlich waren. *(145 Silben, entnommen aus [Chi05])*

Frage 1 (zu 15 Silben)**: Welche Körperhaltung nimmt er ein?**
Antwort 1: Er steht mit erhobenen Händen da.

Antwort 1.2: Er kauert ängstlich am Boden.
Antwort 1.3: Er legt sich auf den Boden.
Antwort 1.4: Er setzt sich auf den Boden.

Frage 2 (zu 3 Silben)**: Was macht der Polizist sofort?**
Antwort 2.1: Er durchsucht ihn.
Antwort 2.2: Er nimmt ihn in den Polizeigriff.
Antwort 2.3: Er legt ihm Handschellen an.
Antwort 2.4: Er kontrolliert seinen Ausweis.

Frage 3 (zu 8 Silben)**: Wohin schoss er seinem Peiniger?**
Antwort 3.1: Ins Bein.
Antwort 3.2: In die Brust.
Antwort 3.3: In den Arm.
Antwort 3.4: In den Fuß.

Frage 4 (zu 22 Silben)**: Warum hat er ihn nicht erschossen?**
Antwort 4.1: Weil er nicht getroffen hatte.
Antwort 4.2: Weil er keine Zeit zum Zielen hatte.
Antwort 4.3: Weil er ihn nicht töten wollte.
Antwort 4.4: Weil die Polizei zu schnell anwesend war.

Abschnitt 9

Die heutigen Speicherkarten haben eine Kapazität von maximal 4 Gigabyte. Der neu entwickelte Chip kann dagegen bis zu einhundert Gigabyte speichern(1). Die Forscher entdeckten, dass sie bei der Anwendung von Nanotechnik(2) die elektronischen Eigenschaften von Mikrochips mit dem auf Magnetismus beruhenden Funktionsprinzip von Festplatten kombinieren(3) konnten. Das ermöglichte ihnen, dreidimensionale Chips(4) zu entwerfen, die eine extrem hohe Speicherkapazität erreichen. Cowburn vergleicht das Prinzip mit einem Geschirrschrank: In einem Schrank mit zahlreichen Fächern lässt sich viel mehr unterbringen als auf einer flachen Tischplatte. *(178 Silben, entnommen aus [Mar05])*

Frage 1 (zu 25 Silben)**: Um das Wievielfache steigerten die Entwickler die Kapazität der Chips?**
Antwort 1.1: um das 25 fache.
Antwort 1.2: um das 50 fach.
Antwort 1.3: um das 10 fach.
Antwort 1.4: um das 5 fache.

Frage 2 (zu 8 Silben)**: Welche Technik setzen die Forscher bei der Entwicklung ein?**
Antwort 2.1: Nanotechnik.
Antwort 2.2: Elektrotechnik.
Antwort 2.3: Magnetismus.
Antwort 2.4: Mikroelektronik.

Frage 3 (zu 12 Silben): **Welche Rolle spielten Festplatten bei der Entwicklung der Chips?**
Antwort 3.1: Sie dienten als Vorlage für die Entwicklung der Eigenschaften der Chips.
Antwort 3.2: Man konnte ihr Funktionsprinzip mit den Eigenschaften der Chips kombinieren.
Antwort 3.3: Man konnte die Nanotechnik der Festplatte nutzen.
Antwort 3.4: Man konnte den Chip in die Festplatte integrieren.

Frage 4 (zu 7 Silben): **Wie sind die Chips konstruiert?**
Antwort 4.1: Dreidimensional.
Antwort 4.2: Zweidimensional.
Antwort 4.3: Vierdimensional.
Antwort 4.4: Eindimensional.

Abschnitt 10

Der alljährliche deutsch-österreichische(1) W3C-Tag beschäftigte sich diesmal mit dem Thema „Internet für Mobilgeräte"(2). Dazu hatten die Veranstalter Netz- und Content-Provider, IT-Dienstleister und W3C-Offizielle als Sprecher in die Berliner Humboldt-Universität geladen(4), wo der W3C-Tag heute im Rahmen der XML-Tage stattfand. Gemeinsames Ziel aller Beteiligten ist es, Web-Nutzung mit Mobilgeräten ähnlich komfortabel und geräteunabhängig zu gestalten wie mit Desktop-Rechnern(3). Vodafone hat gemeinsam mit Nokia und Microsoft die Top-Level-Domain „.mobi“ durchgesetzt, die mobilgerätetauglichen Websites vorbehalten sein soll. *(193 Silben, entnommen aus [Hei05a])*

Frage 1 (zu 6 Silben): **Welche Länder organisieren den W3C-Tag?**
Antwort 1.1: Deutschland und Österreich.
Antwort 1.2: Deutschland und Schweiz.
Antwort 1.3: Schweiz und Österreich.
Antwort 1.4: Dänemark und Österreich.

Frage 2 (zu 11 Silben): **Um welche Thematik geht es am W3C-Tag?**
Antwort 2.1: Internet für Mobilgeräte.
Antwort 2.2: Komfort von Mobilgeräten.
Antwort 2.3: Gestaltung von Top-Level-Domains.
Antwort 2.4: Verbesserung des Komforts von IT- Dienstleistungen.

Frage 3 (zu 15 Silben): **Was bildet die Vergleichsbasis für die Thematik des W3C- Tags?**
Antwort 3.1: Desktop – Rechner.
Antwort 3.2: Top-Level-Domains.
Antwort 3.3: Web-Nutzung.
Antwort 3.4: mobilgerätetaugliche Websites.

Frage 4 (zu 15 Silben): **Wo findet der W3C- Tag statt?**
Antwort 4.1: In einer Universität in Berlin.
Antwort 4.2: Im Nokiawerk in Berlin.
Antwort 4.3: Im Microsoftwerk in Berlin.
Antwort 4.4: Im Vodafonewerk in Berlin.

Abschnitt 11

Erst gestern hatte mich Martin wieder einmal vor der ganzen Klasse gedemütigt, indem er den Mülleimer auf meinem Tisch entleerte. Kein einziger Schüler verteidigte mich. Alle hatten gelacht. Kein Wunder, ich war schon seit Jahren der Außenseiter in unserer Klasse.(3) Es fängt an zu regnen.(1) Ich beobachte die Wassertropfen, die an meiner Fensterscheibe hinunterlaufen.(2) Der Wagen hält. Wir sind da. Ich steige aus. Es wird ein Verhör folgen. Es wird nicht lange dauern. Ich werde gestehen. Die Polizei wird meine Eltern, meine Mitschüler, mein ganzes Umfeld über mich befragen. Alle werden sagen: „Von dem hätte ich das nicht gedacht, der wirkte immer so unscheinbar." (4) *(183 Silben, entnommen aus [Schö05])*

Frage 1 (zu 7 Silben)**: Wie ist das Wetter?**
Antwort 1.1: Es beginnt zu schneien.
Antwort 1.2: Es beginnt zu regnen.
Antwort 1.3: Es zieht ein Gewitter auf.
Antwort 1.4: Es scheint die Sonne.

Frage 2 (zu 23 Silben)**: Wie beschäftigt er sich während der Fahrt?**
Antwort 2.1: Er unterhält sich mit dem Fahrer.
Antwort 2.2: Er beantwortet die Fragen des Polizisten.
Antwort 2.3: Er beobachtet die Wassertropfen an der Fensterscheibe.
Antwort 2.4: Er spielt mit einem Stift.

Frage 3 (zu 20 Silben)**: Warum verteidigte ihn kein einziger Schüler?**
Antwort 3.1: Weil alle vor dem Peiniger Angst hatten.
Antwort 3.2: Weil er keine Hilfe wollte.
Antwort 3.3: Weil er der Außenseiter der Klasse war.
Antwort 3.4: Weil nur er und sein Peiniger in dem Klassenzimmer waren.

Frage 4 (zu 24 Silben)**: Wird das Umfrageergebnis der Polizei eindeutig ausfallen?**
Antwort 4.1: Nein, weil alle aus seinem Umfeld unterschiedlicher Meinung sein werden .
Antwort 4.2: Ja, weil ihn alle aus seinem Umfeld für sehr aggressiv halten werden.
Antwort 4.3: Ja, weil ihn alle aus seinem Umfeld für sehr unscheinbar halten werden.
Antwort 4.4: Nein, weil keiner aus seinem Umfeld eine Stellungnahme dazu abgeben wird.

Abschnitt 12

Ein hoher Gemüsekonsum senkt das Risiko für Bauchspeicheldrüsenkrebs um 50 Prozent(1). Das schließen amerikanische Forscher(2) aus einer Studie mit mehr als zwei tausend Probanden. Die Forscher befragten für ihre Untersuchung zweitausendzweihundertdreiunddreißig Versuchspersonen(3), von denen fünfhundertzweiunddreißig an Bauchspeicheldrüsenkrebs erkrankt waren, wie viele Portionen Gemüse oder Früchte sie im vergangenen Jahr(4) täglich gegessen hatten. Das Resultat: Zwiebeln, Knoblauch, Bohnen, gelbe Gemüsesorten wie Karotten, Mais und Süßkartoffeln, aber auch Gemüse mit dunklen Blättern und Kreuzblütlergewächse wie Kohl und Brokkoli schützten am besten vor Bauchspeicheldrüsenkrebs. *(189 Silben, entnommen aus [Hei05b])*

Frage 1.1 (zu 5 Silben)**: Um wie viel senkt Gemüsekonsum das Bauchspeicheldrüsenkrebsrisiko?**
Antwort 1: Um die Hälfte.
Antwort 1.2: Um ein Viertel.
Antwort 1.3: Um ein Achtel.
Antwort 1.4: Um ein Zehntel.

Frage 2 (zu 8 Silben)**: Welchem Land gehören die Forscher an?**
Antwort 2.1: Amerika.
Antwort 2.2: Deutschland.
Antwort 2.3: Österreich.
Antwort 2.4: Frankreich.

Frage 3 (zu 15 Silben)**: Wie viele Versuchspersonen gab es?**
Antwort 3.1: 2233.
Antwort 3.2: 2433.
Antwort 3.3: 2033.
Antwort 3.4: 2633.

Frage 4 (zu 5 Silben)**: Welche Konsumdauer überprüften die Forscher?**
Antwort 4.1: Die Dauer von einem Jahr.
Antwort 4.2: Die Dauer von einem halben Jahr.
Antwort 4.3: Die Dauer von zwei Jahren.
Antwort 4.4: Die Dauer von eineinhalb Jahren.

Ausgetauschter Abschnitt 11 zu Hörtest Abschnitt 5.5

T-Online mischt ab sofort im Markt für dedizierte Miet-Server mit. Die Darmstädter Telekom-Tochter(1) bietet wahlweise Server mit Root-Zugriff oder in einer administrierten Variante an. Als Betriebssystem stehen vorkonfigurierte Suse-, Fedora-, oder Debian-Installationen oder auch Windows Server 2003 Web Edition bereit. Die Server selbst kommen von Dell(2). Im Starter(3) stecken ein Pentium IV 2,8 GHz, 512 MByte RAM und eine 80-GByte-Festplatte. Immerhin sind in allen Server-Paketen vier feste IP-Adressen(4) und eine Domain enthalten. Ein Reboot- und Recovery-Service ist inklusive.

Frage 1 (zu 9 Silben): In welcher Stadt hat die Telekom-Tochter ihren Sitz ?
Antwort 1.1 : Darmstadt.
Antwort 1.2 : Berlin.
Antwort 1.3 : Ingolstadt.
Antwort 1.4 : Hamburg.

Frage 2 (zu 7 Silben): Von welcher Firma stammen die Server ?
Antwort 2.1 : Dell.
Antwort 2.2 : Mac.

Antwort 2.3: Windows.
Antwort 2.4: Debian.

Frage 3 (zu 3 Silben): Welchen Namen trägt das Grundpaket von Dell ?
Antwort 3.1: Starter.
Antwort 3.2: Anfänger.
Antwort 3.3: Beginner.
Antwort 3.4: Grundedition.

Frage 4 (zu 18 Silben): Wie viele IP-Adressen sind in jedem Paket enthalten?
Antwort 4.1: Vier.
Antwort 4.2: Drei.
Antwort 4.3: Eine.
Antwort 4.4: Zwei.

A17 CCR-Test-Texte und Bewertungskriterien

(Quellen, s. A16)

T01: Ziel des Spieles ist das Einsammeln von Edelsteinen mit einem Kanu in einem Fluss, dessen Ende durch einen Wasserfall markiert wird.

T02: Statt Pharmazie studiert Axel lieber das Leben und die Frauen. Sehr zum Kummer seines Ziehvaters, Onkel Hubert, der seinem Neffen großzügig diesen Lebenswandel finanziert.

T03: Eine Studie der Universität Hohenheim hat ergeben, dass der beste Zeitpunkt zum Bewässern sehr früh morgens gegen 4 Uhr ist, da das Wasser dann nicht so schnell verdunstet.

T04: Pitbulls haben Beinknochen mit einem nahezu kreisrunden Querschnitt, die von allen Seiten gleich stabil und damit für Angriffe von verschiedenen Seiten gerüstet sind.

T05: Die Edelsteine gibt es in fünf verschiedenen Farben, und sobald ein Spieler von jeder Farbe einen Edelstein in Sicherheit bringen konnte, ist das Spiel beendet.

T06: Doch nach Annelis Einzug steht bald ihr Freund Bodo vor der Tür, der nicht bereit ist, Anneli kampflos aufzugeben. Anneli entscheidet sich schließlich für Axel.

T07: Da niemand gerne um 4 Uhr aufsteht, um den Wasserhahn im Garten aufzudrehen, bietet es sich an, die Bewässerung automatisch über einen Bewässerungscomputer zu steuern.

T08: Die Knochen der Windhunde verformen sich dagegen unter Belastung sehr viel weniger und sind optimal, um die Muskelkraft beim Laufen zu übertragen.

T09: Die ehrgeizige Journalistin Robin Monroe flüchtet mit ihrem frisch gebackenen Verlobten Frank aus dem winterlichen New York zum einwöchigen Traumurlaub in die Südsee.

T10: Am nächsten Morgen kommt es noch schlimmer: Ein dringender Auftrag für ein Fotoshooting ruft Robin zurück nach Tahiti. Die einzige Möglichkeit dorthin zu gelangen, ist jedoch Quinn und sein fliegendes Museumsstück.

T11: Nur wer wirklich mutig ist, traut sich die vielen ausgetretenen Steinstufen der verrufenen Geistertreppe zu erklimmen und das alte Gespenst mit einem lauten Buuh zu erschrecken.

T12: Die Figuren rücken, entsprechend der gewürfelten Zahl, auf der Geistertreppe nach oben vor. Der Würfel zeigt neben den Zahlen von eins bis vier jedoch auch zwei Mal das Schlossgespenst.

T13: Die heutigen Speicherkarten haben eine Kapazität von maximal vier Gigabyte. Der neu entwickelte Chip kann dagegen bis zu 100 Gigabyte speichern.

T14: Cowburn vergleicht das Prinzip mit einem Geschirrschrank: In einem Schrank mit zahlreichen Fächern lässt sich viel mehr unterbringen als auf einer flachen Tischplatte.

T15: Der alljährliche deutsch-österreichische W3C-Tag beschäftigte sich diesmal mit dem Thema „Internet für Mobilgeräte".

T16: Gemeinsames Ziel aller Beteiligten ist es, Web-Nutzung mit Mobilgeräten ähnlich komfortabel und geräteunabhängig zu gestalten wie mit Desktop-Rechnern.

T17: Vodafone hat gemeinsam mit Nokia und Microsoft die Top-Level-Domain .mobi durchgesetzt, die mobilgerätetauglichen Websites vorbehalten sein soll.

T18: Ein hoher Gemüsekonsum senkt das Risiko für Bauchspeicheldrüsenkrebs um 50 Prozent. Das schließen amerikanische Forscher aus einer Studie mit mehr als 2.000 Probanden.

Bewertungskriterien

Note	Gesamtqualität	Verständlichkeit der einzelnen Wörter	Unterscheidbarkeit der einzelnen Wörter
3	Probe 1 klingt sehr viel besser	Probe 1 klingt sehr viel verständlicher	In Probe 1 sind sehr viel mehr Wörter unterscheidbar
2	Probe 1 klingt viel besser	Probe 1 klingt viel verständlicher	In Probe 1 sind viel mehr Wörter unterscheidbar
1	Probe 1 klingt besser	Probe 1 klingt verständlicher	In Probe 1 sind mehr Wörter unterscheidbar
0	Probe 1 und 2 klingen gleich gut	Probe 1 und 2 klingen gleich verständlich	In Probe 1 und 2 sind gleich viele Wörter unterscheidbar
-1	Probe 2 klingt besser	Probe 2 klingt verständlicher	In Probe 2 sind mehr Wörter unterscheidbar
-2	Probe 2 klingt viel besser	Probe 2 klingt viel verständlicher	In Probe 2 sind viel mehr Wörter unterscheidbar
-3	Probe 2 klingt sehr viel besser	Probe 2 klingt sehr viel verständlicher	In Probe 2 sind sehr viel mehr Wörter unterscheidbar

Tabelle A.19: Beurteilungskriterien mit jeweiliger Skala für den Vergleich von Systemen

Note	Verständlichkeit des Inhalts	Verständlichkeit der einzelnen Wörter	Unterscheidbarkeit der einzelnen Wörter
3	In Probe 1 wurde sehr viel mehr Inhalt verstanden	Probe 1 klingt sehr viel verständlicher	In Probe 1 sind sehr viel mehr Wörter unterscheidbar
2	In Probe 1 wurde viel mehr Inhalt verstanden	Probe 1 klingt viel verständlicher	In Probe 1 sind viel mehr Wörter unterscheidbar
1	In Probe 1 wurde mehr Inhalt verstanden	Probe 1 klingt verständlicher	In Probe 1 sind mehr Wörter unterscheidbar
0	In Probe 1 und 2 wurde gleich viel Inhalt verstanden	Probe 1 und 2 klingen gleich verständlich	In Probe 1 und 2 sind gleich viele Wörter unterscheidbar
-1	In Probe 2 wurde mehr Inhalt verstanden	Probe 2 klingt verständlicher	In Probe 2 sind mehr Wörter unterscheidbar
-2	In Probe 2 wurde viel mehr Inhalt verstanden	Probe 2 klingt viel verständlicher	In Probe 2 sind viel mehr Wörter unterscheidbar
-3	In Probe 2 wurde sehr viel mehr Inhalt verstanden	Probe 2 klingt sehr viel verständlicher	In Probe 2 sind sehr viel mehr Wörter unterscheidbar

Tabelle A.20: *Beurteilungskriterien mit jeweiliger Skala für den Vergleich von Geschwindigkeiten*

A18 Präferenztest Systemranking

Kriterium	SR	WSOLA FVI	WSOLA FVII	FVI FVII
Verständlichkeit der Wörter	8	7	8	7
Unterscheidbarkeit der Wörter	8	13	14	13
Gesamtqualität	8	1	2	1
Verständlichkeit der Wörter	10	8	9	9
Unterscheidbarkeit der Wörter	10	14	15	15
Gesamtqualität	10	2	3	3
Verständlichkeit der Wörter	11	10	11	10
Unterscheidbarkeit der Wörter	11	16	17	16
Gesamtqualität	11	4	5	4
Verständlichkeit der Wörter	12	11	12	12
Unterscheidbarkeit der Wörter	12	17	18	18
Gesamtqualität	12	5	6	6

Tabelle A.21: *Verteilung der Texte für die beiden Probandengruppen (Gruppe 1 - weiß; Gruppe 2 -grau) für das Systemranking*

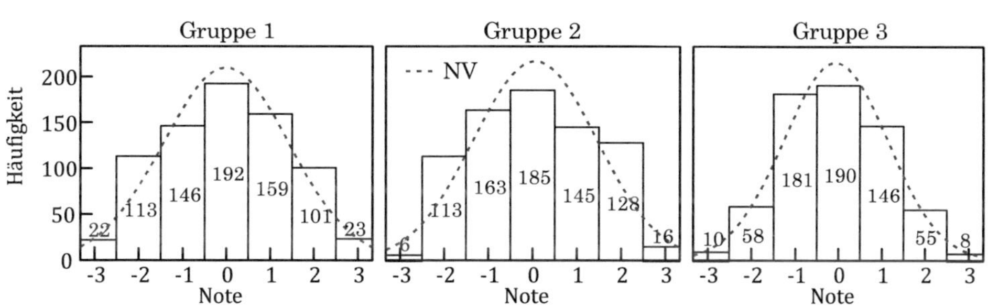

Abbildung A.10: *Histogramme der System-Paar-Bewertungen für die drei Probandengruppen; NV: Normalverteilung*

- Gruppen entsprechen nach dem KS-Test mit $p < 0{,}01$ der Normalverteilung
- Häufigkeiten der Versuchsgruppen sind identisch nach U-Test: $p = 0{,}456$ (auf Gleichheit der Verteilung).
- Verteilungsunterschied Gruppe 1 und 3 nicht signifikant (U-Test: $p = 0{,}35$)
- Verteilungsunterschied Gruppe 2 und 3 nicht signifikant (U-Test: $p = 0{,}107$).
- Auch die Anzahl der Vorzeichenwechsel in beiden Versuchen dieser einen Gruppe ist gleich.

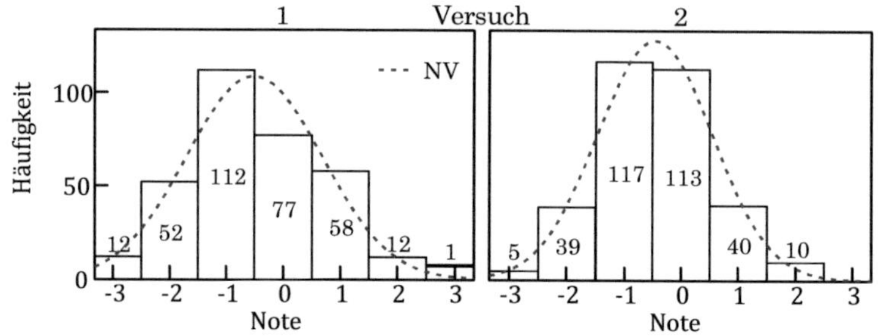

Abbildung A.11: Histogramme der Systembewertungen der Gruppe 3 mit den beiden Teilversuchen 1 und 2; NV: Normalverteilung

- Teilversuche der Gruppe 3 (Abbildung A.11) unterscheiden sich nicht (U-Test: $p = 0{,}92$).

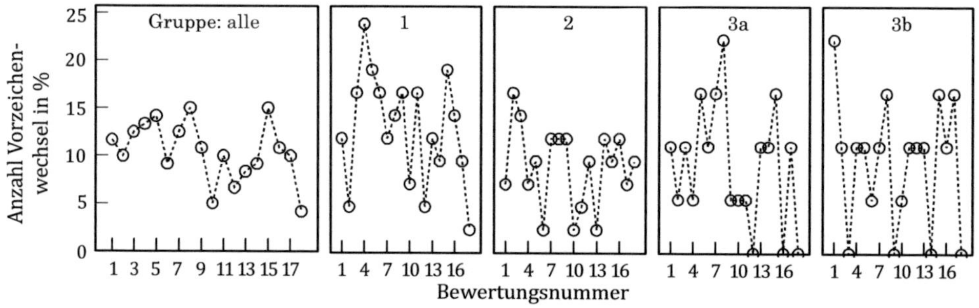

Abbildung A.12: Prozentuale Anzahl der Vorzeichenwechsel aller Probandenbewertungen und innerhalb der drei Gruppen mit vier Versuchen und jeweils 18 Bewertungen

	alle	**Gr. 1**	**Gr. 2**	**Gr. 3a**	**Gr. 3b**
r	-0,04	-0,05	-0,02	-0,06	-0,03
p	0,06	0,15	0,5	0,3	0,6

Tabelle A.22: Korrelationsberechnung nach Pearson zwischen der Nummer der Bewertung in der Testfolge und der Anzahl der Vorzeichenwechsel für alle Probanden und für die einzelnen Versuchsgruppen

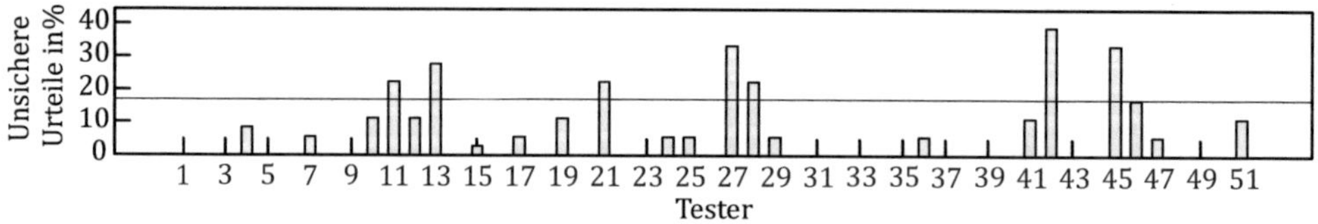

Abbildung A.13: Relative Anzahl der unsicheren Urteile je Proband

A19 Präferenztest SR-Ranking innerhalb eines Systems

	SR A Silb/s	10	8	10	8	11	11
Kriterium	**SR B Silb/s**	**8**	**12**	**12**	**11**	**10**	**12**
Verständlichkeit des Inhalts	WSOLA	1	2	3	1	2	3
Verständlichkeit der Wörter	WSOLA	10	11	12	10	11	12
Unterscheidbarkeit der Wörter	WSOLA	1	3	5	2	4	6
	SR A Silb/s	**8**	**12**	**10**	**11**	**10**	**12**
Kriterium	**SR B Silb/s**	**10**	**8**	**12**	**8**	**11**	**11**
Verständlichkeit des Inhalts	FVI	4	5	6	4	5	6
Verständlichkeit der Wörter	FVI	13	14	15	13	14	15
Unterscheidbarkeit der Wörter	FVI	8	10	12	7	9	11
	SR A Silb/s	**8**	**12**	**12**	**11**	**10**	**11**
Kriterium	**SR B Silb/s**	**10**	**8**	**10**	**8**	**11**	**12**
Verständlichkeit des Inhalts	FVII	7	8	9	7	8	9
Verständlichkeit der Wörter	FVII	16	17	18	16	17	18
Unterscheidbarkeit der Wörter	FVII	13	15	17	14	16	18

Tabelle A.23: *Verteilung der Texte für die beiden Probandengruppen (Gr.1-weiß; Gr.2-grau) für das Geschwindigkeitsranking (A-B-Vergleich der SR) innerhalb eines Systems*

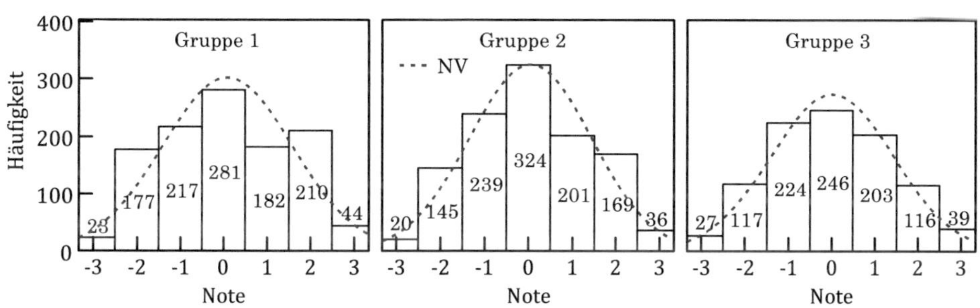

Abbildung A.14: *Verteilung der Bewertungen für jeder Gruppe im Präferenztest der Sprechraten innerhalb eines Systems; NV: Normalverteilung*

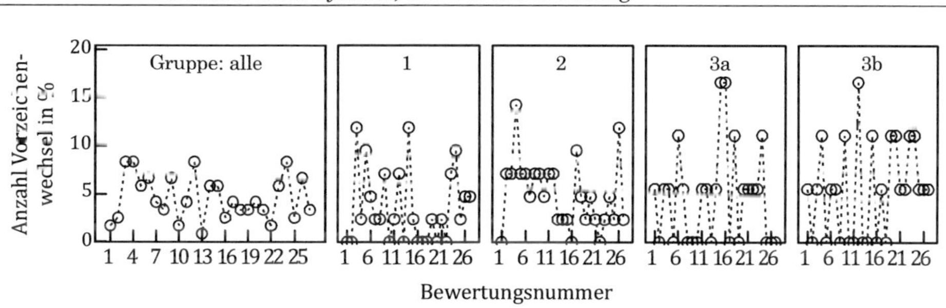

Abbildung A.15: *Relative Anzahl der Vorzeichenwechsel bei gleicher Paarbewertung während des Testverlaufs*

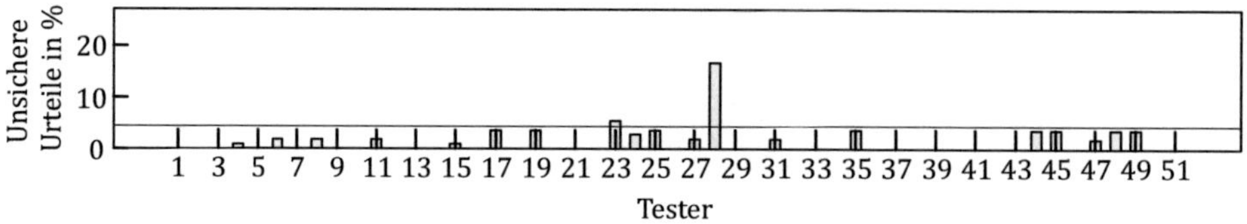

Abbildung A.16: Anzahl der unsicheren Urteile pro Versuchsteilnehmer

A20 Hörtest mit *GF*- und *t*-skaliertem Sprachmaterial

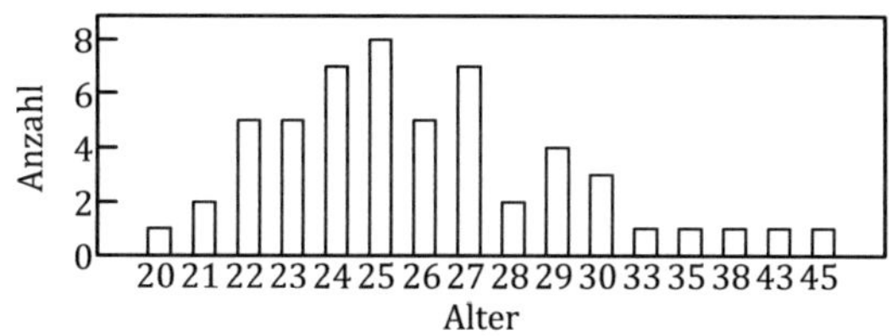

Abbildung A.17: Altersverteilung der Probanden im MC-Test mit zeit- und frequenzskalierter Sprache

ε	**1**	**0,5**	**0**	***SR in Silb/s***	**ε**	**1**	**0,5**	**0**	***SR in Silb/s***	**ε**	**1**	**0,5**	**0**	***SR in Silb/s***
Testblock A	1	2	3	*8*	**Testblock B**	5	6	4	*8*	**Testblock C**	12	10	11	*8*
	4	5	6	*10*		2	3	1	*10*		9	7	8	*10*
	7	8	9	*12*		11	12	10	*12*		3	1	2	*12*
	10	11	12	*14*		8	9	7	*14*		6	4	5	*14*

Tabelle A.24: Permutation der Texte aus Anhang A16 *für die drei Testblöcke A bis C*

Parameter		*X² nach Pearson*			*Korrelation nach Pearson*		*Richtungsmaß nach Cramers*
1	*2*	χ^2	*df*	*p*	*r*	*p*	
SR		52,26	3	0,000	-0,13	0,000	
ε		3,257	2	0,196	0,21	0,291	
SR	ε=0	38,5	3	0,000	-0,12	0,000	
	ε=0,5	69,8	3	0,000	-0,26	0,000	
	ε=1,0	2,824	3	0,420	-0,011	0,738	
ε	SR=8 Silb/s	9,472	2	0,009	0,027	0,498	
	SR=10 Silb/s	15,58	2	0,000	-0,141	0,000	
	SR=12 Silb/s	14,72	2	0,001	0,1	0,011	
	SR=14 Silb/s	21,02	2	0,000	0,078	0,047	
Text Nr.		184	11	0,000			0,267
Text Nr.	SR=8 Silb/s	45,6	8	0,000			0,265
	SR=10 Silb/s	43,57	8	0,000			0,259
	SR=12 Silb/s	79,79	8	0,000			0,351
	SR=14 Silb/s	46,34	8	0,000			0,267
Text Nr.	ε=0	93,15	11	0,000			0,328
	ε=0,5	85,15	11	0,000			0,314
	ε=1,0	85,51	11	0,000			0,315
Textreihenfolge		1,885	2	0,390			0,027
Textreihenfolge	SR=8 Silb/s	9,472	2	0,009			0,121
	SR=10 Silb/s	15,58	2	0,000			0,155
	SR=12 Silb/s	14,71	2	0,001			0,151
	SR=14 Silb/s	21,02	2	0,000			0,180
Textviertel		51,44	3	0,000			0,141
Textviertel	SR=8 Silb/s	27,48	3	0,000			0,206
	SR=10 Silb/s	23,23	3	0,000			0,189
	SR=12 Silb/s	2,346	3	0,504			0,060
	SR=14 Silb/s	26,86	3	0,000			0,204

Tabelle A.25: *χ^2-Test mit Korrelationsmaß nach Pearson und Assoziationsmaß nach Cramers für die Abhängigkeiten der Testparameter beim Verständlichkeitstest mit skalierter Grundfrequenzdynamik*